プラントレイアウト
と
配管設計

大木秀之・紙透辰男・西野悠司・湯原耕造　共著

まえがき

　本書はプラントのレイアウト、特に配管レイアウトのノウハウにつき、詳細に述べた本である。

　本書が扱っているプラントは石油化学プラント系と発電プラント系である。前者には、石油精製、石油化学、ガス処理プラントが入り、後者には、火力、原子力発電プラントが含まれる。そして他の、たとえば、薬品、食料、鉄鋼、などのプラントの配管設計にも応用の利く内容となっている。以下、これらのプラント全てを含めて、"プラント"と呼ぶ。

　プラント発注者が満足するプラントの条件として、車の両輪に譬えられるものがある。一つは、プラントを構成する機器・装置類の仕様を十分満たす性能であり、一つは、その性能が十二分に発揮されるための機器・配管レイアウトである。

　機器・配管のレイアウト（機器レイアウトはプロットプランとも呼ばれる）は、プラント計画において最も重要な要素であり、その作業にかかる時間も全設計時間の主要な部分を占める。

　その配管レイアウト計画の習得は、広範・多岐にわたる配管技術・知識の習得の中において、最も経験に負うところが多い。

　プラントの種類、ユーザー独特の標準規格そして意向、ユーザーの属する国・地域や立地条件、プラント規模の大小、多様なベンダー、などが複雑に絡み合い、組合わせの違いによって、同じレイアウトのプラントは二つとないと言ってよく、設計者は、毎度、新たな状況に最もマッチしたプラントレイアウトを計画・設計しなければならない。或る意味では試行錯誤の道といってもよい。最も多く試行錯誤の経験をしたものが、最もよきレイアウト設計者となれる。

　そのため、一人前のレイアウト設計者になるには、10年以上の経験が必要と言われ、それは、設計人生の三分の一を超えるほどの長さに当たるであろう。

　産業・技術の世界において、全てがスピードアップされ、ユーザーからの納期短縮に対する要請がますます高まってきているのが世の趨勢である。配管設計の世界においても然り。かつて、手で引いていた配管の線は、いまは、コンピュータによって引かれる線となり、その配管レイアウトの一本の線は、製作、検査、据付け用のアイソメトリック図、スプール図に加工され、さまざまな帳票類に変化し、原単位集計、材料調達、工程管理にまでつながる。このように、革新的なスピードアップ化がなされ、以ってユーザーからの納期短縮の要求に応じている。

　一方、プラントに対する諸々の改善の要求、即ち、運転、メンテナンス、安全、品質、建設のしやすさ、コストの面に対する一層厳しい要求をユーザー側がチャレンジしている。

　プラント建設のスピードを上げ、同時に質を上げる。それを達成させるための、配管設計者、とりわけ、プラントレイアウト計画者を養成する期間を如何にして短縮し、かつ質を向上させることができるか？その一助になるものとして、本書の出版が計画された。現在、国内には、配管レイアウトに特化したよき参考書が見当たらない。それは、冒頭述べたように、レイアウトのノウハウはベテラン経験者の頭の中に蓄積されているが、それを取り出し、一冊の本にまとめるのが、難しいと考えられてきたからである。

i

本書は、石油化学プラント系、発電プラント系のレイアウトを知り尽くした方々に、そのノウハウを出し切ってもらった。すなわち、千差万別のレイアウトといっても、その中に各プラントに共通して使える部分があり、また、模範にできるレイアウトがあり、それらを提示した本書に設計者が親しむことにより、設計者として初めて出会う設計条件下のレイアウトに対しても、ある程度応用が利くものと期待している。

　本書は、2006年より毎年開催され、延べ400名の方が受講されたセミナー「配管技術者養成塾」（講義時間40時間、日本工業出版社主催）のテキストをベースに、今回、前述の趣旨に則り、改めて内容を見直し、書き改められたものである。

　本書の有効活用により、配管設計者、特にレイアウト設計者の養成期間が、従来の半分程度以下に短縮されることを期待している。

　本書は四つの部、11の章から構成され、各部、各章の内容は次のようになっている。

　［Ⅰ プラント設計の基本］において、第1章でプラント配管設計という仕事の中身と手順を、第2章で配管設計者のバイブルとも言えるP&IDの読み方を、説明する。

　［Ⅱ 石油精製・石油化学・ガス処理プラントのレイアウト］において、第3章でプロットプラン（機器配置）のノウハウを、第4章で各種装置周りの配管レイアウトのノウハウを、第5章でレイアウトと密接な関係のある配管サポートの計画と仕組みを、説明する。

　［Ⅲ 火力・原子力発電プラントのレイアウト］において、第6章でプロットプラン（機器配置）のノウハウを、第7章で配管レイアウトのノウハウを、第8章で配管サポートの計画と仕組みを、説明する。

　配管レイアウトと密接な関係のある基礎技術を扱う［Ⅳ 配管設計の基礎］においては、第9章で配管材料の基準と材料を適切に選択する方法を、第10章で配管耐圧部である管、管継手の強度評価方法を、第11章で配管フレキシビリティの取り方と評価の方法を、説明する。

　本書を、プラントの配管設計、とりわけ、レイアウト設計に携わろうとする、あるいは、現在携わっている人々の座右に置いて、日々、業務のガイドとして活用していただくことが、筆者らの心より願うところである。

　最後に、本書執筆の機会を与えて頂いた日本工業出版社、並びに同社編集部に心からお礼申し上げる。

2017年10月

西野悠司

本書の利用にあたって

　各種プラントの中でも、とりわけ石油精製、石油化学プラントは、海外での建設が多く、図面・図書は英文、適用規格は、ASME（米国機械学会）、使用材料はASME、ASTM（米国試験材料協会）の規格が多く使われている。

　本書では、このような状況に次のように対処している。

⑴　**配管の呼び径について**

　配管の呼び径の呼称は、国内で使用するJIS規格と、海外で一般に使用されているASME規格とで異なる。

・JIS規格の配管呼び径

　JIS規格に定義される鋼管の呼び径は、AまたはBのいずれかを用いて呼ばれ、AまたはBの符号を数字の後に付ける。

　例：300A または 12B

・ASME規格の配管呼び径

　ASME規格に定義される鋼管の呼び径は、Inch UnitではNominal Pipe Size（NPS）、また、SI UnitではDN（Nominal Diameter）が使用される。

　例：DN300 または NPS12

　尚、上記の呼び径は、全てNon-dimensionであり、表記される数字と実際の配管外径は必ずしも一致しない。また、規格ごとに呼び径における配管外径が異なるので注意が必要である。

　上記が規格上の正式呼称となるが、特に海外プロジェクトではInch Nominal Size（この場合、例えば、12" のように表す）という呼称が業界内でよく使用されており、本書では特に注記が無い場合は、このInch Nominal Sizeを使用することとした。

　JISおよびASME規格よる配管呼び径と配管外径を比較した表を、表Aに示す。

⑵　**プラントレイアウト用語および英文略語について**

　本書には、プラントレイアウト特有の用語や英文の用語・略語が出てくる。

　これらの用語（和文）を表B-1において、また、英文の用語・略語を表B-2において、簡単に説明している。

iii

表A：JIS及びASME規格よる配管呼び径と配管外径の比較

JIS規格 （G3454-2012より）			ASME規格 （ASME B36.10M-2015より）			本書での 呼び径
呼び径 A	呼び径 B	配管外径 （mm）	NPS	DN	配管外径 （mm）	
6	1/8	10.5	1/8	6	10.3	1/8"
8	1/4	13.8	1/4	8	13.7	1/4"
10	3/8	17.3	3/8	10	17.1	3/8"
15	1/2	21.7	1/2	15	21.3	1/2"
20	3/4	27.2	3/4	20	26.7	3/4"
25	1	34.0	1	25	33.4	1"
32	1-1/4	42.7	1-1/4	32	42.2	1-1/4"
40	1-1/2	48.6	1-1/2	40	48.3	1-1/2"
50	2	60.5	2	50	60.3	2"
65	2-1/2	76.3	2-1/2	65	73.0	2-1/2"
80	3	89.1	3	80	88.9	3"
90	3-1/2	101.6	3-1/2	90	101.6	3-1/2"
100	4	114.3	4	100	114.3	4"
125	5	139.8	5	125	141.3	5"
150	6	165.2	6	150	168.3	6"
200	8	216.3	8	200	219.1	8"
250	10	267.4	10	250	273.0	10"
300	12	318.5	12	300	323.8	12"
350	14	355.6	14	350	355.6	14"
400	16	406.4	16	400	406.4	16"
450	18	457.2	18	450	457.0	18"
500	20	508.0	20	500	508.0	20"
550	22	558.8	22	550	559.0	22"
600	24	609.6	24	600	610.0	24"

表B-1：プラントレイアウト用語集（和文）

用語（和文）	説明
アクセス	操作、監視などのために、機器、バルブ、計器になどに近づくこと
アジャスタブル（サポート）	高さを調節できる支柱形サポート
アセンブリ	ある機能を発揮するため、機能の中心となるもののまわりに、バルブ、管、管継手を接続し、組立てたもの
アフタークーラー	機器（例えばコンプレッサ）でなされた仕事による昇温を下げるためのクーラー
アレンジメント	アレンジすること；調整しながら配置決めしてゆくこと
インターナル	機器の内側に設置される備品、特にタワーの内容物 例えば、トレー、ノズル、内側に設置する隔壁（バッフル）など
ウイープホール	安全弁出口管最下部に設ける、ドレン抜きのための小さな孔
エキスパンション・ジョイント	伸縮管継手（JIS用語）、伸縮継手ともいう。
オーバーヘッドコンデンサー	タワー頂部から出るガスを冷却し凝縮液化する熱交換器
オープンエリア	上方に物がないエリア（配管ラックの下はオープンエリアではない）
オープンシステム（安全弁）	出口先端が大気に開放されている安全弁出口配管を持つ安全弁配管系
オフサイト	プロセス装置に対し、タンクやポンプ等の貯蔵・出荷・入荷のための設備を配置したエリアを呼ぶ。
オペレーティングバルブ	起動、停止、運転中にかなりの頻度で操作するバルブ（人が操作して開閉するバルブ）
火熱炉	直火によりプロセス流体を高温に加熱する機器
クリーンアップ	プラントが運転に入る前の準備作業の一つで、系内を、流体を循環し続けるとともに、ブローオフ弁より不純物を含む流体を排出しつつ、系の配管内の清浄化をはかること
クローズドシステム（安全弁）	出口先端がヘッダ等につなぎこまれていて、大気に開放されていない安全弁出口配管を持つ安全弁配管系
コモンスペアポンプ	別ポンプを共通に使用する系の為のスペアポンプ
コンデンセート	蒸気が飽和温度以下になってできた凝縮水。復水ともいう。
コンプレッサシェルタ	メンテナンス作業や、環境への騒音防止のため圧縮機を収納する建造物
サージ	流体の急激な流速変化により発生する圧力の急増・急減（急激なバルブ遮断などが起きると、流れの慣性がある為、遮断部を起源として配管系全体に起きる圧力変動）
サブヘッダー	多くの配管が分岐または、集合する主配管をメイン（主）ヘッダーと呼び、メインヘッダーへ接続する配管で、同じように分岐・集合する配管をサブ（副）ヘッダーと呼ぶ。
シェル	胴体の殻の部分
シェル＆チューブ型	胴体内に設置したチューブを介して熱交換を行う熱交換器
シェルカバー	胴体の蓋（フランジ接続の鏡板）
シビル	Civil 土木・建築会社または部門

v

ジョブ	契約したある特定のプロジェクトまたはプラント
スイッチスタンド	主にポンプの電動モータを起動するスイッチを設置した柱
スケルトン	プロセス設計部門が作成する機器データシート（機器の設計関連情報をまとめた仕様書）に添付される機器の概略図をスケルトンと呼ぶ。
スタンドパイプ	液面計器を設置する為の機器からの外出し配管（機器ノズル上下の2箇所をつなぐ配管を垂直に設置し、その配管から複数の液面計器を取り出す）
スチームパージ	蒸気で置換する事で、機器や配管内の残留物を排出すること。即ち蒸気の張り込み場所と残留物の排出場所が重要となる。また設備が蒸気温度になるので通常運転ではないが、熱応力解析を行い装置の安全性を確認する必要がある。
ストラクチュア	主に機器架台（機器を高所に設置する為の架台）や高所に設置するバルブ、安全弁等の架台
スピルウォール	ポンプ等の周りに設置する高さ10〜20cm程度の防油堤（漏れた油を外に流れないようにする）
スリーパー	地面に這うように配管を設置する場合の高さの低い枕状の配管サポート（パイプスリーパー）
装置	関連する機器とそれらをつなぐ配管により、あるプロセスを行わせる集合体をいう。例えば、大きな集合体の例として「LNG装置（プラント）」、やや小さな集合体の例として「酸化ガス抽出装置」などがある。
ダウンカマー	タワーインターナル トレー上の液を下段トレーへ導く堰板
ダビット	重量物を吊上げる為の設備（逆J・L字形の柱）
チェッキバルブ	逆止弁、逆止め弁ともいう。
チャンネル（熱交）	水室（通常シェルアンドチューブ型熱交換器のチューブ側流体を集め、ノズルが設置される）
テーブルトップ	高さを必要とする機器を設置する為のコンクリート製柱がある基礎（リアクターやコンプレッサーなどが設置される場合が多い）
ドラム	気体や液体を受け入れる容器。気液分離・圧力変化・触媒を使用した反応機などもドラムと呼ばれる。
ドリップファンネル	機器ドレン等を受ける漏斗状のもの
ドリップリング	フランジ間に挟み込み、ロングボルトで締め付けられるリングで、ドレン・圧力抜きの座が設けられている。
ドリップレグ	蒸気の主管を流れるドレンを捕まえるために、主管底部にポットのように設けたキャップ付き管
パージ	機器や配管内に残留した液やガスを強制的に排出するために行う作業（メンテナンスや運転開始前に行う。スチーム・窒素パージなど）
パッケージ機器	機器組立品とそれらを互に連結する配管を備え、外部配管との接続を以て完成となるようにしたもの。組立品と配管は、輸送に先立ちスキットまたはその他の構造物に載せることができる。
バッテリーリミット	装置境界線（通常、装置境界へ接続する配管のバルブフランジ部を指す）
P-Tレイティング	圧力−温度基準ともいう。
ヒートバランス	プラントの熱収支を示した線図
フィッティング	管継手

vi

ブラインドフランジ	閉止用フランジ
ブラインドプレート	閉止用板
プラットフォーム	アクセスできないバルブの操作、計器監視などのために設ける台（床はグレーチングやチェッカープレート）
フランジ切込み	フランジを機器との取合部でなく、配管の途中に入れること
ブランチ配管	分岐管。単に、ブランチ、分岐ともいう。
フリードレン	液及びガス溜まりがない配管形状（第2章4.1項参照）
フレアーライン	装置の安全を守る為、安全弁の出口配管等の可燃性流体を集約し、燃焼、大気放出するシステム。火災等の急激な圧力上昇など全ての事態・同時性を想定考慮するため、大口径配管となる場合が多い。またスムーズな流れを確保するため、フリードレンまたはスロープ配管となる。
ブレース	柱や梁間に斜めにわたす補強材
ブローダウン	機器や配管内の流体を排出する為の作業。通常はメンテナンス前に行うが、異常事態での緊急ブローダウンもある。
ブロックバルブ	機器、調節弁、計装品などを隔離するための止め弁、元弁
ヘッドパイプ	ポンプに一定の吸込み圧を保持するため、高所におく筒状容器
ベンダー	製品を販売する会社
ポジショニング	配管ルート上に管継手、バルブ、特殊部品などを配置すること
ホットボルト	運転温度に達して、しばらくした後、フランジのボルトの増し締めをすること
ホットボルティング	
ポンプNPSH	ポンプのキャビテーションを防ぐ為、流体の物性による自然気化が起らない、ポンプ入口における液柱高さ圧力（NPSH:NET POSITIVE SUCTION HEAD）
ポンプベッド	ポンプ＋駆動モータ（タービン）を設置する鉄骨構造の頑丈な台盤（この台盤が基礎の上に設置される）
マイター	方向の変化を目的として接続角を2分する線上で接合している複数の直管部分からなる管継手。えび継手ともいう。
マット	コンクリートの土台
マニフォールド	管寄せ（多岐管）
マンメイドロック	人工岩盤
溶接組立て式分岐	主管に枝管（管台）を直接溶接した分岐。配管直接溶接（分岐）ともいう。
ラインアップ	複数機器のノズル位置などを一線上に揃えること
ラダー	梯子
リアクタ	反応器（第4章8.2.1項(12)参照）
リードエンジニア	プロジェクトを遂行するグループのエンジニアリーダー
リストリクションオリフィス	流量を制限するために入れるオリフィス
リフラックス	タワーの製品の純度を高めるため塔頂部から出た蒸気の一部をタワーに戻すこと。還流ともいう。
リボイラー	プロセス流体を気化させる為の熱交換器
ルーティング	図上に配管ルートを引くこと、配管ルートを決めること
レイダウンエリア	機器分解のため、機器の一部を仮置きする場所

vii

レシーバー	オーバーヘッドコンデンサー（タワー頂部から出るガスを冷却し凝縮液化する熱交換器）からの凝縮液を受け、留めるドラム
ローディングデータ	構造物（含む基礎）の梁や柱に掛かる荷重で、構造物の強度設計に必要な情報
割フランジ	分解、切り離しのために入れるフランジ

表B-2：英文の用語・略語集

用語・略語	説明
Access way	通行路
AFC	Air Fin Cooler　エアフィンクーラ
BL	Battery Limit　装置境界線
BM	Bill of Material　プラントに使用する配管バルク材料の所要数量
BQ	Bill of Quantity　配管工事の工事量、溶接量インチダイアで表す。
DSS	Daily Start-up & Shutdown（火力発電で、日ごとに起動・停止する運転）
GL	Ground Level　地上（地面）
External	機器外部付属品
FCB	First Cut back（火力発電で、系統停電発生時の圧力変動を抑制するために行う蒸気システムの運転方法）
HLL	High Liquid Level
Ins.	Insulation　被覆、または、保温・保冷
LC	Level Controller　液面調節計
LG	Level Gauge　液面計
Max.	Maximum　最大、または、～以下
Min	Minimum　最小、または、～以上
NPS	Nominal Pipe Size　管の呼び径
NPSH	Net Positive Suction Head　正味ポンプ吸込み水頭（飽和蒸気圧力を除く）
PFD	Process flow diagram　プロセスフローダイアグラム
P&ID	Piping & instrument diagram　配管計装線図
Sewer	下水管
TOB	Top of Beam　梁上面
WEIR	（タワーやドラムなどの）堰

目　次

第1章　配管設計という仕事

1. プラントの配管設計の役割 2
2. プラント配管設計の主な業務 2
3. 配管設計遂行管理 2
    3.1　工程管理 2
    3.2　プログレス（設計進捗度）管理 3
    3.3　マンアワー／マンパワー管理 3
    3.4　品質管理 9
    3.5　配管BM／配管BQ（Bill of Material/Bill of Quantity） 9
4. 配管材料仕様書と配管材料調達仕様書の作成 10
    4.1　配管材料 10
    4.2　配管材料仕様書（piping material specification） 10
    4.3　配管特殊部品仕様書および配管材料調達仕様書（requisition）作成 12
    4.4　配管材料のベンダー図書検証 12
5. プロットプラン／配管レイアウト／3Dモデル作成 13
    5.1　プロットプラン 13
    5.2　配管レイアウト 13
    5.3　3Dモデル作成 13
    5.4　配管インフォメーション作成 14
    5.5　配管レイアウト、チェック 14
6. メカニカル（強度解析、熱応力） 14
    6.1　配管標準サポート 14
    6.2　配管インフォメーション、荷重算出計算 15
    6.3　配管熱応力解析／配管強度解析／振動解析 15
7. IT活用（3D CAD管理と配管材料コントロール） 16
    7.1　3D CADデータの活用 16
    7.2　配管材料コントロール 16
8. プラントの配管設計とは 16

第2章　P&IDの読み方

1. 配管設計とP&ID 18
2. P&IDは、配管設計の上流情報 18
3. P&IDの読み方 18
    3.1　P&IDの構成 18
    3.2　P&ID レジェンド 19
4. P&ID上に表示される配管レイアウトに関する要求事項 22
    4.1　配管ルーティングに対する要求 22
    4.2　配管レイアウトの寸法要求 22
    4.3　機器据付け高さの要求 24

ix

| 5. | 詳細の別図表示 | 24 |

| 6. | P&ID中の注意事項（P&ID Note）の表示 | 25 |

| 7. | P&IDの読み方の例 | 25 |

| 8. | 配管レイアウトからP&IDへ | 25 |

9.	P&IDの内容を理解するために	27
	9.1　配管設計としてのチェックポイント	27
	9.2　配管設計としてのP&IDチェック項目	27

| 10. | P&IDのまとめ―配管設計が高精度のP&IDを作る | 28 |

第3章　石油精製・石油化学・ガス処理プラントのプロットプラン

1.	プロットプランの作成	30
	1.1　プロットプランとは	30
	1.2　基本的考え方と作成手順	30
	1.3　プロットプラン作成に必要な資料	31

2.	プロットプランの基本計画	32
	2.1　パイプラックの計画	32
	2.2　パイプラック上に配列されるもの	33
	2.3　パイプラックの構造	33

3.	機器の配置 基本的な考え	37
	3.1　火熱炉、ボイラー等の火機器の配置	37
	3.2　コンプレッサーの配置	38
	3.3　エアフィンクーラー（AFC：Air Fin Cooler）の配置	38
	3.4　タワーの配置	39
	3.5　ドラムの配置	40
	3.6　熱交換器―シェルアンドチューブ型（S/T：shell & tube）の配置	40
	3.7　機器架台計画	42
	3.8　ポンプの配置	42

| 4. | 保安距離による制限 | 43 |

| 5. | 配管およびケーブル等のルーティング上から考慮する事項 | 43 |

| 6. | 建設およびメンテナンス性から考慮する事項 | 43 |

| 7. | 運転および操作性から考慮する事項 | 44 |

| 8. | 地下埋設物計画 | 44 |

| 9. | 道路と舗装計画（Paving） | 44 |

| 10. | 詳細検討 | 44 |

11.	プロットプラン作成の手順	45
	11.1　PFDの分割とグループごとの仮配置	45
	11.2　プロットプランの確定度を上げる	47

| 12. | 装置の特徴を知る事 | 47 |

第4章　石油精製・石油化学・ガス処理プラントの配管レイアウト

1. 配管レイアウト作成 50
   1.1　配管レイアウト作成に必要な情報 50
2. 配管レイアウトの基本原則 50
3. 配管ルート計画で考慮すべき共通事項 50
   3.1　バルブハンドル、配管同士の間隔 50
   3.2　フランジの設置 50
   3.3　バルブの設置／操作 52
   3.4　通行性（アクセス） 53
   3.5　被覆（保温・保冷） 53
4. 部分詳細部の共通事項 54
   4.1　ブランチ（分岐）配管 54
   4.2　ブランチ配管の形状 54
   4.3　ブランチ方法 54
   4.4　配管サポート支持間隔・ガイド間隔 55
   4.5　レジューシング配管 55
   4.6　ドレン及びベント配管 55
   4.7　ドレン・ベントの設置目的 55
   4.8　ドレン／ベントの配管アレンジ 55
5. 配管アレンジメント計画 55
   5.1　配管アレンジメントの基本原則 55
   5.2　ルーティング 56
   5.3　小口径配管 56
6. 安全弁配管 57
   6.1　共通事項 57
   6.2　オープンシステムの場合 57
   6.3　クローズドシステムの場合 57
   6.4　安全弁入出口配管のアレンジメント 58
7. 計器取付配管 58
   7.1　圧力計 58
   7.2　温度計 59
   7.3　液面計及び液面調節計 60
   7.4　流量計 60
   7.5　コントロールバルブ 61
8. 機器まわりの配管レイアウト 63
   8.1　タワーまわりの配管レイアウト 63
   8.2　ドラムまわりの配管レイアウト 70
   8.3　熱交換器まわりの配管レイアウト 75
   8.4　架構計画（機器架台・バルブ操作架台） 82
   8.5　ポンプまわりの配管レイアウト 85

xi

8.6	配管インフォメーション	106
9.	低温サービスの配管設計	108
9.1	低温サービス配管	108
9.2	配管計画上の注意事項	108

第5章　石油精製・石油化学・ガス処理プラントの配管サポート

1.	配管サポートは、プラントの重要な要素	120
2.	サポートの基本概念	120
2.1	長期荷重	120
2.2	短期荷重	120
3.	サポートの目的と機能	120
3.1	低温サービスのサポート選定	120
3.2	配管サポートの種類と機能（Function）	122
4.	配管形状（水平・垂直配管）	122
5.	配管支持間隔（Support Span）	123
6.	径大管のサポート	123
7.	配管被覆（Insulation）の有無	123
7.1	被覆の種類	123
8.	サポート取り付け先選択の基本的考え方	124
9.	配管構成（Part）	124
10.	サポート設置位置（Location）	125
11.	各機器廻りの配管サポート	126
11.1	コンプレッサーまわり	126
11.2	パイプラック・架台まわり	126
11.3	塔槽（縦型機器）まわり	127
11.4	熱交換器（チューブ型）まわり	127
11.5	ポンプまわり	127
12.	配管サポート材質（Material）	127
13.	サポート選定の基本概念	128
14.	配管サポートタイプ（Type）	128
14.1	非溶接サポート（Non Weld Fixture）	128
14.2	パイプシュー（Pipe Shoe）	128
14.3	パッド（Pad）・拘束（Fixture）	129
14.4	ラグ・トラニオン・スツール（Lug, Trunnion, Stool）	129
14.5	ストラクチュアル（Structural）	129
14.6	機器ブラケット（Bracket from Equipment）	130
14.7	ハンガー（Hanger）	130
14.8	アタッチメント（Attachment）	130
14.9	配管抱き合わせ・ガセット（Pipe to Pipe/Gusset）	130
14.10	ベースプレート、基礎（Base Plate, Foundation）	131

14.11	低温・保冷サポート関連（Cold Insulation）	132
14.12	スライド／防振関連（Sliding PL/Vibration Isolation PL）	132
14.13	音響振動対策用：AIV（Acoustic Induce Vibration）	133
14.14	ボルト付きパイプシュー（Bolting Pipe Shoe）	133
14.15	非金属配管用（For Non Metal Pipe）	133

15. 配管サポート部材展開（Part Material） 134
16. 特殊サポート 135

第6章　火力・原子力発電プラントのプロットプラン

1. 配管設計における建屋・機器配置 138
2. 配置計画 138
   - 2.1　発電所の立地選定 139
   - 2.2　プロットプラン 140
   - 2.3　各種設備 145
3. タービン建屋内配置計画 148
   - 3.1　基本的考慮事項 148
   - 3.2　タービン建屋機器配置計画 150
4. まとめ 153

第7章　火力・原子力発電プラントの配管レイアウト

1. 火力・原子力発電プラントの配管レイアウト 156
2. 配管設計について 156
   - 2.1　配管設計のエンジニアリング 156
   - 2.2　配管設計の手順 156
3. 配管ルート計画 157
   - 3.1　配管の種類 157
   - 3.2　配管ルート計画のステップ 159
   - 3.3　配管ルート計画手順 160
   - 3.4　配管ルート計画の基本事項 161
   - 3.5　計装側からの要求事項 165
4. タービン系配管ルート計画の基本事項 167
   - 4.1　主蒸気系配管 167
   - 4.2　主蒸気リード管 168
   - 4.3　低温再熱蒸気管 168
   - 4.4　高温再熱蒸気管 169
   - 4.5　タービンバイパス管 169
   - 4.6　補助蒸気系配管 170
   - 4.7　抽気系配管 170
   - 4.8　BFP-T高圧主蒸気管 173

xiii

4.9	給水ポンプ駆動用タービン排気管	173
4.10	タービングランド蒸気系配管	173
4.11	低圧復水ポンプ吸込み配管	174
4.12	復水系配管	175
4.13	給水系配管	182
4.14	給水加熱器ドレン系配管	186
4.15	給水加熱器ベント系配管	190
4.16	軸受冷却水配管	190
4.17	循環水配管	193
5.	まとめ	195

第8章　火力・原子力発電プラントの配管サポート

1.	配管における支持装置	198
2.	配管系支持ポイント	198
2.1	支持ポイント決定方法	198
2.2	アンカーの設定	199
2.3	サポート設定要領	199
3.	サポート設計時の配管荷重の組合せ	200
4.	配管支持装置種類	201
4.1	各支持装置と荷重条件での有効性	202
4.2	配管支持装置選定における基本事項	202
4.3	各種配管支持装置の概要	204
4.4	付属金具	219
5.	配管支持装置に使用される材料	220
5.1	支持装置本体に使用される材料	220
5.2	配管に付着する支持装置部品の材料	220
6.	配管支持装置選定・設計時の留意事項	221
6.1	配管支持装置留意事項	221
6.2	配管応力解析における取り扱い	222
6.3	振動及び衝撃のある配管での留意事項	222
6.4	分岐小口径配管の支持方法	222
7.	まとめ	223

第9章　配管材料基準と配管材料選定

1.	配管材料基準の概要	226
2.	バルク材と特殊材	226
2.1	バルク材（Bulk Materials）	226
2.2	特殊材（Special Materials）	226
2.3	バルク材の最大化	227

xiv

3.	配管サービスクラス	227
	3.1　配管サービスクラスの利点	227
	3.2　配管サービスクラス名称の決定	227
4.	配管サービスクラスインデックスの作成	229
	4.1　必要書類	229
	4.2　配管サービスクラスの抽出	231
5.	ブランチテーブル	231
	5.1　代表的な分岐方法	231
	5.2　分岐方法の決定	231
6.	配管材料部品の仕様の決め方	232
	6.1　管（Pipe）	232
	6.2　管継手（Fittings）	234
	6.3　フランジ（Flanges）	236
	6.4　ガスケット（Gaskets）	237
	6.5　ボルト／ナット（Bolts & Nuts）	238
	6.6　バルブ（Valves）	239
	6.7　特殊材（Special Materials）	245
7.	配管材料選定と特殊要求事項	247
	7.1　配管材料選定の基本事項	247
	7.2　バルブに対する特殊要求事項	252
8.	配管材料技術の重要性	255

第10章　配管耐圧部の強度設計

1.	配管の耐圧コンポーネント	258
2.	内圧による力の発生する箇所と大きさ	258
3.	面積補償法という耐圧強度評価	260
4.	基準、codeによる管の必要厚さの式	261
5.	球、ベンド、レジューサの強度評価	261
	5.1　球および半球	262
	5.2　レジューサ	262
	5.3　エルボ、ベンド	262
6.	内圧を負担する壁の一部がない管継手	263
	6.1　溶接組立式分岐管の強度評価	265
	6.2　短いスパンのマイタベンドの強度評価	267
	6.3　その他の耐圧コンポーネントの強度評価	268
7.	スケジュール番号は管の圧力クラス	268
	7.1　Sch番号が意味するところ	269
	7.2　Sch番号の歴史と種類	269
8.	バルブ、フランジのP-Tレイティング	270

xv

第11章　配管フレキシビリティと熱膨張応力

1. 配管設計における配管フレキシビリティ 274
2. 配管設計コード制定の背景 274
3. 配管系の特徴 276
   3.1　熱膨張応力と熱疲労 276
4. 強度理論 276
   4.1　各強度理論 276
   4.2　強度理論の比較 277
   4.3　１次応力と２次応力 278
   4.4　シェイクダウン 279
   4.5　コールドスプリング 281
   4.6　熱応力ラチェット 282
5. 配管系に作用する荷重 284
   5.1　熱膨張計算の原理 285
   5.2　静的地震解析と動的地震解析 285
6. 配管系応力解析 286
   6.1　配管系応力解析の基準・コード類 286
   6.2　配管系応力解析の手順 286
   6.3　考慮すべき荷重条件と解析種類 288
   6.4　熱膨張解析の必要性 289
   6.5　解析条件 289
   6.6　解析のモデル化 291
7. サポート設置位置の決定方法 294
   7.1　計算機解析による方法 294
   7.2　定ピッチスパン法による方法 294
8. フレキシビリティ係数と応力係数 295
9. 発生応力と応力評価 296
   9.1　2018年版までの応力評価式 297
   9.2　2020年版での応力評価式 298
10. 配管支持装置 299
    10.1　配管支持装置種類 299
    10.2　配管支持装置の荷重条件 299
    10.3　配管応力解析における取り扱い 299
11. まとめ 300

索引 301

第1章
配管設計という仕事

1.	プラントの配管設計の役割	2
2.	プラント配管設計の主な業務	2
3.	配管設計遂行管理	2
	3.1　工程管理	2
	3.2　プログレス（設計進捗度）管理	3
	3.3　マンアワー／マンパワー管理	3
	3.4　品質管理	9
	3.5　配管BM／配管BQ（Bill of Material / Bill of Quantity）	9
4.	配管材料仕様書と配管材料調達仕様書の作成	10
	4.1　配管材料	10
	4.2　配管材料仕様書 (piping material specification)	10
	4.3　配管特殊部品仕様書および配管材料調達仕様書 (requisition) 作成	12
	4.4　配管材料のベンダー図書検証	12
5.	プロットプラン／配管レイアウト／3Dモデル作成	13
	5.1　プロットプラン	13
	5.2　配管レイアウト	13
	5.3　3Dモデル作成	13
	5.4　配管インフォメーション作成	14
	5.5　配管レイアウト、チェック	14
6.	メカニカル（強度解析、熱応力）	14
	6.1　配管標準サポート	14
	6.2　配管インフォメーション、荷重算出計算	15
	6.3　配管熱応力解析／配管強度解析／振動解析	15
7.	IT活用（3D CAD管理と配管材料コントロール）	16
	7.1　3D CADデータの活用	16
	7.2　配管材料コントロール	16
8.	プラントの配管設計とは	16

第1章　配管設計という仕事

1. プラントの配管設計の役割

プラントの配管設計とは、配管のアレンジメントを媒体として、プラントを構成する各要素を有機的に結び付け、プラントの全容を3次元（空間設計）に構築する技術である。大型で複雑なプラントの設計を、限られたスケジュールの中で品質を維持しながら遂行するためには、プラントのEPC (Engineering Procurement Construction) に関係する知識、技術、および豊富な経験が必要となる。

本稿は石油精製・石油化学・ガス処理プラントを主体にして、配管設計の主要な業務を挙げて、其々の設計作業内容について述べるが、火力・原子力発電プラントにおいても、大筋はほぼ同じである。

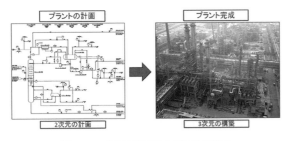

図1.1　2次元の計画から3次元の構成

2. プラント配管設計の主な業務

プラント配管設計の業務を大きく分類すると、下記の5項目から成り立っている。これらの業務はそれぞれが単独で遂行されるのではなく、プロジェクトの進捗に伴い、お互いの情報が複雑に交錯しながら設計は進行していく。

プロジェクトの初期段階では設計の情報は限られており、しかも配管の設計ベースとなるP&ID (Piping & Instrument flow Diagram) の確定度も低い。そのような中で、関連する他部門や建設のスケジュールに支障をきたすことなく配管設計業務を進めなければならない。すなわち、配管設計はプラントの設計の要であることを認識して、作業に当たる必要がある。その業務を大分類すると

(1) 配管設計遂行管理
    配管設計に関連する全ての作業の管理業務
(2) 配管材料仕様書（配管材料基準ともいう）と配管材料調達仕様書の作成
    配管材料に関する仕様の決定と調達仕様書の作成業務
(3) プロットプラン／配管レイアウト／3Dモデルの作成
    ゼネラルプロットプラン／ユニットプロットプラン／配管レイアウト／3Dモデルの作成業務
(4) メカニカル（配管系の強度解析）
    安全なプラントを構築するための強度解析／分析／計算に係わる全ての業務
(5) IT（2D／3D CAD管理、配管材料コントロール）
    配管設計業務を効率的に行うためのIT Toolに関する全ての業務、建設計画に合致した配管材料の発注、アローワンスの決定、余剰材の購入防止と代替え、必要材料の発注漏れの防止等、配管材料の発注から現場納入までの配管材料管理業務

3. 配管設計遂行管理

3.1　工程管理

プロジェクト全体のEPCスケジュールはスケジュールコントローラーにより計画され、プロジェクトに関連する各部門のレビューを経た後に、プロジェクトスケジュールとして周知される。

配管設計リードエンジニアは、このプロジェクトスケジュールに基づき配管設計部門の作業ごとの詳細スケジュールを作成し、プロジェクトの進捗状況を管理しなければならない。スケジュール作成は配管設計の各作業の手順と相互の関連性を熟知している必要がある。

配管設計の詳細スケジュール作成のポイントを以下に述べる。

(1) 建設工程の把握
    全ての設計の作業はプラントの建設完成を目

指して進められる。そのため、建設が必要とする時期に、建設に必要な設計図書と建設材料を建設現場へ納める事が求められる。

(2) 上流情報の入手時期

　上流の設計基本情報や詳細情報を基に設計が進められるので、上流情報の入手時期は非常に重要である。その情報をベースに作成される図書類の作業手順と作成に要する期間を考慮して、設計作業工程を決定する。

(3) 配管設計の主要業務の作業手順と相互の関連性の確認

　配管設計の各業務は完成までに多くの作業工程を有し、また各業務が複雑に交錯し、情報の伝達を相互に行いながら作業が進行する。

　以下に各業務の作業手順の例を示す。

(a) 配管材料仕様書作成関連（図3.1）

　配管材料仕様書は、配管レイアウト作業や強度解析作業に必要な情報（配管材質、配管肉厚、配管レイティング、配管部品と適用規格など）が記載されており、プロジェクトの初期段階から必要とされる重要なドキュメントである。また、配管特殊部品の寸法、重量、メンテナンス情報も配管レイアウトや強度解析作業に欠くことができない情報である。

(b) プロットプラン作成関連（図3.2）

　プロットプランはプラントを3次元に構築（空間設計）するための原点である。プロジェクト開始当初から必要とされるドキュメントであるが、その時点では作成のための情報は非常に限られている。それでも過去の経験や過去に学んだことを活用して作成する事が重要である。プロットプランが無ければ、プロジェクトを進めることは不可能である。

(c) 配管レイアウト作成関連（図3.3）

　プロットプラン、配管材料仕様書、配管サポート等の標準図は、配管レイアウト作業を進めるための必須情報である。プロジェクトの進捗と共に詳細設計が行われ、機器設計やシビル設計へのインフォメーションが作成される。それによってパイプラック、機器プラットフォーム、架台等の部材の詳細やブレース等の補強位置、基礎の形状が決まる。それらを配管レイアウトにフィードバックすることにより、干渉チェックや通行性、メンテナ

ンス性の確認が行われ、配管レイアウトは確定度を高めてゆく。

(d) メカニカル関連作業（図3.4）

　熱応力解析作業は、配管レイアウト作業と密接に係わり、配管レイアウト作成、応力計算、計算結果によるレイアウト変更のような繰り返し作業が行われる事が多い。さらに、計算から導かれるスプリングサポート等の特殊サポートは寸法情報から取り付けに関連し、レイアウト変更やインフォメーションの変更へと発展する場合がある。

3.2 プログレス（設計進捗度）管理

　プロジェクトの各フェーズにおける作業の進捗度を把握し、計画されたスケジュールと比較して問題点の抽出や完成時の予測を行う。

　プロジェクト進捗度測定の方法をプログレス・メジャーメントという。プログレス・メジャーメントの方法は複数あるが、一般的にはあらかじめ作業の進捗度を測定する尺度を決めておき、この尺度に基づいて進捗度をパーセント（%）表示する。配管設計の進捗度は一般の機械や建物の設計と異なり、確定度合の指針を設定しにくい。配管材料仕様書や配管材料調達仕様書の進捗度は、単位が明確なので把握しやすい。しかしながら、配管レイアウトに関する設計進捗度は、何を尺度として測定するのか難しい面がある（配管のライン番号ごとで測定すると、ラインの長短、サイズの大小、付帯するバルブや計器の数量、配管サポート数、熱応力評価の有無等の条件が異なるため、一律に計算して進捗度とすることは正確さに欠ける）。参考に配管レイアウト業務の設計進捗度算出の例を示す（表3.1）。

　配管レイアウトの進捗度は、単に3Dモデリングされたラインの数を表すものではなく、ラインの確定度およびそのラインと他の3Dモデルとの、干渉、操作メンテナンス性などの総合的な検証が終了しているかによって3Dモデルの完成度は判断されるべきである。ゆえに、配管レイアウトの進捗度は3Dモデル作成作業の各要素ごとにweight %を添加して算出する必要があると考える。

3.3 マンアワー／マンパワー管理

　配管設計業務を遂行するために、プロジェクトスケジュールに合わせて配員する要員を作業別に選出

第1章　配管設計という仕事

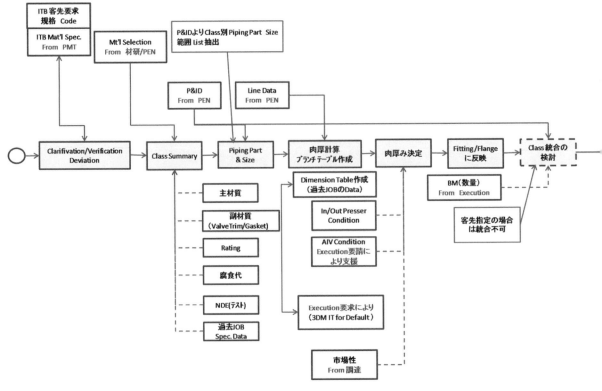

図3.1　配管材料仕様書作成関連 作業手順例

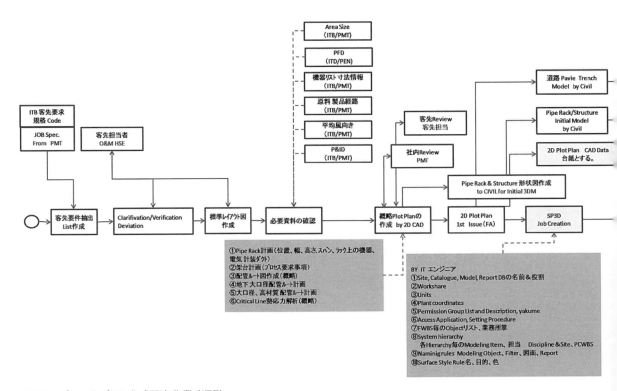

図3.2　プロットプラン作成関連 作業手順例

第1章 配管設計という仕事

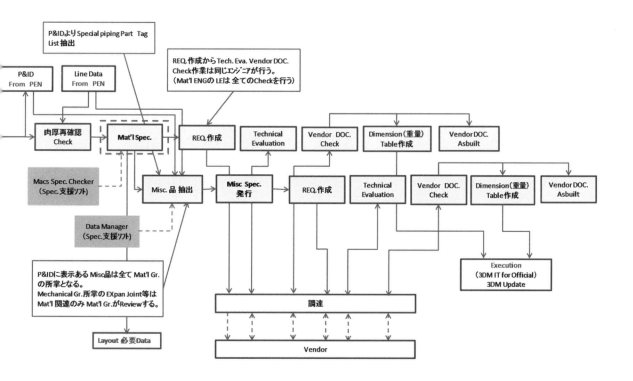

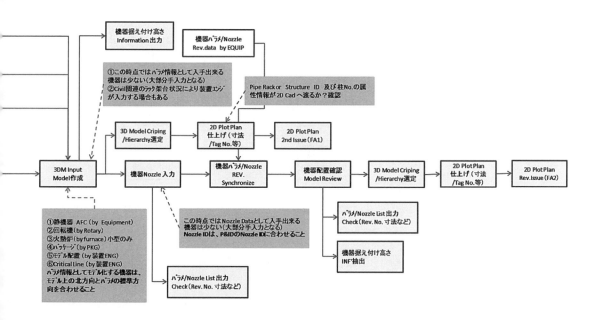

第1章 配管設計という仕事

配管レイアウト作成関連 作業手順

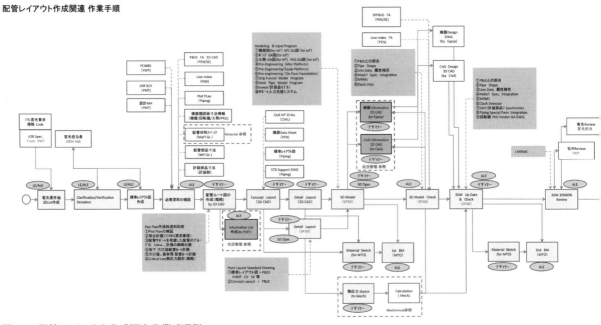

図3.3　配管レイアウト作成関連 作業手順例

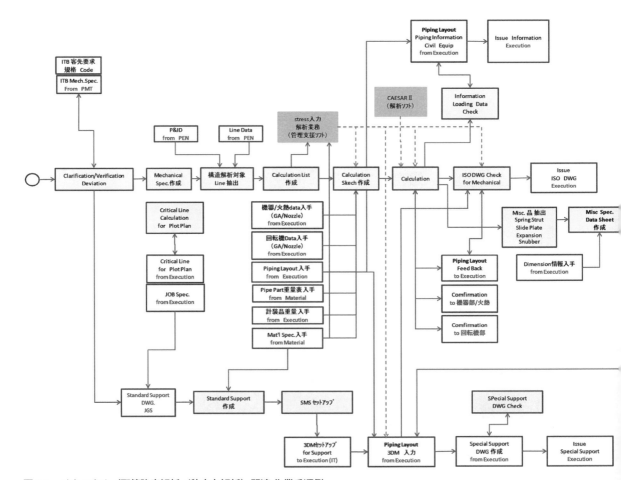

図3.4　メカニカル（配管強度解析／熱応力解析）関連 作業手順例

6

第1章 配管設計という仕事

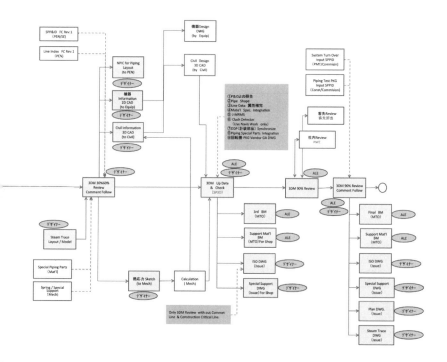

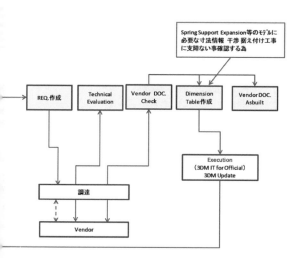

表3.1 配管レイアウト作業の設計進捗度算出案例（3DM設計の場合）

3D PROGRESS FOR PIPING ENG. **56.29** %

■ : NET QTY.　□ : INPUT

MODEL 75%

ITEM	WEIGHT%	DETAIL	W%=	BASE NET QTY.	FI DWG. W%=30 QTY.	FA DWG. W%=50 QTY.	FC DWG. W%=10 QTY.	CHECK PD REPORT W%=10 QTY.	PROGRESS	Weight %
EQUIPMENT	3	DRUM	8	60	60	60	48		7.04	
		TANK	4	8	8	8	8		3.6	
		TOWER	16	7	7	7	2		13.2571429	
		REACTOR	5	4	4	4	4		4.5	
		EXCHANGER	7	75	75	75	48		6.048	
		AFC	8	10	10	10			6.4	
		PUMP	10	120	120	120	18		8.15	
		COMPRESSOR	30	3	3	3			24	
		PKG.	6	18	18	18			4.8	
		OTHER	6	25	25	25			4.8	
			100	330					82.5951429	2.5
STRUCTURE	5	PIPE RACK	40	8	8	8		8	36	
		STRUCTURE	22	16	16	16		16	19.8	
		SHELTER	13	3	3	3		3	11.7	
		TABLE TOP	10	6	6	6		6	9	
		OPE.PLATFORM	5	48	48	48		48	4.5	
		PIPE SUPPORT	10	72	72	72		72	9	
			100	153					90	4.5
UNDER GROUND	1	EQUIP FOUNDATION	24	236	236	187			16.7084746	
		STRUCTURE FOUNDATION	5	25	25	21			3.6	
		PIPE SLEEPER	8	2	2	1			4.4	
		PIPE TRENCH	15	5	5	3			9	
		CABLE TRENCH	10	8	8	8			8	
		DRIP FUNNEL	10	8	8	6			6.75	
		U/G PIPING BY PIPING	20	8	8	4			11	
		U/G PIPING BY CIVIL	8	8	6	4			3.8	
			100						63.2584746	0.6
EQUIP PLATFORM/PIPE SUPPORT	3	EQUIP INFORMATION	100	67	50	41			52.9850746	
			100						52.9850746	1.6
PIPING	80	PIPE LINE	35	3755	2983	2730			21.0643142	
		VALVE (4"LARGER)	20	6850	5238	4827			11.6347445	
		SPEC'L COMP.(2"LARGER)	10	2720	2018	1235			4.49595588	
		IN LINE INST.	15	4657	3783	2311			7.37728151	
		SUPPORT	20	1	1				6	
			100						50.5722962	40.5
THERMAL CALCULATION	2	CALCU./PIPING MATCHED	100	946	785	620			57.6638478	
			100						57.6638478	1.2
3D SET UP	6	3DM SPEC.	15	1	1	1	1	1	15	
		LINE CLASS	10	72	72	72	72		9	
		MATERIAL SPEC.	25	72	72	50			16.1805556	
		DESIGN FILE	15	58	58	58	58		13.5	
		DIMENSION TABLE	20	1	1	1			16	
		INSTRUCTION	15	1	1	1	1	1	15	
			100						84.6805556	5.1
	100		100							55.9

REVIEW 25%

	WEIGHT %	DETAIL	W%=	QTY.	Weight %
30%MODEL REVIEW	20	INT'L 1 REVIEW	15	1	15
		INT'L 1 REVIEW FOLLOW	10	1	10
		INT'L 2 REVIEW	25	1	25
		INT'L 2 REVIEW FOLLOW	10	1	10
		PJ REVIEW	30	1	30
		PJ REVIEW FOLLOW	10	1	10
			100		100 → 20
60%MODEL REVIEW	75	INT'L 1 REVIEW	10	1	10
		INT'L 1 REVIEW FOLLOW	10	1	10
		INT'L 2 REVIEW	20	1	20
		INT'L 2 REVIEW FOLLOW	10	1	10
		PJ REVIEW	40	0	0
		PJ REVIEW FOLLOW	10	0	0
			100		50 → 37.5
90%MODEL REVIEW	5	INT'L 1 REVIEW	15	0	0
		INT'L 1 REVIEW FOLLOW	10	0	0
		INT'L 2 REVIEW	25	0	0
		INT'L 2 REVIEW FOLLOW	10	0	0
		PJ REVIEW	30	0	0
		PJ REVIEW FOLLOW	10	0	0
	100		100		0
					57.5

し、配員計画表と組織図を作成する。これらの計画は見積時にマンパワーリソースも含めて計画されているが、その計画と差異があれば調整が必要である。設計開始から設計終了時まで、計画されたマンアワー／マンパワー内で遂行することが求められる。しかしながら、プロジェクト遂行の状況は日々変化し、客先要求による追加変更やベンダー情報の遅れなどにより計画の修正が必要な事象も生じる。この変化に効率的に対応することが、マンアワー／マンパワー管理業務の基本となる。

(1) マンアワー

各設計業務の作業量、リソース、生産性から必要設計技術者の延べ数が決まる。

作業量／生産性（単位作業／時間）
　　＝設計技術者数（延べ数）

Quantity / Productivity = Man Hour

(2) マンパワー

プロジェクトスケジュールや作業ボリュームを踏まえ、作業内容に適した技術者の必要人数、投入時期を計画して実施する。配管レイアウト作業のようにエリア単位で区分する作業は、多人数を投入すれば短期間で終了するとは限らない。エリアの区分を増やす結果となり、エリア間調整や情報の授受のために新たな作業が発生し、生産性低下につながる事もある。また、情報の伝授に要する時間を考慮する必要もある。

3.4　品質管理

(1) 設計入手情報のレビュー

配管設計の設計上流情報は、図3.5の通りであり、特にP&IDは最重要情報である。これらの情報の確定度、妥当性を見極める事が、後続の作業効率に大きく影響する。

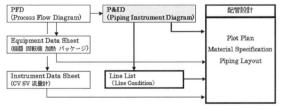

図3.5　P&IDは、配管設計上流情報で最も重要

(2) P&IDのレビュー

P&IDを作成するプロセス部門は、一般的にはプラントの性能、運転、効率を主に考慮する。

配管設計ではP&IDに基づいて配管レイアウトを進め、プラント全体の空間設計を行う。したがって、配管設計部門は、プラントの安全性、操作性、通行性、建設性、メンテナンス性、経済性等の観点からP&IDをレビューする。

設計から調達、建設を通して、プラントを構成する各要素が矛盾なくP&IDの要求を満たしていることが重要である。

(3) その他の入手情報のレビュー

パッケージ機器、加熱炉、エアフィンクーラー（AFC）、ポンプ、コンプレッサー等、ベンダー図書などの情報は以下の観点からレビューを行う。

(a) プロットプランとの適合性
(b) 計画されたプロットプランに対して、機器の大きさ、高さ、ノズル位置（補機も含む）が問題ないかの確認
(c) 配管レイアウト、インフォメーション、3Dモデルに対して、配管取り合い部分のサイズ、フランジ規格、材料仕様、取り合い区分、ローディングデータの要否等の確認
(d) 配管系のメカニカル解析に対して、取り合いノズルの許容荷重、移動量、固定点など、配管のメカニカル解析の条件を満たしているかの確認

(4) 配管レイアウトと3Dモデルレビュー

プラントの諸設備は、配管レイアウト作業により具現化され、3Dモデルとして作成される。作成された3Dモデルをバーチャル装置としてみなし、プラントの機能（プロセス、運転、操作、メンテナンス性、安全、環境）や建設性、経済性等の設計検証を行う。通常、3Dモデルレビューと呼ばれ、3Dモデルの進捗に合わせて30％、60％、90％レビューとして3回に分けて行われる。

3.5　配管BM／配管BQ（Bill of Material / Bill of Quantity）

プラントの設計は、上流情報の変化に対応しながら変更や改定作業を繰り返すことにより、完成度が高まってゆく。情報の変化の度合いが大きければ、その影響は広範囲に拡散することになり、設計が混乱したり品質やスケジュールに影響が出たりする。

プロジェクトの初期段階では未確定情報が多く、

第1章　配管設計という仕事

仮の情報を使用してレイアウトや3Dモデルを作成する。この仮情報を確定情報に置き換えるための改訂作業や変更作業が最小となるよう計画しなければならない。プロジェクトの配管BMやBQもプロジェクトの進捗と共に変化するが、見積によって決定されたプロジェクトのターゲットBM、BQの数値を超えることがないよう管理しなければならない。

(1) 配管BM（bill of material）：プラントに使用するパイプのトン数を把握

(2) 配管BQ（bill of quantity）：配管の工事量を溶接量インチダイア（I.D.: inch - diameter）で把握

4. 配管材料仕様書と配管材料調達仕様書の作成

詳細は、第9章配管材料基準と配管材料選定を参照。ここでは、概略の関連作業内容を紹介する。

4.1　配管材料

(1) 配管バルク材料（piping bulk materials）と配管特殊部品（piping specialties）

配管バルク材料は、配管工事に使用するパイプ、フィッティング、フランジ、バルブ等で、同一仕様のものが大量に使用され、使用場所が特定されない配管材料である。詳細設計が完了するまで必要数量が確定しないので、分割調達の形態がとられる。多品種,多数量であるため、きめ細かな材料管理を必要とする。一方、配管特殊部品はストレーナー、スチームトラップ、エキスパンションジョイント等で、個々に機番（Item No.）が付けられ使用場所が限定される配管部品である。P&IDから集計が可能で、バルク材料のように分割調達は行わない。

(2) 配管材料規格／基準

プラントに使用される配管材料は、適用する規格、基準にしたがって製作される。規格（Standard）は技術定義と指針の集まりで、装置の設計者、製造者、運用者、ユーザーにとっての説明書の役割を示している。法律ではないのでそれを守るかは当事者間で決定される。基準（Code）は一つ以上の政府に採用され、法律によって強制された規格、またはビジネス契約に組み込まれた規格である。たとえば法律や法律の下にある政令、省令、告示等の技術基準の中で指定された規格は法的な強制力を持つ。

配管材料に適用される主な規格、基準は以下の通り。

(a) 海外プロジェクト：ASME、API、MSS、NACE、AWWA、BS、ISO、ASTM

(b) 国内プロジェクト：JIS、JPI、高圧ガス保安法

(c) 配管に適用される規格の例（図4.1）

(d) 配管材料に適用される規格の組み合わせ

パイプの材質が決まれば、それに対応するフィッティング、フランジ、バルブの材質はほぼ決まる。材質選定は、扱う流体ごとに「材料選定基準書」（プロセス+材料研究部門）に基づき選定される（表4.1）。

4.2　配管材料仕様書
（piping material specification）

配管バルク材料（パイプ、エルボ、レジューサー、ティー、キャップ、オーレット、フランジ、ガスケット、ボルト/ナット、バルブ）の仕様、材質・肉厚・レイティング・接続型式・適用規格を、配管のクラスごとに表示した配管材料仕様書である。各配管部品は、一品ごとに識別コード（identification code）が付けられ管理される。

(1) 配管サービスクラス

（配管サービスクラスの仕組みについては、第9章3項参照）

プラントでは多くの配管が存在するが、これらの配管を一件ずつ設計条件ごとに計算するのは困難である。そのためフランジには呼び圧力が規定されており、いくつかの種類に分類されている。この呼び圧力によるクラス分けをレイティング（個々のクラスは呼び圧力に"クラス"を付けて呼ぶ）と呼んでおり、フランジの材質や形状（厚さや外径）により異なっている。呼び圧力に対する温度と圧力の関係を、圧力―温度基準　P-Tレイティングという。

フランジ規格にはP-T レイティングが材質別に定められており、配管の材質、流体の圧力と温度の設計条件を基に、フランジのレイティングを選定することができる。配管サービスクラスの構成はプロジェクトごとに異なるが、配管材質、配管のレイティング、腐れしろ（C.A.: corrosion allowance）等を数値やアルファベットを使い組み合わせて表す。以下に例を示す。

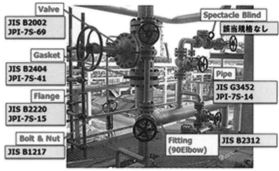

海外規格　　　　　　　　　　　　　　　国内規格

図4.1　配管に適用される規格例

表4.1　パイプ材料が決まればその他も決まる

一般的な配管材料規格(海外)

配管材質	配管部品 パイプ	継手(BUTTWELDING) エルボー、ティー、キャップ、レデューサー	鍛造品 小径継手、フランジ、小径バルブ弁箱	鋳造品 バルブ弁箱
CS	ASTM A53 Gr.B	ASTM A234 Gr.WPB	ASTM A105	ASTM A216 Gr.WCB ASTM A216 Gr.WCC
	ASTM A106 Gr.B			
	API 5L	ASTM A234 Gr.WPB-W		
	ASTM A672			
LTCS	ASTM A333 Gr.6	ASTM A420 Gr.WPL 6	ASTM A350 Gr.LF2 Cl.1	ASTM A352 Gr.LCB
	ASTM A671 Gr.CC60	ASTM A420 Gr.WPL6W		ASTM A352 Gr.LCC
Stainless Steels (SS304)	ASTM A312 Gr.TP304	ASTM A403 Gr.WP304	ASTM A182 Gr.F304	ASTM A351 Gr.CF8
	ASTM A358 Gr.304 Cl.1	ASTM A403 Gr.WP304-W		

一般的な配管材料規格(国内)

配管材質	配管部品 パイプ	継手(BUTTWELDING) エルボー、ティー、キャップ、レデューサー	鍛造品 小径継手	鍛造品 フランジ、小径バルブ弁箱	鋳造品 バルブ弁箱
CS	JIS G3442(SGPW)	JIS B2311(FSGP)	JIS B2316 (PS370)	JIS G3202 (SFVC2A)	JIS G5151 (SCPH2)
	JIS G3452(SGP)				
	JIS G3457(STPY)	JIS B2311(PY400)			
	JIS G3454(STPG370)	JIS B2312(PG370)			
	JPI-7S-14(JPI-2-SM400B)	JIS B2313(PG370W)			
	JIS G3455(STS370)	JIS B2312(PG370)			
	JPI-7S-14(JPI-2-SM400B)	JIS B2313(PT370W)			
	JIS G3456(STPT370)	JIS B2312(PT370)	JIS B2316 (PT370)		
	JPI-7S-14(JPI-2-SB410)	JIS B2313(PT370W)			
LTCS	JIS G3460(STPL380)	JIS B2312(PL380)	JIS B2316 (PL380)	JIS G3205 (SFL2)	JIS G5152 (SCPL1)
	JPI-7S-14(JPI-2-SLA-325A)	JIS B2313(PL380W)			
Stainless Steels (SS304)	JIS G3459(SUS304TP)	JIS B2312(SUS304)	JIS B2316 (SUS304)	JIS G3214 (SUS F304)	JIS G5121 (SCS13A)
	JIS G3468(SUS304TPY)	JIS B2313(SUS304W)			

配管材質	配管レイティング	C.A.
Carbon Steel:C	Class150:1	1.5mm : A
Low Alloy Steel:A	Class300:3	3.0mm : B
Stainless Steel:S	Class600:6	4.5mm : C

例えば、配管材質がCarbon Steelで配管レイティングがClass300、C.Aが3.0mmの場合、配管クラス名はC3Bとなる。配管材質、肉厚、レイティング、C.A、バルブのトリム材質、ガスケット材質等の違いにより、配管のクラスは多種類に分類される。

(2) 配管の肉厚

(1)でも述べたが、多量な配管の肉厚を個々の設計条件で計算していては効率的とは言えない。したがって、通常は配管の呼び径がNPS16まではフランジのP-Tレイティングの圧力を設計条件として肉厚を計算する。NPS18以上の配管は、呼び径が同じ配管のグループから、最も厳しい設計条件を基に肉厚を計算する。合金配管やニッケル合金等の高価な配管については、呼び径に関係なく実際の設計条件を基に計算する。計算結果の肉厚に、C.A、パイプあるいはフィッティングの負側の製作公差、ネジの深さを加味して必要肉厚を算出する。必要肉厚をそのまま適用するのではなく、市場性を考慮して、規格に定められた最適な配管の肉厚を選定する。配管サービスクラスの中でフランジのP-Tレイティングの値と一致しない配管部品は、その部品のP-Tレイティングを明確にする。ボールバルブやバタフライバルブでPTFEやNBRのソフトシートを使用しているバルブはこれに該当するので、注意が必要である、配管がバキュームの条件に該当する場合は、外圧計算により肉厚を検証する。計算に適用する計算式はプラントの設計に適用する規格に基づく（図4.2)。耐圧部強度については、第10章参照。

配管サービスクラスと配管材料仕様の基本情報は見積時の客先図書に含まれている。これをベースにして配管肉厚の決定や、熱処理、非破壊検査などを含めた詳細の検討を行い、配管クラスと配管部品の仕様を確定し、配管材料仕様書（マテリアルスペック、material specification）として発行される。

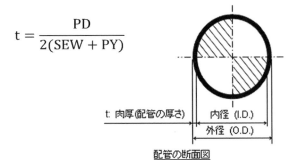

$$t = \frac{PD}{2(SEW + PY)}$$

図4.2　管肉厚計算式の例（ASME B31.3-304.1.2項3a）

表4.2　配管材料基準 配管クラスの例

4.3　配管特殊部品仕様書および配管材料調達仕様書（requisition）作成

配管バルク材料は、配管材料仕様書によって仕様が決定され、設計の進捗に合わせて段階ごとに調達仕様書が作成され発注される。

一方、ストレーナーやスチームトラップ等の配管特殊部品は、個別に仕様書が作成される。個々の仕様はデータシートに明記され仕様書に添付される。この仕様書と調達仕様書により、発注が行われる。内容に変更がなければ発注作業は一回であるが、部品によっては数回の改訂版が発行される。

4.4　配管材料のベンダー図書検証

発注された配管部品については、調達仕様書で要求した図書がベンダーより提出される。この図書の内容が仕様書や調達仕様書の要求に沿ったものとなっているかの確認作業が、ベンダー図書検証である。ベンダー図書は、配管部品の外形図／組立図、製作要領書、試験検査要領書など多岐に渡り膨大な量になる。したがってベンダー図書の管理は材料の調達のみならず、建設や運転にまで影響を与えるこ

とがあるので重要な作業となる。ベンダー図書検証の過程では、以下のような対応が必要となる。
(1) 配管部品の製作ベンダーが、4.2項 配管材料仕様書や4.3項 配管特殊部品仕様書で定めた要求に合致した製品を製作し納入すれば問題ないが、実際には多くの逸脱（deviation）や代替案（alternative）がベンダーより提出される。内容によっては客先の承認が必要な事項も含まれるので、製作開始許可までに多くの時間を要することが多々ある。またベンダーからの変更要求を承認した場合は、必要に応じて仕様書を修正する必要がある。
(2) 最終的に承認されたベンダー図書（図面）に基づき、配管レイアウトや3Dモデル作成に必要な情報（寸法、接続サイズ／クラス、重量、メンテナナンス方法など）を関係者に周知し管理する。

5. プロットプラン／配管レイアウト／3Dモデル作成

5.1 プロットプラン

(1) プロットプラン作成

プラント建設計画の原点となる設計作業であり最も重要な業務である。プロジェクトの開始時点では、多くの未確定な情報を活用しながら、プロットプランを作成しなければならないため、プラントに関係する豊富な知識や経験が必要である。装置を構成する主要な配管系をルーティングし、経済性を追求する。
  (a) ゼネラルプロットプラン（プラント全体の装置の配置計画）
  (b) ユニットプロットプラン（装置ごとの機器類、架構、建屋、パイプラックの配置計画）

(2) プロットプランレビュー

作成されたプロットプランの妥当性を検証する。機器や構造物の配置だけでなく、装置が機能するために必要な条件を全て満足しているかの視点で検証する（プラントの主要配管の概略レイアウトを行う）。

5.2 配管レイアウト

(1) 標準レイアウト図作成

レイアウトに関係する客先要求事項を盛り込んだ標準レイアウト図を作成する。配管レイアウト作業は技術レベルの異なる国内外の多くの技術者が携わるため、設計の不統一を生じる事がある。これを防ぐためにも、レイアウトの設計ベースを明確にした標準図が重要となる（図5.1）。

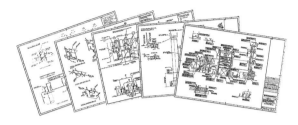

図5.1　標準レイアウト図の例

(2) 代表的（typical）図面作成

ドレンやベント、圧力計、流量計、液面計（LC/LG）、温度計、サンプリング配管 等を対象に、配管からの取り出し方法、バルブのタイプと接続形状等の詳細を示した基準図面である。配管系には多くの計器やドレン、ベントが設置される。これらのレイアウトを個々のエンジニアの判断により進めると、統一性を欠くと同時にミスの原因となる。配管口径は小さくても多量であるため、ミスの修復には多くの時間とコストを要する。

装置が大きくなる程、レイアウトを行うエンジニアの技術レベルも多様であるため、誰でも容易に理解できる基準図の作成が必要となる（図5.2）。

図5.2　代表的（typical）図面の例

5.3 3Dモデル作成

プラントの設計は配管レイアウトにより3次元に展開される。このレイアウトをコンピューター上に3次元化（3D CG化）したものが3Dモデルである。3Dモデルに蓄積された各種のデータは、他部門へのインフォメーション作成、配管強度解析、配管サ

ポート設計、配管BM／BQ算出、アイソメトリック図および平面図作成に活用される。このため、3Dモデルは配管設計のプロダクトというよりもプロジェクトの成果物として捉える必要がある。3Dモデルの完成度の高さがプロジェクト遂行の成否を左右する。

5.4 配管インフォメーション作成

プラントの諸設備は配管レイアウトにより具現化される。パイプラック、機器架台や建屋などの構造物、機器プラットフォーム、機器のノズル方向、機器取り付け高さ等の情報は、配管レイアウトを活用し、配管エンジニアによってインフォメーションとして作成される。このインフォメーションに基づいて、シビル部門や機器設計部門は詳細設計を行う。配管のインフォメーションの品質や発行スケジュールの遅れは、下流設計部門の品質やスケジュールにも大きな影響を与える。配管設計がプラントの設計の要と言われるのはこのためである。配管設計が作成する主なインフォメーションには以下の種類がある。

(1) インフォメーション作図要領（共通）
(2) シビル：パイプラック、ストラクチャー、テーブルトップ、スリーパー、トレンチ（ピット）、ドリップファンネル、機器据え付け高さ、防油堤
(3) 配管取り合い：配管、土建
(4) 機器：塔、槽、熱交換器、タンクのノズル、プラットフォーム、配管サポート、ノズル反力、モーメント
(5) 加熱：プラットフォーム及び配管サポート
(6) プロセス：安全弁廻り配管 等、圧力損失検証
(7) 建屋：配管の取り合い、配管サポート取り付け
(8) 回転機：ノズル反力、モーメント
(9) 電気：アースラグ、電気防食関連、電気トレース
(10) 計装：配管との取り合い、アクチュエータの向き
(11) 防消火：消火栓位置、散水配管形状

5.5 配管レイアウト、チェック

作成された配管レイアウトの妥当性を検証する。5.4項（インフォメーション作成）で関連設計部門の設計基情報となる配管レイアウトは、総合的に、あらゆる観点から妥当性を確認する（配管だけを見るのではない）。通常、3D Model Reviewと呼ばれ、完成度により30％、60％、90％ Reviewの3回に分けて行われる。

6. メカニカル（強度解析、熱応力）

プロットプラン作成やパイプラック、ストラクチャーのインフォメーションの作成には、配管の強度解析が必要な配管系が多数存在する。パイプラックを縦横に走るフレア配管やスチーム配管は、ループの位置や固定点を早期に確定してローディングデータとしてシビル設計に情報を発信する。また塔の高温ボトム配管、AFC、加熱炉、リアクター、コンプレッサー周りの配管は優先的に配管レイアウトと強度解析を進める必要がある。強度解析は対象機器の全ての運転ケースを想定して行い安全性を確認する。

6.1 配管標準サポート

(1) プラントの配管は多種多様なサポートにより支持、あるいは拘束される。適切な位置に適切な用途の配管サポートを配置する事が、配管の安全を確保するための重要な要素である。
(2) 標準サポート図面はプラントで数多く使用される汎用サポートの標準図であり、配管レイアウトのサポート選定に必要なため、設計スタート時点に作成する。標準配管サポート図のインデックスの例を以下に示す（図6.1）。

図6.1 標準配管サポート図の例

(3) 配管サポート選定要領
標準配管サポート図面が用意されていても、

適切な設置場所、型式（ガイド、ストッパー等）が選定されなければ意味を持たない。したがって、サポートの選定要領を作成し、配管レイアウト作成に関わる全てのエンジニアに対して周知が必要となる（図6.2）。

配管応力解析、配管サポートについては、第4章、第5章参照。

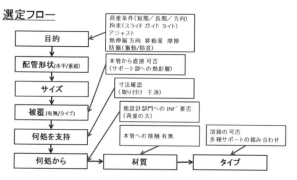

図6.2　配管サポート選定 作業フロー

6.2　配管インフォメーション、荷重算出計算

構造物に対するサポートの取り付けは、構造物の設計条件（垂直／水平荷重）に影響を及ぼすため、サポート設置場所、荷重のインフォメーションを予め担当設計部門へ提出し、構造物の設計条件に取り込んで設計してもらう必要がある。図6.3、図6.4にローディングデータの算出計算例を示す。

6.3　配管熱応力解析／配管強度解析／振動解析

(1) 高温配管や回転機関係の配管は、レイアウトの作成と同時に強度解析を行い、機器ノズルへの反力やモーメントが許容値内である事を確認する。

(2) 許容値をオーバーする場合は、配管のルート変更やサポート追加、スプリングサポート、スライディングプレート、防振器等の適用を検討する。

(3) スプリングサポート、防振器、スライディングプレートは、取り付け位置や取り付け寸法について問題のないことを確認した後、発注のための仕様書を作成する（図6.5）。

図1　集中荷重算出法

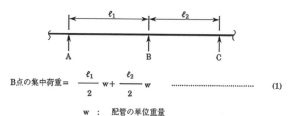

$$B点の集中荷重 = \frac{\ell_1}{2}w + \frac{\ell_2}{2}w \quad \cdots\cdots(1)$$

w ： 配管の単位重量

図2　鉛直ラインの集中荷重算出法

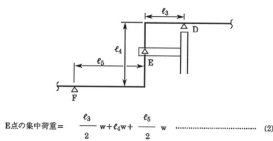

$$E点の集中荷重 = \frac{\ell_3}{2}w + \ell_4 w + \frac{\ell_5}{2}w \quad \cdots\cdots(2)$$

図3　バルブなどの集中荷重の比例配分法

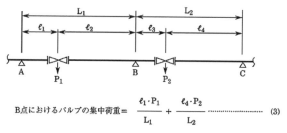

$$B点におけるバルブの集中荷重 = \frac{\ell_1 \cdot P_1}{L_1} + \frac{\ell_4 \cdot P_2}{L_2} \quad \cdots\cdots(3)$$

図6.3　配管荷重算出計算式

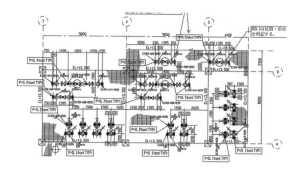

図6.4　配管荷重表示例（インフォメーション）

図6.5 スプリングサポート取り付け例

7. IT活用（3D CAD管理と配管材料コントロール）

プラントの配管設計は3Dモデルを柱として構築されるが、モデル化された配管は、パイプラック、ストラクチャー、建屋、関連機器群 等、建設工事を考慮した区分に分類された情報を備えている。また、ベンダーからの寸法や形状、配管部品ごとのIdentification Code、保温や保冷、Post Weld Heat Treatment（PWHT）等の熱処理、非破壊検査、塗装等の情報を有している。

したがって、これらのデータを抽出あるいは加工することにより、EPCに関わる多くの作業の効率化に貢献している。プラントの建設ではメカコンや運転の作業工程を考慮し、建設の優先順位をエリアごとに区分する。配管材料はこの優先順位に対応して発注と納入がなされなければならない。3D CADデータに基づき、材料を管理する作業が配管材料コントロールで、非常に重要な作業である。

7.1 3D CADデータの活用

(1) 配管MTO（Material Take Off）：配管バルク材料の数量を算出する作業
(2) 配管BM（Bill of Material）：プラントに使用する配管バルク材料の所要数量
(3) 配管BQ（Bill of Quantity）：配管工事の工事量（溶接量インチダイア）
(4) 配管標準サポート：数量と材料
(5) アイソメ図
(6) 配管レイアウト平面図

7.2 配管材料コントロール

配管材料は、通常3Dモデルから材料を集計する。プロジェクトの初期では3Dモデルが未完成なため、全ての材料を集計できない。

しかしながら、3Dモデルの完成を待っていては建設工事に遅れをきたす。このため、3Dモデルに未入力の配管についてはプロットプランとP&IDでルート図を作成し、材料を集計する。

配管材料は…
- 品種が多い
- 数量の確定に時間がかかる
- 分割発注が多い
- 建設工程に影響が大きい
- 装置の大型化や短納期化

等の理由により、配管材料コントロールは益々重要な作業となっている。配管材料コントロールで考慮すべき事項は以下の通り。

(1) 材料はプラントで使用する総合計数量だけでなく、装置別、建設工事区分別などにも展開できる。建設工事に合致した材料の納入を行う（製作および輸送期間を反映）。
(2) 材料は配管を組み立てる工場で使用する材料と、現場で使用する材料に区分して納入できる。プロジェクトの初期に納入材料と納入場所を明確にする。
(3) 建設工事量を区分ごとに算出できるので工事計画に利用する。設計の進捗の度に工事量予測が増加しないよう注意する。
(4) 設計の進捗度や確定度を把握する。
(5) 不要材料の購入防止、所要材料の手配漏れの防止、転用、納期管理。

8. プラントの配管設計とは

以上のように、配管設計はプラントの設計に欠く事のできない大きな任務を受け持っている。配管設計の技術力がプラントの品質と短納期化を左右する事になる。

第2章
P&IDの読み方

1.	配管設計とP&ID	18
2.	P&IDは、配管設計の上流情報	18
3.	P&IDの読み方	18
	3.1　P&IDの構成	18
	3.2　P&ID レジェンド	19
4.	P&ID上に表示される配管レイアウトに関する要求事項	22
	4.1　配管ルーティングに対する要求	22
	4.2　配管レイアウトの寸法要求	22
	4.3　機器据付け高さの要求	24
5.	詳細の別図表示	24
6.	P&ID中の注意事項（P&ID Note）の表示	25
7.	P&IDの読み方の例	25
8.	配管レイアウトからP&IDへ	25
9.	P&IDの内容を理解するために	27
	9.1　配管設計としてのチェックポイント	27
	9.2　配管設計としてのP&IDチェック項目	27
10.	P&IDのまとめ ― 配管設計が高精度のP&IDを作る	28

第2章　P&IDの読み方

1．配管設計とP&ID

　プラントの設計は、原料から製品が生成される処理工程のプロセスを構築する事から始まる。プロセス部門において、その処理工程（プロセス）を図式化したPFD（Process Flow Diagram）が作成され、プラントを構成する機器や、制御の思想、および機器間のつながりの条件を明確にする。
　次に、このPFDをベースにより詳細なP&ID（Piping & Instrument Flow Diagram）が作成される。このP&IDが、配管設計を行うための基礎情報となる。すなわち、P&IDは基本設計から詳細設計への情報の受け渡し（Interface）となるため、この内容を正しく理解する事が配管設計を行う上で最も重要である。
　P&IDを誤って理解したまま配管設計を行うと、建設や装置の運転にも影響を与える事になり、後に膨大なコストインパクト、工程遅延が発生する事になる。
　P&IDは得てして基本設計すなわち、プロセスの視点に重点を置き作成される事から、P&IDを受領する配管設計側から見て、配管レイアウト上の不具合や不備に繋がる表現も多々ある。このような不具合や不備を指摘できる技術力が配管設計者には必要となる。
　本稿では質の高い配管レイアウトを行う上でのP&IDの読み方のポイントについて述べる。

2．P&IDは、配管設計の上流情報

　プラントの配管設計（空間設計）を行う上で欠く事のできない設計の上流情報としてプロセス部門が作成するP&IDがある（図2.1）。
　機器情報や、計器情報は、それぞれの専門部門がプロセス部門からデーターシートを受領し、機器図、計器図として製作される寸法情報を盛り込んだ設計図面となり、配管設計部門に送られる。
　一方、配管の接続（どこからどこへ）、クラス（材質等）、サイズ、流体サービス、圧力、温度、流量、バルブや計器の設置場所などの情報が、P&IDおよ

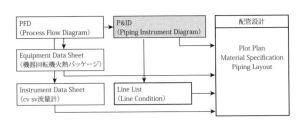

図2.1　配管設計（空間設計）の設計上流情報

びラインリストとなり配管設計部門に送られる。P&IDはプラントレイアウトに欠く事のできない重要な設計情報である。

3．P&IDの読み方

3.1　P&IDの構成

　P&ID図中に全ての配管および計装情報を表記すると、余りにも多くの情報を記入する事になり、図中が混雑して読み取り難くなってしまう。そのため、P&IDの表記は下記の通り項目別に図（シート）を分けて構成されている。

(1) P&IDレジェンド（Legend）（図3.1）：本シートには、一般注意事項、P&IDに使用される記号、略語の説明、全体に共通する配管や計装品の取り付け詳細図等が表示されている。

図3.1　P&IDレジェンドの例

P&IDを読み取って理解するために必要な、辞書のような図面である。
(2) インターコネクション配管（Interconnection Piping）P&ID（図3.2）：複数装置（タンク、受け入れ、出荷設備などを含む）間の連絡配管および計装設備を表示したP&ID。

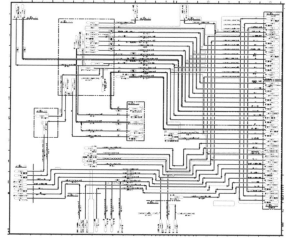

図3.2　インターコネクションP&IDの例

(3) ユニット（Unit）P&ID（図3.3）：一般に言うプロセス装置の機器廻りの配管・計装を表記したP&ID。

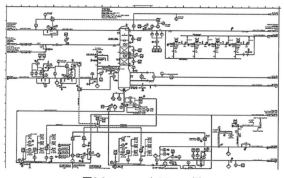

図3.3　ユニットP&IDの例

(4) ユーティリティー（Utility）P&ID（図3.4）：プロセス装置に使用する冷却水、蒸気、空気などのユーティリティー配管をプロットプランの機器配置に合わせて表示したP&IDで、分配ラインを表示している。通常ディストリビューションフロー（Distribution Flow）と呼ばれる。
（一般に、冷却水、蒸気、空気、窒素などのプロセス流体以外の配管をユーティリティー配管と呼ぶ）

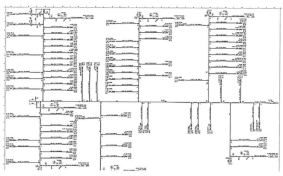

図3.4　ユーティリティーP&ID

(5) 防消火（Fire System）P&ID（図3.5）：防消火関連の設備、配管、計器などを表示するP&IDで、機器配置に合わせて表記する（プロットプランを台紙として利用し作成する場合もある）スプリンクラーの設置が必要な機器などのスプレーノズル設置位置詳細や、消火栓、放水銃、ホースリール設備などの設置情報が表示される。

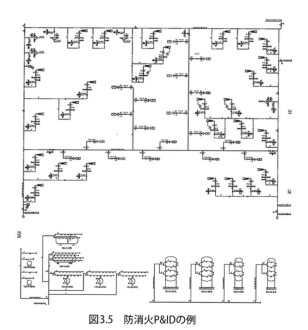

図3.5　防消火P&IDの例

3.2　P&ID レジェンド

一般的なP&ID レジェンドには、下記のような内容が表示される。ただし、プロジェクト毎に客先標

準の違いから表現方法が異なる。設計初期段階においては必ずP&IDレジェンドの内容を十分に理解した上でP&IDを読むこと。

(1) ゼネラルノート（General Notes）（図3.6）：全般注意事項が表示される。

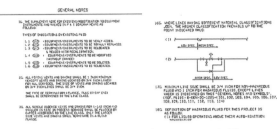

図3.6　ゼネラルノート（General Notes）例

(2) アブリビエーション（Abbreviation）（図3.7）：P&IDに表示してある略語を表示。一般には頭文字で表現されている事が多い。

図例の場合、"AGR"の表示はAcid Gas Removal Unitを意味する。また"BDV"の表示はBlow Down Valveを意味する。

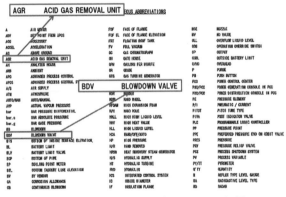

図3.7　アブリビエーション（Abbreviation）例

(3) 機器番号の構成（Equipment Identification）（図3.8）：機器図形、機器番号の構成が表示されている。ユニット番号、機器タイプ、固有連番を組み合わせて表示されている事が多い。また、図形で機器の種類タイプを表示している。図の例では、B10ユニットの"P"ポンプ001番A号機を意味している。また、機器図形は、立型・横型機器や熱交換器のタイプを図形で表している。

図3.8　機器番号構成（Equipment Identification）例

(4) 流体記号（Line Service Code）（図3.9）：ライン番号の中で、配管内を流れる流体の種類を記号で表示。図例のように、一般的には流体名称の頭文字（アルファベット）で表示する場合が多い。図例の場合"AP"は「プラント空気」、"WCR"は「冷却水戻り」、"WCS"は「冷却水供給」を意味する。

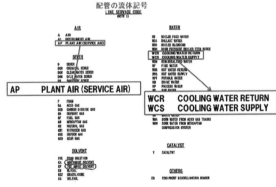

図3.9　流体記号（Line Service Code）例

(5) ライン番号（Line Number）（図3.10）：配管ライン番号の構成を表示。

図例の場合、「サイズ：6"、流体：プロセス、ユニット番号：80ユニット、P&ID番号：01番、ライン固有番号：02番、ラインクラス（配管サービスクラス）：A1A2クラス、被覆タイプ：保温」を意味している。

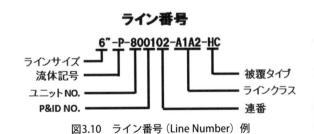

図3.10　ライン番号（Line Number）例

(6) 被覆タイプ（Insulation Type）（図3.11）：保温、保冷、防音、トレースなどの種別を表示。

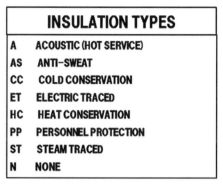

図3.11　被覆タイプ（Insulation Type）例

(7) 配管部品等のシンボル（Piping Symbols）（図3.12）：配管部品の略図形、配管の用途が表示されている。図例の場合、図形の違いからバルブのタイプや向きを読んでいく。また、配管特殊部品の種類を読み、さらに線の太さや種類によってラインの用途も表示されている。

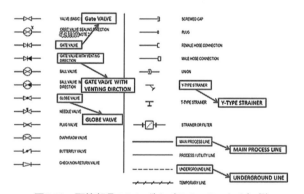

図3.12　配管部品のシンボル（Piping Symbols）例

(8) 計装品のシンボル（Instrument Symbols and Abbreviations）（図3.13）：計装品の記号・略語を表示する。計装品は計器の種類とその機能を表現する必要がある。一般的には、最初の文字（アルファベット）で計器の種類を、続く文字で計器の機能を表わす事が多い。図例の場合、B10：ユニットB10の計器"F"をFirst Letter表で読むと、流量（Flow Rate）である事が分かる。続く"C"をSucceeding Letters表で読むと制御（control）、すなわち、B10ユニットの流量制御計器0001A番である事が読み取れる。

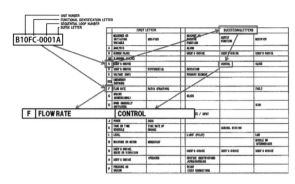

図3.13　計装品のシンボル（Instrument Symbols and Abbreviations）例

(9) 計装品の図形・機能（Instrument Symbols Function and Actuators）（図3.14）：計装品の図形、機能を表示する。上述(8)の計装品シンボルは一般にバルーン（balloon）と呼ばれる○図形の中に表示されており、この図形にもそれぞれ意味がある。また、流量計のタイプやコントロールバルブの機能・制御信号の方法などもそれぞれ個別に表示される。配管設計の業務において詳しく認識する必要は無いが、P&IDに計装品がこのように表示されている事は知っておくべきである。

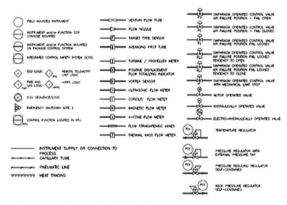

図3.14　計装品の図形 機能（Instrument Symbols Function and Actuators）例

(10) 計装品の設置詳細（Instrument Typical Installation）（図3.15）：計装部品（圧力計、温度計、流量計、液面計、分析計）の取り付け詳細が表示されている。計器を配管に取り付ける場合、ブロックバルブやパージコネクション、ドレン、ベントバルブが共に組み立てられ設置される。その組み立てを詳細に表示してあ

る。図例の場合P&IDにおける圧力計器発信機の表示はバルーンに"PT"と表示され、その取り付けは3/4Bのバルブが設置され、1/2Bのフランジで計装と取り合う事を表示している。

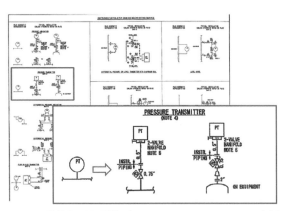

図3.15　計装品の設置詳細（Instrument Typical Installation）例

(11)　配管部品の設置（Piping Typical Installation）（図3.16）：サンプリング、ドレン、ベント等の共通配管詳細。上記(10)と同じく、それぞれのタイプ毎に配管部品の組み立て詳細を表示している。図例はサンプリング"S2"タイプの配管部品組み立て詳細を表示している。

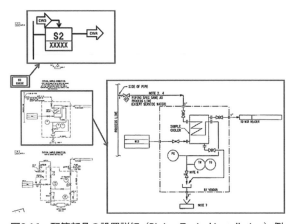

図3.16　配管部品の設置詳細（Piping Typical Installation）例

(12)　回転機廻りの共通配管詳細（Around Pumps, Turbine, Compressor Seal & Cooling Typical）（図3.17）：回転機のシールシステムや冷却システムには同じ配管組み立てがある。それぞれの回転機が表示されているP&IDに個別に表示すると、図中の混乱を招いて読み難くなってし

まうため、図例のように別図にライン番号や計器番号を表形式に表示する。

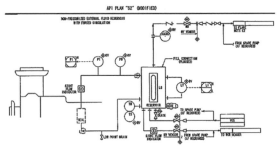

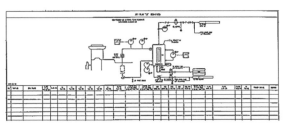

図3.17　回転機廻りの共通配管組み立て詳細（Around Pumps, Turbine, Compressor Seal & Cooling Typical）例

4．P&ID上に表示される配管レイアウトに関する要求事項

P&IDには、次項に示すような、配管レイアウトに対する要求事項が含まれている。

4.1　配管ルーティングに対する要求

ノーポケット（No Pocket）、フリードレン（Free Drain）、グラビティーフロー（Gravity Flow）、スロープ（Slope）等の配管レイアウト上の定義（図4.1）。

P&ID表記	流れ(FLOW A→B)	定義
No Liquid Pocket	A⎾‾⏋B	液溜まりが無い配管形状
No Vapor Pocket	A⎿_⏌B	ガス溜まりが無い配管形状
Free Drain	A⎾‾⏋_B	液及びガス溜まりの無い配管形状
Gravity Flow	A⎾‾⏋_B	高所Aから低所Bへの配管中に液及びガス溜まりが有っても良いが、高所Aは低所Bよりも高いこと（但しガス溜まりのガスを抜く対策が必要となる）
Slope	A╲B	高所から低所へ勾配を設ける配管形状（垂直配管があっても良い）

図4.1　配管ルーティングのプロセス要求定義

4.2 配管レイアウトの寸法要求

(1) ミニマム（Minimum or Min.）（図4.2）：距離を近づける事でプロセス上、より正確な計測データを得る、または配管内の行き止まりを最短とする事等の要求（配管の設計上可能な範囲で最短とする）。

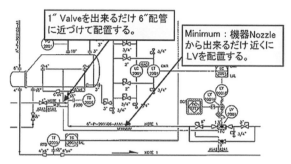

図4.2　ミニマム 要求例

(2) マキシマム（Maximum or Max.）＋寸法指定（図4.3）：プロセス上、指定寸法以内にしなければ流体の物性が変わるなどの支障が起きる可能性がある場合の要求である。指定された寸法以内に配管を収めるレイアウトを行う。

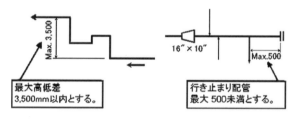

図4.3　マキシマム＋寸法指定 要求例

(3) ミニマム＋寸法指定（図4.4）：プロセス上十分な距離を取る事で均一化した流体の計測データを得る、あるいは容易な運転を行う事などを目的として指定される寸法で、この寸法を守って配管レイアウトを行う。

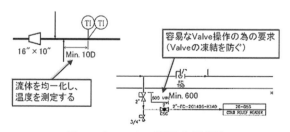

図4.4　ミニマム＋寸法指定 要求例

(4) 配管高さに関する要求

　流体のスタティックヘッド（液水頭）を維持し、流体の自然気化を防ぐ目的、または液シール等の目的で要求される（図4.5）。

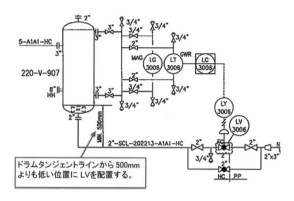

図4.5　配管レイアウトに対する高さの要求例

(5) バルブおよび計器に対する配置上の要求

　計器の見える位置にグローブバルブを配置（図4.6）：運転操作上の要求事項で、計器を確認しながらバルブ操作が必要な場合の要求。

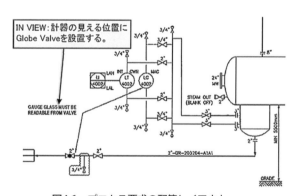

図4.6　プロセス要求の配管レイアウト
バルブと計器の配置要求例

(6) 配管形状に対する要求

(a) シンメトリカル（Symmetrical）（図4.7）：一本の配管を複数の機器または複数の配管へと分岐する場合に流量を均等にする目的で要求される、配管ルーティングのプロセス要求。

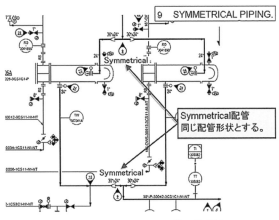

図4.7 シンメトリカル配管の要求例

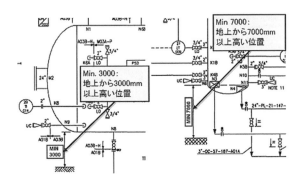

図4.9 P&ID中に表示ある機器据え付け高さ要求例

(b) トップコネクション（Top Connection）（図4.8）：コンデンセート（凝縮液）の逆流を避けガスをスムーズに流す、あるいは、ガスを取り出すために配管への接続を上側から繋ぐ要求。

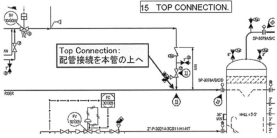

図4.8 プロセス要求の配管レイアウト トップコネクション要求例

4.3 機器据付け高さの要求

プラントのプロセス工程は、全ての流体の温度、圧力を管理する事で成り立つ。配管のみならず機器の据付け高さは、プラントの性能に係わる重要な要素である。したがって、P&ID中に表示される全ての機器には、必ず据え付け高さの要求が明記される。その表示方法には下記に述べる(1)または(2)がある。特に(2)の表示については、前述の4.1～4.2項の内容を理解できないと読み取ることが難しいので十分な注意が必要である。

(1) P&ID図中に表示がある場合（図4.9）：図例は、地上から3,000mm及び7,000mm以上の高さに機器を据え付ける要求である。

(2) P&IDの配管ルーティング要求事項から読み取る場合（図4.10）：図例では、コントロールバルブLVの設置高さが地上600mmと決めるとV-908の高さはLVよりも500mm以上高くなる。さらに、E-401はC-401へのフリードレン要求があるので、E401の高さが決まる。E403の高さが決まればC401の高さが決まる。C401のように複数の機器間で関連要求がある場合は、その全てを満たす事が必要となる。

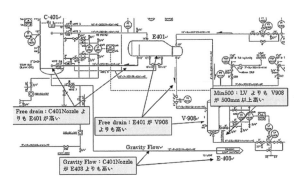

図4.10 配管レイアウト上の要求から読み取る機器据え付け高さ要求例

5．詳細の別図表示

火熱炉廻りおよびエアーフィンクーラー（AFC）廻りの配管などで同じ配管が多数ある場合は、P&ID中に表示することが困難なため、図5.1のように詳細を別図として表示する場合がある。

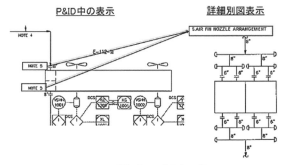

図5.1　詳細部の別図表示例

6．P&ID中の注意事項（P&ID Note）の表示

P&ID中には、機器、配管、計装関連の情報だけではなく、配管部品、計装部品等の形式、性能要求および、配管内を流れる流体の状態（含む運転操作方法）を表示している。これらの固有の要求は、P&ID Noteと呼ぶテキスト（文字）で、図中または欄外に表示される。このP&ID Noteが配管レイアウトを行う上で最も重要な要素となるので、決して見落としてはならない（4項もP&ID Noteの一部である）。下記にP&ID Noteの代表的な例を挙げる（図6.1）。

(1) To Grade：地上まで配管を計画する（ドレン出口配管等）
(2) To safe location：安全な場所へ配管を計画する（安全弁大気放出配管等）
(3) Locate on horizontal piping：水平配管に設置する（重量の大きいスペクタクルブラインドなどを吊り上げるため）
(4) Locate at high point：配管の最も高い場所に設置する（ベントなどの設置）
(5) Two phase flow：流体が二相流である（振動が発生する可能性が高いので、配管サポートの選定に注意が必要）

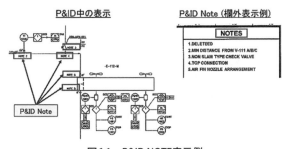

図6.1　P&ID NOTE表示例

7．P&IDの読み方の例

P&IDとレジェンド（Legend）に表示されている図形や略語、Noteを併用して読む事で、P&IDに表示してある多くの情報を読み取ることができる。図7.1に読み取った情報の例を示す。

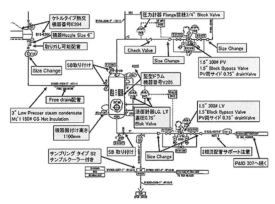

図7.1　P&IDの読み方例

8．配管レイアウトからP&IDへ

P&IDは配管レイアウトを行う上での基礎情報である事から、P&IDに表示された指示を守り配管レイアウトを行う事が重要である。しかしながら、配管レイアウトの都合でP&IDを読み変えたり修正する事が可能な場合もある。下記に配管レイアウト上の都合で修正可能な代表的な例を挙げる。ただし、修正する場合は必ずP&ID設計部門の承認が必要となる。

(1) 配管サイズ（図8.1）：図例のP&IDでは分岐ごとにサイズを変えている。配管レイアウトでは、各分岐配管の間隔寸法が狭いため、レジューサーを挿入せずヘッダーサイズを末端まで同一とした。

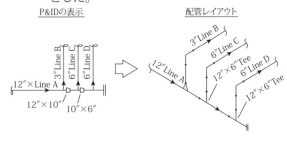

図8.1　配管サイズ読み替え例

(2) 配管の分岐位置（図8.2）：図例のP&IDでは10”ラインAから6”ラインBが分岐として表示

されているが、配管レイアウトでは、分岐配管が10″ラインAとなる。

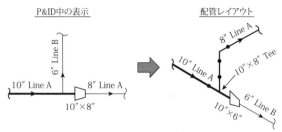

図8.2　配管の分岐位置読み替え例

(3) 計器の取り付け位置（図8.3）：図例のP&IDでは、計器PI（Pressure Indicator; 圧力計器）、TI（Temperature Indicator; 温度計器）が共に10″ラインAに表示されている。一方、配管レイアウトではPIの元バルブ操作を考慮し、6″ラインBにPIを取り付けている。

圧力はA・B共に同じなのでPIは移動できる。

しかしながら、温度はAとBが合流後の温度を計測するので、P&ID通り10″ラインA上に設置しなければならない。

サンプリング取り出し配管も温度計と同じようにP&ID通り他のラインと合流後に取り出す場合は変更できない。

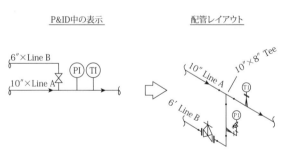

図8.3　計器の取り付け位置読み替え例

(4) 配管の合成（図8.4）

図例のP&IDでは、10″ラインAから3″ラインB、6″ラインC、2″ラインDが分岐している。一方、配管レイアウトでは3本の分岐配管のルートが同じ方向なので、1ライン（6″ラインCを代表配管として）を配管を計画し、その配管から他の2ラインを分岐している。この場合、配管サイズの選定が重要となる。一般的には配管の内径断面積の合計を下回らないサイズとする。

計算式
$$X = \sqrt{(B^2+C^2+D^2)}$$

下図計算例
$$\sqrt{(3''^2+6''^2+2''^2)} < 8''$$

※7″配管は使用しないので8″とする。

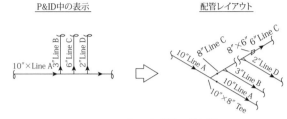

図8.4　配管の合成読み替え例

(5) 配管の追加（図8.5）

図例のP&IDは1″ラインCを1ラインで表示している。配管レイアウトでは、ラインAとラインBとの距離が離れているため、別々のライン（1ライン新規追加）として配管を計画する。

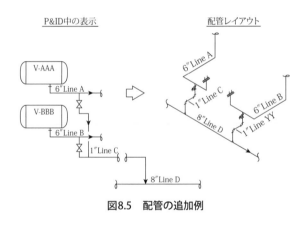

図8.5　配管の追加例

(6) ドレン（Drain）・ベント（Vent）の表示

P&IDにはプロセス上必要なドレン・ベントバルブのみが表示される。

配管レイアウトの形状から発生するドレンポケット部のドレンバルブは、P&IDに表示がない場合であっても必ず取り付ける。また、配管レイアウト形状から発生するベントポケット部のベントバルブは、P&ID作成部門および運転部門に確認し、必要に応じて取り付ける（耐圧テスト用ベントも含む…テスト後溶接するネジプラグは対象外）。

なお、このような配管レイアウトの形状から発生するドレン・ベントバルブをP&IDに表示するかどうかはプロジェクト毎に異なるので、P&ID作成部門に確認し、必要に応じて配管設計がP&ID修正原稿を作成する（チェッキバルブ下流にドレンポケット部がある場合もドレンバルブが必要となる）。

(7)　ユーティリティーP&IDと配管レイアウト

3.1項(4)のように、ユーティリティーP&ID（Distribution Flow）は、プロットプランの機器配置に合わせて作成される。

一方、配管レイアウトは原則P&IDを基にレイアウトを行うが、バルブ操作、計器操作、配管サポート等を考慮して行われるので、P&ID通りの順番で配管を分岐すると多くの配管材料や、配管サポートを必要とする場合も発生する。このような場合は、配管レイアウトの都合で配管の分岐順番を変更、または、合成する事ができる。

前述の8項(1)〜(4)もこの例である。ただし、変更する場合は必ずP&ID設計部門の承認が必要となる。一般的にユーティリティーP&IDは、配管レイアウトに合わせて配管設計がユーティリティーP&IDの修正原稿を作成し、P&ID設計部門のチェック・承認を経て最終版（FC：For Construction）が発行される。

９．P&IDの内容を理解するために

P&IDは、プラントの配管設計にとって最上流の基礎的情報であるが、その情報を確実に見落としなく理解することはかなり困難である。P&IDの表示方法は客先標準により異なる。また、装置の種類によっては複雑な表示方法となり、P&ID中に設計部門の意図する事を正しく表現できない場合もある。そこで、P&IDを作成したプロセス設計担当者に必ずP&ID説明会を依頼し、P&ID設計部門の意図している事を確認し、理解することである。下記にP&ID説明会で確認すべき項目を述べる。

(1)　機器単位毎にその用途、通常運転時の温度、圧力、特殊運転ケースの温度、圧力、流体の性質等

(2)　Noteで表示されている注意事項の意味（Note欄だけでなくP&ID中に表示されている項目も含む）例：Slope, No Pocket, Free Drain, Min.

Max.等、これらの要求が何のために必要かを確認する。

(3)　振動の発生が予測される配管がどのラインか（二相流、高差圧）

(4)　切替え運転が有る場合その頻度、切り替え方法、リアクターの触媒再生、フィルターの交換、掃除、デコーキング等

9.1　配管設計としてのチェックポイント

P&IDを作成する基本設計では一般的には、性能、運転、効率を主に考慮する。一方、配管設計では、配管設計（レイアウト）を中心としてプラント全体の設計（空間設計）を行う。したがって、配管設計のチェックポイントは、設計から調達、建設（EPC）を通して各要素が矛盾なくP&IDと一致できるか？と言う観点からチェックを行う。疑問や問題を発見したら必ずP&ID設計部門と協議し、解決に当たる。

9.2　配管設計としてのP&IDチェック項目

顧客の契約書や付属書または基準中の配管設計に関わる項には、P&IDに関連する要求事項が規定されていることが多い。配管設計ではこれら顧客要求事項を抽出し、P&ID設計部門に通知すると共に、その要求事項がP&IDに反映されているかを確認する必要がある。以下に配管設計としてのP&IDチェック項目を述べるが、前述した顧客要求事項を理解した上で、各項目の内容をチェックする必要がある。

(1)　レジェンドの内容に不足や矛盾・不統一な事項はないか？

(2)　機器の据付条件・ノズル等の情報が正しく表示されているか？

(3)　運転時のバルブの状態（開 or 閉）から配管系の変化について考える。

開のバルブを閉じる時、その上流・下流で何が起こるか？

（例）　上流側行き止まり部は凝固しないか？下流側パージはどの様に行うか？などを考え、そのためのパージ用バルブがP&IDに表示されているか？

閉のバルブを開ける時、その上流・下流で何が起こるか？

（例）　そのバルブは運転の切り替えバルブか？パージガスやオイルを張り込むためか？

通常運転時と逆向きに圧力が働く場合、スペクタクルブラインドかチェッキバルブが必要では？

⑷　ラインクラス（配管サービスクラス）分けの区分は正しいか？ライン番号の分けと一致しているか？

⑸　境界バルブ（Battery Limit Valve）の組み立て方の統一性は取れているか？

⑹　ドレン、ベントの統一性、エアーフィンクーラー（AFC）のヘッダーボックス（Header Box）のドレン、ベントの有無

⑺　チェッキバルブのタイプ要求は有るか？

⑻　計装関係との取合区分、取り出し位置、バルブの有無、サイズ、レーティング、接続タイプは明確か？

⑼　サンプリングの形式、取出位置は明確になっているか？

⑽　ブラインド（Blind）、スペーサー（Spacer）、スペクタクルブラインド（SB）の交換に支障はないか？バタフライバルブに直結していないか？

⑾　コントロールバルブ（CV; Control Valve）、安全弁（PSV; Pressure Safety Valve）廻りのバイパスサイズ、レーティング（Rating）等が明確に表示されているか？

⑿　被覆（Insulation）のタイプおよび範囲は明確か？

⒀　P&IDのNoteの表示に矛盾は無いか/場所は明確か？

⒁　メンテナンス性が考慮されているか？（フランジの切り込み等）

⒂　コミッショニング作業に支障が無いか？

⒃　振動の原因となる二相流の流体、高差圧のCVの有無

⒄　パッケージベンダーとの取合いスコープは良いか？

⒅　音響振動（AIV; Acoustic Induced Vibration）、ダイナミックシミュレーション（Dynamics Simulation）、サージアナリシス（Surge Analysis）の検討が必要な配管の有無

⒆　スラリー配管の有無

⒇　適用規格区分は明確か？（ASME B31.1, 31.3, 31.4, 31.8）

(21)　機器廻りのスプリンクラーシステム（Fixed Water Spray System）は明確になっているか？

10.　P&IDのまとめ
― 配管設計が高精度のP&IDを作る

P&IDは配管設計者にとって設計のバイブルあるいは羅針盤などと呼ばれるように、プラントの設計に関する設計資料の中で最も重要なドキュメントと言える。P&IDの完成度の高さが、プラントの設計、機材の調達、建設、運転に大きく影響を与えることを考えれば、配管設計者の目でP&IDを読み込み、疑問点あるいはコストダウンにつながる事項について積極的に発信し、P&ID設計部門と協調して精度の高いP&IDを早期に確立する事が配管設計者にも求められている。

第3章
石油精製・石油化学・ガス処理プラントのプロットプラン

1.	プロットプランの作成	30
	1.1 プロットプランとは	30
	1.2 基本的考え方と作成手順	30
	1.3 プロットプラン作成に必要な資料	31
2.	プロットプランの基本計画	32
	2.1 パイプラックの計画	32
	2.2 パイプラック上に配列されるもの	33
	2.3 パイプラックの構造	33
3.	機器の配置 基本的な考え	37
	3.1 火熱炉、ボイラー等の火機器の配置	37
	3.2 コンプレッサーの配置	38
	3.3 エアフィンクーラー（AFC：Air Fin Cooler）の配置	38
	3.4 タワーの配置	39
	3.5 ドラムの配置	40
	3.6 熱交換器－シェルアンドチューブ型（S/T：shell &tube）の配置	40
	3.7 機器架台計画	42
	3.8 ポンプの配置	42
4.	保安距離による制限	43
5.	配管およびケーブル等のルーティング上から考慮する事項	43
6.	建設およびメンテナンス性から考慮する事項	43
7.	運転および操作性から考慮する事項	44
8.	地下埋設物計画	44
9.	道路と舗装計画（Paving）	44
10.	詳細検討	44
11.	プロットプラン作成の手順	45
	11.1 PFDの分割とグループごとの仮配置	45
	11.2 プロットプランの確定度を上げる	47
12.	装置の特徴を知る事	47

第3章　石油精製・石油化学・ガス処理プラントのプロットプラン

1. プロットプランの作成

1.1　プロットプランとは

プラント内のユニット（プロセス処理単位の機器群）の配置（プラント　レイアウト）や、ユニット内の機器類、架構類およびその他の諸設備の配置（機器レイアウト）を示した図面のことであり、プラントやユニットの完成された姿を表現したものである。本章では、機器や諸設備配置の作成についてその方法を示す。

1.2　基本的考え方と作成手順

機器配置作成に当たって考慮すべき基本的考え方は、「ユニットはプロセス上の流れに沿って配置されているので、その流れを乱さないようにすること」である。すなわち、与えられたユニット敷地（Unit Area）における原料と製品の入出経路とユニット内のプロセスの流れがスムーズな流れとなるように、プロセス機器を配置することである。このことと以下に述べる機器配置作成の要求事項とをうまく合致させることにより、ユニットがより機能的に優れたものとなるばかりではなく、配管が短くなり経済的にも有利なものとなる大きな要素である。また、客先のプロットプランに対する考え（思想）をよく理解し、その要求を反映することも重要である。機器配置が決まるまでの計画・検討作業は、次の通り

(1) 基本計画
  (a) 機器類の概略配置
  (b) 架構類／建屋等の概略配置
(2) 概略配置に対する検討
  (a) 保安距離の検討
  (b) プロセス要求事項の検討
  (c) パイプラック幅の検討
  (d) 重要配管、電気計装ケーブルルート検討
  (e) 建設およびメンテナンス性の検討
  (f) 運転および操作性の検討
  (g) 地下埋設物に対する検討
(3) 詳細の決定
  (a) 機器類、架構類の配置寸法決定
  (b) 配管レイアウト結果による修正
(4) プロットプラン決定までの段階（図1.1 基本計画、図1.2 概略配置、図1.3 詳細決定）

プロットプランは上流情報の確定度に合わせて、概念設計からFC（For Construction：建設用図面）まで、段階的に改訂版が発行される。

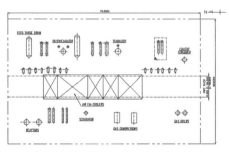

図1.1　基本計画　プロットプラン例

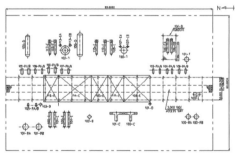

図1.2　概略配置　プロットプラン例

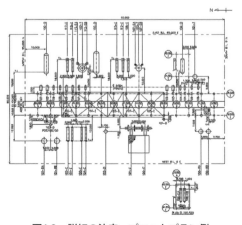

図1.3　詳細の決定　プロットプラン例

(5) プロットプランの種類
(a) ゼネラルプロットプラン（図1.4）
　総合的な装置の配置計画図で、複数の装置タンク群、ユーティリティー設備、倉庫、修理工場、コントロールルーム、事務所、原料入荷設備、製品出荷設備など、総合的に全ての設備の配置を計画する。

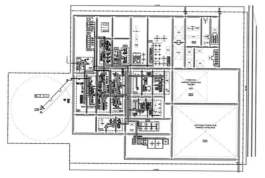

図1.4　ゼネラルプロットプラン例

(b) ユニットプロットプラン（図1.5、図1.6）
　機器・パイプラック・機器架台等の装置内の設備配置計画で、次のように2つのプロットプランがある。石油精製やガス処理などのように平面的に配置されるケースと、ケミカルプラントやCCR（Continuous Catalyst Regeneration；接触改質）装置のように複数の階層を持った架台の中に配置されるケースがある。

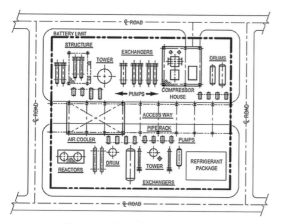

図1.5　平面的なプロットプラン例

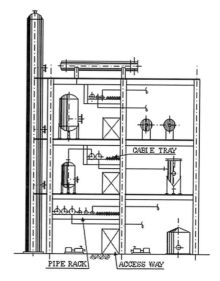

図1.6　複数の階層を持つプロットプラン例

1.3　プロットプラン作成に必要な資料

プロットプランを作成するために必要な資料は以下の通り（全ての資料が検討開始時に揃うとは限らない）。

(1) ユニット敷地の広さ
(2) プロセスフロー・ダイアグラム（PFD：Process Flow Diagram）（図1.7）
　PFDはプロットプランを検討する上で最も重要な資料である。PFDには機器と主要配管が記載され、温度、圧力、流量等の設計条件も記載されている。図1.7にPFDの例を示す。

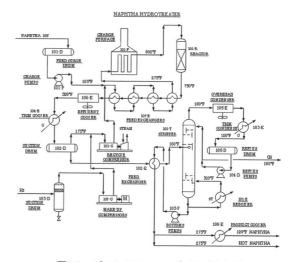

図1.7　プロセスフロー・ダイアグラム例

第3章　石油精製・石油化学・ガス処理プラントのプロットプラン

(3)　機器リスト（Equipment List）（図1.8）：
　　装置内に配置される全ての機器の番号と機器の名称が示されている。

Item	Description
Furnaces	
101-F	Charge furnace
Exchangers	
101-E	Stripper reboiler
102-E	Stripper feed/ effluent exchanger
103-E	Stripper overhead trim condenser
104-E	Reactor effluent trim cooler
105-E	Stripper overhead condenser
106-E	Reactor effluent cooler
107-E/A to H	Combined feed exchangers
108-E	Surface condenser
109-E	Product cooler
Pumps	
101-PA	Charge pump
101-PB	Spare charge pump
102-P	Water injection pump
103-PA	Stripper bottoms pump
103-PB	Spare stripper bottoms pump
104-PA	Stripper reflux pump
104-PB	Spare stripper reflux pump
105-PA	Condensate pump
105-PB	Spare condensate pump

図1.8　機器リスト例

(4)　機器類の形状寸法を示すデータシート、スケルトン、機器外形図（図1.9）
　　プロットプラン検討時は静機器についてはデータシートやスケルトンがプロセス設計部門から提示されるが、回転機やAFC、加熱炉などベンダーから情報が提出される機器は正式な図面は入手できない。これらについては過去のプロジェクトの資料や見積時の資料を参考にしてプロットプランの検討を行う事になる。図の例では熱交換器とポンプのサイズを示す。

Exchangers

Item	Bundle Diameter	Length
101-E	915 mm	6,100 mm
102-E	750 mm	6,100 mm
103-E	750 mm	6,100 mm
104-E	610 mm	6,100 mm
105-E (A/C)	9,150 mm	12,200 mm
106-E (A/C)	9,150 mm	6,100 mm
107-E (8 shells)	915 mm	7,300 mm
108-E	1,500 mm	4,600 mm
109-E	750 mm	6,100 mm

Pumps

Item	Length	Width
101-Pa/b	1,500 mm	750 mm
102-P	750 mm	380 mm
103-Pa/b	1,370 mm	610 mm
104-Pa/b	1,220 mm	450 mm
105-Pa/b (vertical)	450 mm	450 mm

図1.9　機器データシート例

(5)　その他次の事項を示すプロジェクト・スペック
　(a)　適用法規および規格
　(b)　原料と製品の入出経路（物流系路図）
　(c)　平均風向きや機器間保安距離などを示す客先標準

2．プロットプランの基本計画

　プロットプランの基本計画は、先ずパイプラックを計画し、その廻りに機器配置を計画する。プラントの背骨とも言うべきパイプラックは、機器間を連絡する配管の道であり、背骨が決まらなければ身体、即ち機器の配置計画は出来ない。

2.1　パイプラックの計画

　装置内での配管は、配管の道（Pipe Way）としてパイプラックを設けるのを基本とする。パイプラックの段数は、ラック幅をMax.10mと考え、それ以上の場合は2段ラックとすることを原則とする。パイプラックのスパン・幅・段数に関しては、鉄骨関係設計者の意見を確認し、最も経済的な構造となるよう心がけなければならない。

　配管設計の立場から考えると、2"配管の最長サポートスパン6mを標準としている。

(1)　一般事項
　　装置における配管の多くは架空配管（頭上配管）であるので、これらの架空配管をグループ化して経路を決定する必要がある。
　　これらの配管の支持架構をパイプラックと言う。このパイプラックの配置は装置全体の安全性、操作性、経済性、建設性、メンテナンス性を決定づける大きな要因ともなるので、慎重に決定すべきである。

(2)　装置内の配置例（図2.1）
　　図例は一般的な例であるが、パイプラックの配置は装置の種類または敷地の制限、保安距離など多種多様であり、一概に選定する訳にはいかない。そのため、各専門部門と協力し配置を決定する。一般にパイプラックの配置は、装置を出入りする原料および製品等のプロセスラインとユーティリティーラインの取り合い位置によって支配される。

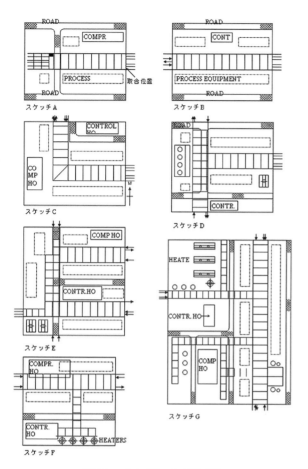

図2.1　パイプラックの配置例

2.2　パイプラック上に配列されるもの
(1) プロセス配管
 (a) 装置へ入る原料配管および装置から出る製品配管
 (b) ポンプ、ドラム、熱交換器等から他装置等への連絡配管
 (c) パイプラックを経由して機器と機器、配管を接続する配管
(2) フレアー、ブローダウン配管
(3) 計装ケーブルダクト、電気ケーブルダクト
 (a) 化学装置はパイプラック上に配置することが比較的多く、石油精製装置は埋設することが多い。（化学液が漏洩した場合地下のケーブル被覆を溶かす可能性がある為）
 (b) 客先要求にしたがって配置する。
(4) ユーティリティー配管
 (a) 装置全体に供給するユーティリティー配管：スチーム、スチームコンデンセート、プラント空気、計装空気、窒素ガス、各種水配管 等
 (b) 装置内の所定の機器に供給するユーティリティー配管（燃料油、燃料ガス、ボイラー給水、各種ケミカル）等
(5) 歩廊
　客先の意向を確認し、必要に応じて設置すること。
(6) 消火設備配管
　主消火配管は通常地下配管となるが、スプリンクラーやホースリールへの配管はパイプラック上へ配管される。

2.3　パイプラックの構造
(1) 一般事項
　ラックの構造は、法規、経済性、建設性、操作、保守点検、敷地の形状等諸条件により決定される。通常は一段または二段ラックとする。三段以上のラックは各装置間の連絡配管が複雑になるので、できるだけ避ける。
　構造決定には以下の事項を検討し、確認すること。
(a) 鉄骨かコンクリートかの形式を確認する。
(b) 架台や建家に隣接するパイプラックは可能な限り、架台、建家の柱を共用、または一体構造にする（シビル設計担当者と協議すること。設計の確定時期が異なるため、故意に共用としない場合がある）。
(c) 耐火被覆の要否並びに仕様
(d) パイプラック上の歩廊には40m～60mの間隔で緊急避難用の梯子を千鳥に設置する（客先仕様を確認する）。
(e) パイプラック周辺の機器、計器の操作性、メンテナンス性等に支障のない範囲でパイプラックの強度上、ブレースを設置する。設置箇所、形式はシビル設計担当者と協議して決める。特に、配管のアンカー点等集中荷重が掛かる場合には平面ブレースを考慮する。
(f) フレアーライン、ブローダウンライン等でスロープやフリードレン（第2章4.1項参照）を要求される配管は、設置場所、高さおよびサポート方法を検討すること。
(g) ボルト接合か溶接構造かを確認する。特に

ボルト接合の場合は、管の設置に支障のない接合方法であるかを確認しておくこと。
　(h)　パイプラック上にAFCが設置されている場合、原則としてパイプラック上の歩廊はAFCのモーター操作用プラットフォームと連結する。
　(i)　パイプラック上に安全弁や減圧弁を配置するプラットフォームを設置する場合、プラットフォーム下を通る配管のスペース、サポートを考慮して高さを決定すること。
(2) パイプラックの幅
　(a)　幅の決め方
　　　ラック上に配列されるもの（配管、電気/計装ダクト、操作歩廊など）の必要スペースと余裕幅（増設用スペースなど）を見込んでラックの必要幅が決められる。算出方法は(h)項に示す。
　　　通常、算出された必要幅が6～8m幅（経済スパン）であれば一段ラックとし、これを超える場合には、二段ラックを標準とする。
　(b)　配管の熱移動を考慮する。
　(c)　バルブ、計装品の操作、メンテナンススペースの確保、パイプラック上の配管スペースは、ラック全長に渡って必ずしも同一幅にするとは限らないので、アレンジの際は、不必要なスペースをつくらないようにする。ただし、ラック形状の最終決定に際し、客先の意向を確認しておかなければならない。

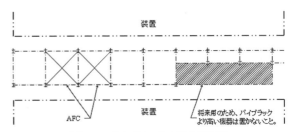

図2.2　パイプラックの将来計画例

　(d)　AFC等を配置する場合は、機器の支持方法など構造面をシビル設計担当者と協議して幅を決定する。
　(e)　ラック下の設置物の確認およびその操作、メンテナンスエリアの確保。
　(f)　ラック余裕幅（計算幅の10%～20%を原則とする）は、経済性と客先の意向を充分考慮して決定する。
　(g)　歩廊幅は、750mmを原則とする。
　(h)　ラック必要幅の計算方法（図2.3）
　　　ラック必要幅
$$A \geqq A0 + \alpha \qquad \cdots(2.1)$$
計算されたラック必要幅
$$A0 = (P1 + P2 + P3) + (CE + CI) \qquad \cdots(2.2)$$
P1、P2、P3：パイプ設置必要スペース
CE　　　　：電気ケーブルダクト幅
CI　　　　：計装ケーブルダクト幅
α　　　　　：増設用スペース
$\alpha = (P1 + P2 + P3 + CE + CI) \times 0.1 \sim 0.2$ の範囲

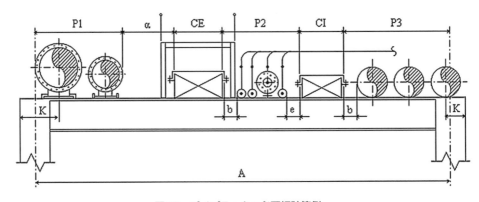

図2.3　パイプラックの必要幅計算例

(3) 柱の間隔（桁行方向）（図2.4）
　柱間隔はパイプラック下の操作、保守点検およびラック上設置物の許容たわみ等を考慮して経済柱間隔を決定する。一般的には道路横断部等を除き、柱間隔は6〜8mを標準とする。また、小径管等のたわみ防止のため原則として3〜4mに中間梁を設置する。

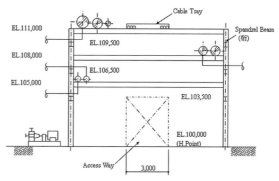

図2.5　パイプラックの高さ例

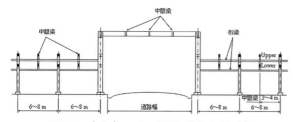

図2.4　パイプラックの間隔（桁行方向）例

　なお、パイプラック柱の間隔を決める際には、以下の項目を検討する。
　(a)　最大許容たわみ量の決定
　(b)　バルブ・計器類などの集中荷重による管のたわみと、その支持方法（中間梁の位置検討）
　(c)　AFC等、ラック上設置機器の脚位置とパイプラック間隔との関係（AFCの脚位置にラックの柱間隔を合わせることなどをシビル設計担当者と経済性を協議して決める）
　(d)　振動系の配管（配管系の固有振動数のチェックと最適支持間隔および方法の決定）
　(e)　電気・計装ダクトの許容スパンは電気・計装担当者に確認する（一般的には最大3m）

(4) パイプラックの高さ（図2.5）
　パイプラックの高さはパイプラックの下を通過する車輌、鉄道およびパイプラックの下に配置されている機器等によって決められるが、一般的には他の装置のパイプラック高さや境界地点での取り合い状態等、工場全体のバランスを考慮に入れて計画・決定される。
(a)　高さの基準（図2.6）
　①　機器のメンテナンスに車輌を必要としないパイプラックは、地上もしくは舗装面よりラックの梁上面までの高さを最小3.0m、下方からパイプラックに出入する配管の低部の高さを2.5m程度にする事により、桁

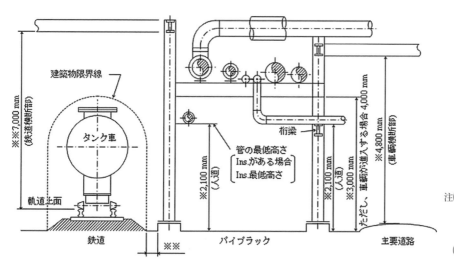

図2.6　パイプラックの高さ基準例

注(1)　※印の寸法はMIN.寸法であり、この寸法内に梁等を設けてはならない。
(2)　※※印の寸法は鉄道法に従うこと。

梁の下面までの高さを通行可能高さ2.1mに確保できるようにする。
② 主要道路横断部のパイプラックの高さは梁下4.8m以上とする。
③ 鉄道横断は、鉄道法に定める軌道上面と梁下面高さを7m確保する。
④ 国や客先により基準が異なることが多いので、客先要求を十分確認する。
⑤ "②"以外の道路横断部のパイプラックの有効高さは、梁下3.8m以上とする。
⑥ パイプラック上配管で一方向に並ぶ配管は同一高さとし、これと直角に交差する配管は0.6〜1.0mの高低差を設ける。高低差は、パイプラック上の最大管径（保温、保冷を含む）を超える高さおよびパイプラック配管で比較的多く用いられる呼び径より選定する。なお、参考高低差を図2.7に示す。

(b) 二段ラックの高低差（図2.8）
高低差はパイプラック上の最大管径（保温・保冷を含む）を超えられる高さとする。
注：各段間隔（H）は、標準として1,000／1,200／1,500／2,000mmとする

(c) ラック下に機器を設置する場合（図2.9）
機器との相互関係、機器搬入据付（建設担当者に確認する）および運転上の保守点検等を検討して決める。
注(a)：機器保安用トロリービームおよび照明等の当りを検討する。
注(b)：ラックの形状で異なる桁行（桁梁）の取付け位置、高さに注意すること。
注(c)：ラックの下に熱交換器等を配置する場合、図のように各熱交換器高さを検討

（単位：mm）

配管呼び径 (in)	A	B	高低差
6	457	229	450又は500
8	610	305	600又は650
10	762	382	750
12	914	458	750

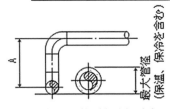 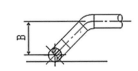

A：90°エルボ2個の組み合わせ　　B：90°と45°エルボの組み合わせ

図2.7　パイプラック層の高さ間隔例

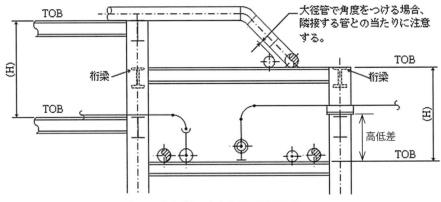

図2.8　パイプラック交差部の高低差例

し、一番高くなるものを基準とする。
注(d)：機器にプラットフォームが設けられている場合は、プラットフォームとの高さ関係（Min. 2,100mm確保）に注意すること
(d) ラック上に機器を設置する場合（図2.10）
注1：(H)寸法の決め方は、2.3項(4)⑥による。
注2：ラックの上に多くの機器を配置する多層架構構造は、化学装置に多く使われている。(H)寸法を決める際には、架構桁梁の部材の大きさに十分注意をすること。また、工事の難易度、操作および保守点検、経済性等の観点より判断し決定する。

3．機器の配置 基本的な考え

3.1　火熱炉、ボイラー等の火機器の配置

(1) 平均風向きに対して風上に配置するように心がけ、可燃性ガスの吸い込みチャンスを避ける。また、安全離隔距離を確認する。
(2) 火熱炉からの配管は高温・径大管となるので、接続機器への配管ルートや配管サポート設

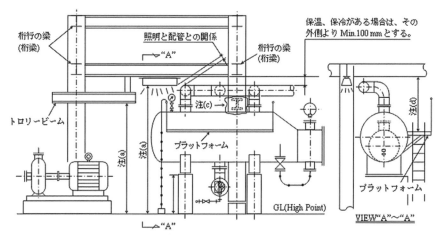

図2.9　パイプラック下に機器を配置する場合（例）

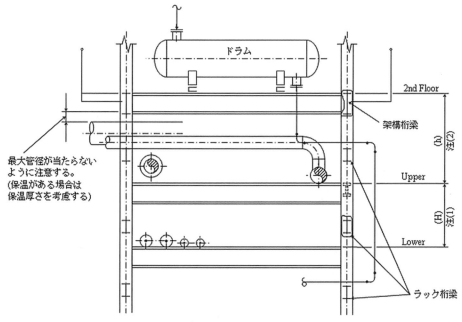

図2.10　パイプラック上に機器を設置する場合（例）

置などを含めて予め熱応力解析を行い、強度確認を行う。特に、大型火熱炉を必要とする常圧蒸留装置、減圧蒸留装置、脱硫装置、接触改質装置、エチレン装置などは、この火熱炉出口配管の熱応力解析確認がプロットプラン決定には必須となる。

(3) 火熱炉チューブのメンテナンススペースを考慮した配置とする。クレーンアクセススペースを確保する。

(4) 燃焼排気ガスを集合煙突で排出する場合は、煙突の位置によって大型排気ダクトがかなり長い距離通されるようになるので、予めダクトの設置ルート計画を考えに入れて火熱炉の配置を決める。また、排気ガスの熱を有効利用するためのエコノマイザーなどの設備を併用する事があるので、確認が必要となる。

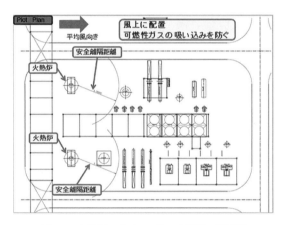

図3.1 火熱炉、ボイラー等の火機器の配置例

3.2 コンプレッサーの配置

(1) 吸込側サクションドラム、出口側アフタークーラー配管系（安全弁、アンチサージ弁廻り配管を含む）の配管レイアウトが成立すること。また、径大管の場合は配管サポート設置などを含め予め熱応力解析を行い、強度が保障された配管形状を保てるプロットプランとなること。

(2) メンテナンス用クレーンアクセスができること。ケーシングカバー、ローター、他の部品の配送入ができるメンテナンス道路が確保されていること。

(3) 建屋（コンプレッサーシェルター）の設置を要求された場合、上記(2)を考慮した建屋の大き

さが必要である。

(4) コンプレッサーは特に電気・計装のケーブルが多いので、コントロールルームや電気室（Sub. Station）との距離をできるだけ近くするように配置する。

(5) 大型コンプレッサーは、その駆動が電動モーター、スチームタービン、ガスタービンのいずれであるかによってプロットプラン計画が変わる。図3.2は、エチレン装置の分解ガスコンプレッサーの例である。コンプレッサーのプロットプランは、サクションドラム、アフタークーラーの配置・配管だけでなく、スチームタービン関連の高温高圧スチーム配管、復水器用冷却水径大配管など、重要配管のレイアウト成立が必須条件となる。

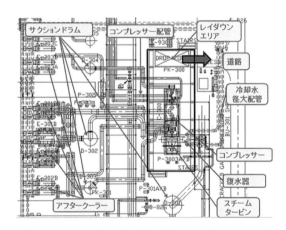

図3.2 スチームタービン駆動大型コンプレッサーの例

3.3 エアフィンクーラー
　　（AFC：Air Fin Cooler）の配置

(1) AFCをパイプラックや架台の上に据え付けた場合、メンテナンスにはクレーンを最大限に利用するために、メンテナンススペースを随所に設けることとする。このスペースとは、クレーンブームの回転半径も考慮に入れたものである。

(2) AFCは吸込側の大気温度がデザインベースとなるため、他の高温機器または設備からのエアー干渉を考慮した配置とする。通常のプロジェクトでは保安距離として他機器・設備との最小機器間距離が規定されることが多いので、その場合はその距離も考慮する（エアー干渉：空気で冷却するので暖かい空気を吸い込むと冷却効

果が減少する）。
(3) 装置からの漏洩物が大気中に飛散したものを吸い込んだり火災時の炎を吹き上げたりするので、配置には十分注意を要する。特に、自然発火流体を吸うポンプの真上に設置するようなことは避けるべきである。
(4) クレーン車によるメンテナンスが十分可能なように、できる限り集合させて配置することが望ましい。
(5) AFCは関連機器（塔、槽、ポンプ等）の近くに配置することを原則とする。
(6) AFCの入口出口配管のマニフォールド用サポートはかなり大きくなることがあるので、塔または架台とのスペース確保に十分注意する（早い時期に検討すること）。
(7) AFCアクセスの階段、梯子等の配置は客先要求を確認の上、プロットプラン計画時に検討すること。
(8) 据付け高さ決定上の注意
　　タワートップのオーバーヘッドラインからAFCを通ってレシーバー（ドラム）までの配管系がフリードレンを要求されている場合のAFCの据付け高さは、ポンプのNPSHから決められたレシーバーの据付け高さに、AFCとレシーバー間の配管Min.（最短）高さ寸法を加えて決定する。また、パイプラック上にAFCを設ける場合、上記を考慮した上で、パイプラックの高さ、段数およびパイプラックの周辺機器から出るフレアーラインとフレアーヘッダーへの接続（フリードレン）を考慮した高さを検討し、AFCの据付け高さとする。

3.4 タワーの配置

(1) 2基以上のタワーを並べて配置する場合その中心線をそろえ、パイプラックに平行にする。ただし、径が小さい塔の場合は、パイプラックに対して直交線上に並べて配置してもかまわない。
(2) タワー径に比べタワー長が極端に長いタワーの場合、設計上自立させられないので、架構でサポートするか、他のタワーに抱き合わせることが必要となる。したがって、上記のことが予測されるタワーについては、プロットプラン決定前に機器担当者に確認しなければならない。
(3) タワーは装置の外観および性能の中心となるもので、一般には単独では考えられず、リボイラー（re-boiler）、コンデンサー（condenser）、レシーバー（receiver）等を伴ったグループとして成り立っている。したがって、これらの関連性を十分考慮して、配置を決定することが必要である。次に配置を決める場合の考慮すべき事項を示す。

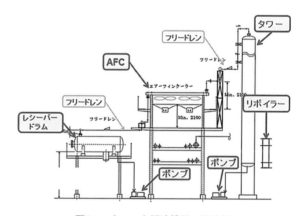

図3.4　タワーと関連機器の配置例

(a) タワーの搬入場所、経路、方法を検討する。
(b) タワーの据付方法、方向およびそのスペースについて検討する。
(c) タワーの内容物（Tray他）の組み込み、搬出用スペースについて検討する。
(d) 2基以上のタワーを配置する場合、その中心線をそろえ、パイプラックに対して平行にする。ただし、小径のタワー場合はパイプラックに対して直交線上に2～3基並べて配置することが望ましい。また、タワー径が大き

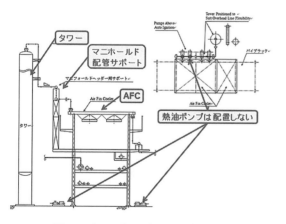

図3.3　タワーとAFC据え付け高さの例

第3章 石油精製・石油化学・ガス処理プラントのプロットプラン

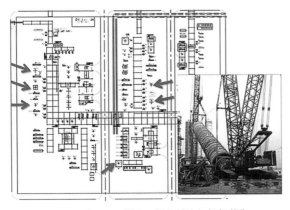

図3.5　タワーの搬入・据え付けを考慮（例）

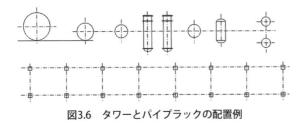

図3.6　タワーとパイプラックの配置例

く異なるタワーを並べる場合は、パイプラック側のタワー側面をそろえることもある。

3.5 ドラムの配置

(1) ドラムは、関連性をもつタワー・熱交換器・ポンプ等の近くに設置するよう心掛ける。
(2) ドラムは、プロセス上要求される最小高さが規定されることがあり、（ポンプのNPSH等から）鉄骨架台の上に設置されたりするが、単独で架台を考えなくてはならない場合や他のドラム・熱交換器に比べて大きく重い槽の場合は、コンクリートの独立基礎を考えることが望ましい。

図3.7　横型ドラム―高い独立基礎の設置例

(3) 竪型ドラムについてはタワーの配置に準じる。
(4) リアクター・ドライヤーは、触媒の充填排出作業用アクセス道路に直結する。また、触媒再生運転用切り替えバルブを設置するスペースの確保が必要となる。

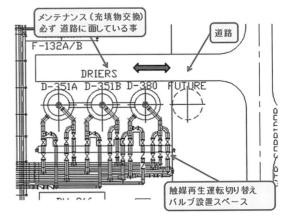

図3.8　ドライヤーのプロットプラン例

(5) リアクターに関しては高温であるため、通常はスカートを用いずテーブルトップが設けられるので、あらかじめ機器担当者にいずれの方式となるかを確認しておく必要がある。また、リアクターまわりの配管は高温で比較的高価な材料となるので、プロットプランの段階からチャージヒーターやコンバインドフィード熱交換器との関係を理解のうえ、配管ルートを想定し最適な配置を目指すこと。
(6) ドラムまわりの操作および補修用に必要な間隔を確保する。
(7) 各機器との間隔は、法規上（消防法、毒物・劇物の規制法等）の制約を確認して決定する。

3.6 熱交換器―シェルアンドチューブ型（S/T：shell &tube）の配置

(1) S/T型の熱交換器でリボイラーの場合は、該当の塔になるべく隣接して配置しなければならない。リボイラー以外では、熱交換器同志を集合して配置することを心がける。
(2) 集合して配置した場合、原則としてチャンネル側のノズル位置を一直線上に合わせて配列する。

(3) 熱交換器の配列（ラインアップ）

複数の熱交換器の配列は原則としてチャンネルノズル位置をそろえて配列する。これは、メンテナンス用重機を移動せず作業が集中してできる事や、配管がつなぎ易いという利点がある。特に冷却用の熱交換器等で冷却水が個別に熱交換器に供給されるような場合に有利である。

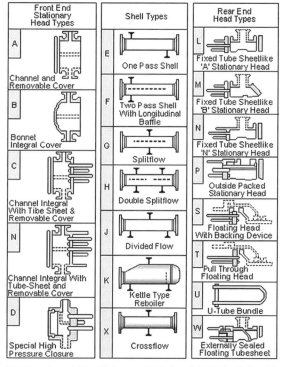

図3.10 シェルアンドチューブ型熱交の各部構造／名称一覧（TEMAタイプ）

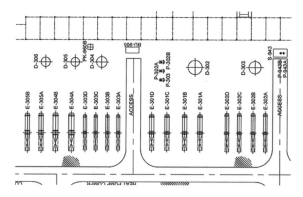

図3.9 熱交換器の配列（ラインアップ）例

(4) S/T型 熱交換器においては、図3.10のように各部構造とその組合せで熱交換器のタイプが決まり、またメンテナンス方法も決まる。よってメンテナンス時チューブ引き抜きが必要なタイプの熱交換器は、重機の設置場所を含む、引き抜きスペースを確保する。

(5) メンテナンス作業スペース、S/T型熱交換器廻りは、図3.11のように、チューブ引き抜き、チャンネルのボルト取り外し、シェルカバー取り外し作業のためのスペース例を示す。よって、隣り合う熱交換器間の距離は、接続する配管や配管サポート配置後でも、このメンテナンス作業スペースが確保されなければならない。

(a) 図3.11の①〜⑧のスペースはメンテナンスのためのスペースとしてできるだけ確保すること。U字管形熱交換器の場合は⑥〜⑧のスペースは不要である。

(b) フランジを切込むことによって配管を取外すことができる場合は、①〜⑦のスペースを配管のために使用してよい。

(c) やむを得ない場合は①、②と③、④のうちどちらかおよび⑥、⑦のうちどちらかを配管のためのスペースとして使用してよい。

(6) 架台下に配置する場合のS/T型熱交換器は、メンテナンス作業に使用するクレーンが熱交換

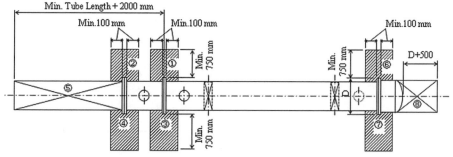

図3.11 S/T型熱交換器廻りのメンテナンススペース例

器に直接届かないため、図3.12のようなメンテナンス用重機や吊り下げ梁の設置が必要となる。

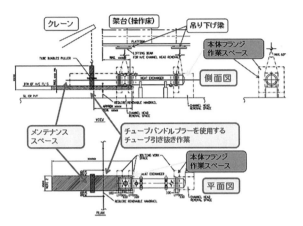

図3.12 架台（操作床）下に配置するS/T型熱交換器の設備例

3.7 機器架台計画

プロセス要求による機器の据え付け高さ、およびプラント敷地の制限から、機器を架台上に配置する必要がある場合、機器架台の配置、大きさ、および高さは、次の条件により決定する。

(1) 機器の大きさ、機器廻りの配管スペース、電気・計装品へのアクセス、運転・メンテナンス時の作業性
(2) 部材の経済的選択
(3) プロセス要求による機器据え付け高さ
(4) 関連機器に近づけ、また共通架台として使用する機器を選択し同一機器架台上へ配置する

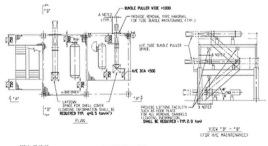

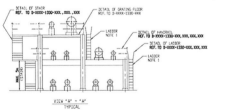

図3.13 機器架台例

事を検討する。

(5) 架台上へのアクセス（階段・梯子）の設置場所・通行方向は、機器・配管・計器などの配置が無い場所とする。

3.8 ポンプの配置

(1) ポンプは、パイプラックに沿って配置される。
   (a) 入口配管を最短とする為
   (b) 出口配管はパイプラックへ行く為
   (c) ポンプ用電気ケーブルは最短となる為
   (d) メンテナンス性を考慮し、パイプラックの下を使用する為

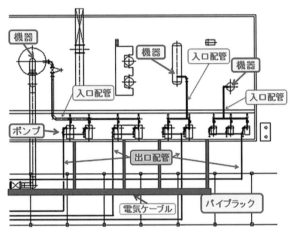

図3.14 パイプラックとポンプの配置例

(2) 吸込配管の長さと曲がりが最小となるような配置 また、ベーパーポケットとならないような位置を考える（必ずしもポンプをまとめて配置する必要はない）。
(3) AFCによる火炎の吸い込み防止
   原則としてパイプラックの下に配置するが、特に自然発火流体を吸うポンプに関してはなるべくオープンエリア（上方に物がない）に配置したい。
(4) 建機の通行性確保、
   モーターおよびローターの搬入ルート、バルブやストレーナーの操作スペースを確保する（バルブ操作架台を必要とする場合もあるので注意する）。
(5) ポンプ間のアクセススペースは、ポンプ基礎

より突起している配管やモーター、スイッチスタンド等を考慮し、操作スペース最小750mmを確保する。

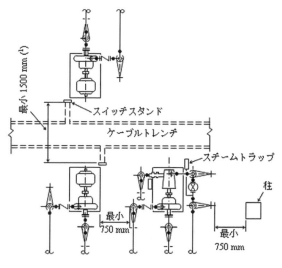

図3.15　ポンプ間の間隔

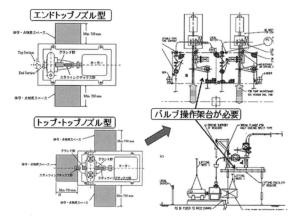

図3.16　ポンプ廻りのメンテナンススペース例

4．保安距離による制限

各装置間または各機器間に設けるべき保安上から考えた距離を満足させる必要がある。通常の場合、保安距離は法規やプロジェクトスペックで設定されるので該当の法規・規準にしたがってプロットプランを決定することになる。

5．配管およびケーブル等のルーティング上から考慮する事項

(1) 高温もしくは高圧のラインで合金鋼配管や肉厚の厚い配管となるラインまたは大口径のラインは、他の条件と等しく経済性のことも頭に置き最短のルーティングとなるよう努力すべきである。ただし、その場合、熱応力についてフレキシビリティが十分でなくなることが考えられるので注意を要する。

(2) 配管系の内、特にプロットプランの影響を受けやすい配管系はユーティリティー配管であり、その中でもフレアーとスチームコンデンセートに関しては、スロープ配管もしくはフリードレン配管となるため、ヘッダー（パイプラックを通す主配管）のルートはプロットプラン決定の際に同時に検討されるべきである。

(3) 電気ケーブルはコーナー部では曲率半径がかなり大きく敷設され、そのダクト（地上の場合）や、コンクリートトレンチピット（地下の場合）も合わせてかなりスペースが必要となるのでプロットプラン作成に当たっては、電気担当者によく確認すること。

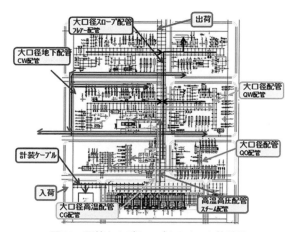

図5.1　配管およびケーブルのルート検討例

6．建設およびメンテナンス性から考慮する事項

(1) 装置のプロットプランを決めるのに建設時やメンテナンス時の方法を知りその時の問題点をあらかじめ把握し、条件として建設・メンテナンスの容易性を十分に考慮すること。特に、建設時に中心となる大物機器類については据付方法をよく確認し、作業用スペースを用意しなくてはならない。

(2) 装置内の建設機器の通行スペースを考えて配置計画をし、できればパイプラック等で囲まれ

ない通路が用意されるよう考える。
(3) インターナルのある塔・槽、高さの高い塔槽については、クレーン使用のメンテナンスを前提に考えクレーン用のスペースを回りに設ける。また、リアクターについても、触媒の充填,排出 を考慮して、その周囲に十分なメンテナンススペースを設ける。
(4) 詳細な各機器回りのデザインマニュアルに記載された条項に従うものとするが、水平チューブ型式の加熱炉やシェルアンドチューブ（Shell & Tube）型式の熱交換器のチューブ引き抜きメンテナンススペースを適切な方向に用意する。この場合特に客先との間に了解がない限り、道路をこの目的に利用してはならない。
(5) コンプレッサーにシェルター（shelter）を設けるかどうかは客先の指示によるが、シェルターを設ける場合はシェルターの片側にコンプレッサー部品の吊り下げのための搬送入オープンスペースをメンテナンス用として用意する。

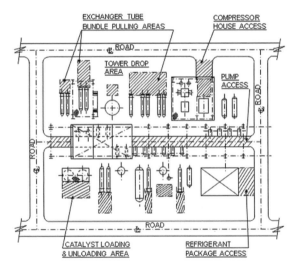

A図6.1　メンテナンススペースの確認例

7．運転および操作性から考慮する事項
(1) 装置の運転を考え、毎日の操作がより容易となるようにプロットプランを検討する時から考慮に入れる必要がある。つまり、プロセスの流れと共に操作の頻度の高い機器を操作順序になるべく合わせて配置して行くことが望ましい。
(2) 機器の配置と配管形状を頭に描きながら切換えバルブのマニフォールド、ポンプ回りのバルブ、コントロールバルブに対しても十分な通行性と操作性とを常に念頭に置きながら決定していくこと。ただし、これら通行性、操作性について設けられるべきクリアランスの具体的標準に関しては各機器回りのデザインマニュアル（第4章配管レイアウト参照）に従うものとする。
(3) 装置のプロットプランが種々の条件を満たしたものとなれば自ずとそこには機能性に富んだ外観となり、そうでない無駄の多いプロットプランとは、見た目でかなりの違いが出てくる。一般によく言われる美観というのは前述の機能美を言うが、この点に関してもプロットプラン決定の際に一考を要する。

8．地下埋設物計画
プロットプランを決定する際、地上に現れていない物も一緒に検討しなければならない。該当する物としては、地下埋設の冷却水配管や排水配管、地下埋設の電気ケーブル、地下タンク、各機器や鉄骨構造物の基礎類等があるが、これら各々の大きさやルートを考慮に入れて地下での当たりが無いよう検討する。

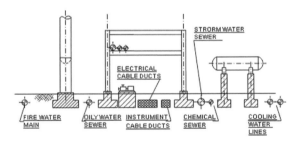

図8.1　地下埋設物計画例

9．道路と舗装計画（Paving）
装置の周囲は道路によって囲まれているが、道路の計画は全体配置計画の中で決められ、装置単独で決めることはまず無い。舗装計画は各機器の配置が決定した段階でシビル設計担当者が主体となって決定する。舗装は建設時の建機やメンテナンス時のクレーンなどの重量などを考慮した舗装仕様となる。

10．詳細検討
(1) 詳細寸法の決定は各プロジェクトのプロットエリアの広さやゼネラルスペックによって変わるので一義的に決めるのは危険であるが、ここ

では、一応今まで記載された考え方を基に各機器間に用意すべき距離を挙げ、実際のプロットプラン決定作業の参考とする。

(2) 配置を決定する上での機器間の必要スペースはプロジェクトスペックにより決められているが、配置計画の段階では上流の情報も少なく、配管のアレンジも詳細に行われていない。したがって、一般的な保安距離を元に配置計画を行い、上流情報や配管のアレンジの進捗に合わせてプロジェクトスペックとの照合を行う。図10.1、図10.2に一般的な機器間距離の例を示す。

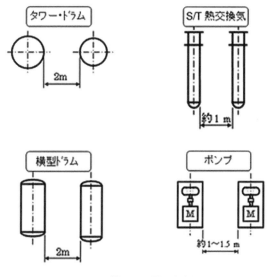

図10.1 機器間距離の参考例

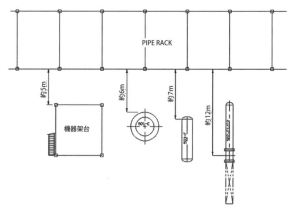

図10.2 機器とパイプラック間距離の参考例

11. プロットプラン作成の手順
11.1 PFDの分割とグループごとの仮配置

先に述べた資料（1.3項「プロットプラン作成に必要な資料」）が揃った段階でプロットプランの検討をスタートする。

最初にやらなければならないのは、PFDの分割である。PFDの全体の機器構成と配管の流れを把握した上で関連する機器をグループ化して分割してゆく。図11.1に例を示す。プロットプラン作成手順の例を以下に示す。

(1) PFDを関連機器のグループごとに分割した後、分割された部分の機器の配置を検討する。このとき主要な配管のルーティングをスケッチしながら最適化を進める。図11.2に例を示しているが、ここではPFDをⒶからⒹの4つのグループに分割している。分割した部分の機器の配置を主要配管のルーティングを行いながら決めてゆく。図11.3の左図ではグループⒷについての例を示している。配管のルーティングをすることにより、機器の並びを入れ替えたりしてより良い配置を目指す。

(2) 各グループの機器配置が決まった段階で、それぞれのグループをどのように配置するかを決める。これも各グループからの配管が無駄なく、経済的になるよう配置しなければならない。特に、合金鋼やステンレス鋼などの高級材量の配管、径大管、高圧配管などが最短になるよう考慮しなければならない。図11.3の右図が各グループの配置の最適化を検討している例である。

(3) 各グループ内の機器配置の最適化とグループの配置の最適化が決まった段階で全体の機器の配置を表示する（図11.4）。

(4) 全体の機器配置が決まった段階で装置全体の主要配管のルーティングを行い、経済性や制約事項などを確認する（図11.5）。

(5) (4)で述べた検討が終了した段階で、アクセス性や建屋、架台、舗装計画などを盛り込んでプロットプランの基本ができあがる（図11.6）。

ここまではプロットプランのベースができただけであり、これから機器間保安距離を確保しつつ、重要部分の配管アレンジメントを進めながら詳細の寸法をmm単位で決めていかなければならない。上流情報の確定度合に合わせてプロットプランはその影

第3章　石油精製・石油化学・ガス処理プラントのプロットプラン

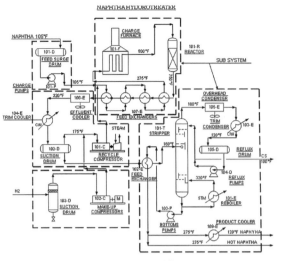

図11.1　PFDの分割例

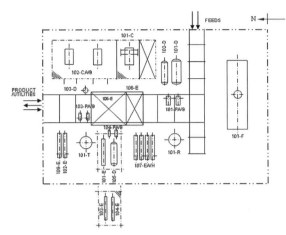

図11.4　各グループ集合装置の全体確認例

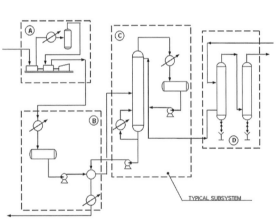

図11.2　分割グループ例

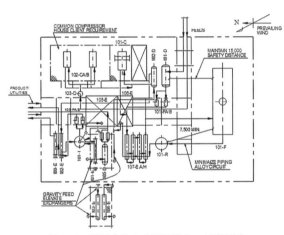

図11.5　装置全体の主要配管ルート確認例

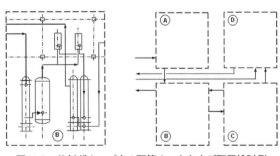

図11.3　分割グループ内の配管ルートおよび配置検討例

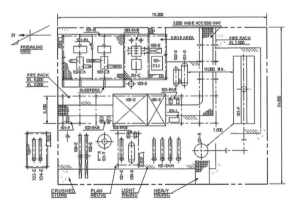

図11.6　最終プロットプラン完成例

響を受け、日々改訂されながらFC（For Construction）へとたどりつく。

11.2　プロットプランの確定度を上げる

　11.1項で配置した各機器や鉄骨構造物の位置・寸法は、各々のプロジェクトにより機器の大きさや特別な条件がある場合があるので、常に正しい配置であるとは言えない。例えば、各機器間に通される配管のサイズやバルブのハンドル方向により、変える事もある。そこで、実際としては11.1項で配置した寸法を各々のプロジェクト条件に合致しているかどうかを一つ一つ配管詳細レイアウトを行いながら検証する。この作業においてプロジェクト条件を満足しない場合は、プロットプランの修正を行う事となる。

12.　装置の特徴を知る事

　プロットプランの作成を行う時に考えられることは、装置には各装置別に特有なプロセス機器があり、プロセス上の流れを考えると同種類装置のプロットプランは同じ様なプロットプランになるべきであるが、プロットプランは立地条件、装置容量、顧客要求などにより完全に同じプロットプランにはならない。しかしながら、主要プロセス機器廻りの配置は、ある程度同じ配置となる。これは、プロセス条件を満足し、経済性、メンテナンス性などを総合的に加味すると、一定の形が形成されるからである。すなわち、プロットプランを作成するためには各装置の特徴（重要設計ポイント）を知ることである。

第4章
石油精製・石油化学・ガス処理 プラントの配管レイアウト

1. 配管レイアウト作成..........50
   1.1 配管レイアウト作成に必要な情報.....50
2. 配管レイアウトの基本原則..........50
3. 配管ルート計画で考慮すべき共通事項..........50
   3.1 バルブハンドル、配管同士の間隔....50
   3.2 フランジの設置..........50
   3.3 バルブの設置／操作..........52
   3.4 通行性（アクセス）..........53
   3.5 被覆（保温・保冷）..........53
4. 部分詳細部の共通事項..........54
   4.1 ブランチ（分岐）配管..........54
   4.2 ブランチ配管の形状..........54
   4.3 ブランチ方法..........54
   4.4 配管サポート支持間隔・ガイド間隔 55
   4.5 レジューシング配管..........55
   4.6 ドレン及びベント配管..........55
   4.7 ドレン・ベントの設置目的..........55
   4.8 ドレン／ベントの配管アレンジ..........55
5. 配管アレンジメント計画..........55
   5.1 配管アレンジメントの基本原則..........55
   5.2 ルーティング..........56
   5.3 小口径配管..........56
6. 安全弁配管..........57
   6.1 共通事項..........57
   6.2 オープンシステムの場合..........57

   6.3 クローズドシステムの場合..........57
   6.4 安全弁入出口配管のアレンジメント 58
7. 計器取付配管..........58
   7.1 圧力計..........58
   7.2 温度計..........59
   7.3 液面計及び液面調節計..........60
   7.4 流量計..........60
   7.5 コントロールバルブ..........61
8. 機器まわりの配管レイアウト..........63
   8.1 タワーまわりの配管レイアウト..........63
   8.2 ドラムまわりの配管レイアウト..........70
   8.3 熱交換器まわりの配管レイアウト..75
   8.4 架構計画（機器架台・バルブ操作架台） 82
   8.5 ポンプまわりの配管レイアウト..........85
   8.6 配管インフォメーション..........106
9. 低温サービスの配管設計..........108
   9.1 低温サービス配管..........108
   9.2 配管計画上の注意事項..........108

第4章　石油精製・石油化学・ガス処理プラントの配管レイアウト

1. 配管レイアウト作成

配管レイアウトとは、配管ルートや配管部品・計器・配管サポート等の配置を決定するための総合的なアレンジメントである。配管レイアウトを決定するためには機器の配置や据付け高さ、架構の配置や構造・階段の位置、機器のノズル方向、機器のプラットフォームや梯子等を考慮して決定しなければならない。

従って、この段階において配管レイアウトエンジニアは配管のルート計画を行うとともに、機器やシビルの設計部門に対し、設計情報を作成し提供する役目を負っている。すなわち、プラントの設計は配管レイアウトなしには進めることはできず、プラント設計の善し悪しは配管レイアウトの出来如何にかかっていると言っても過言ではない。

1.1 配管レイアウト作成に必要な情報
必要資料の入手
(1) プロットプラン、P&ID、ラインデータ、機器図
(2) 必要資料の確定度
　　配管レイアウトから作り出される設計情報は関連部へインフォメーションとして発信され、関連部の設計基礎情報となるため、各機器、計装部品、配管部品などの確定度を認識することは重要である。
(3) 初期段階では多くの未確定情報が含まれている。従ってそれを基に作成される配管レイアウトには当然未確定情報が含まれる事となる。しかし、設計工程上から関連設計部門へ配管インフォメーションを発行する必要がある。配管レイアウトを構築する部品等の確定度を把握し関連設計部門の作業に支障を来たさないように注意し不確定部分は不確定として、配管インフォメーションを提示する事が要求される。

2. 配管レイアウトの基本原則

配管ルートの決定に際しては、次の項目を全て満足させるよう充分検討を行う。
(1) 装置の機能（プロセス要求）に支障の生じないこと。
(2) 配管系の強度上の問題がないこと。
(3) 操作性及び通行性に支障がないこと。
(4) 機器、計器、配管部品のメンテナンスが安全にできること。
(5) 配管サポートの位置が(2)(3)(4)項を満足すること。
(6) できる限り短い経路で、また、配管材料、工事量を最小とすること。

3. 配管ルート計画で考慮すべき共通事項

3.1 バルブハンドル、配管同士の間隔
(1) 同一配管に直列に設置されたバルブや隣り合う配管に設置されたバルブのハンドル同士の間隔はその操作上から原則としてハンドル外面間で100 mm以上とする。

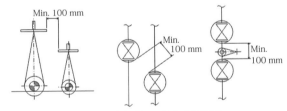

図3.1　バルブハンドルの間隔例

(2) 配管同士の間隔
配管同士の間隔は、表3.1による。

3.2 フランジの設置
(1) フランジは、原則として次に示すような箇所に設置する。
　(a) 配管と機器ノズル（フランジ接続）との接続箇所

第4章 石油精製・石油化学・ガス処理プラントの配管レイアウト

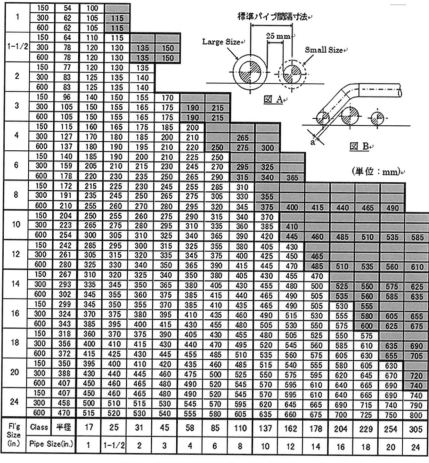

表3.1 隣り合う配管同士の中心間寸法例

注1. パイプ間隔算出方法
(1) 本表の数値は {フランジ（大径サイズ）+ 管（小径サイズ）} ×1/2 +25mmで計算した値である。{管（大径サイズ）+ フランジ（小径サイズ）} ×1/2+25mmで計算した値が大きいケースではその値を表示してある（網かけ表示の部分）。
(2) 本表の計算に使用したパイプ及びフランジの寸法は、ASME B36.10（パイプ）及びASME B16.5（フランジ）に従った。
(3) 計算結果は、小数点以下2位までの数値を対象に、1の位を0と5の数字に切り上げた数値とした。

注2. 本表使用上の注意事項
(1) 保温、保冷がある場合は、その厚み及びトレース用のサイズアップ保温厚みを考慮する。
(2) 配管の熱移動量を考慮する。
(3) 図Bの場合は、a寸法にて別途検討のこと（a = 25mm）。
(4) JIS 10Kは150Lb用、JIS 20Kは300Lb用を参照のこと。
(5) 本表には、参考用にPipeとフランジの半径の小数点第1位を切り上げた数値を記入してある。

(b) 配管及び計装部品類（フランジ接続）の設置箇所
(c) 配管の取外しを必要とする箇所
(d) 配管の途中で材質が変わる箇所
(e) 配管末端のブラインドフランジ止め箇所
(f) 配管取合い箇所
(g) 配管（特殊ライニング配管）の製作施工上フランジ切込みを必要とする箇所
(h) 火気作業のできないエリアでの施工のためフランジ切込みを必要とする箇所

(2) フランジの取り付け位置
 (a) 据え付けられている配管を目的に合った配管長さ及び配管形状に分割できるようにフランジ取付位置を決定するが、その際、フランジはできるだけ溶接箇所が少なくなるような位置に取り付け、バルブ等の取り付けフランジを利用してフランジ取り付け箇所も最小限に留めるようにする。

第4章　石油精製・石油化学・ガス処理プラントの配管レイアウト

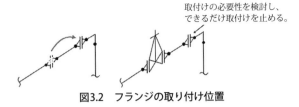

図3.2　フランジの取り付け位置

(b) 機器のインターナルパイプを配管接続ノズルより抜き出す場合は図3.3のようにフランジを切り込む。

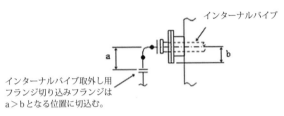

図3.3　機器ノズル近くのフランジ

(c) リングジョイントフランジ接続の場合、リングが双方のフランジにくい込んでいるため配管を取外すときは、一度軸方向に引き離さなければならない。図3.4において、A方向へ一度引き離すことができるように配管をたわませることができれば問題ないが、配管径が大きい、肉厚が大きいなど、配管があまりたわまない場合は新たにフランジを切込むか、ノズル方向を変えることを検討する。

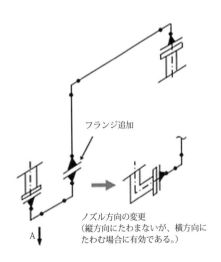

図3.4　リングジョイントのフランジ取り付け

3.3　バルブの設置／操作

バルブ操作が必要な場合は、次の2つのケースが考えられる。

(1) プロセス上の要求や操作上の要求（例えば、計器との位置関係等）がない場合は地上操作ができるように配管を図3.5のようにアレンジする。ただし配管アレンジが固定バルブ操作架台を設置するよりコストがかかり、固定バルブ操作架台の設置が周囲の操作性、通行性、メンテナンス性等に影響を与えない場合は固定バルブ操作架台の設置の方法を選ぶこと。

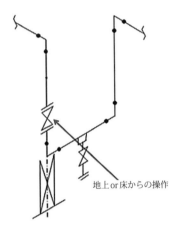

図3.5　バルブを操作できる場所へ設置する配管アレンジメント

(2) プロセス上の要求がフリードレンで、ラインにドレンポケットを作ることができない場合は固定バルブ操作架台を設けて操作できるようにする（図3.6）。ただし、固定架台の設置は他

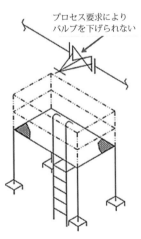

図3.6　バルブ操作架台を設けるアレンジメント

52

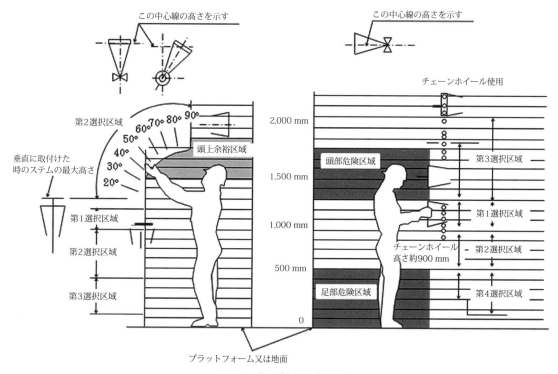

図3.7 バルブの操作高さ例

のバルブの操作性、通行性、メンテナンス性等を阻害しないように注意する。

(3) バルブの設置高さ

バルブの設置高さは図3.7に示す高さとする。操作の容易さと安全性を考え第1選択区域から2、3、4の順に高さを選定する。

(4) 操作床からの水平距離

プラットフォームから外にあるバルブを操作する場合のバルブ位置は図3.8に示す通りである。

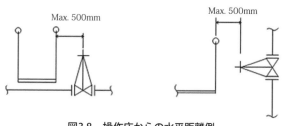

図3.8 操作床からの水平距離例

3.4 通行性（アクセス）

配管アレンジを行う場合、バルブ、計器等の操作を十分検討し、装置の運転を支障なく行えるようにしなければならない。同時に装置点検用通路を確保

するよう配管アレンジを行う。通行スペースとして次のようなスペースを確保する（通行用スペースの大きさは顧客要求によって異なることがあるので、注意を要する）。

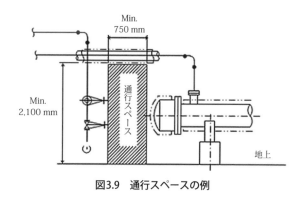

図3.9 通行スペースの例

3.5 被覆（保温・保冷）

配管に保温・保冷が施工されると、保温・保冷のない配管とは違って配管高さ、配管間隔等について考慮した配管アレンジを行わなければならない。また、配管サポートの内、下から支持する形式の場合は保温または保冷施工のため、シューを取り付ける

ので配管がシューの高さ分だけ高くなるので注意する。

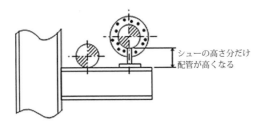

図3.10 被覆のある配管はシューの分だけ高くなる

4．部分詳細部の共通事項

4.1 ブランチ（分岐）配管

ブランチ配管とは分岐配管のことで流体の流れ方向で考えると図4.1に示すように種々の分岐が考えられる。

図4.1 配管ブランチの種類

4.2 ブランチ配管の形状

ブランチ配管の形状は母管から分岐するブランチ配管の分岐角度によって配管形状が異なるが、特殊なものを除くと、90°と45°のブランチ配管がある。

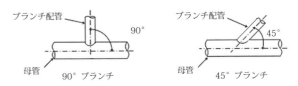

図4.2 ブランチ配管の形状

4.3 ブランチ方法

ブランチ配管を形成する方法としてブランチ配管用のフィッティングを使用してブランチする方法と母管にブランチ管を直接溶接してブランチする方法がある。

(1) ブランチフィッティングを使用する方法

表4.1のブランチ表は、配管クラスごとに母管とブランチ配管のサイズにより使用するブランチフィッティングを指定するものである。サイズによってはフィッティングを使用せずブランチするケースもある。

表4.1 ブランチフィッティングの使用基準例

		主管（in.）											
		1/2	3/4	1	1 1/2	2	3	4	6	8	10	12	14	16以上
枝管 (in.)	1/2	TS	TR	TR	BR	BR	BR	BR	BF	BF	BF	BF	BF	BF
	3/4		TS	TR	BR	BR	BR	BR	BF	BF	BF	BF	BF	BF
	1			TS	TR	BR	BR	BR	BF	BF	BF	BF	BF	BF
	1-1/2				TS	TR	TR	BR	BF	BF	BF	BF	BF	BF
	2					TS	TR	TR	N	N	N	N	N	N
	3						TS	TR	TR	N	N	N	N	N
	4							TS	TR	TR	N	N	N	N
	6								TS	TR	TR	TR	N	N
	8									TS	TR	TR	TR	N
	10										TS	TR	TR	TR
	12											TS	TR	TR
	14												TS	TR
	16													TS

備考 記号は次による
BF：R無しSocketまたはScrewed Boss
BR：R付SocketまたはScrewed Boss
TS：Socket/Screwed/Butt Weld Straight Tee
TR：Socket/Screwed/BUTT WELD Reducing Tee
N：Nozzle Weld

(2) ブランチフィッティングを使用しない方法
　ブランチフィッティングを使用しないで母管にブランチ管を直接溶接する方法には図4.3に示すようなものがある。

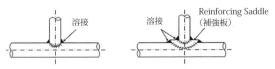

図4.3　ブランチフィッティングを使用しない方法

4.4　配管サポート支持間隔・ガイド間隔
　配管は多種多様なサポートにより支持、或いは制御される。適切な形式のサポートを適切な位置に配置する事が、プラントの安全な運転を維持するための重要な要素である。配管サポート支持間隔は、配管サイズ、肉厚、保温保冷の有無や厚み、バルブ、フランジなどの取り付け及び、配管形状により配管を支持・ガイドする間隔は異なる。第5章5項図5.1に、標準配管支持間隔を示す。

4.5　レジューシング配管
　レジューシングとは配管のパイプ径を縮小することで、レジューシング配管とはそのレジューシング部分の配管のことをいう。レジューサには同心レジューサと偏心レジューサがあり、配管アレンジメント上で使い分ける必要がある。垂直配管には、同心レジューサを使用し、水平配管には、偏心レジューサを使用する。

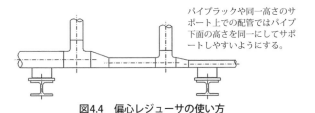

図4.4　偏心レジューサの使い方

4.6　ドレン及びベント配管
　ドレン／ベント配管のうち、ラインドレン配管／ラインベント配管のアレンジについて述べる。

4.7　ドレン・ベントの設置目的
(1) ドレンの目的
　(a) 配管の内部流体（液）を抜出すために設置

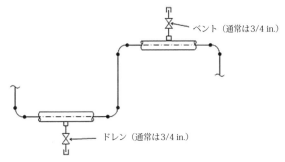

図4.5　ラインドレン／ラインベント／バルブ

する。
　(b) 耐圧テスト用流体（通常は水）をテスト終了時に抜出す。
　(c) 運転中の流体をメンテナンス開始時に抜出す。
　(d) 耐圧テスト用流体注入に使用する。
　(e) 配管系のブローやスチームパージの出口として使用する。
(2) ベントの目的
　(a) 耐圧テスト用流体注入時の配管内のエアーを抜出すため。
　(b) 配管の内部流体をドレンから抜出す場合に抜き出し時間を早めるためベントから大気圧をかけるようにする。
　(c) ポンプサクションラインの運転開始前エアー抜き用として使用する（ポンプサクションラインにベーパーポケットがある場合）。

4.8　ドレン／ベントの配管アレンジ
　ドレン／ベント配管の形状は客先要求により変わり、種々の形状が採用されている。一般的にドレン配管にはほとんどの場合バルブが取り付けられ、ベント配管でもかなりのケースでバルブが取り付けられている。したがって、なんらかの方法で操作できるように配慮する必要がある。ドレン配管の大きな目的は、その配管中の流体を抜き出すことにあるので、できるだけ配管内の流体を100％抜き出せるようドレン配管設置場所をアレンジする必要がある。

5.　配管アレンジメント計画
5.1　配管アレンジメントの基本原則
　配管アレンジメントの決定に際しては、2項(1)～(6)を、できるだけ満足させるよう十分な検討を行

第4章　石油精製・石油化学・ガス処理プラントの配管レイアウト

う。ある一つの項目を満足させ、他の項目に関してはあまり考慮されていないことがないよう各項目について考慮の上、配管アレンジメントを行う。

5.2　ルーティング

5.2.1　基本

配管アレンジメントとはある点（始点）からある点（終点）までの配管系の形状（ルート）を決定し、その決められた配管形状に配管材料や配管部品（特殊部品）を配置すること（ポジショニング）をいう。通常、ルーティング（ルート決定）を行う場合の配管はほとんど地上配管で、残りの一部分がトレンチ配管、埋設配管等の地下配管である。また、地上配管は10m高さまでに大部分の配管が配置されることが多い。次の事項を考慮し、最短経路をルーティングする必要がある。

(a)　プロセス的要求
(b)　操作性（通行性、メンテナンス性を含む）
(c)　配管支持（サポート配置）
(d)　熱応力、振動等に対する安全性

5.2.2　ルーティング条件の確認

次の事項をルーティング条件として確認しておくこと。

①　ライン条件（ラインリストに示される情報）
②　プロセス要求（P&IDの特記事項）
③　操作の有無（バルブ、計器、配管特殊部品等）

5.2.3　ルーティング条件の検討

ライン条件としては主としてラインリストに記載されている次のような項目がある。

(1)　ラインサイズ及びラインクラス
　これらの条件によって今ルーティングしようとしているラインの重要度を知ることができる。例えば、サイズがその周辺のラインと比較して大きければ他のラインより優先的にルーティングを決めなければならない。同様に、材質的に高級である場合も優先的なルーティングが行われなければならない。
(2)　ラインの始点及び終点
　ラインの始点と終点が機器、回転機、配管、計器、装置境界等のどれか、また、それらの位置はプロットプラン上の何処かを確認する。できれば概略のルートの目安もつけておくとよい。

(3)　ラインの設計温度
　ラインの設計温度が100℃以下、100℃〜200℃、200〜300℃または300℃以上のどの温度範囲にあるかを確認しておき、柔軟性を考慮した配管形状を決定の条件とする。プロセス要求事項はP&IDに特記事項として表示されるので、P&IDを読めるようになる必要がある。

5.2.4　ポジショニング（配管部品配置）

検討された概略配管形状（ルート）にフィッティング、バルブ、配管特殊部品それに計装品等を配置することをポジショニングという。5.2項の「ルーティング」によって決められた配管ルートは詳細なルートではなく、概略配管ルートに配管材料、配管部品及び計装品等を配置（ポジショニング）し、配管系としての機能とその操作性、周囲の通行性等を検討して支障がないことを確認し、詳細な配管ルートが決められる。この場合、フィッティング等の配置が寸法上可能であるかのチェックは当然行わなければならない。

5.3　小口径配管

小口径配管は1-1／2インチ以下のパイプサイズの配管を言う。小口径配管であっても、配管のルーティングやアレンジメント（バルブや計器の配置決定）の原則は変わらないが、小口径であるが故に特に考慮を払わなければならない事項があるので、それらの事項について述べる。

5.3.1　小口径配管のルーティング

小口径配管のルーティングを行う上で次の2項目に特に注意を払う。

(1)　グループルーティング
(2)　サポートが容易なルーティング

5.3.2　グループルーティング

小口径配管は単独のルーティングよりグループ化してルーティングする方が、サポート設置が容易である。小口径配管同士でグループ化する、または2インチ以上の配管に沿わせるようにルーティングする。そのため、エルボとパイプの数量が増えても小口径配管であるため大きな支障とはならない。

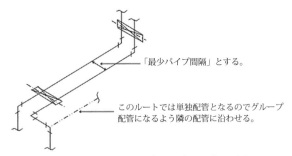

図5.1 小口径配管のグループ化サポート例

5.3.3 サポートが容易なルーティング

小口径配管だけでなく配管は全てサポートが必要であるが、特に小口径配管はサポート間隔が短いこともあって多くのサポートを必要とする。そのため前項で述べたように小口径配管をグループ化する、または架構の柱や梁に沿わせてルーティングし、サポート設置をし易くする。

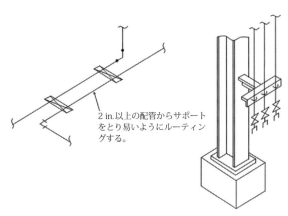

図5.2 小口径配管のグループ化共用サポート

6. 安全弁配管

安全弁は以下に示す事項を考慮し、安全弁の配置を決定する。

6.1 共通事項

(1) 安全弁はそれが取り付く機器、または主配管にできるだけ近くに設置する。やむをえず機器または主配管の近くに設置できない場合は、安全弁入口までの圧力損失を3%以内（API RP520 PART Ⅱ）にし、3%を越える場合は安全弁入口の配管サイズを大きくするか配管アレンジを変えて3%以内に押えるようにする（圧力損失計算は、安全弁入口配管の形状寸法スケッチを作成しプロセス設計へ提出 プロセス設計が実施する）。

(2) 安全弁のメンテナンス（取り外して地上に降ろすことも含めて）及び操作を容易に行えるところに設置する。

(3) 安全弁の取り外し方法として、ダビットを利用する方法やメンテナンスエリアからのクレーンによる方法を検討する。また、安全弁の設置場所が高所の場合はプラットフォームを設置する。

6.2 オープンシステムの場合

安全弁出口配管から放出される流体が他の架台やプラットフォームに降りかかることのない配置にする。すなわち、放出流体がガス体の場合は安全弁出口配管の先端の位置から半径13m以内（スチームの場合は7.5m以内）にある一番高い架台または機器のプラットフォームの位置から3m以上の高さに安全弁出口配管の先端を設置する。この条件によって安全弁出口配管の垂直部分が非常に長くなり、そのサポート方法が難しくなるので、事前に機器配置等で考慮しておくとよい。

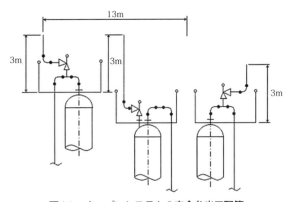

図6.1 オープンシステムの安全弁出口配管

6.3 クローズドシステムの場合

(1) 安全弁出口配管の（ガスまたは液）ブローダウンヘッダーやフレアーヘッダーに至るまでの配管長さができるだけ短くなるような場所に、安全弁を設置する。

(2) 原則としてブローダウンヘッダーやフレアーヘッダーより高い位置に、また安全弁出口からそれらのヘッダーへフリードレンとなるような

場所に、安全弁を設置する。

6.4 安全弁入出口配管のアレンジメント
6.4.1 オープンシステムの配管アレンジ
(1) 安全弁入口配管は安全弁が取付く機器または主配管まで自然流下（フリードレン）となるように配管をアレンジする。

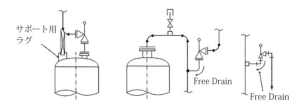

図6.2　オープンシステムの安全弁入口配管

(2) 安全弁の吐出流体が大気放出のもので、その先端位置が安全弁より高くなる場合には、吐出側配管の最下部にドレン抜き用の3/8"（φ9mm）のウィープホールを設ける。

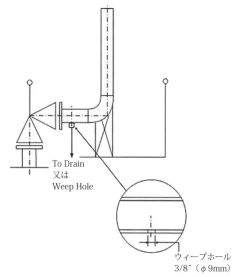

図6.3　オープンシステムの安全弁出口ドレン抜き

6.4.2 クローズドシステムの配管アレンジ
(1) 安全弁入口配管は安全弁が取付く機器または主配管まで自然流下（フリードレン）となるように配管をアレンジする。
(2) 安全弁出口配管は原則として自然下流配管でフレアーやブローダウンヘッダー配管等に接続されなければならない。ただし、流体が液体の場合は、ヘッダー配管より低く設置してよく、むしろ安全弁入口配管を最短とする事で、圧力損失を少なくするようにする。

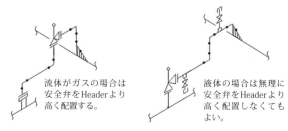

図6.4　クローズシステムの安全弁配管

7. 計器取付配管
配管系内部の流体の状態を知るためや、流体をコントロールするための計器（圧力計、温度計、流量計、コントロールバルブ等）を取り付けるが、これらの計器の読み取り、操作、点検、保守を考慮した配管のアレンジメントを行う。

7.1 圧力計
7.1.1 圧力ゲージ取り付け配管
圧力ゲージ（現場指示計）を設置する場合は圧力計取り付け用の配管バルブを設ける。詳細はP&IDレジェンドに表示される（第3章3.2項(8)～(10)）。

(1) 水平配管の場合

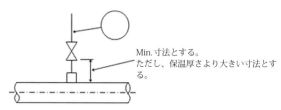

図7.1　水平配管の圧力ゲージ配管

(2) 垂直配管の場合

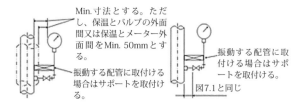

図7.2　垂直配管の圧力ゲージ配管

7.1.2 圧力計の取付位置

(1) 取り付け高さ

　圧力計器用ブロックバルブ高さは、3.3(3)項「バルブの設置高さ」の高さ以内とする。圧力ゲージは、ゲージが見易い高さと方向とする。一方圧力計器への接続配管は、計装発信機の設置・高さを優先しブロックバルブの設置は、メンテナンス時に操作が可能であれば多少の操作性は犠牲にしても良い。

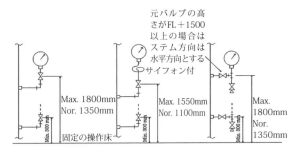

図7.3　圧力計器配管の操作性

(2) 水平方向

圧力計は操作面で水平方向に設置した場合の例を図7.4に示す。

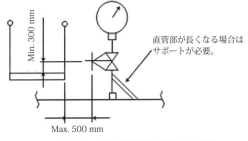

図7.4　圧力計配管の水平方向設置

7.2 温度計
7.2.1 温度計の接続形式

温度計は配管との接続方法により次の2つに分けられる。
(a) フランジ型温度計
(b) ねじ込み型温度計

7.2.2 温度計取付位置

(1) 現場指示温度計の場合

　T形指示計（ゲージ）は見る方向が温度計取り付けノズル方向と一致するように取り付ける。（図7.5）。I形指示計は見る方向とノズル方向が直角になる方向に取り付けることができる。（図7.6）温度計の取り付け位置・高さによっては指示計の見る方向を使い分ける。指示計を見る方向とノズル方向が一致する場合でも、水平配管に上向きに取り付けると指示計の表面に水やゴミがたまって見難くなるので、できるだけ上向きの方向は避ける。

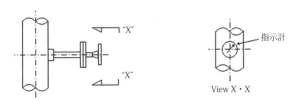

図7.5　T形指示計（ゲージ）を見る方向とノズル方向が一致する場合

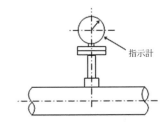

図7.6　I形指示計（ゲージ）を見る方向とノズル方向が直角になる場合

(2) 現場指示温度計取り付け高さ

　図7.7に現場指示温度計の原則的な取り付け高さを示す。

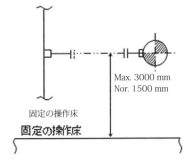

図7.7　現場指示温度計取り付け高さ

(3) 現場指示温度計横方向制限

　現場指示温度計を横方向に取り付ける場合の原則的な温度計位置の制限を図7.8に示す。

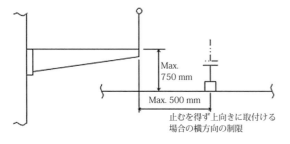

図7.8　現場指示温度計横方向制限

(4) 温度計取り付け位置の制限

　温度計取り付け、取り外しのためのスペースとして温度計先端からの空間を確保する。温度計は、ウェルと呼ばれる筒がパイプのほぼ中心部まで挿入され温度を測る。そのためウェルの長さ分パイプから真っ直ぐに引き抜くスペースが必要となる。

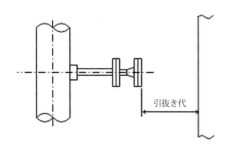

図7.9　温度計取り付け位置の制限

(5) 温度計取り付け最小配管サイズ

　上記(4)の通り、ウェルがパイプ内へ挿入されるので、管の内径断面積が減少し圧力損失が増大する。よって、パイプのサイズが4インチ（100A）以下の場合温度計を取り付ける部分のみ6インチ（150A）にサイズアップする。

7.3　液面計及び液面調節計

　液面計及び液面調節計の取り付け高さ関連の寸法は、インフォメーション（LC：Level Control & LG：Level Gaugeのアレンジ）を参照する。液面調節計の信号発信機は、容易に操作可能な位置にする。液面の変動幅が大きい場合は梯子に沿わせて配置し、液面を目視できるようにする。

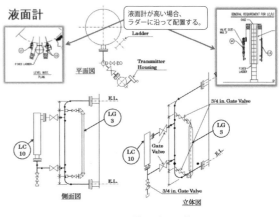

図7.11　液面計器配管

(1) LC、LGの取り付け高さは、機器ノズルから寸法線により指示する。
(2) 機器まわりの配管と一体で作図するが複雑になる場合は抜き出して部分詳細図で表示する。
(3) 平面図にてLC、LGの取り付け方向が指示できれば、立体図（アイソ図）でなく側面図でもよい。
(4) マグネットタイプのLGでは、LGの下端にマグネットフロートが収まる部分があり、その長さが400〜600mm位ある。これを考慮せずに床高さを決めると、LGのドレンラインが床下に入ってしまうので予め注意する。

7.4　流量計
7.4.1　流量計の種類

　流量計には下記のような種類がある。流量計の取り付けにあたり、各流量計の取り付け条件を計装設計部門に確認し、配管レイアウトに反映すること。
(a) 差圧式流量計
　・オリフィス

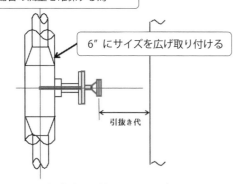

図7.10　温度計取り付け最小サイズ

- ベンチュリー
(b) タービン式流量計
(c) 容積式流量計
(d) 面積式流量計
(e) 質量流量計（コリオリ式）
(f) ボルテックス流量計
(g) ウルトラソニック流量計

7.4.2 オリフィスの取り付け配管例

差圧式流量計のオリフィスを配管に取り付ける場合オリフィスの上下流に必要直管部を設けなければならない。配管アレンジ上で無理なくオリフィス上下流の直管部を設けることができればよいが、配管サイズが大きい場合は長い直管部が必要となるので、配管アレンジの最初から考慮しておく必要がある。

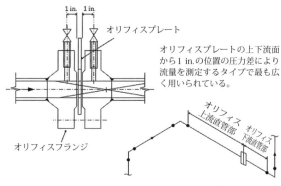

図7.12　オリフィスフランジタップ

(1) オリフィスタップ方向

オリフィス前後の圧力を取り出すオリフィスタップの方向は流体によって異なる。図7.13は水平配管の場合のタップ方向で通常は、流体が気体の場合上方向、液体の場合が下方向である。

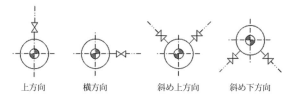

図7.13　オリフィスタップ方向

(2) 流量計の計装発信機設置位置

流量計の設置だけではなく、その計装発信機の設置場所をも考慮し、場合によっては計装発信機設置用の操作床を作成する等が必要となる。

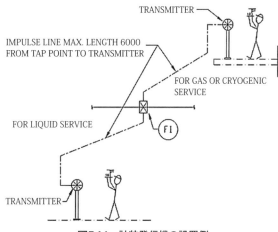

図7.14　計装発信機の設置例

7.5　コントロールバルブ
7.5.1　コントロールバルブの使用目的

装置の自動制御システムにおいてコントロールバルブの役割は非常に重要であり、その配置や周囲の配管アレンジも操作やメンテナンスを行う上で極めて重要である。コントロールバルブの使用目的は次に示す通りである。

(1) 流体の流れを調節することにより、プロセス変数（流量、液面、圧力、温度等）をコントロールする。
(2) 流体の流れを遮断、開放または切換える。
(3) 2流体の混合または1流体の2方への分流を行う。

7.5.2　コントロールバルブ配管の組み立て

コントロールバルブはそのプロセス上の役割によって単独で配置されることもあるが、ほとんどの場

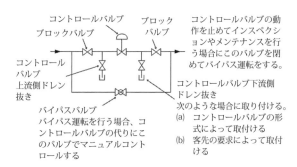

図7.15　コントロールバルブ配管組み立て

合ブロックバルブ、バイパスバルブ及びドレン抜き等を伴ったコントロールバルブ配管組み立て（アセンブリ）として配置される。最も代表的な配管組み立てを図7.15に示す。

7.5.3 コントロールバルブ配管組み立て形状

配管形状は配管ルート、配置位置、コントロールバルブのタイプ等によって異なるが、最も基本的配管形状を図7.16に示す。

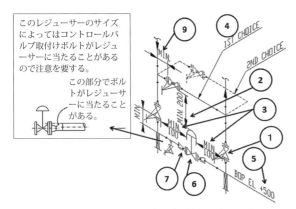

図7.16 コントロールバルブ配管組み立て形状

(1) ブロックバルブの位置は、バイパス運転時のデッドスペースを最小にする場合はバイパスからMin.とし、コントロールバルブ取外し時のドレン量を最小にする場合は下側のエルボからMin.とする。どちらにするかは客先要求によるが、実績では図に示すように、下側エルボからMin.の位置に取り付けるケースが多い。

(2) コントロールバルブのメンテナンス用スペースとしてMin. 200mmを確保する。バイパスバルブに被覆がある場合は、被覆面までをMin. 200mmとする。

(3) コントロールバルブのメンテナンス用スペースとしてMin.100mmを確保する。
　ブロックバルブに被覆がある場合は被覆面までをMin.100mmとする。

(4) できるだけ短い寸法とする。

(5) 通常500mmか600mmで統一されているが、コントロールバルブの下部がフランジタイプの場合は計装担当者にメンテナンス時の必要寸法を問合せる。

(6) コントロールバルブはアングルタイプを除いて、常に水平配管に取り付ける。

(7) 大きい方のサイズが6"以上のレジューサには直接ドレンを取り付けてよい（図7.17）。

図7.17 ドレンバルブ取り付け位置

(8) ブロックバルブ及びバイパスバルブをサイズダウンする場合は、それぞれのバルブからMin.の位置にレジューサを取り付ける（図7.18）。

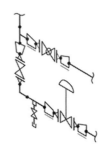

図7.18 レジューサ取り付け位置

(9) バイパスバルブを上流側ティーからMin.に取り付ける。これはラインをブロックバルブで縁切りする場合のデッドスペースを最小にするためである。

7.5.4 コントロールバルブ配管組み立ての設置場所

コントロールバルブ配管組み立て設置場所は次に示す事項を十分検討の上決定する。

(1) プロセス上の条件を満足するところに設置する。フリードレンの表示がある場合は特に注意して設置場所を検討する。

[例]

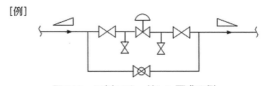

図7.19 両側フリードレン要求の例

(2) 操作・メンテナンス・監視が容易なように地上または固定架台上に設置する。
(3) 操作及びメンテナンス用スペースとしてコントロールバルブアッセンブリの前面に少なくとも750 mm後側に300 mm以上のスペースを確保することが好ましい。

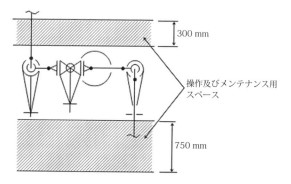

図7.20 コントロールバルブ廻りのスペース

(4) 操作・メンテナンス上の便利さを考えて、できればコントロールバルブ配管組み立てをグループにまとめて設置する。まとめて設置する場所としては以下が挙げられる。
  (a) パイプラック長手方向柱センターライン外側及び内側

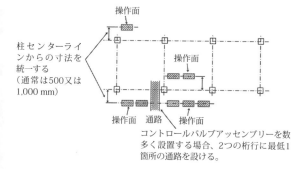

図7.21 コントロールバルブのグループ設置—パイプラックに添わせる場合

  (b) 架台上にまとめて設置する

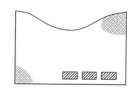

図7.22 コントロールバルブのグループ設置—架台上の場合

8. 機器まわりの配管レイアウト

8.1 タワーまわりの配管レイアウト

プラントを構成する機器の中でタワーは、蒸留、反応、抽出など設置目的は多様であるが、プロセス上の重要な役割を担っており、プラント全体に占める基数も非常に多くなる。タワーは単独で存在するというよりも、ポンプやリボイラー、コンデンサー、レシーバー、エアフィンクーラ（AFC）などの機器と密接に関連することからグループとして考える必要がある。本稿ではタワーまわりの配管のアレンジメントを行う上での注意事項を述べる。

8.1.1 タワーの種類 ― 用途による分類

タワーはその用途・性能によって下記のように分類される。

(1) 蒸留タワー（精留タワー）
　多成分系の原料を加熱した後、タワーの中央から下部の適当な位置に張り込んで蒸留、精留をその目的とする。蒸留タワー、精留タワー、分留タワー、蒸発タワー、スタビライザー、ストリッパーなどと呼ばれる。

(2) 反応タワー
　化学反応（分解・重合）をその目的とするので反応の種類、条件によって内部構造は異なる。

(3) 抽出タワー
　原料中の一部の成分を、抽出材を用いて抽出（吸着）・分離することを目的とする。

(4) 吸収タワー
　気体を液体に吸収させることを目的とする。

(5) 洗浄タワー
　一種の吸着、吸収操作を行うが、被吸収物質の量は少ないか微量である。そして、吸収された物質が目的ではなく、非吸収物質が目的物である場合が多い。

8.1.2 タワーの配置

タワーは装置の性能を左右する重要な機器で、リボイラー、コンデンサー、レシーバー、ポンプなどを伴ったグループとして成り立っている。したがって、これらの機器との関連性を十分考慮して、配置を決定する必要がある。配置を決める場合の注意事項を以下に示す。

(1) タワーの搬入場所、経路、方法を検討する。

(2) タワーの据付方法、方向及びそのスペースについて検討する（図8.1）。

図8.1 タワーの搬入 据え付け検討

(3) タワーの内容物（トレイ他）の組込み、搬出用スペースについて検討する。
(4) 2基以上のタワーを配置する場合、その中心線をそろえ、パイプラックに対して平行にする。ただし、小径の場合、パイプラックに対して直交線上に2～3基並べて配置することが望ましい。また、タワー径が大きく異なるタワーを並べる場合、パイプラック側のタワー側面をそろえることもある（図8.2）。

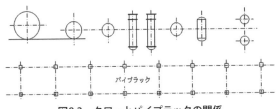

図8.2 タワーとパイプラックの関係

(5) 自立形の小径のタワーは設計上、裾広がりのスカートとなるので、配置決定の際はそのスペースを考慮する。
(6) タワー径に対してタワー長の比が大きいもの及びアルミニウムや非金属のタワーに関してはスカートで自立させられない場合がある。その場合、架構内に設置するか若しくは架構に添わせて配置し、架構からサポートが取れるようにする。

8.1.3 タワーのスカート高さ

タワーのスカート高さは基本的にプロセス設計部門にて決定され、P&ID上で指示されるが、高さに関わる事項を下記に示す。

(1) スカートの高さは低い程コスト上有利である。
(2) タワー底温度が高温または低温の場合、その温度が基礎に影響しないようにその高さを決める。
(3) ボトム配管がポンプに接続される場合には、NPSHを満足する高さとする（図8.3）。

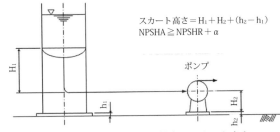

スカート高さ＝$H_1 + H_2 + (h_2 - h_1)$
$NPSHA \geqq NPSHR + \alpha$

図8.3 ポンプに接続する場合のスカート高さ

(4) サーモサイフォン型リボイラーが取付く場合は、液水頭が十分とれるスカート高さとする（図8.4）。

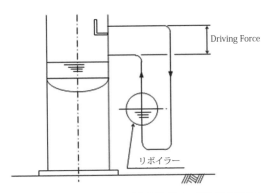

図8.4 サーモサイフォン型リボイラーが取付く場合のスカート高さ

(5) 沸点近くの液の流量を流量計を用いて測定、コントロールする場合、配管中でフラッシング

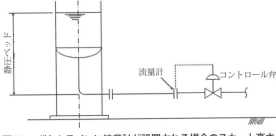

図8.5 ボトムラインに流量計が設置される場合のスカート高さ

しないよう静圧ヘッドをとれるスカート高さにする（図8.5）。

8.1.4 タワーまわりのメンテナンススペース

シャットダウンの時、重量のある器具・部品・安全弁あるいは大口径管のブラインドプレート等を取り扱わなければならない場合がある。タワー最上部に設置されたダビットにて、上記の物の取り付け、取り外しは元よりタワー内容物、例えば、トレイや充填物等の地上よりの吊り上げ吊り下ろしを行うため、吊りフックの操作に必要なスペース約3m²を図8.6のように確保しなければならない。

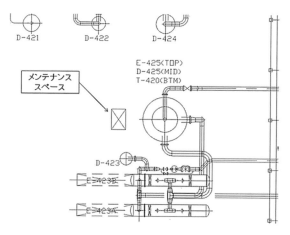

図8.6　タワーのメンテナンス・スペース

8.1.5　タワーのノズルオリエンテーション
8.1.5.1　ノズルオリエンテーションに関する基本的な考え方

(1) タワーの全てのノズルは、プロセス設計部門が作成する機器データーシートに表示される。ノズルの取り付け位置は、タワーインターナル設備と密接な関係があり、その関係はデーターシートに、プロセス要求として詳細に明記される。ノズルの設置は、原則としてタワー外周360度いずれの位置でも良い。一般的にその決定に当たっては、インターナルの構造を理解し全体的な機器の配置を考慮しつつ、下記事項を満足しなくてはならない。

  (a) プロセス上の要求を満たすこと
  (b) 運転作業が容易であること
  (c) メンテナンスが容易であること

(2) 図8.7は、リフラックッスノズルとダウンカマー（Down comer）の位置関係が180度の例を示している。

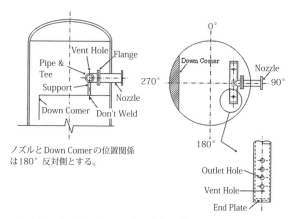

図8.7　リフラックスノズル（片側パストレイの場合）例

8.1.5.2　タワーのメンテナンスエリア／配管エリア

特殊な例を除き、タワーの位置は、メンテナンスのために必要な作業エリアと配管に必要なエリアに分けた方がメンテナンス・運転操作の観点から好ましく、その区分をプロットプランより決定することができる。したがって、それぞれのノズルのプロセス上の要求により、オリエンテーションは大別することが可能である。しかし、タワーのインターナルが複雑になり、ノズルの数が多くなるに従ってそのオリエンテーションの決定は複雑化するので、全てのノズルを配管エリア側に配置することができない場合もある。ノズルオリエンテーションの決定は、タワーのまわりをメンテナンス側と配管側とに区分けてノズルオリエンテーションの検討を行う。

  (a) データーシートに示されたトレイの段数・方向との整合性
  (b) 機器内部部品との関連性

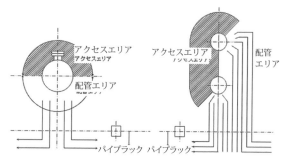

図8.8　メンテナンスエリアと配管エリア

(c) 経済的な配管・経済的なプラットフォーム
(d) 保守、及び運転時の作業性

8.1.5.3 計装関連のノズル

(1) 液面計関連のノズル（LC、LG）

　一般にタワーのLCノズルは標準液面レベル（Normal Liquid Level）に振り分けて付ければよく、ダウンカマーに当たらない限り、そのオリエンテーションは広範囲ではあるが、実際には下記諸条件によって範囲は制限される。

(a) LCの発信機はプラットフォームまたは梯子からの操作が可能な位置とする。なお、梯子から操作されるLC、LGは梯子の左右どちらでも取り付け可能だが、右側にした方が好ましい。

(b) LCはその点検のため、LGが見える位置にする方が好ましい。

(c) 液面調整用コントロールバルブセットのバイパスバルブから確認できる位置にLC、LGを位置付けた方が良い。P&IDに要求事項が明記されている場合。

(d) 液導入による液面の脈動の影響について考慮しておかねばならない。液面変動を避けるための環壁が取り付けられない場合はその取り付けについて機器設計者と協議する。また環壁が取り付けられている場合は目的にあった構造であることを確認する。

(e) メンテナンス側に設置することを原則とするが、上記諸条件との兼ね合いを考慮する。

(2) 温度計

　機器データーシートに取り付け場所は、明記される。温度計は、ウェルをノズルから内部へ挿入されるのでインターナル設備との干渉や、取り付け引き抜きスペースを確保する。またその作業性を考慮したプラットフォームや梯子でカバーする。

(3) 圧力計器

　機器データーシートに取り付け場所は、明記される。圧力計器は、元バルブが設置されるので、その作業性や計器発信機の設置を考慮したプラットフォーム梯子の計画をする。

8.1.5.4 マンホール／ハンドホール

マンホールは、機器のインターナルの組込み、検査、メンテナンス作業のために使われる。したがって、作業員や検査員が安全に機器に入ることができ、また、機器の機能を損なわないような位置に配置しなければならない。以下に述べる事項に注意を払いながらマンホールのオリエンテーションを決定する。

(1) マンホールはタワーのメンテナンスエリア側に、そしてできるだけ統一した位置に配置する。

(2) マンホールのオリエンテーションは、トレイのダウンカマーの方向と重要な関係があるので十分なチェックを行う。

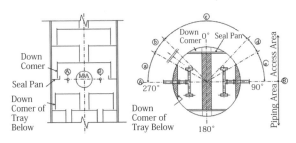

図8.9　マンホールのオリエンテーション検討

例えば図8.9の場合、0°側をメンテナンスエリア、180°側を配管エリアとし、現在ノズルⒶ Ⓑは90°、270°の位置が最適なので既に決定されているものとする。

最初に、マンホールはメンテナンスエリアに配置されなければならないのでⓐ～ⓔの範囲で検討する。ⓐ及びⓔはノズルⒶ Ⓑに支障がない範囲でこのスペースにおくことができるが、ダウンカマーの上になるのでマンホールからタワーに入る時、多少の危険を伴うので、ここにマンホールを置くことは可能であるが良い位置とはいえない。

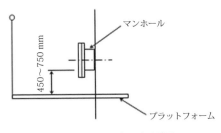

図8.10　マンホールの高さ

次に、ⓑ及びⓓはマンホールを置く上に何の支障もなく最適な位置である（取り付けるスペースがあれば）。最後に、ⓒはダウンカマー、シールパンが邪魔してタワーの内部に入ることができないので、このような部分にマンホールを配置してはならない。マンホールセンターラインとプラットフォームの高さの差はまわりの配管、プラットフォーム、梯子等の計画によって左右されるが、一般には450～750 mmとし、標準は750 mmとする。

8.1.6 プラットフォーム
8.1.6.1 取り付け場所
プラットフォーム上で行う作業として次の事項が考えられる。
(1) ノズルフランジのボルト締め付け
(2) バルブの開閉
(3) 計器類の計測
(4) サンプルの採取
(5) メンテナンス時のマンホールへのアクセス
(6) インターナルの吊上げ、吊り下ろし

これらの作業内容を検討・理解した上で、プラットフォームを必要とする場所に最小限に設置するよう心がける。その具体的な位置を下記に示す。
(1) マンホール、ハンドホールのある位置
(2) ホットボルトが必要とされる位置
(3) 安全弁の取り付け、取外し、スプリングサポートの作動チェック、ラインの肉厚測定等、点検の必要がある位置
(4) タワー最上部にマンホールがある場合、原則として全周のプラットフォームを設けるようにする。
(5) タワーが数基並んで設置されている場合、そのアクセス上、隣接するプラットフォームの高さを同一とし、連結することが可能であるか検討する。
(6) 液面計、温度計、圧力計等は、プラットフォームからの操作を最良とするが梯子からの操作が可能ならば、プラットフォームを設ける必要はない。

8.1.6.2 取り付け高さ
プラットフォームの高さ間隔は、客先の指定による特別な規定がない場合には、最大間隔を8mとし、それ以上になる場合には中間プラットフォームを設け、梯子を切り換える。各プラットフォームの間隔は通行性を考慮の上、最低2.1mの通行高さを守れるようにする。最下段のプラットフォーム高さは、地上より最低3.0mとする（図8.15）。

8.1.6.3 大きさ

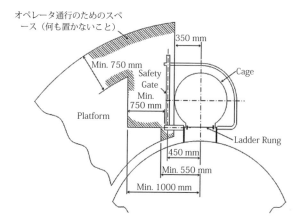

図8.11　プラットフォームの大きさ—1

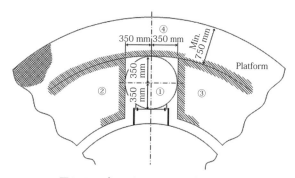

図8.12　プラットフォームの大きさ—2

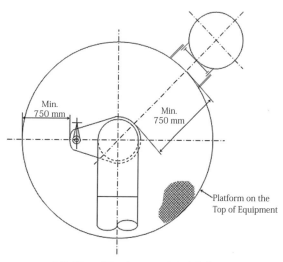

図8.13　プラットフォームの大きさ—3

(1) 通行性、バルブ・計器操作性、メンテンス作業性を満足する。
(2) バルブハンドルとその操作性及び通行性に問題のないこと。
(3) 安全弁の取り付け、取外し用作業スペースを確保する。
(4) 通行用のスペースは、Min. 750 mmとする。

図8.12において、①のスペースには通行のため、何も置かないこと。②③④のいずれか一つのスペースを通行のために空けておく。④のスペースは、②または③のスペースが通路として利用できる場合は空ける必要はない（安全上の観点からは、設置が望ましい）。

8.1.7 配管ルート計画
8.1.7.1 タワーまわりのライン及び関連機器
（タワーまわりのフローの一例を示す）

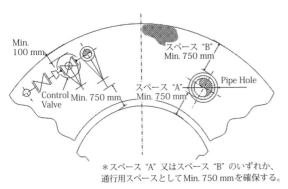

図8.14 プラットフォームの大きさ―4

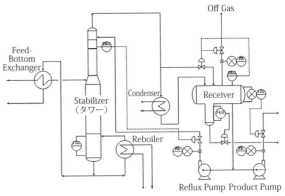

図8.16 タワーまわりのフロー例

8.1.7.2 タワーまわりの配管ルート

タワーまわりの配管設計をする時に注意しなければならない全般的な注意事項を示す。

(1) P&IDによりプロセス上の要求事項を確認し、その要求を満たすこと（図8.17）。
(2) 各配管のルートは最短で、かつ熱応力の発生による問題が生じないようにする。

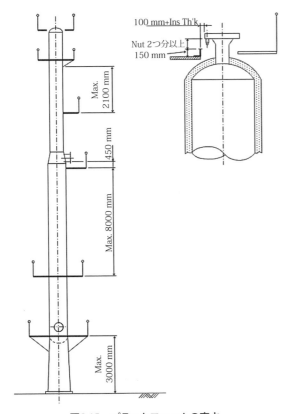

図8.15 プラットフォームの高さ

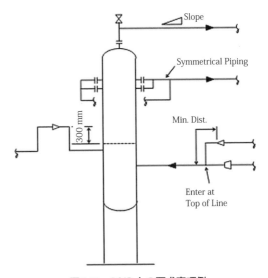

図8.17 P&ID上の要求事項例

(3) 操作性、安全性を考慮する。
(4) バルブが取付く場合ノズルに直接取り付ける（図8.18）。

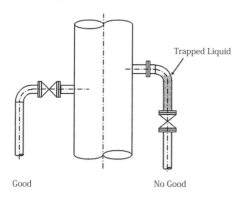

図8.18　バルブが取り付く場合

(5) 配管はタワー本体に沿わせて配置する。
　各配管を個別にアレンジする場合と、グループにまとめてアレンジする場合（図8.19）とがある。
　タワー外周に添った円周上にアレンジする場合（図8.20）とタワー外周接線上にアレンジをする場合がある（図8.21）。

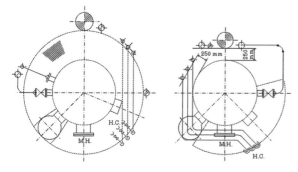

図8.19　各配管のグループ化

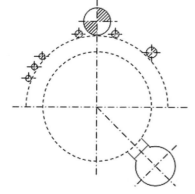

図8.20　外周線上に各配管をグループ化

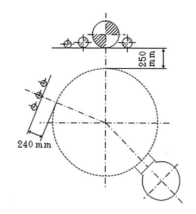

図8.21　外周接線上に各配管をグループ化

(6) レイアウトはタワー最上部から順次下部に向けて行い、"上部からのライン及び大口径管"を"下部からのライン及び小口径管"に優先する。タワー最上部からのラインルートを最初に決定しそれに基づいた全体構想を練るようにする。しかしながら、タワー下部のリボイラー関連大口径配管は、ノズルオリエンテーション決定に大きく影響する為、更に優先しノズルオリエンテーションを含むルートの決定を行うべきである。

8.1.7.3　タワーまわり配管サポート

　タワーまわりの配管サポート計画で特に考慮をしなければならないことは、一般配管と異なり支持基盤となるタワー自体もこれに接続する配管も熱を持っていることである。そして、タワー側温度と配管側温度が種々異なり、中には通常の運転においては常温の配管があったり、タワー自体も上部と下部では温度が異なること、更には、タワーと配管の温度上昇、下降に時差があったりすることである。タワーまわりの配管サポートは、このような条件からの熱伸縮を十分に考えて計画しなければならない。基本的には、配管の最上部サポートに固定式サポートを設置して配管の荷重を受け、タワー及び配管の熱伸縮に影響されずに配管を支えることができるようにする。また、タワーから離れる配管のサポートは、タワーの熱伸縮によるサポート部の浮き上がりに注意する必要がある。場合によっては、スプリングサポートの設置も考える。
　図8.22のB、C、D、Eは第5章5項図5.1「標準配管支持間隔」により決定する。

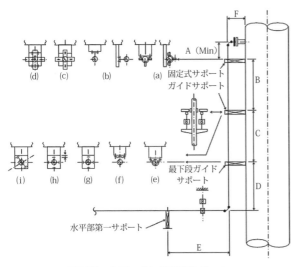

図8.22 タワーまわり配管サポート

(1) 平常運転の他にスチームパージ、スタートアップ、シャットダウン時の配管側とタワー側の温度差及び温度上昇、下降の時差からくる熱応力によって、ノズルに過大な力が作用しないように、ノズルから一番近い位置に配管垂直部重量を支持する固定式サポートを設ける。それより下の位置のサポートは、タワー、配管の温度差による伸び差を拘束しないよう上下方向に移動可能なスライド式サポートとする。

(2) 最下段のスライド式サポートは水平配管側からの伸縮を考慮して、水平配管からフレキシビリティのある位置とする。

(3) タワーまわりの配管サポートはできるかぎりプラットフォームの下に設置すること。ただし、ノズルからMin.の位置で固定式サポートを設けるなどの理由でやむをえずプラットフォーム上に設置する場合は通行性及び安全性を考慮してプラットフォームを計画する。

(4) 液面計及び液面調節計がスタンドパイプを利用して取り付けられる場合、スタンドパイプが3000mmを超す長さになるときは熱応力についての対策を講ずるとともにサポートについても考慮する。

(5) 一本の配管から数個のノズルに配管を計画し、しかもそれぞれバルブを有し、常時は一個のバルブのみが開で他は閉の場合は各配管間及びタワーとの温度差による熱応力を緩和するような配管形状とし、そのサポートについても考

慮する。

(6) ホースステーション配管のサポートは隣接する配管のサポートラグを利用してもよいが、できる限り単独のサポートラグを設け、プラットフォーム付近ではそれを利用してサポートする。

(7) 立ち上がり、下り配管はノズルから垂直にすることを原則とする。やむをえずノズルからすぐに振り廻す場合でも固定式サポートはノズルからMin.の垂直部に設ける。配管を途中で振り廻す場合、振り廻し下部の第1サポートはその熱応力を十分に検討して固定かスライドを決定する。また、H、Jが短い場合は、振り廻し上部にサポートは設けず振り廻し下部の第1サポートを固定してもよい（図8.23）。

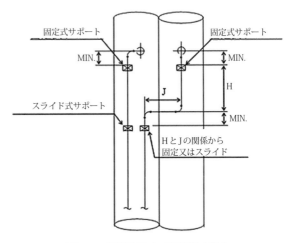

図8.23 配管を途中で振り廻す場合

8.2 ドラムまわりの配管レイアウト

プラントで呼ぶドラムとは、単なる液体・気体を受け入れる容器として使用する機器だけでなく、プロセス上重要な気液分離・圧力変化・触媒を使用した反応機などにも使用される。本稿では、プラントで一般的に使用される気液受け入れ容器として使用するドラムまわりの配管設計について述べる。ドラムはその用途と機能によって下記のように分類される。

8.2.1 ドラムの種類

(1) 分離ドラム（Separator、Splitter）
　　流体中に含まれている固体、液体あるいは気体成分を分離する容器を総称する。

(2) ノックアウトドラム（Knockout Drum）
　液滴を含むガスの流れのクッションのために設けられるドラムで同伴飛沫の分離回収及び急激な圧力変化の影響防止の役目をする。
(3) 静置ドラム（Settler）
　互いに溶け合うことのない流体の混合液を静置させ比重差によって重質液と軽質液とに分離させる容器である。
(4) フラッシュドラム（Flash Drum）
　圧力を有する液体をより低圧の器内に導き、液体の一部または全てを気化させる容器である。
(5) 混合ドラム（Mixing Drum）
　2種類以上の物質を混ぜ合せる容器を総称する。
(6) 希釈ドラム（Dilution Drum）
　液状物質に水または溶剤その他を添加して液体の濃度を低くするために使用される容器である。
(7) 溶解ドラム（Melting Drum）
　固体状物質に熱あるいは溶剤を加えて溶かし、液状とするために使用される容器である。
(8) 蓄圧ドラム（Accumulator）
　圧力を有するガス、蒸気あるいは液体を貯えて、その系統の圧力を常時規定圧力に維持するよう設計された容器である。
(9) 補給ドラム（Charge Drum）
　主要流体に補充あるいは添加する液体をためておく容器である。
(10) 計量ドラム（Measuring Drum）
　流体重量あるいは容量が測定できるように装備された容器を総称する。
(11) 廃ガスドラム（Blow down Drum）
　装置中で発生する廃ガスを集めて安全に大気に放出するために使用される容器である。
(12) 反応ドラム（Reactor）
　器内で化学反応を行わせる容器を総称する。

8.2.2　ドラムの設置
　ドラムは地上または架台上に設置するのが一般的である。地上または架台上の選択はドラムの機能、プロセス上の要求、形状、大きさ、経済性等の要因を考慮し決定する。

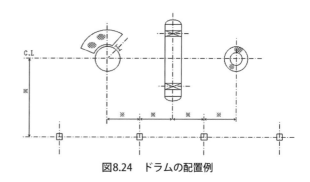

図8.24　ドラムの配置例

8.2.3　設置高さ
(1) プロセス上の要求事項が有る場合はその条件を満足する高さに設置する（プロセス上の要求事項例）。
　(a) ポンプ吸込ラインでポンプのNPSHを満足させる高さ。
　(b) 自然流下を必要とするラインでその条件を満足させる高さ。
(2) 操作面からのMin.高さ
　(a) 下図のようにMin.設置高さはドレン弁の先端と操作面の間を150mm以上とする。

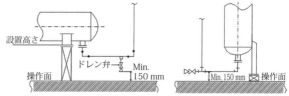

図8.25　ドラムのMin高さ

　(b) 架台上に設置されるMin.高さは機器の据え付け、ノズルフランジのボルティングを考慮し操作面とフランジ面の間を200mm以上とする。関連項目として、8.3.4項(3)図8.40参照。

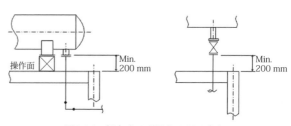

図8.26　架台上のドラムのMin高さ

(c) ドリップレグ付きドラムなど特殊形状のドラムは上記(a)、(b)項に準じて設置高さを決める。ドリップレグ部に液面計器が取り付く場合は、目安としてドリップレグの長さ1mを越えた場合は、高さを変えたプラットフォームを考える。

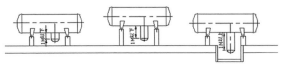

図8.27　ドリップレグ付ドラムの高さ

8.2.4　設置形態

(1) 地上及び架台上に設置される場合

設置形態は設置場所とドラムの支持方法によって図8.28のように分類される。

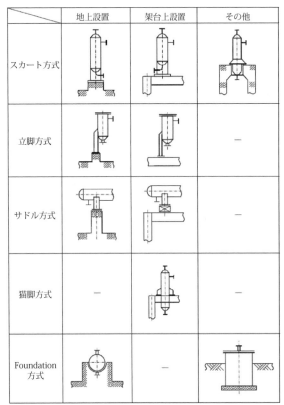

図8.28　設置形態

(2) 地下に設置される場合（図8.29）

プロセス上の要求からドラムを地下に設置する場合は、次の事項に注意する。

(a) ドラムの設置位置及び入口配管ノズル方向は、地下設備への影響を検討の上、シビル設計者と協議して決定する。

(b) 操作する必要があるバルブや計器をドラムの片側に配置し、できるだけ地下スペース（ピット）を小さくする。ただし、工事上必要なスペースは確保する。

(c) ピットの深さはプロセス上の要求により決定する。

(d) ドラムの設置高さ（8.2.3項）や、ドレン、Sewer（下水管）などの地下配管計画を考慮して決める。この場合、ポンプ取り付けノズルの長さ（Projection）が非常に長くなる場合があるので、機器設計者と事前に協議する必要がある。

(e) ドラムの入口配管のノズル近くにスペクタクルブラインドやバルブなどが設置されることがあるので、その操作スペースを考慮する。

(f) ピット内の水抜きまたはドレン抜きのために、エジェクターまたはポンプの設置が考えられるので、スペースを考慮する。

(g) リカバリーポンプのアクセス用プラットフォームは、ピットをカバーする形式のもの（シビルが設計）と機器本体に取り付ける形式のものがある。機器設計者及びシビル設計者と協議のうえ、経済性や安全性の面から検討し決定する。

(h) ピット内への落下を防止するため、カバーの設置またはピット周囲のハンドレール設置を考慮する。

8.2.5　ノズルオリエンテーション

(1) 基本的な考え方

ノズルの設置位置は全体的な機器の配置を考慮して下記事項を満足しなくてはならない。

(a) プロセス上の要求を満足させる。
(b) オペレーションが容易である。
(c) メンテナンスが容易である。
(d) 経済的である。

上記の諸条件についてはノズルに接続する配管及びドラム外面の環境（アクセス側）についても同時に充分な考慮を払う必要がある。

(2) ノズルオリエンテーション決定時の注意事項

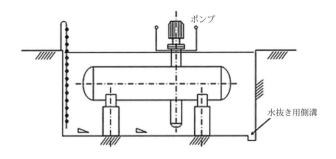

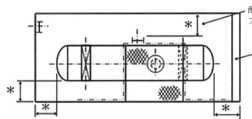

図8.29　地下の設置の例

(a) 横型ドラムでは入口ノズルと出口ノズルはできるだけ離れた位置に設ける。
(b) 横型ドラムで出口ノズルがポンプサクションとなっている場合は出口ノズルをできるだけポンプ側へ設ける。
(c) 液面計ノズルは流体による液面変動を受けやすい位置をさけて設ける。
(d) 液面調整計と液面ゲージノズルは液面調整節の確認のため、互いに近づけて設ける。
(e) 横型ドラムのドレンノズルは流体出口ノズルの反対側に設ける。

(3) 標準的なノズルオリエンテーションの例
横型及び竪型ドラムの代表的なノズルオリエンテーションを図8.30に示す。

8.2.6　配管ルート計画
8.2.6.1　ドラムまわりのライン
ドラムに接続する一般的なラインを図3.31に示す。

8.2.6.2　ドラムまわりのルート計画
一般にドラムまわりの配管はプロセス及びドラムの構造上から拘束される要素は少ない、したがって、操作性、経済性を重点に配管計画を行うのが良い。
(1) P&IDによりプロセス上の要求事項を確認し、要求がある場合はそれを満足させる。
　(a) 出口配管がポンプに接続される場合はドレンポケットを作らないこと

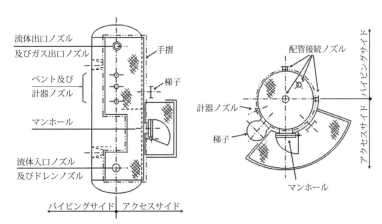

図8.30　横型ドラムと竪型ドラム

第4章　石油精製・石油化学・ガス処理プラントの配管レイアウト

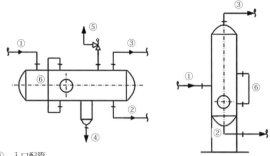

① 入口配管
② 液出口配管
③ ガス出口配管
④ ドレン配管
⑤ リリーフ配管
⑥ 計器用配管（液面計などが付いている配管）

図8.31　横型ドラムと竪型ドラムの一般的なライン

　(b)　勾配の有無
(2)　横型ドラムの場合は径大管を優先させ、その他の配管はサポートの共用を考えてルートを決める。
(3)　各ラインはドラム本体に沿わせサポートの取りやすいルートを計画する。
(4)　竪型ドラムの場合は上部ノズルからのライン及び径大管を優先させて配管を計画する。
(5)　ラインにバルブがつく場合は原則としてノズルに直接取り付ける。
(6)　安全弁まわり（6項安全弁配管参照）
　(a)　安全弁の取り付け場所はドラム本体または母管に近い位置とする。離れた場所に設置する場合は"圧力損失（ΔP）"のチェックを行う。
　(b)　安全弁の作動時、推力が働くのでその推力に耐えるサポートを設計する。
　(c)　入口配管と出口配管とでは通常温度差が有るので熱伸縮を考えてサポートを選定する。
　(d)　大気放出の場合、吐出ノズルの近くにφ9のWeep Holeを設け、吐出液や雨水が溜まらないようにする。また、放出先はアクセスエリアに向けないこと。
　(e)　複数の安全弁が隣接する場合、その吐出配管は原則として1本の配管に集約したサブヘッダー形式とする（安全弁吹き出し量をプロセス部門に確認しサブヘッダー配管サイズを決める）。大気放出の場合は別々に放出する。
(7)　熱膨張による反力が問題となる配管は柔軟性を設ける為のルーティングまたはループを考慮する。
　(a)　回転機に接続される配管
　(b)　距離のある計器用スタンドパイプ
(8)　振動が発生する配管は、そのサポート対策を考慮してルーティングを行う。

8.2.6.3　サポート

(1)　パイプスタンション
　地上設置のドラムまわり配管に設けられるサポートはパイプスタンションのケースが多い。図8.32は、その設置位置を決める場合の基準を示したもので、支障のない限りこの基準に従うこと。

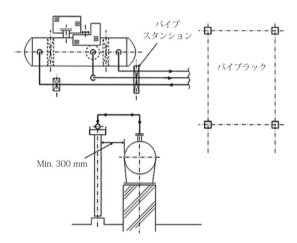

図8.32　パイプスタンションの配置例

(2)　ドラム本体またはドラム上部設置のプラットフォームからとるサポートの例を図8.33に示す。

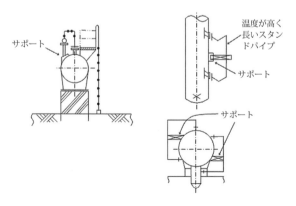

図8.33　ドラム本体またはプラットフォームからのサポート

(3) 竪型ドラムのサポート要領は、8.1.7.3項「タワーまわり配管サポート」に準拠する。

8.3 熱交換器まわりの配管レイアウト

熱交換器は扱う流体や熱交換方法により様々なタイプがあり、また、それぞれメンテナンス方法も異なる。本項では一般的な多管円筒型（S/T：シェルアンドチューブ）について述べる。他のタイプ（二重管型、プレート型、エアフィンクーラー 等）は、その特徴及び、メンテナンス方法を確認し理解し、メンテナンス作業に支障の無い配管レイアウトを行うこと。

8.3.1 熱交換器の種類

熱交換器（S/T：シェルアンドチューブ）の構造は、第3章3.6項 図3.10 シェルアンドチューブ型熱交の各部構造／名称一覧（TEMAタイプ）参照。熱交換器（S/T：シェルアンドチューブ）の前部水室、胴、後部水室の各部各種構造をこの図に示す。

実際の熱交換器はこれら各部を組み合わせたものである。

8.3.2 熱交換器の配置

(1) 横置き1基

熱交換器1基を横置きに設置する形態である。

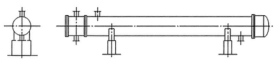

図8.34　横置き1基

(2) 横置き2基重ね

この設置形態はプラントエリアの節約や接続配管の短縮に有効である。

(a) 同アイテム熱交換器の2基重ね

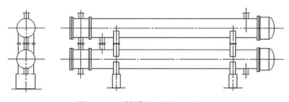

図8.35　2基重ね－同アイテム

(b) 別アイテム熱交換器の2基重ね

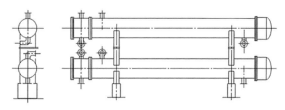

図8.36　2基重ね－別アイテム

(3) 竪型熱交換器（リボイラー）

タワー本体からサポートを出して設置するか、地上からの架台上に設置する。設置方法は機器設計担当者と協議する。何れの設置においても、タワーボトムタンジェントラインと熱交のサドル位置を合わせる事で、運転時の温度上昇に伴う熱膨張量を均一化する。

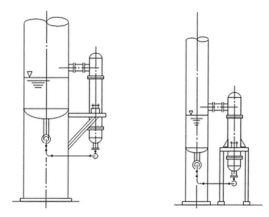

図8.37　竪型熱交換器の設置

8.3.3 設置位置

熱交換器はプロセス上の要求等がない限り、地上のできるだけ低い基礎の上に設置される。プロセス上の要求等がある場合、熱交換器を地上の決められた高さの基礎の上や、架台上に設置される。その例として下記のようなものが考えられる。

(1) ケトル形リボイラーや竪形リボイラーを用いる場合
(2) 熱交換器の出入口の有効圧力差がほとんど無いような高低差のみで流れるクーラー及びコンデンサーの場合
(3) 地上に熱交換器を設置するスペースがない場合

8.3.4 設置高さ

(1) 地上及び架台上における設置高さ

　熱交換器の地上設置の場合の基礎高さ及び架台上設置の場合のサドル高さは、熱交換器下側ノズルからのラインに設けられるドレンの必要寸法から決定されるすなわち（図8.38）

H（熱交換器基礎高さ）$= W + X + Y + Z \cdots$ (8.1)

W = フランジ + エルボ
Y = ドレンバルブ配管寸法
X = Pipe の Half Diameter
Z = ドレンと床との間隔（Min.150）

　保温か保冷がある場合はドレンバルブが保温・保冷の中に埋もれ、操作に支障がないよう考慮すること。しかし、熱交換器の設置高さはある程度グループ化して同一レベルとすることも設計建設工事の効率を考えると必要である。

(2) 基礎高さのグループ化

　熱交換器の設置高さはある程度グループ化して同一レベルとすることも設計建設工事の効率を考えると必要である。同じ高さの基礎の方が施工上有利であり、施工ミスを防止する上からもできる範囲内で基礎高さを統一する。統一する範囲は200mm以内を目安に高い方に合わせる（図8.39）。

(3) 架台上の熱交設置高さ

　架台上の熱交換器の高さは配管の形状やバルブの操作性等を考慮して決定されなければならないが、チューブ側またはシェル側の下側ノズルから配管が直接プラットフォームを貫通する場合は、図8.40のように、原則として熱交換器の設置高さを梁から Min. 200mm とする。すなわち、下記(a)、(b)の理由により、熱交換器のサドルと梁の間に Min.200mm の離間板を入れる。

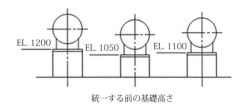

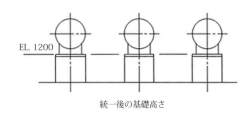

図8.39　基礎高さのグループ化

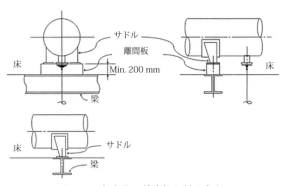

図8.40　架台上の熱交据え付け高さ

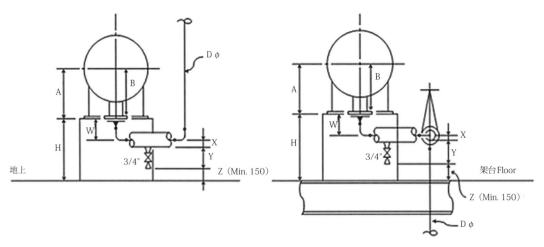

図8.38　ドレンバルブから決める据え付け高さ

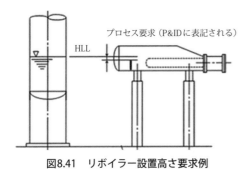

図8.41 リボイラー設置高さ要求例

(a) ノズルフランジのボルト作業スペースを確保するため。
(b) 離間板を設置しないと、熱交換器のセットボルトが梁のウェブ部に当たり、（梁がH型またはI型の場合）セットできない。

(4) 横型リボイラーの設置高さ

ケトル形リボイラー等でプロセス要求がある場合は、図8.41のように高い基礎または、架台上に設置される。タワーとの相対関係がP&IDに表示される場合であり、配管レイアウト完成後に再確認が必要（タワーの変更に伴いリボイラー設置高さを修正する必要があるため）。

(5) 竪型リボイラーの設置高さ

竪型リボイラーの設置高さは、タワーとの相対関係がP&IDに表示される。竪型リボイラーの支持方法に関しては、次の事項に充分注意する。リボイラーのガス出ノズルと、タワーのリボイラーのガス入ノズルがほとんどダイレクトか、ダイレクトに近い状態で接続される場合が多く、リボイラーの支持方法によっては大きな熱応力が生じる恐れがある。

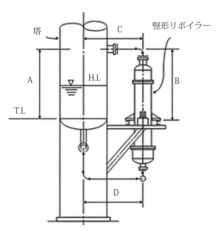

図8.42 熱応力を緩和する一般的な方法

熱応力を緩和する一般的な方法を図8.42で解説する。

(a) 寸法Aと寸法Bの間でできるだけ伸び差が生じないように竪形リボイラーを支持する方が望ましい。
(b) 寸法Cの伸びによるリボイラーガス出ノズル及び塔のガス入ノズルに対する影響はリボイラー据付ボルト穴を長穴にすることによって緩和する。
(c) 寸法Cと寸法D間の伸び差はD部にループを設け、熱応力を吸収する。

8.3.5 熱交換器の間隔

(1) 一般に熱交換器まわりには計器類等の付属物は少なく、運転操作としてはバルブの操作が主となり、他の機器に較べ比較的狭い間隔で配置できる。2基並べた場合の熱交換器間隔はシェルフランジ間でMin.750mmとし、通路として考える場合の最も狭い部分もMin.750mmを維持する。熱交換器側面にバルブ、コントロールバルブや計器等を設置する場合も運転操作及び、メンテナンスのためMin.750mmのスペースを確保する。

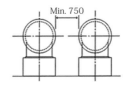 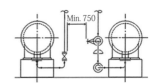

図8.43 熱交換器の間隔

(2) 熱交換器の配列（ラインアップ）

複数の熱交換器の配列は原則としてチャンネルノズル位置をそろえて配列する。これは配管がつなぎ易いという利点がある。特にクーラー等で冷却水配管が平行的に供給されるような場合に有利である。

8.3.6 熱交換器まわりメンテナンススペース

(1) チャンネルカバー、チャンネルヘッド及びシェルカバーの取外し、取り付け作業のためのスペースについて図8.44で説明する。

図8.44の①～⑧のスペースはメンテナンスのためのスペースとしてできるだけ確保する。⑤⑧は、チューブバンドル、ヘッドカバーを取

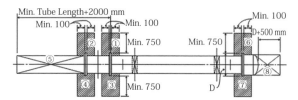

図8.44 熱交換器まわりのメンテナンス・スペース

り出すためのスペース。
(2) チャンネルカバー、チャンネルヘッド及びシェルカバーの取外し用吊り上げラグ使用のためのスペースは、図8.45の平面図及び断面図に示すように、吊り上げラグを使って外す。地上の熱交換器の場合はクレーンで、架台中でクレーンが使用できない場合は、トロリービーム等により吊り上げる。これらの操作に支障がないように配管の位置を決める。

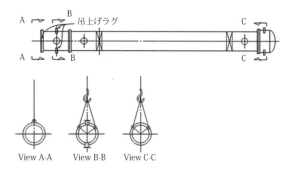

図8.45 熱交の吊り上げラグ

(3) 竪形熱交換器のメンテナンススペースは、熱交換器のタイプ、据え付け状態、クレーンの使用制限などによって左右されるので、メンテナンス方法を確認し支障の無いように配管アレンジを行う。

8.3.7　熱交換器のノズルオリエンテーション

熱交換器本来の機能を損なうことなく、しかも無駄のない配管ルートを行うためにノズル位置変更ができる場合がある。以下にノズル位置に関する基本的考え方、及びノズル位置変更の例を示す。

8.3.7.1　熱交換器のノズルオリエンテーションに関する基本的考え方

シェルサイドの流体とチューブサイドの流体を次のように選択する。

(1) 冷却水でプロセス流体（ガス及び液）または化学流体を冷却する場合、冷却水はチューブサイドを通す。これはシェルサイドの流体をチューブサイド側からと外気からの2面から冷却し、その効率を上げるためである。
(2) 高圧流体をチューブサイドに通し、低圧流体をシェルサイドに通すことによってシェルサイドの肉厚を薄くできて経済的である。
(3) 一般的に不純物を含んで汚れた流体をチューブサイドに通す。

8.3.7.2　対向流（Cross Flow）

熱交換する2流体の各々の流れ方向を逆にすることにより、流れが同一方向の場合に較べ、より優れた熱交換が得られる。

8.3.7.3　重力流（Gravity Flow）

熱交換器では単純な物理現象による高温流体は上方に、低温流体は下方に向かって流れるという原理を利用している。流体が熱交換器を通る間に物理的変化を生ずる場合、つまり蒸発とか凝縮とかを生じる場ではこれは特に重要である。しかし、熱交換器を通過する流体が液体または非凝縮性ガスの場合は必ずしもこれに固執する必要はない。

この原則に従えば、全てのクーラーの冷却水入口やリボイラーのプロセス流体入口はボトムサイドに、出口はトップサイドにし、スチームは、トップノズルから入りボトムからそのコンデセートが出るようにアレンジする。コンデセートについても同様な考えでノズル方向が決められる。また、特にガスが多量にコンデセートするような物理変化はチューブの中のような狭い所よりも、十分なスペースを有するシェルの中で行わせる配慮も必要。

8.3.7.4　熱交換器のノズル位置変更例

(1) ノズル位置を動かす
　　熱交換器のシェルサイドがチャンネルヘッドに近い方から入りシェルカバーに近い方から出る位置であったのが、図8.46のように逆の位置に変更になっている。これは配管を節約したり、圧力損失をできるだけ少なくするためのノズル位置変更である。

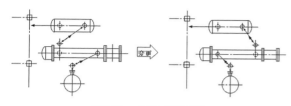

図8.46　ノズル移動の例

(2) ノズルをエルボ・ノズルとする。

　　一般に熱交換器のノズルは直管＋フランジであるが、図8.47のようにエルボ＋フランジのノズルに変更することがある。これは熱交換器の据付高さを低くする。配管の高さを低くしてバルブや計器のアクセスを容易にするため。

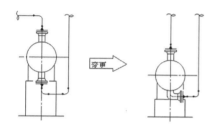

図8.47　エルボ＋フランジ・ノズルに変更の例

　　エルボ＋フランジ・ノズルに角度を付ける。配管ルート及び熱交換器のメンテナンスを有利にするため。

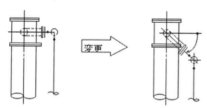

図8.48　エルボ＋フランジ・ノズルに角度を付ける変更の例

(3) センターラインからのオフセット方向を変える。
　　配管を最短ルートとする為、ノズル設置を対称に変更する。

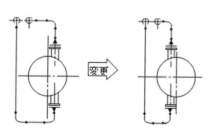

図8.49　ノズルを対称な位置に変更する例

8.3.8　配管ルート計画
8.3.8.1　熱交換器まわりのライン

S/T熱交換器に接続する主要ラインには、次のようなものがある（図8.50）。

① チャンネルサイド（チューブサイド）トップノズルに接続するライン
② チャンネルサイド（チューブサイド）ボトムノズルに接続するライン
③ シェルサイドトップノズルに接続するライン
④ シェルサイドボトムノズルに接続するライン

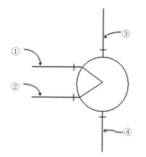

- 熱交換器本体における各Nozzle位置は8.3.1項参照。
- 流れ方向は熱交換機の使用目的によって決まるので、P&ID及び機器図（又はデータシート）参照

図8.50　S/T熱交換器の主要ライン

8.3.8.2　熱交換器メンテナンスを考慮した配管ルート計画

(1) リフティングラグとの位置関係を十分検討し、リフティングラグの使用に支障を来さぬようにする。
(2) 隣り合う配管との位置関係、パイプサポートの配置及びパイプラック上の配管との接続等を検討のうえ決定する。
(3) チャンネルヘッドを取外す場合に、配管が邪魔になり、吊ったまま前方に移動できないので、この配管形状はできるだけ避ける。止むを

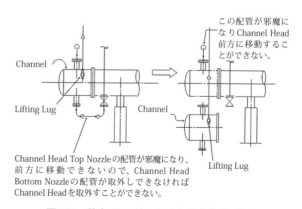

Channel Head Top Nozzleの配管が邪魔になり、前方に移動できないので、Channel Head Bottom Nozzleの配管が取外しできなければChannel Headを取外すことができない。

図8.51　熱交メンテナンスのため吊上げる部分

得ない場合はチャンネルヘッド、ボトムノズル配管を取外し可能な形状とする。

(4) メンテナンス時にリフティングラグ使用のため配管の取外しができること。

【例1】2基以上の熱交換器にわたって連続的に接続している場合は、配管がリフティングラグの上に設置されてもメンテナンス時に配管を取外すことができればよい。

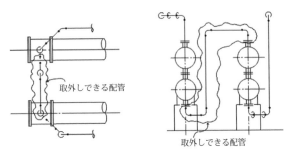

図8.52　熱交メンテナンス時取り外す配管

【例2】地下配管に接続する場合は、一般的にフランジを設置し地下配管と分離できるようにする。

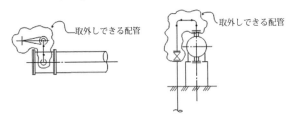

図8.53　熱交メンテナンス時取り外す地下からの配管

(5) 架台下に接続する場合は、梁と当らぬよう注意する。

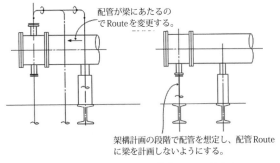

図8.54　架台上の熱交配管　梁との干渉注意

(6) ボルト締め付け作業スペースとして熱交本体フランジのボルトナット側に100mm以上確保する（図8.44）。

(7) 配管と熱交換器本体との間隔を検討の上決定する。

(8) 配管が基礎または、台座と当らぬよう注意する（図8.55）。

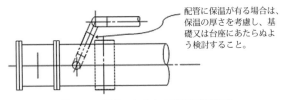

図8.55　基礎・台座との配管干渉注意

(9) 地下配管と接続する場合には不等沈下を吸収することができるように柔軟性を持たせ、また、地下配管との接続工事のための調整、すなわち地下配管工事の寸法上のずれを吸収できるようにする（図8.56）。

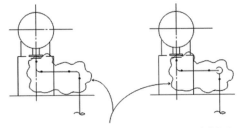

図8.56　地下配管からの配管ルート

(10) メンテナンス時にシェルカバーのリフティングラグを使用するため、熱交換器中心上に配管を置くことはできないが、図8.57に示すように吊り上げ用のワイヤロープ及びフック等に当たらないようにするため、90°または45°エルボを使用すれば中心線から最小の寸法でも問

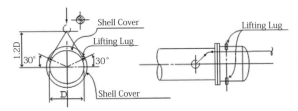

図8.57　熱交メンテナンスのため中心は避けて配管

題はない。

8.3.8.3 熱交換器まわり配管高さ
(1) 地上の熱交換器からパイプラックに接続する配管高さ
 (a) 横置き1基の場合
　　原則としてパイプラックの一番低い桁梁にのせる高さで配管を計画する。この高さより高いところでパイプラックと接続した方が都合良い場合は、パイプラックの近くで必要な高さに上げる。

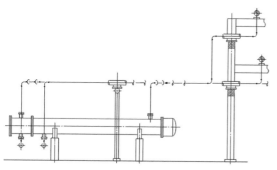

図8.58　配管の高さ（熱交1基）

 (b) 横置き2基重ねの場合
　　各配管の有利な高さを選びパイプラックと接続するものとする。
  - ノズルからの配管が、上記(a)項の一番低い桁梁高さよりも高い場合は、原則としてパイプラック桁梁と同じ高さとする。
  - ベントポケットやドレンポケットが少なくてすむような配管高さ
  - サポートを取り付けやすい配管高さ
  - メンテナンススペースを侵かさない配管高さ

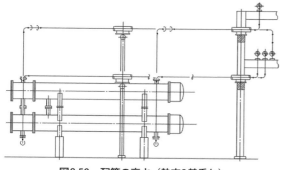

図8.59　配管の高さ（熱交2基重ね）

(2) 架台内の熱交換器に接続する配管高さ
 (a) 架台内の頭上配管高さは、下記事項を考慮して配管高さを決める。
  - 熱交換器のメンテナンスのためのスペースを侵かさない配管高さとする。
  - 配管サポートを取り付け易い高さとする。
  - 配管高さを統一する。
  - 配管がパイプラックと接続する場合はパイプラック桁梁の高さとの関連を考慮する。
 (b) 架台上の熱交換器から架台下に接続する配管高さ
　　架台上の配管高さについては、次の事項を考慮の上決定する。
  - ノズルフランジのボルト締め付け作業用スペース
  - バルブや計器の操作性
  - ドレンバルブの取り付けスペース

　　架台下に貫通した後の配管高さについては、次の事項を考慮の上決定する。
  - 架台下の機器のメンテナンスのためのスペースを侵かさない配管高さ。
  - 配管サポートを取り付け易い高さとする。
  - 配管高さを統一する。
  - 配管がパイプラックの桁梁の高さとの関連を考慮する。

8.3.8.4　配管サポート
(1) パイプスタンションサポート
　　熱交換器のチャンネルヘッドのノズル及びシェルノズルのうち、チャンネルヘッドに近い方のノズルに取り付けられる配管が熱交換器に沿ってルートされる場合は、パイプスタンションを必要とするケースが多い。
　　図8.60はパイプスタンションの設置位置を決める場合の基準を示したもので、支障のない限りこの基準に従う。また、熱交換器のメンテナンス時に取り外す配管がある場合、その配管が取外された後の配管形状を考慮し、サポート位置を決定する必要がある。
(2) エルボスタンションサポート
　　熱交換器の下側のノズルに接続される、頭上配管への立ち上がりのエルボ部分に（図8.61のように）サポートを取り付ける場合は、下記事項を十分検討する。

第4章 石油精製・石油化学・ガス処理プラントの配管レイアウト

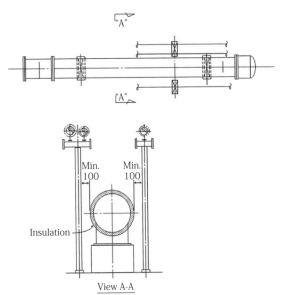

図8.60 熱交廻りのパイプスタンション設置

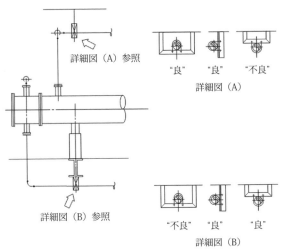

図8.62 架構からのサポート（機器直近の）

- 熱交換器ノズル及び配管の下方への伸びをサポートで拘束することになり、ノズルとサポートの間で熱応力が非常に大きくなり、サポートの設置に適さないこと。
- メンテナンス時（水圧テスト時）にノズルフランジ部に、ブラインドプレートを挿入することが困難であること。

8.4 架構計画（機器架台・バルブ操作架台）

2階以上に設置されるドラムや熱交換器等の架台は、以下の要領で決定する。また、架台への昇降は階段を原則とする。

8.4.1 架台の大きさ・ドラム

原則として、図8.63におけるA〜C寸法に従って架台の大きさを決定する。通行スペース、作業スペースを確保する。なお、他の機器の要因で架台の大きさが決定される場合もあるので注意する。

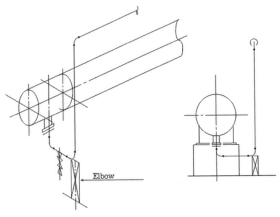

図8.61 下向きノズルからの配管サポート

(3) 架構からのサポート
　メンテナンス時（水圧テスト時）にノズルフランジ部にスペクタクルブラインドを挿入できるよう考慮する。

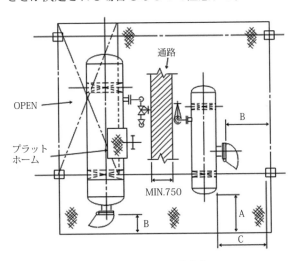

図8.63 機器架台の大きさ

A、C寸法：オペレーション、メンテナンススペースとしてMin..750mm
B寸法：Min..1000mm

注：保温、保冷、耐火被覆がある場合はその外面から寸法を決める。

8.4.2 柱の位置・ドラム

(1) 横型ドラム長手方向の柱位置は図8.64に示す①～③のうち、いずれかとする。

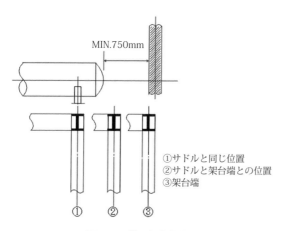

図8.64 機器架台柱位置

① 架台を貫通する配管のアレンジメント上、不利とならないように考慮すること。
② 図8.64における柱位置の選定は原則として①を優先する。③はパイプラックなど他の制約がある場合以外は鉄骨が不経済となるので原則として採用しないこと。
③ 架台における床の最大張出寸法は2500mmとし、この条件で8.4.1項のA、B寸法を確保する。

(2) 横型ドラム直角方向の柱位置は次の項目により決定すること
(a) 8.4.1項図8.63のC寸法を確保できる位置とする。
(b) 架構下の機器の配置やその機器のオペレーション、メンテナンス等のためのスペースを確保できる位置とする。

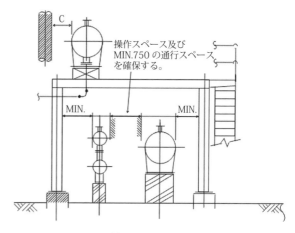

図8.65 機器架台下のスペース確保

(3) 熱交換器等が同じ架台上に配置される場合は熱交換器のサドル位置とドラムのサドル位置をできるだけ同じ位置にし梁を共用するようにする。

8.4.3 架台の大きさ・熱交換器

熱交換器のシェルフランジ、チャンネルフランジのボルト締め付け作業用架台は、地上、架台上に関わらず取り付けない。

(1) 架台の大きさ
　原則として、図8.66に従ってプラットフォームの大きさを決定する。
　A＝Min.（チャンネルカバーフランジの直径寸法＋500mm以上）
　B＝Min.（シェルカバーフランジの直径寸法＋500mm以上）
　C＝通行、作業スペースMin.750 mm以上

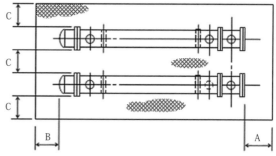

図8.66 架台の大きさ・熱交の場合

8.4.4 柱の位置・熱交換器
(1) 熱交換器長手方向
　　熱交換器長手方向の柱位置は図8.67に示すような線上（①〜⑥）のうちのいずれかとする。
① シェルカバー側プラットフォーム末端
② サドルと①との間
③ サドル位置（シェルカバーに近い方）
④ サドル位置（チャンネルヘッドに近い方）
⑤ サドルと⑥との間
⑥ チャンネルヘッド側プラットフォーム末端

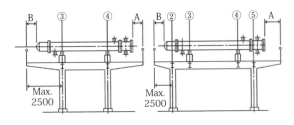

図8.68　架台柱の位置側面

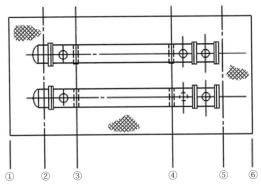

図8.67　架台柱の位置平面

(2) 熱交換器長手方向の柱位置を決定することによって、熱交換器直角方向の梁の位置が決まるので、長手方向の柱位置決定に際しては、下記項目に注意する。
　(a) プラットフォームを貫通する配管のアレンジ上、不利とならないよう充分考慮する。
　(b) プラットフォームの最大張出し（図8.68）2,500mmを守り、図8.66のA寸法及びB寸法を確保する。図8.68における柱位置のうち③と④は、図8.66のA及びB寸法を確保することによりプラットフォームの張出しが2,500mmを超えるケースが多いので、③及び④の採用については充分検討する。
　(c) ドラム等が同じプラットフォーム上に配置されている場合は、ドラムのサドル位置と熱交換器のサドル位置をできるだけ同じ位置にし、梁を共用するようにする。
　(d) 図8.67における柱位置のうち、①と⑥はパイプラック上に設置する場合以外は鉄骨が不経済となるので、原則として採用しない。

(3) 熱交換器直角方向
　　熱交換器直角方向の柱位置は次の項目により決定される。
　(a) 図8.66のC寸法を確保できる位置とする。
　(b) 架構下の機器の配置やその機器の運転操作、メンテナンス等のためのスペースを確保できる位置とする。

8.4.5 トロリービーム
高さ及び大きさ。
　架台上熱交換器のメンテナンスのためにトロリービームを取り付ける場合は、図8.69及び図8.70によりトロリービームの高さ及び大きさを決定する。

8.4.6 階段
(1) 階段は原則としてドラム長手方向と平行に設置し道路側から昇る。
(2) 架台高さが4000mmを越える場合は最大4000mmに1箇所中間踊場を設ける。
(3) 階段の上部は2150mm以上の空間を確保する。
(4) 階段の角度は、6:5の比率とし有効巾は750mmで計画する。
(5) 階段から架台床への通路を確保する。

8.4.7 バルブ計器等の操作架台
(1) 操作面から3m以上にある2"以上のバルブ、マンホール、安全弁及びコントロールバルブ等のアクセス及び補修上、必要な箇所に設ける。
(2) 1-1/2" 以下のバルブ、スタンドパイプの元バルブ及び計器類の操作は原則として梯子からとする。
(3) 操作架台への昇降は原則として梯子とする。
(4) 操作架台の最小寸法は図8.72による。

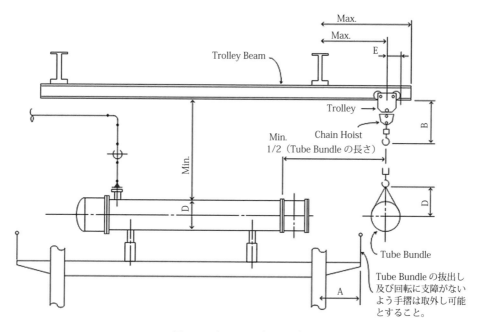

図8.69　トロリービームの大きさ

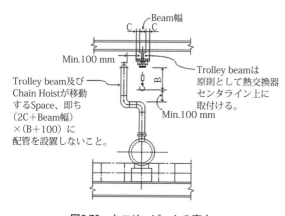

図8.70　トロリービームの高さ

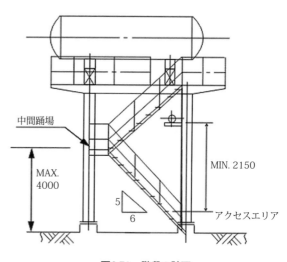

図8.71　階段の計画

8.5　ポンプまわりの配管レイアウト

ポンプは、プラントを構成する機器の中で液体を移送する重要な役割の機器であり、移送先の受け入れ設備（機器）で流量、圧力が設計通りの値になる事が求められる。その要求条件を満たすポンプは、多くのポンプ種類・形式の中から選定される。また、流体の物性・温度から、材質やシール機構、軸受潤滑油機構などが決められる。駆動方式は、電動モーター・スチームタービンの2種類がある。一般の静機器に対し、回転機と呼ばれ、常に回転し続ける機器である。不慮の故障が発生した場合は装置全体の

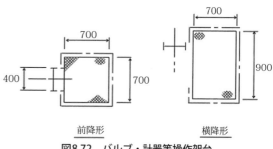

図8.72　バルブ・計器等操作架台

85

運転停止となるため、予備ポンプを設けて故障に備えるのが一般的である。

これらを踏まえ、ポンプまわりの配管設計について解説する。

8.5.1 ポンプの種類

主なポンプの種類を分類すると図8.73のようになるが、分類において枠で囲まれたポンプは石油精製、石油化学、ガス処理プラントで比較的多く採用されている。

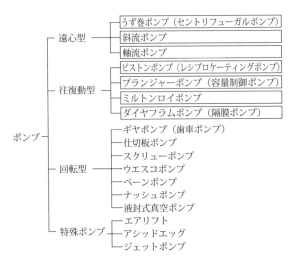

図8.73 ポンプの構造形式による分類
（出典：Ⅰ～Ⅶ「化学プラント建設便覧」より）

上記ポンプの中でも遠心渦巻ポンプは、広範囲に使用され全体の約80％を占めている。遠心渦巻ポンプの構造特徴による分類を図8.74に示す。

8.5.2 配置

配管アレンジメントを行う上で知っておかなければならない配置上の一般的注意事項、配置の方法及びポンプ間隔等について述べる。

8.5.2.1 一般注意事項

(1) ポンプまたはスチームタービンへの接続配管、電動ケーブル及びスイッチスタンドの設置スペースをあらかじめ見込んでポンプの配置間隔を決める。

(2) 熱油ポンプと軽質油ポンプ（常温常圧で気化する油）は、次の条件にある場合を除いてエアフィンクーラの真下に配置しない。

　(a) ポンプ外面からパイプラック梁の下面まで最小3mあり、かつ火災探知機、スプリンクラ等の火災防止対策を講じた場合

　(b) エアフィンクーラの下に遮蔽床あるいは火災探知機を設けた場合

(3) 可燃性流体を扱うポンプの配列は、日常の運転操作、保守・点検のほか消火活動ができるようポンプ間にスペースを確保する。

(4) 大形ポンプ及び多段ポンプは、保守・点検のためケーシングカバー、インペラ及びシャフトの取外しを行うので、メンテナンスエリアを考慮する。また、保守・点検用のトロリービームまたはモービルクレーン作業の必要性を検討する。

(5) ケミカルインジェクションとして使用するプランジャポンプ等（小容量制御ポンプ）は、インジェクションするまでに長時間を要するので、できるだけ吐出配管の総長が短じかくなるよう配置する。

(6) 共用スペアポンプを設置する場合、関連するポンプの中央に配置する。

(7) 薬液及び溶剤等の流体を扱うポンプの周囲にスピルウォールを設ける場合がある。その場合は、関連作業を行うエリアを全てカバーするように考慮する。

8.5.2.2 ポンプ間隔

(1) ポンプ間のアクセス

　アクセスは、図8.75に示すようにポンプ基礎より突起している配管やモータ、スイッチスタンド等を考慮して、その操作スペース最小750mmを確保する。

(2) ポンプ間隔の目安

　通常のプロジェクトでは、配置計画の段階で、ポンプ図面の入手ができない場合が多く、ポンプ間隔を想定することが困難である。このような場合には、ポンプ吸込配管サイズにより図8.76のポンプ間隔を目安として配置を計画する。なお、最終寸法の決定は、配管レイアウト後に行う。

小形ポンプ（ノンシールポンプ、プランジャポンプ等）については、スペアポンプと一緒に2台を共用基礎として間隔をせばめて、外周より運転操作や

第4章　石油精製・石油化学・ガス処理プラントの配管レイアウト

分類番号	外　形	ケーシングの分割	段数	吸込口	サポート	ノズル位置
I	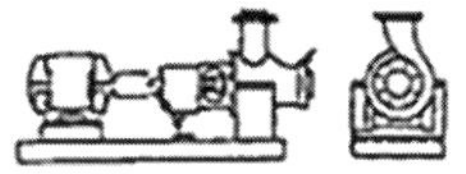	縦　割	1	片吸込み	オーバハング片側軸受	エンド－トップ又はトップ－トップ
II		縦　割	1又は2	片吸込み又は両吸込み	両側軸受	トップ－トップ
III		横　割	1	両吸込み	両側軸受	サイド－サイド
IV		縦　割	2	片吸込み	オーバハング片側軸受	トップ－トップ
V		横　割	2	片吸込み又は両吸込み	両側軸受	サイド－サイド
VI		横　割	多段	片吸込み	両側軸受	サイド－サイド
VII		縦　割	多段	片吸込み	両側軸受	トップ－トップ
VIII	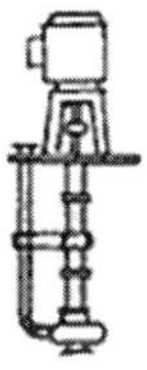	縦　割	1	片吸込み	－	液中吸込
IX		縦　割	1又は2	片吸込み	－	サイド－サイド

図8.74　遠心渦巻ポンプの構造特徴による分類

（出典：I～VII「化学プラント 建設便覧」より）

メンテナンスを行うことも考え、プロットプランをせばめた配置計画をする必要もある（図8.77及び図8.78）。

8.5.2.3　ポンプ基礎高さ及び大きさ

(1)　ポンプ基礎高さは、図8.79～8.81に示すポンプベッド下面高さをいう。基礎高さを決める場合、次の事項を考慮して決める。

(a)　ポンプの形式及び大きさによる。補機設備（潤滑油シール機構）との関係から基礎高さが決まる場合がある。

(b)　吸込み、吐出配管の下部必要スペース（ド

87

第4章　石油精製・石油化学・ガス処理プラントの配管レイアウト

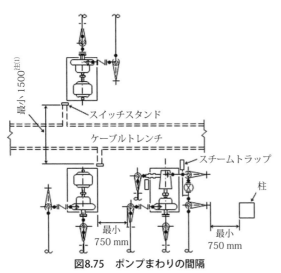

図8.75　ポンプまわりの間隔

注(1)　メンテナンス用建機類の通行がある場合は、その必要幅を個々に決定する。特に、必要幅に対する要求がない場合は、最小1,500mmとする。

吸込配管サイズ（B）	～2	3～5	6～10	12～14	16～20
ポンプ間隔 A（mm）	1,500	2,000	2,500	3,000	4,000

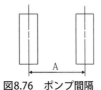

図8.76　ポンプ間隔

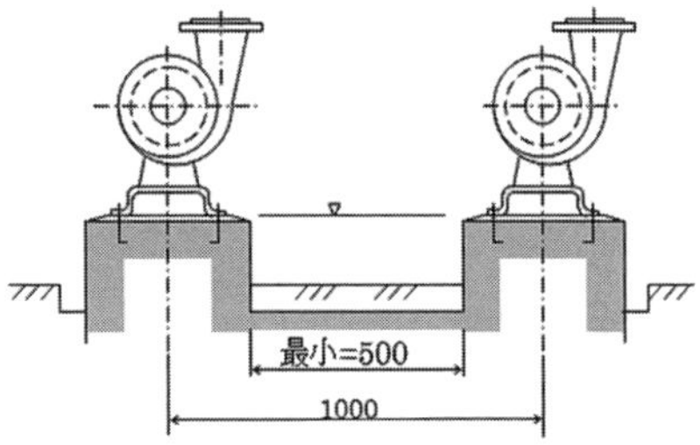

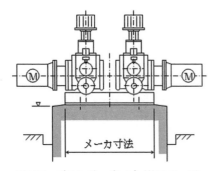

図8.77　ノンシールポンプ（共用基礎）

図8.78　プランジャポンプ（共用ベッド）

レン配管、サポート等）による。ケーシングドレン・ベッドドレンは、フリードレン要求。

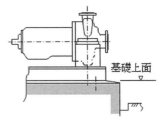

図8.79　渦巻ポンプ基礎高さ

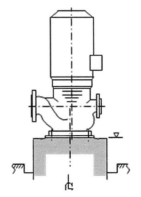

図8.80　サンダインポンプ基礎高さ

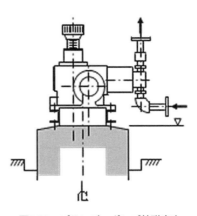

図8.81　プランジャポンプ基礎高さ

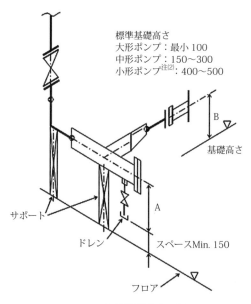

図8.82 標準基礎高さの例

注(2) 小型ポンプは、プランジャ、ノンシールポンプ等をいう。

(c) プランジャポンプの場合は、次の事項を考慮して決める。

サクションノズルが下向きとなっている場合、ノズルと基礎、配管と基礎、ドレン配管とフロアとの干渉を避けるためにポンプ基礎を高くせざるを得ないことが多い。そのため、図8.83のようにポンプベンダに対し、ノズル方向を指定することを検討する。

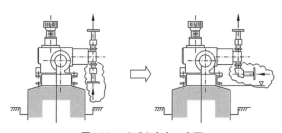

図8.83 ノズル方向の変更

(d) 冷却水用ポンプや消火水用ポンプに多く使用される出入口ノズルがサイドにあるサイド－サイド型渦巻ポンプの高さはキャビテーションの発生を防ぐため、水タンクの水レベルがポンプケーシングトップより上になるよう注意すること（ポンプベンダまたは回転機担当者に確認すること）。

(2) ポンプ基礎の大きさは、シビル部門にて決定するが、基礎的な考え方は図8.84による。

各ポンプ形式による基礎形状の参考例を図8.85に示す。

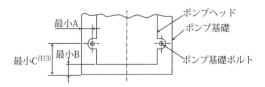

	A	B	C注(3)
アンカボルト埋込みケース	100	75	100
アンカボルト用箱抜きケース	150	75	150

注(3) C寸法は、最小"B"寸法を考慮して決定する。

図8.84 ポンプ基礎の大きさの基準

8.5.2.4 ポンプの保守・点検用スペース

プロットプラン及び配管レイアウト作成の段階で十分検討し、ポンプの保守・点検を防げることのない配管にすることが必要である。ポンプの保守・点検に必要なスペースは、原則ポンプ両側に、少なくともポンプ片側に確保する。また、ポンプ形式によりポンプ前面にも必要スペースを確保する。また、隣合せのポンプについては、スペースを兼用しても良い。なお、ポンプ等の真上についても吊り上げスペースを確保し、配管を通さないこと。各形式ごとのスペースの取り方は91頁の図8.86～図8.88による。

第4章　石油精製・石油化学・ガス処理プラントの配管レイアウト

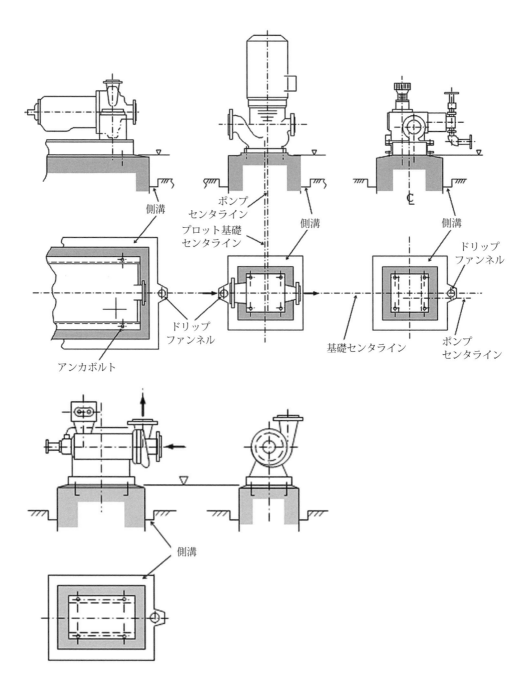

図8.85　各ポンプ形式による基礎形状の参考例

(1) 片吸込み、単段、END-TOP 及び TOP-TOP（図8.86）

(2) 片吸込み、多段、TOP-TOP 及び SIDE-TOP

注(4) シャフトを前面に引抜く場合は、ポンプ前面にシャフトの長さ以上のスペースを確保する（図8.87）。

(3) 両吸込み、単段、SIDE-SIDE（図8.88）

8.5.3 バルブ操作及びメンテナンス架台
8.5.3.1 バルブ操作架台

ポンプまわりは、8.5.2.4項のようにメンテナンス作業のスペースを確保するため、できるだけバルブ操作架台を設置する配管アレンジは避ける。止む無く設置する場合は、図8.89に示すようにバルブ設置高さがおおよそ1.8m～2.3mであれば移動式踏台とする。ストレーナーの操作が2.3mを超える場

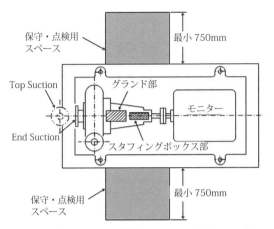

図8.86 点検用スペース（単段 END-TOP 及び TOP-TOP）

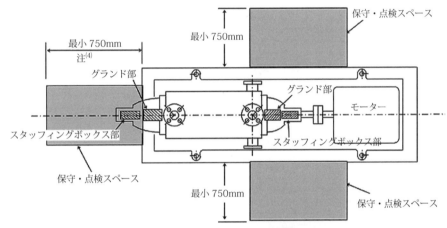

図8.87 点検用スペース（多段 TOP-TOP 及び SIDE-TOP）

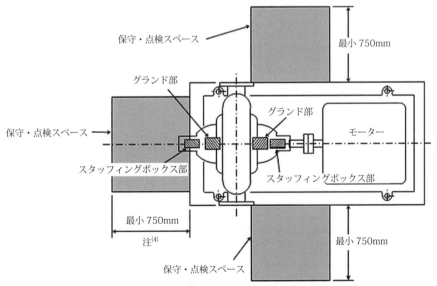

図8.88 点検用スペース（単段 SIDE-SIDE）

合は図8.90に示すように固定式操作架台を設置する。

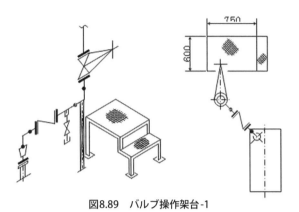

図8.89　バルブ操作架台-1

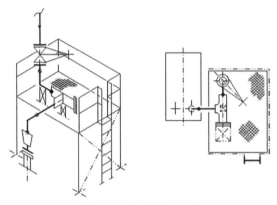

図8.90　バルブ操作架台-2

8.5.3.2　メンテナンス用架構

大形ポンプでメンテナンスに、フォークリフトやクレーン車の使用が不可能な場所（パイプラック下、パイプラックと機械の間等）に設置される場合は、トロリービームを考慮する。トロリービーム高さは、パイプラックの出入配管高さ、計装及び電気のダクト類、照明用サポートビームと干渉しない高さを設定する。吊上げ移動できるホイスト等の必要作業高さが確保できること。

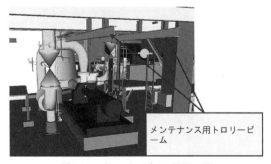

図8.91　トロリービーム設置の例

8.5.4　配管計画
8.5.4.1　ポンプまわりのライン

ポンプまわりの一般的な主要ライン構成を図8.93に示す。

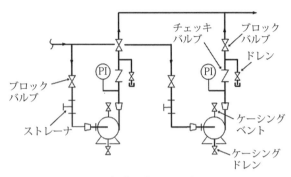

図8.92　渦巻ポンプまわりの主要ライン

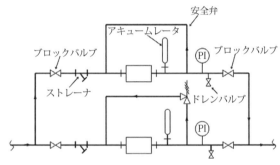

図8.93　往復動ポンプまわりの主要ライン

8.5.4.2　スチームタービンまわりの主要ライン

スチームタービンまわりの主要ライン構成を図8.94に示す。

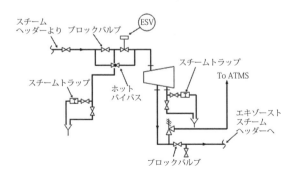

図8.94　スチームタービンまわりの主要ライン

8.5.5　配管アレンジメント

P&IDに示されているラインフローを理解しプロセス上の要求事項を満足させると共にポンプの運転及び保守・点検の容易さなども考慮し、配管形状の決定及び配管サポートの計画を行う。

8.5.5.1　一般事項

ポンプは精密な機械なので大きな外力を受けると変形し、振動、騒音などを発生し、軸受の焼付き、損傷などの故障の原因となる。したがって、各ポンプは荷重制限（許容荷重）があり配管アレンジメントもこれを無視して計画することはできない。ノズルがトップにある場合は、図8.95左のようにノズルから最短で曲げてポンプ基礎を外れた位置で下から支えるサポートを取る方法と、図8.95右のようにノズルから真すぐ立上げ最上部のコーナで上から吊りサポートを取る二通りが考えられる。下から支える方法は、サポートの取りやすい利点がある反面、高温ラインの場合は、ポンプ本体と配管サポートとの伸び差によって生じる熱応力上の問題が発生する。

上から吊る方法は、パイプラックや架構から容易にサポートの設置が可能な場合に限られ操作バルブが高くなる。サポートが取難いなどの欠点があるが熱応力設計上、前者のような問題はなく有利である。どちらを採用するかは、その後のポンプまわり配管アレンジメントにおいて大きく影響を及ぼすことになるのでレイアウト開始までに基本方針を定めておかなければならない。

なお、まわりの状況、ポンプの形式、運転及びメンテナンスの容易さ、サポートの取りやすさ、熱応力設計、客先の要求などより総合的に判断する必要がある。

ポンプまわり配管の計画時に留意する事項を以下に列挙する。

(1)　各ラインは最短となるように計画する。ただし、熱油ポンプ、タービン駆動機接続のスチーム配管等は、熱伸縮による問題が生じないようフレキシビリティをもたせる。

(2)　ポンプのスタートアップ時及び運転の切替時に操作を容易に行えるようポンプ接続配管のバルブ及び計器類は、スイッチスタンドとの関係も考慮しアレンジする。

(3)　保守・点検用スペースを除いたスペースにポンプの吸込み、吐出配管を配置し、バルブハンドル等が保守・点検の支障にならぬようアレンジする。

(4)　ポンプ冷却水用など小口径配管は、ポンプベッドまたはポンプ基礎側面にできるだけ近く配置し、保守・点検の支障にならぬようアレンジする。

(5)　熱伸縮のある配管を2基以上のポンプに接続する時は、それぞれのポンプに与える熱応力が均等になるようアレンジする。

(6)　往復動のポンプに接続している配管は、脈動により振動することがあるのでスムーズで曲がりの少ない配管形状にする。また、コーナ部など振動の発生が予想される箇所には、サポートを取る。

(7)　付属配管などの小口径配管は、サポートが容易に取れるよう、グループ化して一群の配管とする。

(8)　渦巻ポンプの吸込配管は、ポンプインペラーに影響を与えない流れとするため、サクションフランジとフィッテング（エルボ、ティー、レジューサ）、ストレーナーまたはバルブフランジとの間の直管長さを規定している場合があるので注意する（図8.96）。

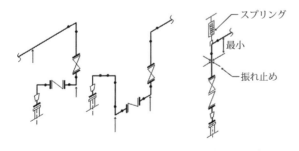

図8.95　左：下から支える／右：上から吊り下げる

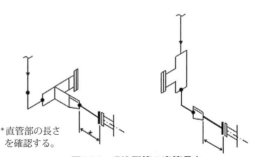

＊直管部の長さを確認する。

図8.96　吸込配管の直管長さ

(9) ダブルサクションポンプにおいて、図8.97、図8.98に示すように吸込配管がポンプシャフトと平行で、同一平面でポンプに接続する場合、ポンプサクションフランジ面の前方に直管長（L）を設ける。これは、エルボによる偏流により、流体が2枚のインペラに対して不均等に流れることによって生じるポンプ効率の低下やインペラの損傷を防止するためである。図8.99に示すように吸込配管がポンプサクションフランジの中心をシャフトに直角に通る場合、エルボを直管に含めることができる。なお、レジューサ及びゲート弁は直管とみなしてよい。直管長（L）は、客先要求に従う。客先要求がない場合はポンプベンダの要求に従うものとする。

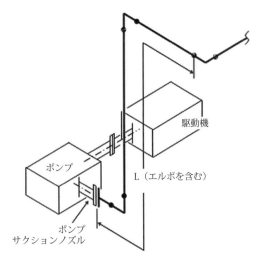

図8.99　ダブルサクションポンプの入口配管-3

8.5.5.2　ノズルオリエンテーション

ポンプは、その形式及び構造により、ノズルの位置がおのずと定まってしまう。しかしながら、ポンプのメーカによって標準形式以外にも一部のポンプでは、形式を選択できる余地もあるので、プロットの大幅変更など全体計画で不都合を生じる場合は、回転機械部門に相談をする。

8.5.5.3　吸込配管

(1) 配管ルート

基本的には配管系の圧力損失が最小となるよう配管長さを最短とし、かつ曲がりの数をできる限り少なくなるよう配管ルートを決定すべきである。また、配管はキャビテーションの原因となるエアポケットを作らないような形状とする。一般的にはプラント内配管では主として架空配管とトレンチ配管の2通りの方法がある。また、オフサイト配管ではスリーパー上配管がある。いずれにおいてもポンプの周囲の状況（通行性の確保、操作方法）やポンプに対する影響（配管の熱応力対策、地盤沈下対策）など十分検討考慮して適切な配管ルートを決定しなければならない。

(a) 地上配管

熱油ライン、スチームトレース配管及びスチームパージ対象ラインなどの配管は、熱伸縮を吸収するためのフレキシビリティが必要である（図8.100）。これらのラインは、ど

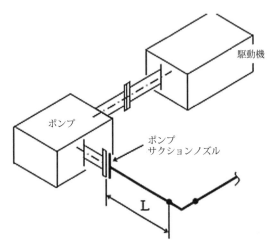

図8.97　ダブルサクションポンプの入口配管-1

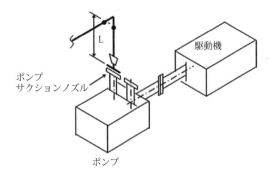

図8.98　ダブルサクションポンプの入口配管-2

の軸方向により吸収力を持たせるかを判断し適切なフレキシビリティを考慮した配管ルート計画を行う。実際には、配管ループなどの大きさはできるだけ小さくし、タイト、ガイド、ストッパーなどのサポートにより適切な応力配分を行うことが圧力損失及びコストの面から有効である。

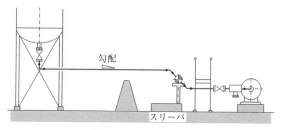

図8.102　LPG配管例

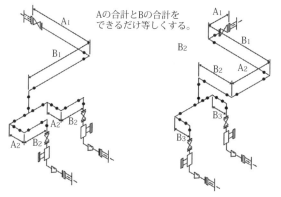

図8.100　フレキシビリティを持つ配管例

(b) タンクまわりなどの配管ルートは、キャビテーション対策及び圧力損失対策を主目的に計画する。図8.101は、一般的な油ラインの例を示す。エアポケットを作らないように防油堤を貫通し、スリーパを最低レベルとした配管形状とする。

図8.102は、LPG配管の例を示すがLPGは、日照温度により管内にベーパを発生するのでグラビティ配管にし、発生したベーパがタンクへ戻るように1/50程度の勾配を付けるなどベーパポケットを作らないよう注意する。タンクの沈下が予想される場合にはタンク沈下後のフリードレン（No. Pocket）をキープするような高さ設定を行う。

(2) バルブ設置場所

(a) 吸込ラインのバルブはポンプの切換運転、保守・点検及びストレーナーの清掃のため流体の流れの縁を切るために使用されるものである。したがって、図8.103に示すようにバルブ以降、ポンプノズルまでの液溜まりをできるだけ少量になるようポンプノズルから可能な限り近付けてバルブを設置する。

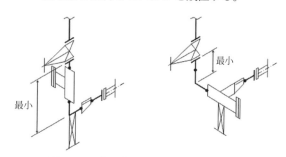

図8.103　ポンプ吸込みラインバルブ設置

(b) 水平なサクション配管にゲートバルブを取り付ける場合、バルブのハンドル方向を上向きに設置するとボンネット部にエアー溜まりができるのでハンドルの方向は、アクセス性を考慮したうえで水平に取り付けることが望ましい。垂直配管にバルブを取り付ける場合、ハンドルが通行の邪魔とならない範囲で他の

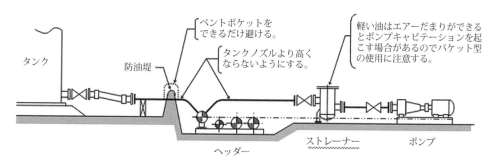

図8.101　タンクまわりの配管例

ポンプ配管のバルブハンドル方向に統一して通路側へ向けるのが望ましい。

(c) タンクスリーパーまわりのポンプ配管などではバルブの操作及び通行性を考慮して、図8.104のように操作歩廊を設けその脇に配列するのが一般的である。また、バルブの前後には地上から容易にサポートを取ることができる場所とし予めサポートの設置スペースを確保しておく。なお、バルブ操作と兼用して歩廊を設ける場合、その歩廊はポンプのメンテナンスに支障とならない範囲で、できるだけポンプに近付けて設置する。

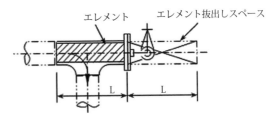

図8.105 T型ストレーナー（アングル型）

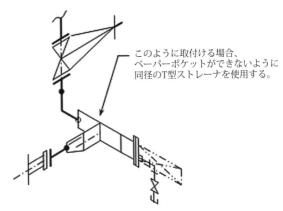

図8.106 T型ストレーナー（ANGLE型）配管例

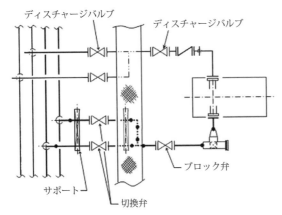

図8.104 タンクスリーパーまわりのポンプ配管

(3) ストレーナーの取付位置

ポンプ吸込配管にはストレーナーが設置される。ストレーナー清掃ためエレメントを抜き出すスペースを確保する。エレメントを抜出す方向及び作業用必要スペースは、ストレーナー形式によって異なる。ストレーナーの構造を良く理解して配管アレンジメントを行う必要がある。流れ方向によって取付方向が制限される場合があるので注意する。

(a) T型ストレーナー（ANGLE型）を使用した場合

このストレーナーの場合は、図8.105のように常に配管が90°曲がる場所に取り付ける。配管例としては図8.106のようになる。

(b) T型ストレーナー（STRAIGHT型）を使用した場合

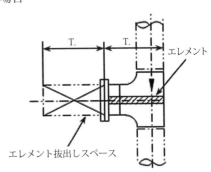

図8.107 T型ストレーナー（STRAIGHT型）

垂直配管に付ける場合は、ストレーナーのエレメント抜出しに都合の良い方向を選ぶことができる。しかしながら、エレメント抜出時ゴミを管内で落としてしまうと、回収できない事から、垂直設置を認めない客先もあるので確認が必要。水平配管に付ける場合は、横向きに取り付ける方が良い。下向きに取り付けると、ストレーナーのカバーフランジにドレンが必要となるが、そのドレンがつまる

恐れがあるなど、不都合なことが多い。

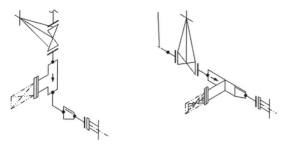

図8.108 T型ストレーナー（STRAIGHT型）の配管例

(c) Y型ストレーナーを使用した場合

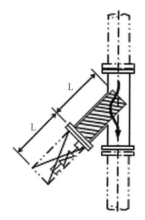

図8.109 Y型ストレーナー

T型ストレーナー（STRAIGHT型）同様に、配管の直線部分に取り付けられる。エレメントの抜出し方向は、配管を軸にどの方向にも抜出すことができる。ストレーナーの取付位置、エレメントの抜出し方向についても、T型ストレーナー（STRAIGHT型）と同様である。配管例を図8.110に示す。

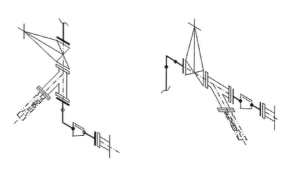

図8.110 Y型ストレーナーの配管例

(d) コーンタイプテンポラリストレーナーを使用した場合

設置方法は、図8.111に示すようにフランジとフランジの間にはさみ込む方法である。

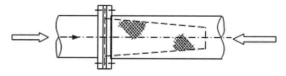

図8.111 コーンタイプテンポラリストレーナーの設置方法

ストレーナーをはさんでいるどちらかの配管を外すことによって取出す。図8.112に示すようにテンポラリストレーナーは、ポンプアライメントに影響の少ない場所を選んで取り付けなければならない。しかしながら、ストレーナーの取外し、取り付けによってポンプアライメントに狂いが生じるため、大形ポ

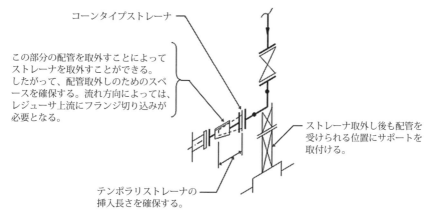

図8.112 コーンタイプストレーナーの設置例

ンプや熱油ポンプなどは、上述のストレーナー(a)～(c)のいずれかを選定する。また、流れ方向は、図8.111のように両方考えられる。ゴミつまりによる圧力損失やメッシュの取り付けから、流れ方向を決める。

(e) バケットストレーナー

このストレーナーの場合、水平配管上に取り付ける。上部には抜取作業に必要な十分なスペースを確保する。また、上部盲フランジ取外しのためフックまたは大形ストレーナーでは、ダビットが取り付けられるので開閉方向に注意する。

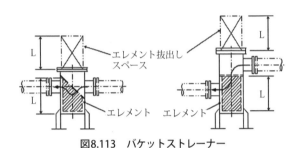

図8.113 バケットストレーナー

(4) レジューサの取付位置

ノズル付近の水平部に取り付けるレジューサは、偏心レジューサとし、ベーパーポケットのできないよう上部フラットの向きに取り付ける。

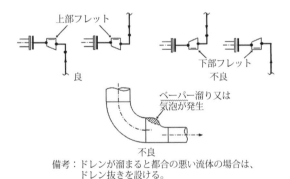

図8.114 偏心レジューサの設置

8.5.5.4 吐出配管

(1) 配管ルート

基本は8.5.5.3項の吸込配管と同様に考えれば良い、吐出配管はポンプ吐出圧力がありベーパーポケットがあっても問題ない。バルブ操作やメンテナンス作業面に重点をおいて配管計画を行う。

(2) バルブの設置場所

基本的には8.5.5.3項の吸入配管の「バルブの設置場所」と同様であるが、図8.116および図8.117のように吐出配管のチェッキ弁は構造上及びサポートの取りやすさなどから水平部に設置するのが望ましい。スイングチェッキ及びデュアルプレートチェック等は、垂直配管に設置する配管アレンジメントも可能であるがブロックバルブが高くなることを考えに入れて配管アレンジメントを行う必要がある。ブロック弁の位置は、モーターのスイッチスタンドから容易に近づける場所とするのが望ましい。一般的には図8.117は中形ポンプ以下に向いており、ブロックバルブが高くなってしまう場合は図8.116のようにライン全体を下げバルブの操作が容易となるアレンジメント方法を採用する。なお、一般配管（高温、高圧でない場合）は、図8.115のようにドリップリングを用いてドレン配管を取り付けてブロックバルブを下げるアレンジメント方法もある。また、チェッキ弁全体にドレンバルブ及び配管を取り付けるケースもある。

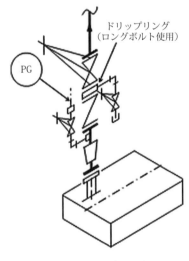

図8.115 全てのケース

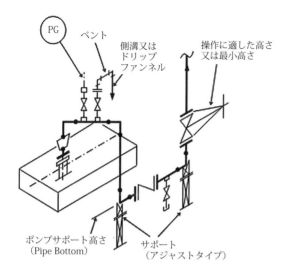

図8.116　大形ポンプのケース

図8.118　レジューサの設置

8.5.6　スチームタービンまわり配管

スチームタービンまわりは、タービンに接続するポンプまわり配管と共にアレンジする必要があり、二つの回転機の配管をバランス良く収めなければならない。次にスチームタービンを主体とした配管アレンジメントの基本的事項を示す。

(1)　配管系の熱膨張

配管系の熱膨張を考慮したルーティングとする。タービンはポンプと同様にノズルの許容反力及びモーメントは小さい。したがって、ポンプと同様に配管系から伝わる反力及びモーメントをできるだけ小さく押える必要がある。

(2)　バルブ及び計器の操作性

スチームタービンの起動及び停止は蒸気ラインのブロックバルブを開閉することによって行われる。したがって、スチーム入出ラインのバルブ操作性及び計器との位置に対して考慮する。

(3)　ラインドレン

スチームタービンが停止している間はタービンまわり蒸気ラインの温度が下がりコンデンセートになる。このコンデンセートが配管内に溜まるとタービン起動時にコンデンセートが流れ込み、タービンのロータ部を破壊することがあるのでドレンポケットを作るような配管形状とならないよう注意する必要がある。バルブ閉止時にドレンポケットを形成する部分には、スチームトラップを取り付け、コンデンセートを排出する。

(4)　点検及びメンテナンス

運転中に無理なく近づき点検できるようなスペースを確保する。

また、メンテナンス時にタービン上部ケーシングを取外すことがあるが、その吊り上げ作業に支障を来さないように空中配管の位置にも注意する必要がある。

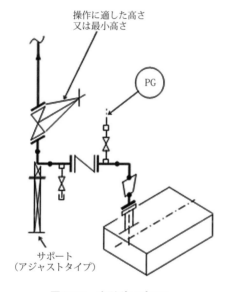

図8.117　中形ポンプ以下

(3)　レジューサの取り付位置

吐出配管は、吸込配管に比べて圧力損失はさほど問題とならないのでレジューサはポンプノズルとチェッキバルブとの間の任意の位置に取り付ける。

第4章　石油精製・石油化学・ガス処理プラントの配管レイアウト

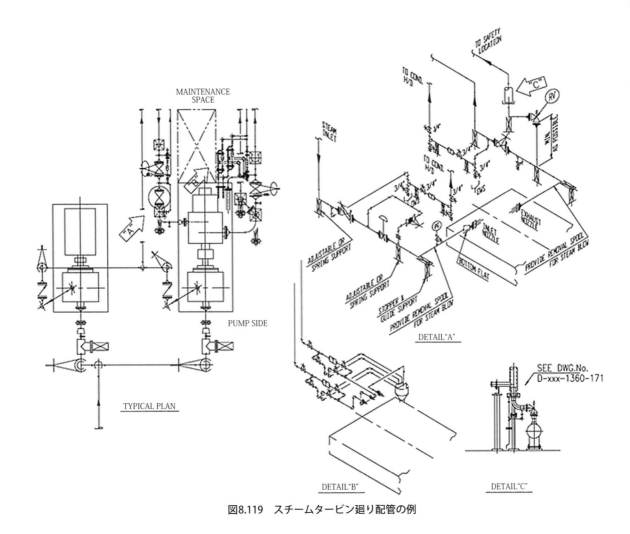

図8.119　スチームタービン廻り配管の例

(5) 安全弁

安全弁の配管アレンジメントは、入口配管をできるだけ短くする。出口配管は、安全弁が吹いた場合高温のスチームが流れるため、急激な熱膨張が発生する事から、熱応力解析が必要となり本管の主スチーム配管及び、タービンノズルへ影響を及ぼす。図8.121のような配管系を分離する事を検討する。

(6) 背圧タービンまわりのスチーム配管形状の一例を図8.122に示す。

(7) スチームタービンの スチーム配管は、建設工事終了後 スチームブローを入念に行う必要がある。建設中管内に入ったゴミを完全に取り除きスチームタービンの羽根損傷を防ぐためである。このため、タービンノズル直近の配管は取り外し可能とする。この配管を取り外し、スチームブローサイレンサーへ仮設配管を施工しブローを実施する。仮設配管中に取り外した配管を含める事で、スチーム配管全てをブローする。仮設配管ができる取り外し配管とすること

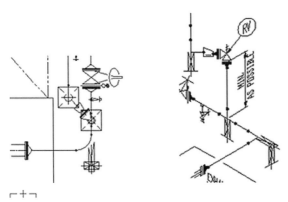

図8.120　安全弁配管

第4章　石油精製・石油化学・ガス処理プラントの配管レイアウト

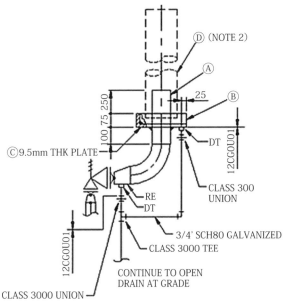

図8.121　安全弁出口配管詳細

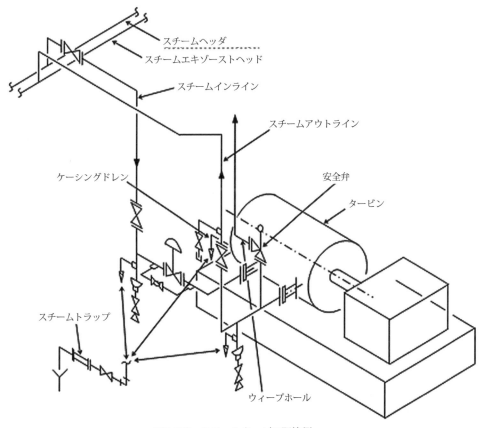

図8.122　スチームタービン配管例

101

8.5.7 その他の付属配管

(1) ドレン及びパージコネクション

　　吐出配管のドレンまたはパージコネクションは、チェッキバルブの下流（ブロックバルブとの間）に取り付ける。取り付けに際しては、ブロック弁のハンドル方向、吸込配管を考慮し操作に支障のない位置に取り付ける。

(2) 圧力計の取り付位置

　　圧力計の取り付位置は、ブロック弁の操作等を考慮し、見やすく邪魔にならない方向及び高さにする。また、ハイポイントに設置しベントバルブを兼ねる事を考える。

(3) 温度計器の取り付位置

　　スペアポンプのある場合、停止側ポンプのラインは、デットスペースとなる。したがって、図8.123に示すように温度計器はコモン部分に取り付け、現場指示温度計で可視不可能の場合は、キャピラリにより地上へゲージを設置するかあるいは両方のポンプ接続ラインに設けるなどを検討する（計装設計部門に確認する）。

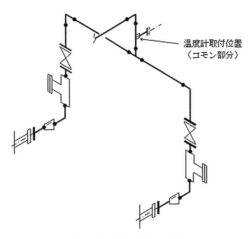

図8.123　温度計器の設置

(4) ホットバイパスラインの設置

　　ホットバイパスラインは、他のポンプからの流体を少量逆流する事でスタンバイポンプを絶えず暖気しておき、いつでも運転が切替えられる状態にしておく為の配管である。停止しているポンプ及び配管系の流体温度を一定に保ち粘度上昇あるいは凝固を防ぐ目的で使用される（図8.124）。また、圧力バイパスも兼ねる場合もある。一般的には、ホットバイパスラインの流量は、図8.125、図8.126のようにリストリクションオリフィスを用いて調整されるがリストリクションオリフィスを設けずにニードルバルブまたはグローブバルブを使用して流量を調整する場合もある。ニードルバルブまたはグローブバルブを使用する場合には、流れの方向に十分注意すると共にポンプのメンテナンスを考慮して図8.127のようにバルブの下流側（ポンプ側）にフランジを切込むようにする（バルブがねじ込み、ソケット接続形式の場合）。

　　また、次の事項に注意をして配管アレンジメントを行う必要がある。

(a) 停止側のポンプに対して、温度のバラツキを生じないように、デットスペースをできるだけ少なくする。

(b) チェッキ弁、ブロック弁の取外しに支障を生じないようこれらのバルブ類とのクリアランスを十分確保する。

(c) ポンプの保守・点検に対して考慮すると共に配管ルートは、ポンプ上とならないようにする。

(d) ドレン及び圧力計等と干渉せぬようアレンジする。

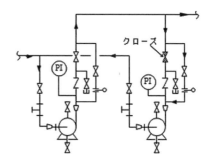

図8.124　ホットバイパス配管例-1

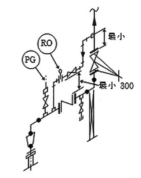

図8.125　ホットバイパス配管例-2

第4章　石油精製・石油化学・ガス処理プラントの配管レイアウト

(5) 安全弁

レシプロケーティング等のポンプには、ポンプを保護するための安全弁を設けて吐出圧が上昇し過ぎると吸込側へ戻している。安全弁の取り付けは、図8.128に示すようになるべくコンパクトにかつ操作の邪魔にならない位置とする。

(6) ミニマムフローライン

ポンプの締切り運転あるいは最高効率流量に比べて少ない流量で運転される場合、ラジアルスラストと呼ばれる軸に垂直な方向の水力学的な力が発生する。また、ポンプ効率が低い点で運転されるので液温が上昇し、液の蒸気圧が高くなり、キャビテーション発生の原因となる。これを防ぐためポンプが運転される際の最低限度の容量を確保するために設置する。このラインは、原則として最短になるように設計するのが望ましいが、場合によっては冷却の目的で長くとる場合があるのでP&IDの表示に注意すると共にプロセス設計部門とも相談する。

(7) 均圧配管

バキュームポンプの始動時における吸込タンクとポンプケーシングの均圧及びLPG、LNG等で揚液中に発生した気体を吸入タンクへ戻す配管である。均圧配管は、ドレン溜まりができないようにフリードレン配管とする。ただし、

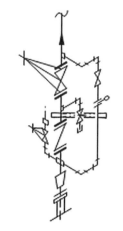

図8.126　ホットバイパス配管例-3

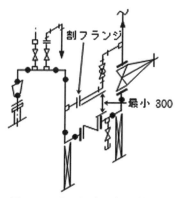

図8.127　ホットバイパス配管例-4

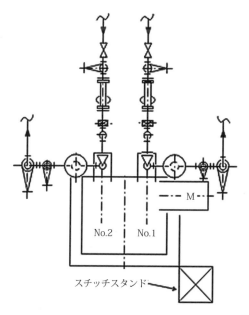

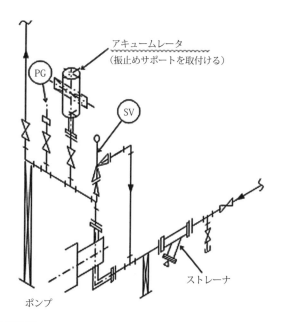

図8.128　安全弁設置例

LPGやLNGラインではスロープ配管とする。

8.5.8 熱伸縮及び振動対策
8.5.8.1 熱伸縮対策
ポンプノズルに過大な力やモーメントが働くと回転軸のアライメントが狂い、軸受の焼付き、異常振動を起こす。ポンプノズルには過大な力やモーメントが働かないように配管ルート計画及びサポート計画を行う。

(1) 配管ルートとサポート
　　配管ルートは8.5.3.3 項(1)(a)①に述べるように適切なフレキシビリティを考慮して決める。配管サポートは、配管重量を適切に支持するほかに、8.5.10項 配管サポート計画で述べるように熱移動がバランスするような位置にガイド、ストッパ等を設ける。

(2) ノズル反力・モーメントの検討
　　ポンプの正常運転を保証するノズル許容反力・モーメントは、API 610の規定値とするが、API610を適用しないポンプの場合は、ポンプメーカが提示する値とする。配管の熱伸縮によるノズル反力・モーメントがその許容値以内であるかを配管ルートとサポート計画及び運転条件に従って検討する。

(3) 運転モードの確認
　　スペアポンプや、コモンスペアポンプ等複数のポンプが配置されている場合は、複数のポンプが同時に運転されるケースや単独に運転されるケース等の運転条件を確認しておくこと。

(4) 常温ラインの対策
　　常温ラインであっても、気温差や日照によって熱伸縮を生じる。これに対しては、ポンプノズル直近に固定サポート（またはガイド、ストッパ）を設ける。この場合、固定サポートとノズル間の熱伸縮が問題になるが、その量はわずかであり、実際には運転に支障はないので、それを検討する必要はない。

8.5.8.2 振動防止対策
通常、渦巻きポンプの配管振動は、考慮しない。往復動ポンプの場合は、振動が発生するので防振対策を行う必要がある。渦巻きポンプであっても、オフサイト配管や冷却水配管のように長距離配管の場合は、振動が発生することがあるので防振対策を行う必要がある。

(1) 往復動ポンプ接続配管
　　ピストン及びダイヤフラムポンプ等で配管系にアキュムレータを設けた防振対策が採られていない場合は、周期的な圧力変動による配管系の振動が発生するので対策を講ずる必要がある。なお、容量制御ポンプは、吐出流量が微量であり起振力は小さいので一般の小口径配管並みに扱い、配管サポート（振止めサポート）を計画すればよい。

(2) 長距離配管
　　オフサイト配管や冷却水配管のようにポンプの吸込みまたは吐出配管が長距離に及ぶ場合は、タンク元バルブやローディングアーム元バルブの急開閉あるいはポンプのトリップによってウオータハンマや液柱分離現象（サージ）を起こす。この現象が起きると管内に圧力変動を生じ、過渡的な軸方向の圧力差による推力が発生、配管が軸方向に移動したり振動したりする。長距離配管は、原則この現象が起きないようにサージ解析を行い、適切なバルブ開閉速度の設定、適切なチェッキバルブ形式の選定及びサージ対策機器の設置検討行う必要がある（プロセス部門と協力し解析を行う）。

8.5.9 ドリップファンネル及び排水溝の設置計画
ポンプ付近には、ストレーナーの清掃、ポンプの分解整備による油汚れの洗浄等のためドリップファンネルまたは排水溝を設置する。

(1) ドリップファンネルの設置
　　ドリップファンネルの位置は、図8.129に示すようにポンプドレン、ベント及びストレーナーのドレンの関係から有効な場所を選んで配置する。

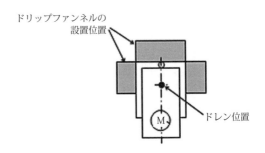

図8.129　油ドレンの回収位置

(2) 排水溝の設置

油ポンプでは図8.130に示すようにポンプ基礎の周囲に幅100mmの側溝を配しドレンを収集する場合がある。（客先基準で要求がある場合のみ設置）側溝は、駆動部後面を除いた3方向に設置する。ただし、基礎長さが1.5m以上でモーター駆動の場合は、モーター部分はカバーしない。

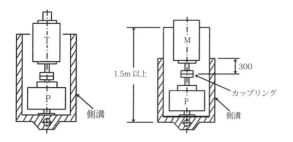

図8.130　排水溝の設置位置―
左：スチームタービン／右：モーター駆動

8.5.10　配管サポート計画

配管サポートの計画は、原則として第5章「プラントの配管サポート」に従って計画、設計及び形式が選定されなければならないが、ここではポンプの近くに設置する配管サポートの形式及びその配置に関する留意点について述べる。

(1) 配管サポートの形式

(a) サポートの形式は、ポンプの芯出（アライメント）調整が必要な場合はアジャスタブル型を使用する。大口径配管の場合は、ノズルから直近の1ヶ所をアジャスタブル型にしただけでは、調整が困難なことがある。次のサポートもアジャスタブル型にすることを検討する。

(b) 熱伸縮が伴う配管のサポートは、熱伸縮によるポンプノズルへの力、モーメントを軽減させるためストッパ、ガイドサポート等の設置も検討するなどして最適サポートの形式を選定する。また、この場合は、外力に対して十分耐えうる強度、剛性を持った構造とする。

(c) ポンプの保守・点検のために配管を取外す必要のある場合、その配管サポートは容易に脱着できる形式、構造とする。

(d) 配管サポートの形式例を図8.131に示す。

(2) 配管サポートの配置

(a) ポンプまわりの配管サポートは、配管の荷重をできるだけポンプノズルに掛けないためにポンプノズルに可能な限り近付けて設置する。

(b) ポンプノズルに作用する力、モーメントを軽減する目的のサポート（ガイド、ストッパ）は拘束点とノズルの間の熱伸縮量が最小となるよう可能な限りポンプ本体の固定点を通る線上に設ける。図8.132は、熱油ポンプの吐出配管を、また、図8.133は吸入配管を例にとった場合の配管サポートの配置を示す。

(c) 配管温度が常温に近い場合は、ノズルへの外力を最小とするためノズルからの第1サポートはノズルより最短距離の位置で固定サポートの設置を検討する（図8.134）。

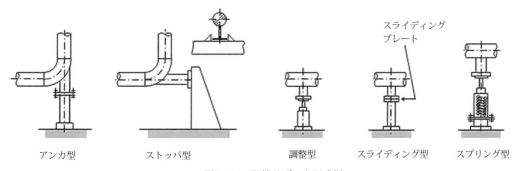

図8.131　配管サポート形式例

第4章　石油精製・石油化学・ガス処理プラントの配管レイアウト

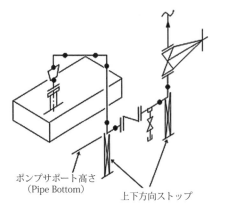
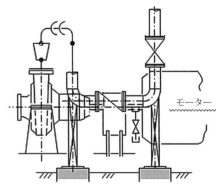

図8.132　配管サポートの設置位置

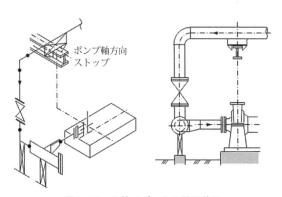

図8.133　配管サポートの設置位置

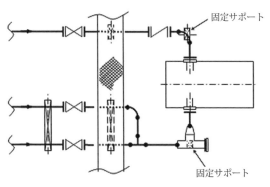

図8.134　常温配管の固定サポート位置図

8.6　配管インフォメーション
8.6.1　配管インフォメーションとは

　多数の機器、部品で構成される複雑なプラントの設計は、多くの要素技術の融合と最先端の設計ツールの活用により構築される。プロセスの基本設計からはじまり、各種プラント設備の設計（圧力容器、回転機械、燃焼設備、電気設備、制御設備、防消火設備）とそれらを空間設計としてアレンジする配管設計やシビル設計が有機的に結びつきプラントの詳細が具現化される。

　プラントの詳細設計を行うためには、各専門分野からの設計情報や設計データが関連する部門間で授受されなければならない。この設計情報を網羅したドキュメントがインフォメーションである。

　「第1章5.4項 インフォメーション作成」でも述べたように、プラント設計の重要な情報であり、品質精度や発行スケジュールの遅れは、下流設計部門の作業に大きな影響を与える。

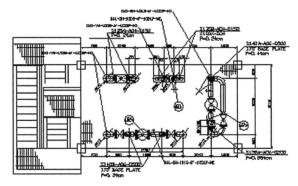
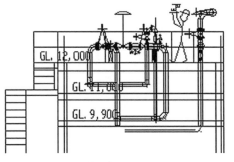

図8.135　バルブ架台インフォメーション例

106

8.6.2 関連部門別配管インフォメーションの種類

(1) プロセス
- (a) プロットプラン
- (b) 配管材料仕様書（バルク材料）
- (c) 配管材料仕様書（特殊部品）
- (d) 機器据え付け高さ
- (e) 配管レイアウト標準図

(2) シビル
- (a) プロットプラン
- (b) 地下配管レイアウト（ルート図）
- (c) 機器据え付け高さ
- (d) ドリップファンネル位置
- (e) 配管トレンチ・カルバート・ピット（機器ピット・バルブピット）
- (f) パイプラック
- (g) 機器架台・バルブ架台
- (h) テーブルトップ
- (i) 大型（重量）配管サポート・基礎
- (j) コンクリート埋め込み金具取り付け位置
- (k) 配管スリーパー
- (l) 操作・通行歩廊床

(3) 計装
- (a) プロットプラン
- (b) 配管材料仕様書（バルク材料）
- (c) 計装タップ（圧力計・温度計・流量計・分析計等）位置情報
- (d) コントロールバルブ アクチュエーター取り付け方向
- (e) 機器据え付け高さ
- (f) ドリップファンネル位置
- (g) 配管トレンチ・カルバート・ピット（機器ピット・バルブピット）
- (h) パイプラック
- (i) 機器架台・バルブ架台
- (j) テーブルトップ
- (k) 大型（重量）配管サポート・基礎
- (l) コンクリート埋め込み金具取り付け位置
- (m) 配管スリーパー
- (n) 操作・通行歩廊床 UG Pipe Layout

(4) 機器設計
- (a) プロットプラン
- (b) 配管材仕様書（バルク材料）
- (c) 機器ノズルオリエンテーション
- (d) 液面計器（LC/LG）取り付けず

(e) 機器プラットフォーム・梯子・配管サポート取り付け位置
- (f) 機器取り付け高さ
- (g) ノズルへの反力。モーメント

(5) 火熱設計
- (a) プロットプラン
- (b) 配管材料仕様書（バルク材料）
- (c) ノズルへの反力。モーメント
- (d) 機器据え付け高さ
- (e) プラットフォーム・階段・梯子・配管サポート位置

(6) 回転機
- (a) プロットプラン
- (b) 配管材料仕様書（バルク材料）
- (c) ノズルオリエンテーション（変更する場合）
- (d) ノズルへの反力。モーメント

(7) 電気
- (a) プロットプラン
- (b) 電気防食対象物（配管アイソ図）
- (c) 電気ヒートトレース（配管アイソ図）
- (d) 機器据え付け高さ
- (e) ドリップファンネル位置
- (f) 配管トレンチ・カルバート・ピット（機器ピット・バルブピット）
- (g) パイプラック
- (h) 機器架台・バルブ架台
- (i) テーブルトップ
- (j) 大型（重量）配管サポート・基礎
- (k) コンクリート埋め込み金具取り付け位置
- (l) 配管スリーパー
- (m) 操作・通行歩廊床

(8) 建築（ビルディング）
- (a) プロットプラン
- (b) コンクリート埋め込み金具取り付け位置
- (c) 配管取り合い位置

(9) 防消火
- (a) プロットプラン
- (b) 防消火配管のレイアウト図

(10) 調達
- (a) 配管材料表
- (b) 配管材料調達仕様書
- (c) 配管材料仕様書（バルク材）
- (d) 配管材料仕様書（特殊材料）

(11) 建設（工事）
　(a) プロットプラン
　(b) 配管材料仕様書（バルク材）
　(c) 配管材料仕様書（特殊材料）
　(d) アイソ図
　(e) 標準配管サポート
　(f) 特殊配管サポート図
　(g) 配管図（平面図・3DM）
　(h) 配管材料表
　(i) 配管工事量（インチ・ダイア）

8.6.3　インフォメーションを正しく伝える

本章の1.1項で述べた通り、配管レイアウト作成（インフォメーション作成）に使用する資料・情報の確定度を明確に把握し、配管インフォメーションを提示する。8.6.2項の通り、配管インフォメーションは多くの関連部への設計情報となるため、確定度を認識することは重要である。配管レイアウトを構築する部品等が未確定で、確定後変更が予想される場合には、その事が分かるように明記、または、空白として、関連設計部門の作業に支障を来たさないように配管インフォメーションを提示する。

配管インフォメーションを受領する側の作業内容を理解し、どのような情報を、どの時期に必要なのか？を認識しインフォメーションを発行する事が求められる。

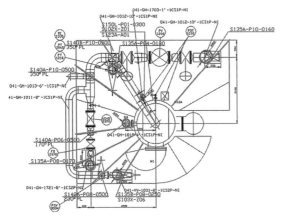

図8.136　機器プラットフォームのインフォメーション例

9．低温サービスの配管設計

9.1　低温サービス配管

常温（20℃）以下の設計・運転温度を適用する配管を、低温サービスの配管と呼ぶ。

9.2　配管計画上の注意事項

低温配管には、常温または高温配管とは異なる考慮すべき設計上の特性がある。ここではその特性の解説と、対策を中心に記述する。

9.2.1　熱収縮対策

配管に発生する熱応力の観点から見ると、低温も高温も配管系の収縮か膨張かの変位方向の違いが有るだけで、基本的な考え方は同じである。しかしながら、設計上考慮すべき点においては違いがある[注]。以下に熱収縮及び関連事項について考え方、対策、注意を述べる。

（注）配管が固定点間で膨張する場合、管の軽微な曲りまたは重力によるサポート間の撓み等の変形（直線から曲線への）により膨張量の一部が吸収され、固定点への反力が軽減される。一方、収縮する場合、管は設置時の曲り撓みを解消しつつ直線に近付き、最終的には固定点を一直線に結んで反力を100%発生させる。すなわち、低温配管においては収縮による変位への対策を誤ると逃げがなく、最悪の場合、固定点の破壊や配管サポートの破壊に至る恐れもある。上記が高温配管と低温配管との熱応力上の考え方が、顕著に異なる例である。

(1) 基準温度の設定

通常の高温配管では、配管取付温度として大気温度を採用する事が多く、低温配管では夏場の外気温度を採る事が多い。これは、マイナス側の温度変化量を大きく取って安全性の余裕を見込むためである。

(2) 配管材料に対する考慮

低温配管用材料として一般的に用いられる、オーステナイト系ステンレス鋼及びアルミニウムは、炭素鋼に比べ線膨張係数が大きいため（アルミニウムで約2倍）、変位量が大きくなる。特に、アルミニウム管は許容引張応力が極端に低く、ステンレス管は薄肉が多いなどが、配管サポート設計上、強度的な弱点になるので、考慮を払わなければならない。

(3) 熱収縮により配管系に生じる応力の軽減策
　(a) 配管系の自己可撓性を利用する。配管レイアウトの結果、エルボの使用などにより配管系に柔軟性をもたせ、収縮による変位を吸収させる。
　(b) エキスパンション・ループを設ける。直線配管などで(a)の効果が期待できない場合に、エキスパンションループを設け、収縮による変位を吸収させる。
　(c) エキスパンション・ジョイントを使用する。軸線形の場合内圧による配管軸方向の推力を止める必要があり、大掛かりなストッパーサポートが必要となるため、可能な限り使用しない事が好ましい。ヒンジ型エキスパンション ジョイント等を複数組み合わせ配管の熱収縮を吸収する場合は、取り付け場所に充分なスペースを確保する必要があるので注意すること。
(4) 移動量に対する配慮（図9.1）
　前項の変位吸収策を計画した時に、各サポート点における移動量を算出把握し、サポートがラック、スリーパーなどの梁から脱落しないような対策を講じておくこと。図9.1は、サポートをオフセットすることで運転時の温度による熱収縮で、サポートが移動してもサポートの端が梁の端をはみ出さないオフセットの例である。また、管の移動量は軸方向だけでなく軸直角方向も確認して、隣接する配管、バルブ、柱などとの間隔を充分取るように配慮する。
(5) ボーイング現象への考慮
　低温配管において顕著に現われる現象にボーイングがある。

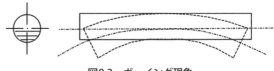

図9.2　ボーイング現象

　水平に長く配置された配管で、管頂と管底に著しい温度差がある場合、管頂と管底の間に大きな収縮量の差を生じ、図9.2の点線のように配管が弓なりに曲る現象が発生する。これをボーイング現象という。この現象は、配管系のクールダウン（運転に入る前の予冷）が適切に行われず管の温度が十分に冷えていない状態で、管底に低温の液体を通液したときに発生する。結果的にサポートや配管を破壊する事も有り得る。これを防ぐには、サポートの巨大化、管に発生する応力の処理など難しい問題を解決する必要がある。故に、実際にはクールダウンを均一に行なうことが重要で、そのためにベント抜きを設けるなどの処置をして管頂と管底の過大な温度差を防止する。クールダウン（運転に入る前の予冷）を行うために、クールダウン専用の仮設配管及びその接続ノズル、バルブ等を設置することがあるので関連部門との充分な調整が必要である。一般的にはクールダウンは管頂底の温度差が60℃以内となるようにコントロールしながら行われ、終了後は低温ガスを循環させて低温度を保つのでこの現象はスタートアップ時の冷却時の一回限りと考えてよい。

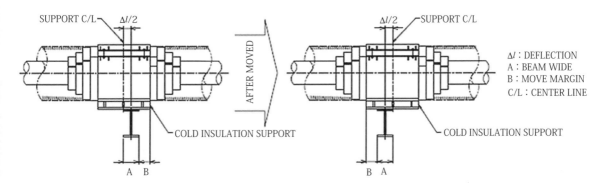

必要サポート長さ＝（Δl/2＋A/2＋B）×2＝Δl＋A＋2B
図9.1　サポートのオフセット

9.2.2 気化対策

低温流体は外部からの入熱、内部における圧力降下などによって容易に気化する。発生した気体は、ベーパーロックを形成して流路の障害となったり、気体部と液体部の著しい温度差を生じさせて配管を歪ませたりする。なお、液体は気化により体積が急激に増加（LNGで約600倍）する。

気化を防止するための一般的な対策を以下に述べる。

(1) 配管の曲りの数は最小に抑える。曲り部は直管部よりも同一流速に対する圧力損失が大きく、液の気化チャンスを増大させる。
(2) ベントポケットは極力作らないようにし、避けられない場合には関連部門と協議の上、対策を考えておく。

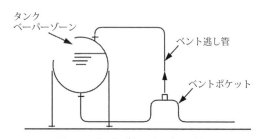

図9.3 ベントポケットの処理 例

(3) ポンプサクション配管は、特に上記(1)、(2)項に充分な考慮を払う。具体的には機器からのサクションラインは、極力短く且つポンプに向って下り勾配を取ってベントポケットを作らないようにする。これには、機器とポンプの相互位置が関連するため、配置決定時に検討しておく必要がある。スタンバイポンプがある場合は、本管と切替えバルブ間を最短として滞留部を最小しにし気化を防ぐ。または、循環ラインを設置し気化を防ぐ等の方策がある。スタンバイポンプ（オートスタートポンプ）は、通常ポンプ出口、チェッキバルブをバイパスし低温流体を循環させ、常に低温状態を保って置くためのクールダウンバイパス配管が付いている。
(4) 両端をバルブなどでブロックされた配管系
 (a) 安全弁を設け外部からの入熱による昇圧を逃がすようにしておく（図9.4）。
 (b) 入熱が有っても、配管系の低温を保持できるよう循環ラインを設ける。これは関連部門との検討、調整を行なって、P&ID上に指示されねばならない。

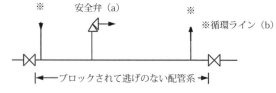

図9.4 ブロックされた配管系の気化対策

(5) タワードラムのボトム配管で、ノズルから連続的に下り配管にして、オリフィス、コントロールバルブを地上に組む場合が有るので注意する（通常、P&IDに指示がある）。これは流体がオリフィス／コントロールバルブ上流で気化することを防ぐため、充分なスタティック・ヘッド（液柱高さ）を保持するためである。
(6) 滞留部（Dead Space）は流体の流れがないため、外部からの入熱により気化しやすくなる。ヘッダー配管の末端部、安全弁の入口配管、コントロールバルブのバイパス配管、切り替え機器のスタンバイ配管、圧力計器の導圧管などがそれに当たる。滞留部が水平配管及び立ち下がり配管では気化したガスが本管へ移動し、配管内に混層流が形成されて悪影響を及ぼすことが多いので、その対策を講じる必要がある（プロセスに確認する事）。

逆に、圧力計器には、故意に上方向に滞留部を作り出してガス溜まりを作って内部圧力を安定化することが必要である。このため、低温配管の圧力計器タップ（取り出し）は、オリフィスタップや差圧液面計を含め、上方向に取出す（制御設計部門に確認する）。

9.2.3 漏洩対策

低温配管の特徴的な現象として、常温での耐圧・気密テスト時に洩れが発生しなくても、運転開始の冷却時の配管系収縮により、フランジ継手部のガスケット面圧の低下による漏洩があることである。また、LNG（メタンガス）は気密テストに用いる窒素ガス（N2）と比べ、分子の大きさが小さくて浸透性が高く、テストのみで万全と考える事ができない点にも注意する必要がある。具体的な対策を以下に

述べる。

9.2.3.1 フランジ継手の使用は最小限にとどめる

一般に下記の箇所にフランジが使用されるが、極力、溶接接続にする事が好ましい。

(1) 機器との接続
(2) 保守点検を要する部品との接続
    （調節弁、安全弁、差圧式流量計、伸縮継手、ストレーナーなど）
(3) 配管系で材質が異なる境界点
(4) 増設用分岐端
(5) 配管に取り付くバルブ

9.2.3.2 フランジ使用部の漏洩対策

(1) フランジ部に、大きな力やモーメントが集中しないように設計する。
(2) ボルト締付け作業用スペースを必ず確保する（バルブボンネットについても同様）。
    (a) トルクレンチを使用するため
    (b) ガスケットの面圧維持の目的で再締付けを頻繁に行うため

9.2.4 保冷

保冷の目的は結露・結氷の防止と外部からの内部流体への入熱の防止であり、保冷材によって配管は外部と熱的に遮断される。保冷材の厚さ不足や隙間や亀裂などの欠陥は結露・結氷を引き起こす。特に、保冷材の欠陥により外気中の水分が保冷材に浸透した場合は、水分が保冷材内部で結露・結氷する。そして、氷が次々と成長し、保冷材の破壊や保冷効果の阻害という結果に至る。これらにより保冷効果が著しく失われた場合で、内部流体が外部からの入熱より気化する液体の場合には、内部液体の気化を引き起こすことがある。この点が、多少の放熱で単なるヒートロスの問題で済んでしまう保温との決定的な違いである。

保冷材には吸水性、吸湿性、透湿性の低い、一般的にはポリウレタンを使用する。これらには前述の隙間や亀裂などの欠陥がないことはもちろんであり、空気との境界である外面には、別材質の防湿層を設け保冷配管を密閉する。以下に、配管設計上の一般的な注意事項を述べる。

(1) 保温の場合と異り、フランジ、バルブ等、外気に露出するものはなく全て保冷材によって覆われる。ただし、計器／ゲージ等は、その操作、メンテナンスを考慮し保冷の外へ配置しなければならない。一般的には計装チュービングで保冷外へ出す場合が多い。また、フランジ廻りのボルト作業が容易にできるよう配管保冷とフランジ保冷とを分離した保冷構造となる。計器取り出し配管は一般的に図9.5に示される範囲で保冷されるが、ジョブ開始時に計装設計部門と確認が必要である。

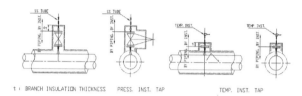

図9.5 計装取り出し配管

(2) 保冷は保温に比べて厚みが大きいので、次の点に注意する。
    (a) 管、機器、梁等と管との間隔は、管の移動量も考慮して十分に取る。一般的に、保冷の外側から他の設備までの間隔は、Min. 100mmを確保する。これは保冷表面の防湿層の施工を容易に行うためである。
    (b) フランジ、バルブ等は保温の場合と違って極度に大きくなるので注意する。通常これらは、形状が複雑であるため、保冷箱に収めポリウレタンを注入発泡するか、成型ポリウレタンとグラスウールを箱内に充填する。このため通常の保冷厚みよりも厚く大きくなる。メンテナンス時にボルトを取外す必要があるコントロールバルブ／スペクタクルブラインド／オリフィスフランジ等の両側は、保冷箱を外すだけで作業ができるようにするため、ボルトの引抜きスペースを含んだ保冷箱の大きさになる。また、低温用バルブは9.2.6に述べるようにボンネットが延伸されているので、ハンドル部は通常より高く、保冷箱は大きくなる。

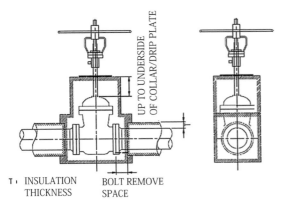

図9.6　低温用バルブの保冷

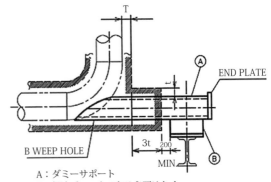

A：ダミーサポート
B：保冷ブロックである必要はなく、通常のパイプシューで良い。

図9.8　ダミーサポートの保冷

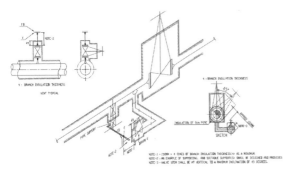

図9.7　ベント・ドレンバルブの保冷

(c) 床貫通穴も非常に大きくなるので梁との関係に注意する。(a)項に準じ100mmを考慮する。

(d) 堅形機器に、立上り配管が密集する場合（エチレンプラントのコンプレッサーサクションドラム等）、サポートの設置間隔も考慮してアレンジする。

(e) 保冷施工のスペースも考えておく。(a)項、(b)項に準じ、Min. 100mmを考慮する。

(3) サポート等突出する物も必ず保冷を施す。その場合、保冷厚さの3倍長以上保冷する。

(4) 機器にプラットフォームを取り付ける場合、ラグを保冷が巻く分一般のプラットフォームより梁、ラグを低くする必要が有り、梁下の通行性（高さ）に注意すること。

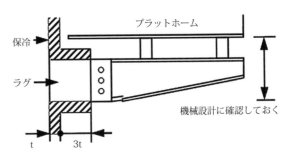

図9.9　低温保冷機器のプラットフォーム

(5) 氷付着防止対策
コールドフレアやコールドブローダウン等の配管で、常時は0℃以上であるが一時的に0℃以下になりうる場合には、配管表面への氷の付着の防止対策をする。これは表面に氷が付着し、その氷が落下し被害を与える場所（道路、通路、計器等）の上部にある配管を部分的に保冷仕様とし、サポートも保冷用サポートを使用する。

(6) 防露インシュレーション
常温より低く0℃よりも高い温度の配管（設備）で、その温度を保つ必要のない場合、表面に付く露を防止する厚みの薄い保冷である。表面に付く露は、配管サポート梁の腐食や通路部を濡らし、スリップ事故の原因となる。したがって、配管サポート部、通路上部が対象となり、

一般的には保冷と同じ仕様となるが温度が0℃以上ゆえ保冷ほど厳密ではない。

9.2.5 配管サポート

低温配管に使用するサポートは、下記の通り使い分ける。通常のパイプラックやスリーパー上の支持部は、コールドシューと呼ぶ。配管を2つ割の硬質ポリウレタン（HD-PUF）で包み外側の鉄板をボルトで締付けて発生する摩擦力により配管配管とサポート（コールドシュー）が一体化される（図9.10）。

軸直角方向（横方向）を拘束する場合は、そこでかかる荷重の大きさや配管サイズに応じてサポートのタイプを選定する（図9.12）。軸方向を拘束する場合は、ストッパーサポートを選定する（図9.13）。

コールドフレアー配管のような、保冷が必要無い配管でも一時的に低温になる配管には、低温用配管サポートを使用する。目的は、配管の低温域で配管を支えるコンクリートや鉄骨の梁に悪影響（低温のためにコンクリート内の水分が凍結し割れが発生、鉄骨の場合は低温脆性を起こす）を与えないよう温度を遮断するため必要となる。この場合、配管とサポートとの間だけを遮断するので、通常のパイプシュー＋保冷ブロックを使用する（図9.14）。

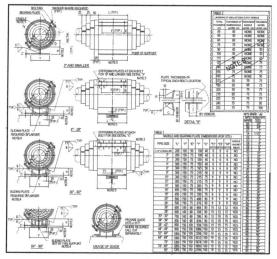

図9.10　コールドシュー

エルボスタンションなどのトラニオンを使用する場合は、硬質ポリウレタンの保冷ブロックと呼ぶタイプを使用する（図9.11）。

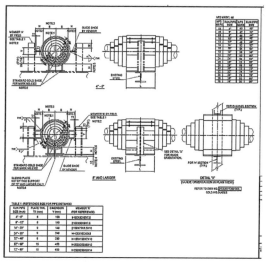

図9.12　ガイドコールドシュー

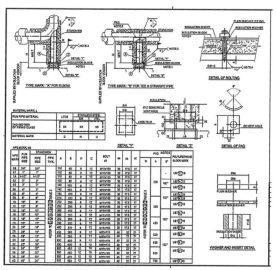

図9.11　コールドスツール

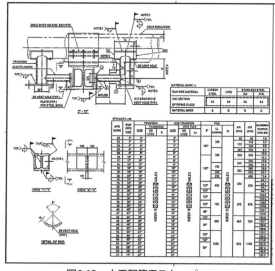

図9.13　水平配管用ストッパー

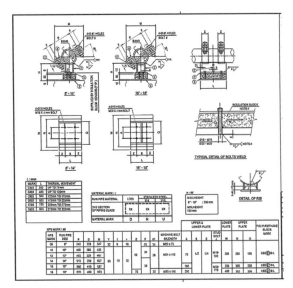

図9.14　保冷無低温配管用パイプシュー

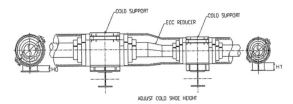

図9.15　水平保冷配管のサイズ変更

(4) 保冷配管に防音被覆がある場合、保冷ブロック下のシュー高さは、防音被覆の厚みを考慮し高くする（図9.16）。

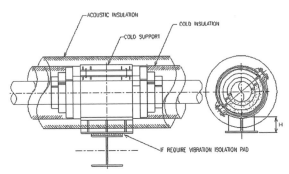

図9.16　保冷配管の防音被覆

(5) 機器に取り付けるサポートのラグに機器本体の保冷厚さの4倍長の保冷をするため、ラグは大きく突き出して、配管も機器の表面から長く突き出る事に注意する（図9.17）。

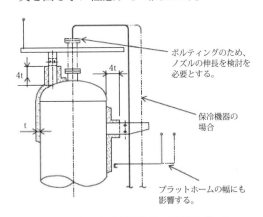

図9.17　低温保冷機器からの配管サポート

パイプシューを使用している配管で、配管の温度が配管を支える梁の表面へ伝わるまでに外気温度の影響で温まり−29℃以下にならない場合は、保冷ブロックを取り付ける必要はない。通常配管の温度が低温用炭素鋼（LTCS）の低温限界−46℃まではH=100mmのパイプシューだけを使用し−47℃以下ステンレス使用温度となる場合はパイプシュー＋保冷ブロックを使用する。

低温配管におけるサポートに関する特徴と注意点を以下に述べる。

(1) 重量を支持すると同時に、断熱を行なわなければならない。そのために断熱材をサポート構造内に含んでいる。

(2) 断熱材の強度に制限されて鋼材のみで構成されているサポートよりも支持間隔が短くなる傾向に有る。

(3) パイプラック、スリーパー上では、管径が途中で小さくなる場合、保冷厚さは薄くなるので管底を水平に保つため、保冷ブロック下のシュー部分の高さを調整する（図9.15）。

(6) 低温用縦型ポンプ配管等に使用されるアジャスト型サポートは、保冷ブロックを使用するか、本管から3T＋200mm 以上長くトラニオンを設置したスチールサポートとする。保冷ブ

ロックは水平方向の力が働かない場所に使用するため、ガイドサポートなどを設置する場合には後者を選定する。この場合は上記の3T＋200mmの取り付け寸法が不足しないように注意する。(図9.18)。

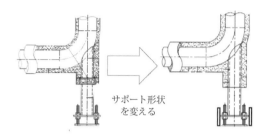

図9.18 水平方向の力がかかるアジャスト型サポート

(7) 一般的に大口径配管のコールドシュータイプサポートは、そのサポート荷重が大きく配管の熱収縮によるコールドシューと梁との間の水平摩擦力がパイプとHD-PUFとの摩擦力よりも大きくなり、コールドシューが配管と一体で動作しない事が考えられる。このため、これらの大口径コールドシューと梁との間に、スライディングプレートを設置しスムーズなスライドを実現させる。

(8) コールドシューは、図9.19のように保冷厚みにより保冷層（Layer）があり、シューの底板寸法より突き出る構造となる。突き出た保冷層を保冷材で重ね包む事で外気からの完全なシールを行う。そのため、その張り出し部分が近隣のエルボ、ブランチやボルト引き抜きスペースと干渉しないように注意する。

9.2.6 低温用バルブ

ゲート弁、グローブ弁、ボール弁、バタフライ弁のように操作ハンドルをもつバルブで、低温に使用されるバルブは、空気中の水蒸気によりグランドパッキン部が凍結すると、バルブが操作不能（ハンドルが回せない）になったり、パッキンそのものが劣化したりする。対象となるバルブは、一般的に運転状態での操作が必要となるバルブであるが、具体的なこれらの基準は各プロジェクトにてプロセス設計部門と協議の上、決定する（参考までに、Chevron社では－103℃以下の場合にバルブステムの操作が問題になるとしている）。

(1) 低温用バルブは、低温流体とグランドパッキン部に距離を設けるために、延伸ボンネット（Extended bonnet）構造を持つ。延伸ボンネットにより、バルブ保冷箱外の延伸ボンネット部上部への外気からの入熱を利用して、延伸ボンネットの長さ方向に温度勾配ができ、グランド

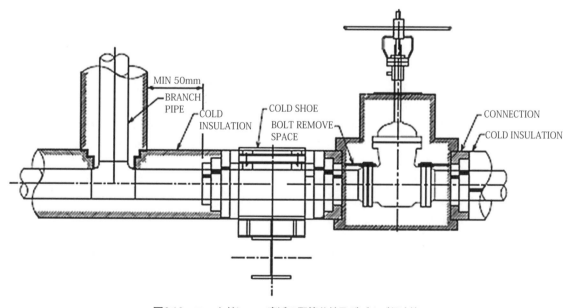

図9.19 コールドシュー直近の配管分岐及びバルブ保冷箱

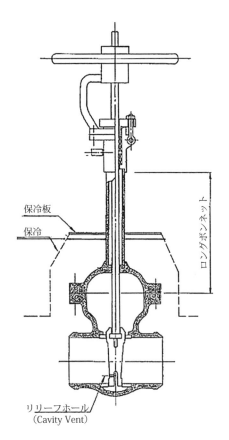

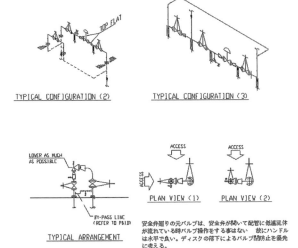

図9.21 低温配管のコントロールバルブ／
　　　　安全弁まわりアレンジメント

図9.20　低温用バルブ形状概念図

パッキン部が0℃以上となる。更に、延伸ボンネット部に入熱を受けやすく、また、バルブ保冷箱への雨水浸入を防ぐ目的で保冷板（Drip Plate）を取付ける場合もある。これらのバルブは構造上ハンドル長さが長くなるので、配管レイアウト上注意する。

(2) 延伸ボンネットの採用に加えて、バルブの取付け方向の制限が必要となる。すなわち、液又は気液混相サービスのバルブステムは垂直又は垂直から最大30度の角度となるよう取付けること（ただし、ベントバルブは除く）。トラップされた低温ガスによりグランド部への接液を回避するためである。なお、NFPA59Aなどによれば、垂直から30度以上の確度での取り付けも許容しているが、延伸ボンネットのバルブを傾けて設置するとレイアウト上のデメリットが大きいので、出来るだけ垂直に取り付ける。ベントバルブなどガスサービスのバルブに対しては取付け角度の配慮は不要となるが、ドレンバルブについては液がトラップされる可能性を考慮して液サービスと同様の取付け制限をする（コントロールバルブ廻り図9.21-(2),(3)参照）。

(3) 安全弁入口及び出口バルブは通常操作することはなく、保冷もされていない。また、安全弁は常に作動可能となっていなければならない。したがい、ゲート弁を安全弁のブロック弁として使用する場合には、ディスクがステムより外れるトラブルにより、ディスクが落下し弁が閉じることを防止するために、あえてステムは水平に取付ける。

(4) 低温に使用されるゲートバルブとボールバルブは、キャビティ部に圧力逃がし（ディスク／ボール片面のリリーフホール等）を設ける。これは、バルブ全閉時にキャビティ部に封じ込められた液が入熱により気化し、キャビティ部に過大な圧力を発生させバルブを破壊することがあるので圧力が抜けるようにしておくためである。圧力逃がしの方向（リリーフホール等の方向）は、ラインの流れ方向に関係なく圧力の一次側とする（バルブを閉じた時圧力がどちらから働くかを考えればよい）。すなわち、コントロールバルブ、安全弁、ポンプなど、メンテナンス時に取外すものがある側が二次側となるケーシングベントやブローダウンラインなど、一次側、二次側が一義的に決め難いものもあるので、プロセスと協議のうえ、P&IDに明記す

る。なお、バルブ本体のボンネット部などに圧力逃がしの方向（リリーフホール等の方向）をマーキングし、バルブ取付時やメンテナンス時に容易にその方向が判別できるようにしておく。

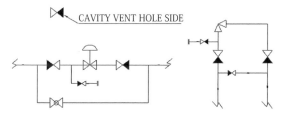

図9.22　リリーフホールバルブの取り付け方向

（注）ドレン・バルブは、特にステムが上向きに成るようアレンジする（9.2.4(2)項　図9.7）。

9.2.7　その他の注意事項

(1) 操作架台、歩廊の計画
  (a) 高温設備に比べて低温設備では点検の回数及び対象が多い。流体の漏洩や保冷の破損などの確認、早期発見が必要となるからである。したがって、バルブ、計器等、点検の対象になる部品に対して容易にアクセスできるよう計画しておかねばならない。
  (b) 操作架台や歩廊のように小規模で独立しているものは、ボルト組み構造または仮組み後溶接すると言うような構造を指定する場合もある。
  　全溶接型で配管施工前に据付けてしまうと、プレハブされた配管が取り付けられなくなる場合が多い。特に、ボンネットの長い低温弁は注意が必要である。したがって、配管周囲の状況や据付け手順などを考慮し決定する。
(2) アルミニウム製熱交換器まわりの配管
  　内部の熱交換部にアルミニウムを使用し熱伝導性の改善、複数流体の一括処理などを目的とした熱交換器で低温設備において多用される。
  (a) 熱交換器本体の強度的な要求から、配管による外力は極めて小さな値で制限される。したがって、ノズル近辺にサポートを設けノズルに配管の熱による影響が最小となるようアレンジが必要となる。ベンダーと協議し補強させる事も考慮する。
  (b) 内部構造上清掃ができないので入口側ラインにはストレーナーの取り付けが必要となる。これの清掃などメンテナンスを考えたアレンジをすること。
  (c) ノズルフランジがアルミニウム製の場合は、強度、熱膨張係数の関係から図9.23のような注意が必要となる。ベンダーにアルミニウムとステンレスの異材を一体化する継手（Transition Joint）の使用を求め、ノズルフランジをステンレスとすることでこの問題は解消できる。

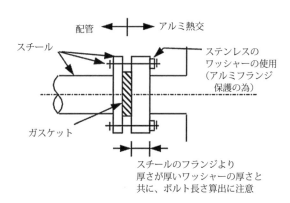

図9.23　アルミ熱交のノズル

  (d) アルミニウム熱交まわりは、場合によっては4本以上のしかも保冷付きの配管が集中するので、特にスペースについて十分な検討を行う。更にアルミニウム熱交そのものが、数基集中して配置される事も有るので、熱交間のスペースについても考慮を払うこと。
(3) ガス配管（フレアー、ベント配管等）は保冷はせず、サポート部に断熱材を使うのみとする事が多いので注意すること。これは、保冷を施すには及ばないが梁などに直接触れる事により、梁などを低温の影響から保護するためである。
(4) コントロールバルブは、マニュアルバルブと同じくロングステムとなり、極めて背の高いものになる上、流量、圧力などの制御を行なうため振動を起し易い。したがい、充分な振動防止サポートを計画しておくこと。この場合、サポートが取り付けられる構造をコントロールバルブに付加することを、計装部に確認する必要が

ある。

(5) 計器類の内、透視型液面計は保冷を巻くと寸法が極端に大きくなるので、周囲のスペースを充分検討しておくこと。また、保冷により視界が暗くなるので照明器具付きと成ることもあり、取り付けスペースを考えておく必要がある。更に、アクセスの容易さから決まる視線の方向との関連も考慮しておかねばならない。また、マグネット型液面計を使用する場合も、保冷を巻くと寸法が大きくなる。更に、内部に配置されるフロートの大きさは内部液の比重により決まるが、低温液は一般に比重が軽いため、フロートは大きくなる事が多い。このため、マグネット型液面計のボトム長さは長くなるので、プラットフォームの高さに注意すること。

(6) スペクタクルブラインド

保冷配管に取り付けるスペクタクルブラインドは、ブラインド＋スペーサーに分け配管から突起しない部品とする。可能であれば保冷内に配置せず保冷外に配置できるよう、P&IDの変更をプロセスに要請する（切り替えの度に保冷を外す必要がないように）。

(7) 設計最低温度

設計最低温度は、配管や機器が下がりうる最低温度で規定されており、通常は配管系の脱圧時の条件にて考慮される。この脱圧支配にて設計最低温度が規定される場合、理論上はそれより下がりえない温度である。よって、低温側の設計最低温度の決め方は、高温側の運転温度＋α＝設計温度といった考え方とは異なる。

また、これが運転最低温度を特に規定しない理由でもある。保冷厚みは当然のことながらプロセス条件を維持するため（ある意味維持できさえすればよい）のもので通常運転温度基準で十分である。

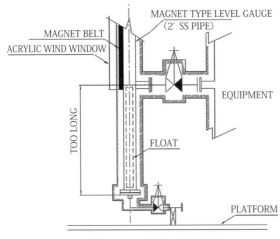

図9.24　マグネット型液面計

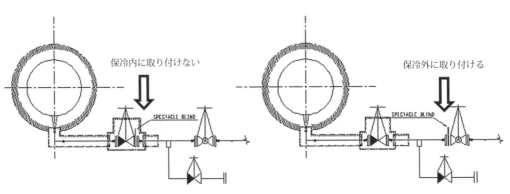

図9.25　スペクタクルブラインドは保冷の外へ設置

第5章
石油精製・石油化学・ガス処理プラントの配管サポート

1. 配管サポートは、プラントの重要な要素.........120
2. サポートの基本概念....................................120
    2.1   長期荷重...120
    2.2   短期荷重...120
3. サポートの目的と機能................................120
    3.1   低温サービスのサポート選定.........120
    3.2   配管サポートの種類と
           機能(Function)..................................122
4. 配管形状(水平・垂直配管)......................122
5. 配管支持間隔(Support Span)....................123
6. 径大管のサポート..123
7. 配管被覆(Insulation)の有無......................123
    7.1   被覆の種類...123
8. サポート取り付け先選択の
    基本的考え方..124
9. 配管構成(Part)..124
10. サポート設置位置(Location)....................125
11. 各機器廻りの配管サポート........................126
    11.1   コンプレッサーまわり....................126
    11.2   パイプラック・架台まわり............126
    11.3   塔槽(縦型機器)まわり....................127
    11.4   熱交換器(チューブ型)まわり.........127
    11.5   ポンプまわり....................................127
12. 配管サポート材質(Material)......................127
13. サポート選定の基本概念............................128
14. 配管サポートタイプ(Type)........................128

14.1 非溶接サポート(Non Weld Fixture)....128
14.2 パイプシュー(Pipe Shoe)....................128
14.3 パッド(Pad)・拘束(Fixture).............129
14.4 ラグ・トラニオン・スツール
      (Lug, Trunnion, Stool)....................129
14.5 ストラクチュアル(Structural)...........129
14.6 機器ブラケット
      (Bracket from Equipment)..................130
14.7 ハンガー(Hanger)................................130
14.8 アタッチメント(Attachment)............130
14.9 配管抱き合わせ・ガセット
      (Pipe to Pipe / Gusset)....................130
14.10 ベースプレート、基礎
      (Base Plate, Foundation)....................131
14.11 低温・保冷サポート関連
      (Cold Insulation)................................132
14.12 スライド/防振 関連(Sliding PL /
      Vibration Isolation PL)....................132
14.13 音響振動対策用：AIV
      (Acoustic Induce Vibration)..............133
14.14 ボルト付きパイプシュー
      (Bolting Pipe Shoe)............................133
14.15 非金属配管用
      (For Non Metal Pipe)........................133
15. 配管サポート部材展開(Part Material).......134
16. 特殊サポート...135

第5章　石油精製・石油化学・ガス処理プラントの配管サポート

1．配管サポートは、プラントの重要な要素

　プラントは、塔槽や回転機などの機器と共に多くの配管から構成されている。配管はP&IDに基づき、流体、温度、圧力、口径、材質、被覆、運転条件等を考慮してルートや形状が決定する。それらの配管は多種多様なサポートにより支持、或いは制御される。適切な形式のサポートを適切な位置に配置する事が配管設計の重要な要素である。

2．サポートの基本概念

　サポートの設計に考慮すべき荷重には、常に働いている荷重と、一時的（短期）に働く荷重とがある。また、長期荷重と短期荷重が同時に働く組み合わせを表2.1に示す。

2.1　長期荷重

(1)　配管の荷重（自重含バルブ、フランジ、保温、内部流体 等）

(2)　配管の熱伸縮反力による荷重（通常運転による）

(3)　伸縮継手を使用する場合の内圧による推力及びバネ反力（通常運転による）

2.2　短期荷重

(1)　水圧テスト時の水張り重量

(2)　風荷重

(3)　地震荷重（地震荷重は配管の有効荷重にそれぞれの地震係数を乗じて求めるが、地震係数は、地域、客先の指定によって決定する）

(4)　摩擦力（熱膨張により配管が移動する為に生じる摩擦力）

(5)　衝撃力（安全弁の吹出し推力、ウォーターハンマー 等）

(6)　雪荷重（地域によっては長期荷重とする）

(7)　耐圧・気密テスト時の推力（伸縮継手による推力及びバネ反力 等）

(8)　その他通常運転でない状態で作用する荷重

表2.1　荷重の組み合わせ

荷重	記号	水圧／気密テスト　T	定常運転　N	特殊運転　U
1．配管荷重[3]	P w q	○[2]	○	○
2．熱伸縮反応	T	—	○	○
3．摩擦力	F	—	—	○
4．地震荷重	Ep Ew	—	○[1]	—
5．風荷重	Wp Ww	—	○[1]	—
6．雪荷重	Sp Sw Sq	—	○	○
7．衝撃力	H	—	○[1]	○
8．伸縮継手の推力とバネ反力	J	○	○	○

注(1)　地震荷重、風荷重、衝撃荷重は、同時に働かないものとする。

注(2)　水張りテスト時の荷重　パイプラック、スリーパー、架構などについては、配管1本ごとに働くこととする。

3．サポートの目的と機能

　サポートを設ける目的、および、その機能は次のようなものがある。

(1)　配管荷重支持（リジットサポート）

(2)　レストレイント（Restraint）
（熱膨張による配管の移動を拘束または制限）

(3)　振動防止（レシプロコンプレッサー、サージング、二相流、ウォーターハンマー、防音、地震）

(4)　アライメント（回転機）の保持

(5)　保温、保冷の保護

(6)　配管の高さ調整（スロープ配管）

(7)　配管の上下方向の変位吸収と荷重支持
（スプリングハンガー、コンスタントハンガー）

(8)　摩擦力の低減（スライディングサポート）

3.1 低温サービスのサポート選定

低温サービスとは、運転温度が、常温以下（一般的には20℃以下を指す）。

3.1.1 低温サービスで保冷なしのケース

低温サービスで保冷なしの場合は、次のような注意と、サポート選定が必要である。

(1) 配管は流体の設計に適した材質が選定され使用されるが、配管を支えるパイプラック等の鋼構造物は、建設地の気象条件に適合した材質（一般の構造用鋼材）で製作される。

(2) 低温で配管が直接 鋼構造物に接触すると、その部分の鋼材に低温脆性が起こる。
そのため、鋼材が低温域にならないような工夫（断熱・放熱）がサポートに要求される。

(3) 図3.1左写真のような断熱ブロックを介してサポートする場合と、右図のように一般のパイプシューを用いる場合がある。ただし、右図のパイプシューの場合は温度－47℃以上でシュー高さH≧200mmに限る。

3.1.2 低温サービスで保冷ありのケース

低温サービスで保冷ありの場合、次のようなサポートの選択肢がある。

(1) 断熱ブロックをクランプで補強したコールドシューを用いるサポート（図3.2）
(2) 断熱ブロックを介したサポート（図3.3）
(3) 断熱ブロックを使用せず、外気の入熱を吸収することで0℃以上に保つサポート（図3.4）

右図は、外気に晒す寸法が確保出来ない場合で、充分な入熱が得られない為断熱ブロックを使用する。

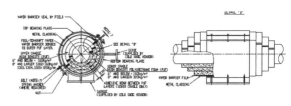

図3.2　コールドシュー

断熱ブロック

低温サービス 保冷なし
温度≧-47℃　H≧200mm
外気温度の入熱によりシュー底板の温度が
0℃以下にならないためのシュー高さが必要

設置場所の気象条件によりH寸法は異なる
パイプシュー

図3.1　低温サービス 保冷なしの配管サポート

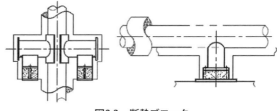

図3.3　断熱ブロック

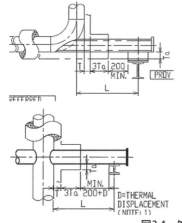

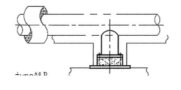

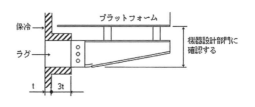

図3.4　外気入熱により0℃以上とする

保冷厚み：T + 3Ta の保冷厚みと、外気温度に晒される長さ 200mm 以上を確保する。その結果、保冷部の境の温度が0℃以上となる（気象条件により異なる）。

3.2 配管サポートの種類と機能 (Function)

配管サポートでも、主として、下から支えるサポートについて、その種類と機能を述べる。大きく分けると、何らかの拘束をするレストレイントサポートと、自由にスライド出来るスライドサポートとがある。

(1) スライドサポート (Slide)：スライドサポートは、自重のみを支持し、その他の拘束をしないサポートである（図3.5）。

(2) レストレイントサポート (Restraint)

配管は、熱伸縮や圧力変動回転機（ポンプ・コンプレッサー）の振動や流体の流動状態等の影響で応力や振動を発生する。配管の変位を拘束または制限することで応力の低減や振動を防止し、装置を安全に運転できる。配管の変位を拘束または制限することを目的とするレストレイントサポート (Restraint Support) には、一般的にタイト、ガイド、ストッパーの3種類がある。

(a) タイト (Tight)：すべての方向を拘束（図3.6）

(b) ガイド (Guide)：配管軸に対して直角方向を拘束（図3.7）

(c) ストッパー (Stopper)：配管軸方向を拘束（図3.8）

図3.5 スライドの例

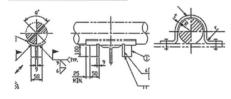

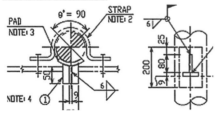

図3.6 タイトサポートの例

  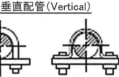

図3.7 ガイドサポートの例

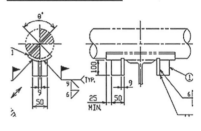

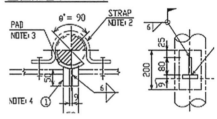

図3.8 ストッパーサポートの例

4. 配管形状（水平・垂直配管）

水平・垂直配管の代表的なサポート形式を図4.1に示す。

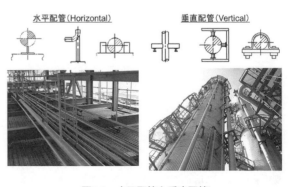

図4.1 水平配管と垂直配管

5．配管支持間隔（Support Span）

単に配管自重のみを考えた場合の支持間隔は、配管のたわみがプロセス要求事項（フリードレン・スロープ・ノーポケット）を満足するように決める。

配管の自重＝配管＋流体＋保温・保冷の重量によるたわみ量は単純支持はりの、式5.1で計算する。また、標準配管支持間隔を図5.1に示す。

$$\delta = 5wl^4/384 \cdot E \cdot I \quad \cdots (5.1)$$

w：等分布荷重
l：支持間（スパン）
E：縦弾性係数
I：断面2次モーメント

図5.1は、一般の炭素鋼管（肉厚SCH40相当）で、水満水として計算した支持間隔であり、管肉厚が厚い場合 薄い場合は、別途計算が必要である。

6．径大管のサポート

配管の支持部分は、配管の直径と荷重の関係から支持する点に荷重が集中し、配管に扁平が起きる。一般的に16"以上の大口径配管を支持する場合、配管の扁平を防止するためパッド（PAD）または、パイプシューを使用し、補強と同時に荷重を分散させる（図6.1）。ただし、ガス配管や配管肉厚が厚い場合はこの限りではない。

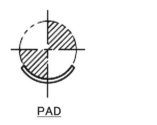 

PAD　　　　　PIPE SHOE

図6.1　径大管の扁平防止例

7．配管被覆（Insulation）の有無

(1) 被覆を直接サポートできないため、パイプシュー等のサポートを使用する。
(2) 裸管、保温、保冷、防音
　　パーソナルプロテクション（PP）はNI：裸管とする。ただし、低温仕様のPPはCI：保冷となる。関連第4章9.2.4(5)(6)項参照。

7.1　被覆の種類

- NI：裸管（No Insulation）
- NI：Cold；裸管（No Insulation for Cold Service ≦－47℃）
- HI：保温（Hot Insulation）
- CI：保冷（Cold Insulation）
- AI：防音（Acoustic Insulation）

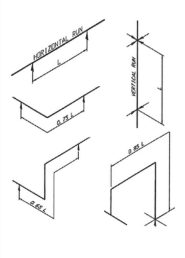

図5.1　標準配管支持間隔（参考例）

第5章 石油精製・石油化学・ガス処理プラントの配管サポート

NI：Cold　HI：Hot　CI：Cold　AI：防音
　　　　（NI：Cold）
　　　（シュー高さH ≧ 200mm）
　　　　　≧ -46℃

図7.1　被覆の種類毎の配管サポート例

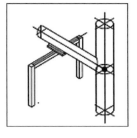 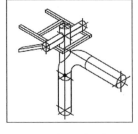

図9.2　トラニオン―スツールをサポートする例

8．サポート取り付け先選択の基本的考え方

(1) サポートの取り付け優先順位は下記による（自重を支える場合）。
   (a) 配管を下から支える
   (b) 配管を上から吊る
   (c) 配管を横から支える

(2) ただし、下記を考慮する。
   (a) 最も近い構造物または床から設置できるサポートを選ぶ
   (b) 通行及びアクセスの支障とならないサポートを選ぶ
   (c) 周囲と調和のとれたサポートを選ぶ
   (d) サポート部材が小さく 構造の単純なサポートを選ぶ

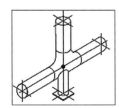

図9.3　エルボ

9．配管構成（Part）

配管系のどの部分をサポートするか？
- パイプ（Pipe）
- エルボ（Elbow）
- ティー（Tee）
- レジューサ（ECC Reducer）
- キャップ（Cap）

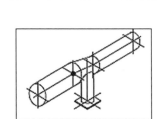

図9.4　ティーをサポートする例

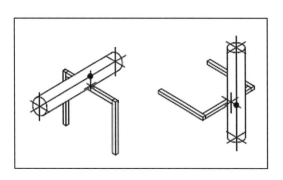

図9.1　パイプをサポートする例

図9.5　レジューサーをサポートする例

レジューサーは通常サポートする部分として適さない。（図9.5）直径が異なる部品なので支える側のサポート部品が複雑な形状となり安定感を欠く。

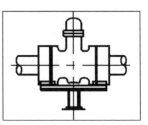

図9.6　フランジ・バルブをサポートする例

フランジ付きバルブはメンテナンス時、取り外す可能性がある部品のため通常サポートする部分として適さない（図9.6）。配管強度が小さい非金属材（グラスファイバー・塩ビ・ポリエチレン等）配管中の金属製バルブは支持する。

10. サポート設置位置（Location）

サポートを設置する場所として、次のようなものがある。
(1) 地上（No Pave）・地上（On Pave）（図10.1）
(2) コンクリート梁・柱（Concrete Beam/Column）（図10.2）
(3) 鉄鋼製梁・柱（Steel Beam/Column）（図10.3）
(4) プラットフォーム（Platform）（図10.4）
(5) 機器本体（Equipment）（図10.5）

上記の構造物に対するサポートの取り付けは、構造物の設計条件（垂直・水平荷重）に影響を及ぼすため、1トンを超えるサポート荷重が予測される場合は予め担当設計部門へインフォメーションを提出し、構造物の設計条件に取り込んで設計してもらう。

(1)の場合は、サポートを支える ベースプレート・基礎が必要となる。ベースプレート面はアンカーボルトやベースプレートが雨水による腐食を避ける為、必ず舗装面より50mm以上グラウトで高くする（図10.1）。

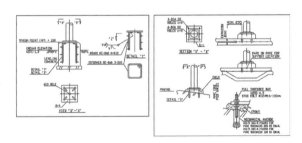

図10.1 地上舗装なし（No Pave）地上コンクリート舗装有り（On Pave）

(2)の場合は、コンクリート梁や柱にサポート取り付けが予測される場所には予めサポートを取り付けるための埋め込み金具の設置を、パイプラック・架台設計部門へ依頼する（ラック梁上など）。予測できない場所にはホールインアンカーボルトを使用する。ただし、サポートの許容荷重を確認する（図10.2）。

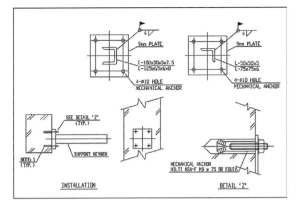

図10.2 コンクリート梁・柱（Concrete Beam/Column）

(3)の場合は、鋼構造物に溶接で取り付けられるので、予め取り付け場所を鋼構造物設計部門へインフォメーションを提出する事は不要である。しかしながら、荷重の大きさ（1トン以上）、取り付け場所の鋼材のサイズの妥当性は、確認が必要である。また、鋼構造物に火災被覆（Fire Proof）がある場合は、事前にサポート取り付け場所を連絡しその取り付け時期を、火災被覆工事前に行えるよう手配する（図10.3）。

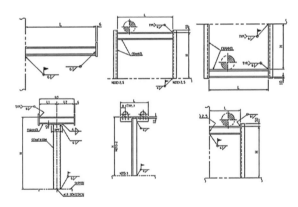

図10.3 鉄鋼製梁・柱（Steel Beam/Column）

(4)の場合は、プラットフォーム上の配管サポートを、グレーチングやチェッカープレートで支えない。担当設計部門へインフォメーションを提出し、位置・荷重・ベースプレートの寸法等の情報を取り込んで設計に反映してもらう。図10.4は、設計の進捗度の関係からサポートが決められない小口径サポートにのみ使用する。

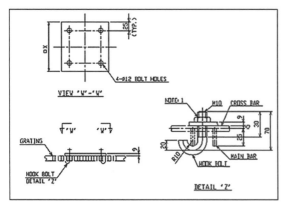

図10.4 プラットフォーム (Platform)

(5)の、機器からサポートを取らざるをえない（他にサポートを取り付ける場所が無い為）場所には、機器側にサポートラグを取り付けて機器を製作し、配管据え付け工事時にボルトにて取り付けるサポートです。予めサポート位置・ラグの大きさを機器設計部門へインフォメーションする必要があります（図10.5）。

16"以上の径大管の配管サポートは荷重が機器の設計に影響を与えるため、インフォメーションを提出してサポート本体を含め機器設計部門で設計してもらう。

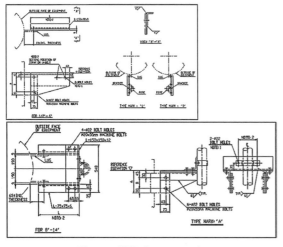

図10.5 機器 (Equipment)

11. 各機器廻りの配管サポート
11.1 コンプレッサーまわり

回転機であるコンプレッサーは、配管熱伸縮で発生する反力・モーメントがノズルへ影響しないように考慮した設置位置や、サポート機能また、メンテナンス時の取り外しなども考慮したサポートタイプが要求される（図11.1、図11.2、図11.3）。

図11.1 大型回転式コンプレッサーのサポート設置例

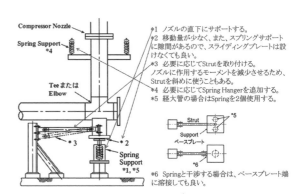

図11.2 大型回転式コンプレッサーのサポートの詳細

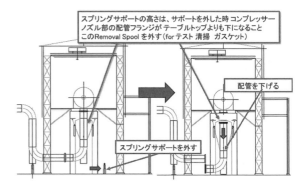

図11.3 大型回転式コンプレッサーのメンテナンスを考慮したサポート

11.2 パイプラック・架台まわり

鉄骨構造の場合が多く、基本は鋼材の配管サポートを使用する。しかしながら、10項で述べた大きな荷重が働く場合は、パイプラック・架台設計部門へインフォメーションが必要となる。また、パイプ

ラックから取り出す配管は、通常桁梁を設置し配管を支持する（図11.4）。

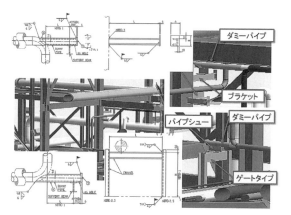

図11.4　パイプラック・架台のサポート例

11.3　塔槽（縦型機器）まわり

10項で述べた通り、機器設計部門へのインフォメーションが必要である。塔槽（縦型機器）まわりのサポート例を図11.5に示す。

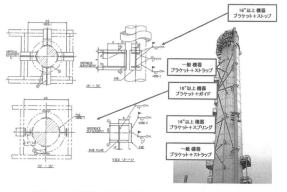

図11.5　塔槽（縦型機器）まわりのサポート例

11.4　熱交換器（チューブ型）まわり

メンテナンスを考慮して配管レイアウトは作成されるので、配管サポートは機器本体から設置せず、スタンションなどのように独立したサポートを設置する。

熱交換器（シェル・チューブ型）まわりのサポート例を図11.6に示す。

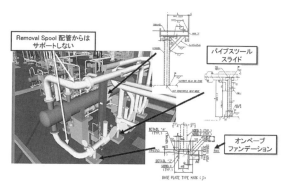

図11.6　熱交換器（チューブ型）まわりのサポート例

11.5　ポンプまわり

11.1項に同じく、回転機まわりのサポートは反力・モーメントの影響およびメンテナンスを考慮する。特にポンプ芯出し作業に支障の無いアジャストタイプ（高さ調整可能）を使用する。ポンプまわりのサポート例を図11.7に示す。

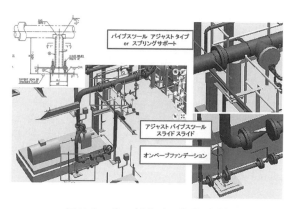

図11.7　ポンプまわりのサポート例

12.　配管サポート材質（Material）

配管に直接接触するサポート材料（図12.1）は、配管の材料と同じか同等の材質が必要となる。直接接触しない場合は、配管の設計条件に関係なく必要な強度を有する材料でよい。

127

第5章 石油精製・石油化学・ガス処理プラントの配管サポート

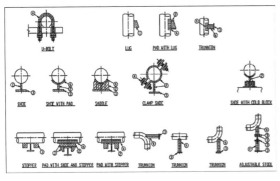

図12.1 配管サポート ― 配管と接触する材料

プラントの配管材料仕様書には多くの配管材料クラスが設定されるが、配管サポート材料は表12.1の8種の材質が基本となる。

表 12.1 配管サポート ― 材料の種類

A ： 炭素鋼① 　　配管設計温度　-10℃～371℃
B ： 炭素鋼② 　　配管設計温度　-29℃～427℃
D ： 低温用炭素鋼　配管設計温度　-46℃～343℃
G ： アロイ① 　　配管設計温度　-29℃～538℃（高温用）
K ： アロイ② 　　配管設計温度　-29℃～538℃（高温用）
N ： ステンレス① 　配管設計温度　-200℃～427℃（LNG等 低温用）
R ： ステンレス② 　配管設計温度　-29℃～685℃（高温用）
U ： ステンレス③ 　配管設計温度　-29℃～371℃（一般配管用）

13. サポート選定の基本概念

サポート選定の基本的な考え方・手順を図13.1に示す。

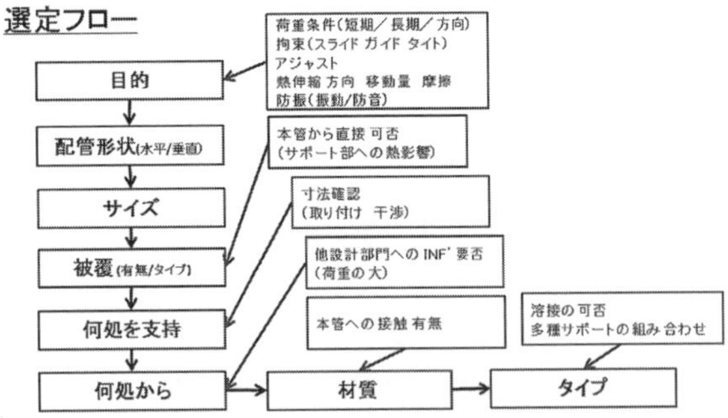

図13.1 サポート選定フロー

14. 配管サポートタイプ（Type）

サポートタイプを分類すると、図14.1から図14.15に示す15種に分類される。

14.1 非溶接サポート（Non Weld Fixture）

一般的にアングルサポートやブラケットなどと併用され、配管の支持または振れ止めに使用される（U-ボルト、ストラップ、U-バンド）（図14.1）。

垂直小口径（3"以下）配管のガイドサポートとして使用するタイプ104：クランプ（Clamp）の長い柄を、柱、梁、床の貫通部に溶接する。クランプ構造で本管との溶接はないが、柄の部分を構造物と溶接して使用するため、外すことはできない。

タイプ105：本管への直接溶接を避けるために、幅の広いクランプを合金鋼／ステンレス配管のスツールサポートと組み合わせて使用する。

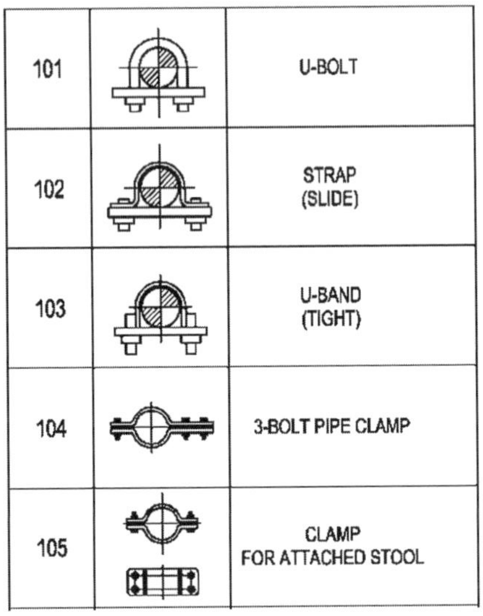

101	U-BOLT
102	STRAP (SLIDE)
103	U-BAND (TIGHT)
104	3-BOLT PIPE CLAMP
105	CLAMP FOR ATTACHED STOOL

図14.1 非溶接サポート（Non Weld Fixture）

14.2 パイプシュー（Pipe Shoe）

保温材の保護、及び配管高さの調整に使用される。パイプシューの形式を図14.2に示す。

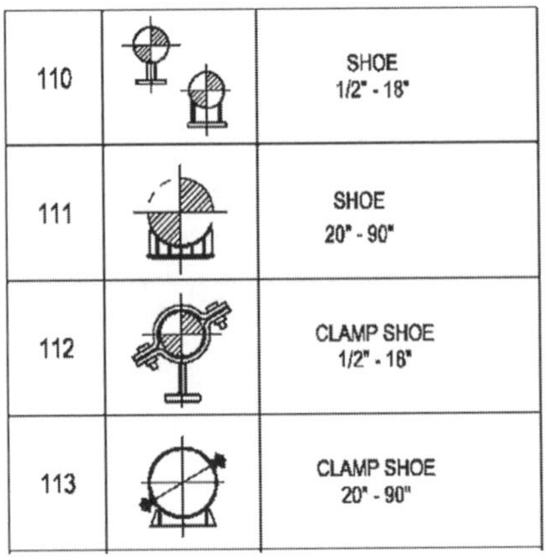

110	SHOE 1/2"-18"
111	SHOE 20"-90"
112	CLAMP SHOE 1/2"-18"
113	CLAMP SHOE 20"-90"

図14.2 パイプシュー（Pipe Shoe）

第5章　石油精製・石油化学・ガス処理プラントの配管サポート

14.3　パッド（Pad）・拘束（Fixture）

パッドは、径大管や薄肉管の座屈防止に使用する。また、パイプシューやラグと組み合わせて使用する場合もあるが、使用目的は座屈防止が主たる目的である。ガイド、ストッパーは、レストレインサポートである。

120		PAD
121		GUIDE FOR HORIZONTAL BARE PIPE
122		STOPPER FOR HORIZONTAL BARE PIPE
123		LUG FOR BARE PIPE

図14.3　パッド（Pad）・拘束（Fixture）

14.4　ラグ・トラニオン・スツール（Lug、Trunnion、Stool）

ラグサポートは主に垂直配管の自重を受ける目的で、垂直配管に取り付ける。ダミーパイプサポートは垂直配管、水平配管のエルボに取り付けサポート地点まで、パイプを届かせることを目的としたサポートである。地上または床面などから、1.2m未満の高さにある配管支持に使用される。スライド、タイト、アジャスタブル タイプがある（図14.4）。

14.5　ストラクチュアル（Structural）

構造物、床または基礎サポートと合わせて一般的に水平配管を支持する。構造物に取り付ける場合は、取り付け方向を上向き、下向きまたは水平に取り付ける。水平配管、垂直配管共に使用できる（図14.5）。

130		DOUBLE TRUNNION	137		LUG FOR OPEN HOLE 1/2" - 2"
131		DUMMY PIPE (1/2)	140		SLIDE STOOL
132		DUMMY PIPE (2/2)	141		TIGHT STOOL
133		LUG 16" - 90"	142		ADJUSTABLE STOOL 2" - 6"
134		SLIDE LUG 16" - 90"	143		ADJUSTABLE STOOL 8" - 36"
135		SHORT TRUNNION			
136		SINGLE TRUNNION FOR VERTICAL PIPE			

図14.4　ラグ、トラニオン、スツール（Lug、Trunnion、Stool）

129

200	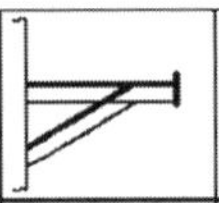	BRACKET (1/2)	207	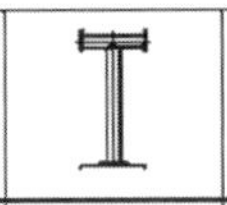	STANCHION
201	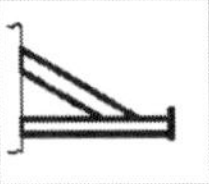	BRACKET (2/2)	208	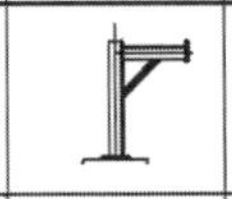	STANCHION
202	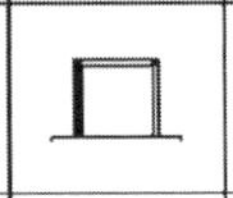	U-TYPE SUPPORT (1/2)	209	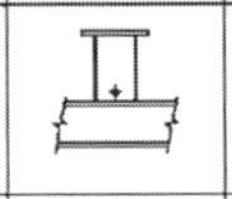	DRUM SUPPORT
203	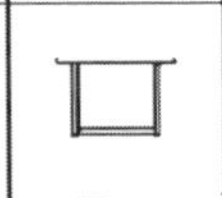	U-TYPE SUPPORT (2/2)	210		SUPPORT FOR UTILITY STATION (1/3)
204	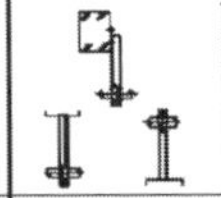	ANGLE SUPPORT (1/3)	211	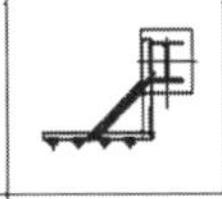	SUPPORT FOR UTILITY STATION (2/3)
205	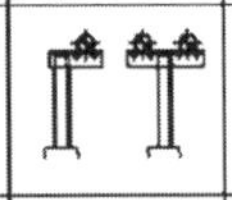	ANGLE SUPPORT (2/3)	212	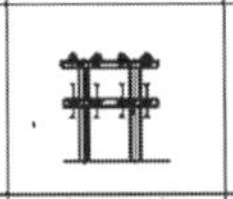	SUPPORT FOR UTILITY STATION (3/3)
206	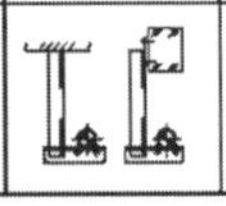	ANGLE SUPPORT (3/3)	213	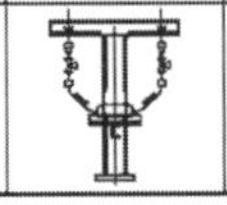	SUPPORT FOR SAMPLING ASSEMBLY

図14.5　ストラクチュアル（Structural）

14.6　機器ブラケット（Bracket from Equipment）

機器本体から取る配管ブラケットサポートで、機器に取り付ける。ラグ（機器設計にインフォメーションを提示し機器側が設計）と、ボルト接合で取り付けるブラケット（配管手配）とで構成されたサポート。主に機器に沿って配管される管のサポートとして使用される。16"以上の大口径配管のサポートはすべて機器設計にインフォメーションを提示し、機器が設計する。機器ブラケットの例を図14.6に示す。

150	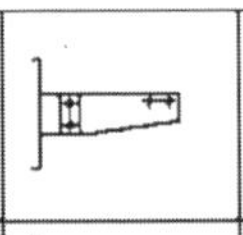	BRACKET FROM EQUIPMENT
151	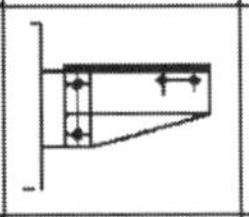	BRACKET FROM EQUIPMENT WITH ANGLE
152	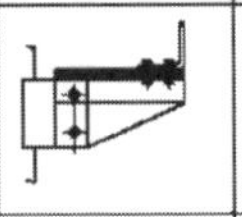	DOUBLE BRACKET FROM EQUIPMENT
153	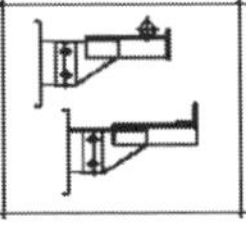	ANGLE BRACKET FROM EQUIPMENT

図14.6　機器ブラケット（Bracket from Equipment）

14.7　ハンガー（Hanger）

主に配管を上から吊り下げるサポート（図14.7）。配管上部の構造物とサポートする配管との距離がある（最大2,500mm）場合に使用する。また、垂直配管に取り付け、配管の水平方向移動を拘束する場合にも使用できる。

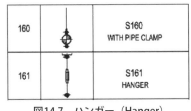

160		S160 WITH PIPE CLAMP
161		S161 HANGER

図14.7　ハンガー（Hanger）

14.8　アタッチメント（Attachment）

レストレイント（Restraint）サポートで、シュー、スツールと合わせて使用する（図14.8）。

14.9　配管抱き合わせ・ガセット（Pipe to Pipe / Gusset）

小口径配管（1-1/2"）で近くにサポートする構造物が無い場合、他の配管にアングル形鋼を仲介とし、U-ボルト、U-バンドまたはパイプ・シューで抱き合わせて取るサポートである（図14.9）。

第5章　石油精製・石油化学・ガス処理プラントの配管サポート

170	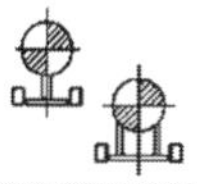	GUIDE FOR SHOE	175		HOLD DOWN GUIDE FOR STOOL
171	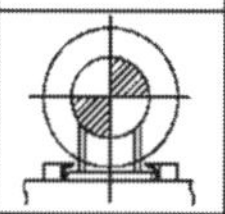	HOLD DOWN GUIDE FOR SHOE	176	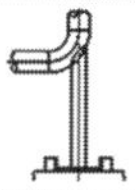	STOPPER FOR STOOL
172	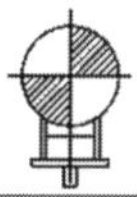	STOPPER FOR SHOE (1/2)	177	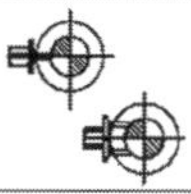	LUG FOR SHOE
173	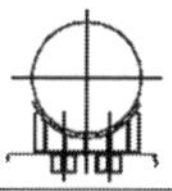	STOPPER FOR SHOE (2/2)	178		RESTRAINT ADJUSTABLE (ANGLE)
174	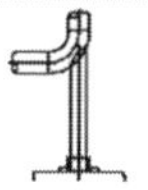	GUIDE FOR STOOL	179		RESTRAINT ADJUSTABLE (STRAIGHT)

図14.8　アタッチメント（Attachment）

振動がある配管の小口径ブランチ部を補強する為のサポートとしても使われる。

230		PIPE TO PIPE SUPPORT
501		BRACES(1/2)
502		BRACES(2/2)
503	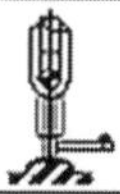	DRAIN SUPPORT FOR COLD INSULATION
521	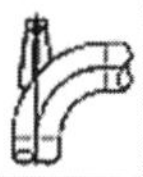	LUG FOR REMOVAL SPOOL

図14.9　配管抱き合わせ／ガセット（Pipe to Pipe/Gusset）

14.10　ベースプレート、基礎（Base Plate、Foundation）

配管サポートの基礎として使用する（図14.10）。
（Embedded Plate、On-Pave Foundation、Box Type Foundation、Base Plate for Grating）

220	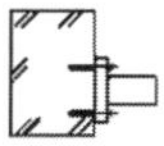	EMBEDDED PLATE
221 to 224		ON PAVE FOUNDATION (1/2,2/2) (Fc=25Mpa,30Mpa)
225 226		BOX FOUNDATION (1/2,2/2)
227		STEEL BEAM STANCHION
228		BASE PLATE FOR GRATING

図14.10　ベースプレート、基礎

131

第5章　石油精製・石油化学・ガス処理プラントの配管サポート

14.11　低温・保冷サポート関連（Cold Insulation）

保冷配管に使用するサポート、保冷は不要（裸配管）だが運転温度が低温（−47℃以下）の配管に使用する。保冷機器から取るサポートも含まれる（図14.11）。3.1.2項参照。

14.12　スライド／防振 関連
　　　　（Sliding PL/ Vibration Isolation PL）

摩擦抵抗を削減する／防音目的の振動を遮断するプレート（図14.2）。

302		SLIDE SHOE	309	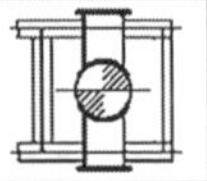	LUG FOR VERTICAL PIPE 20"-42"	324		SHOE FOR COLD UNINSULATED PIPE 1/2"-6"
303		GUIDE SHOE	318		SHOE WITH COLD BLOCK 1/2"-6"	325		CLAMP SHOE FOR COLD UNINSULATED PIPE 1/2" - 6"
304		GUIDE SHOE FOR VERTICAL PIPE 1/2" - 14"	319		SHOE WITH COLD BLOCK 8"-18"	326	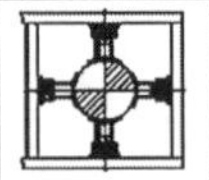	GUIDE FOR VERTICAL PIPE
305		GUIDE SHOE FOR VERTICAL PIPE 16"-90"	320		SHOE WITH COLD BLOCK 20"-90"	330	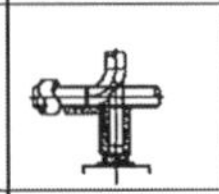	SLIDE STOOL
306		GUIDE SHOE FOR VERTICAL PIPE	321		CLAMP SHOE WITH COLD BLOCK 1/2"-6"	331	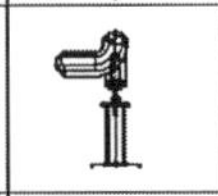	ADJUSTABLE STOOL WITH INSULATION BLOCK 2"-6"
307		LUG FOR VERTICAL PIPE 1/2"-8"	322		CLAMP SHOE WITH COLD BLOCK 8"-18"	332	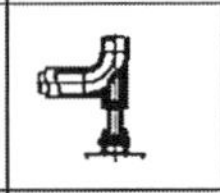	ADJUSTABLE STOOL WITH INSULATION BLOCK 8"-30"
308		LUG FOR VERTICAL PIPE 10"-18"	323		CLAMP SHOE WITH COLD BLOCK 20"-90"	333	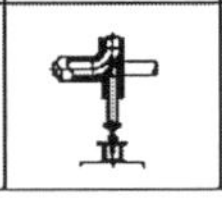	ADJUSTABLE STOOL 2"-6" WITH ATTACHMENT

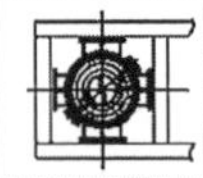

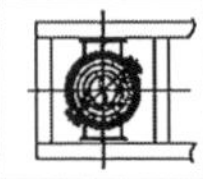

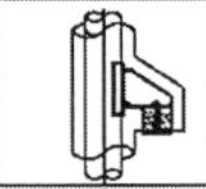

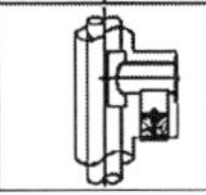

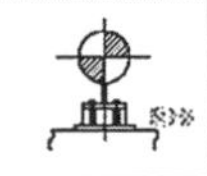

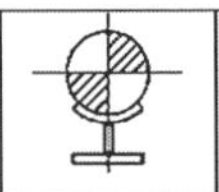

334		ADJUSTABLE STOOL 8"-30" WITH ATTACHMENT
340	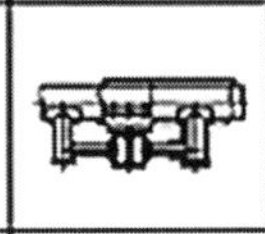	STOPPER FOR COLD INSULATED PIPE
350	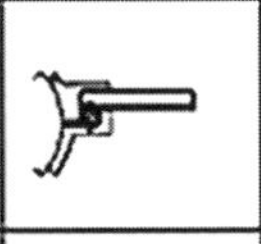	GUIDE BRACKET FROM COLD INSULATED EQUIPMENT
351	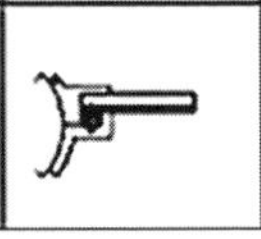	SUPPORT BRACKET FROM COLD INSULATED EQUIPMENT

図14.11　低温・保冷サポート関連（Cold Insulation）

第5章　石油精製・石油化学・ガス処理プラントの配管サポート

700		SLIDING PLATE	756	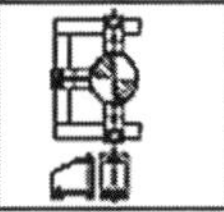	VIBRATION ISOLATION PAD PLATE WITH BASE PLATE (VERTICAL STOPPER TYPE)	
751		VIBRATION ISOLATION PAD PLATE WITH BASE PLATE	757	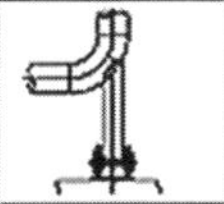	VIBRATION ISOLATION PAD PLATE WITH BASE PLATE (ADJUST STOOL TYPE)	
752	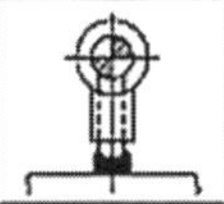	VIBRATION ISOLATION PAD PLATE WITH BASE PLATE (STOOL TYPE)	758		VIBRATION ISOLATION PAD PLATE (HOLE DOWN GUIDE TYPE)	
753	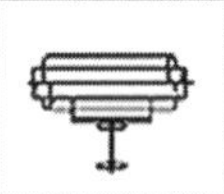	VIBRATION ISOLATION PAD PLATE WITH BASE PLATE (STOPPER SHOE)	761		VIBRATION ISOLATION PAD PLATE WITH OUT BASE PLATE (SHOE TYPE)	
754		VIBRATION ISOLATION PAD PLATE WITH BASE PLATE (GUIDE TYPE)	762	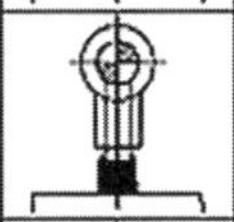	VIBRATION ISOLATION PAD PLATE WITH OUT BASE PLATE (STOOL TYPE)	
755		VIBRATION ISOLATION PAD PLATE WITH BASE PLATE (STOPPER TYPE)	751	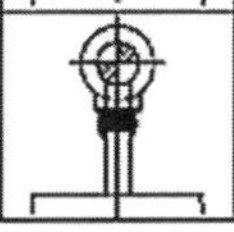	VIBRATION ISOLATION PAD PLATE WITH OUT BASE PLATE (STOOL TYPE)	

図14.12　スライド／防振 関連

14.13　音響振動対策用：
AIV（Acoustic Induce Vibration）

AIVのある配管に使用するサポート常温用・低温用がある（図14.13）。

401		SHOE FOR A.I.V 4"~18"
402	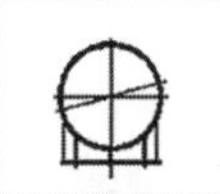	SHOE FOR A.I.V 20"~56"
403	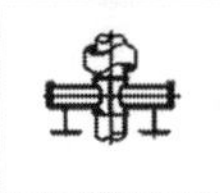	DOUBLE TRUNNION FOR VERTICAL PIPE LUG FOR A.I.V 3"~42"
404	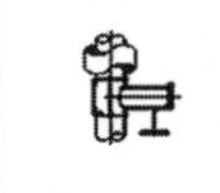	SINGLE TRUNNION FOR VERTICAL PIPE LUG FOR A.I.V 3"~42"
405	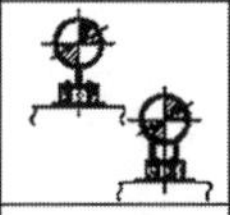	SHOE WITH COLD BLOCK FOR A.I.V 4"~18" (FOR COLD UNINSULATED PIPE)
406		SHOE WITH COLD BLOCK FOR A.I.V 20"~90" (FOR COLD UNINSULATED PIPE)

図14.13　AIV（Acoustic Induce Vibration）

14.14　ボルト付きパイプシュー
（Bolting Pipe Shoe）

振動する配管用のサポート。主に往復動コンプレッサーの配管用に使用する（図14.14）。

531		BOLTING SHOE WITH SLOT HOLE (GUIDE)
532	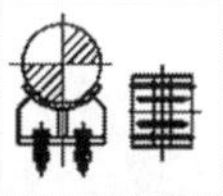	BOLTING SHOE WITH SLOT HOLE (STOPPER)
533	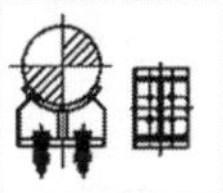	BOLTING SHOE (TIGHT)
534	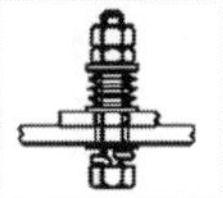	SPRING WASHER ASSEMBLY

図14.14　ボルト付きパイプシュー

14.15　非金属配管用（For Non Metal Pipe）

非金属配管用のサポート。直接鋼製の構造物に接しないようゴムクッションをクランプで挟み込み配管を支持する（図14.15）。

133

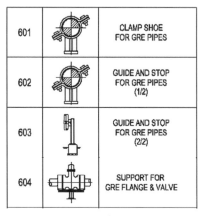

図14.15　非金属配管用

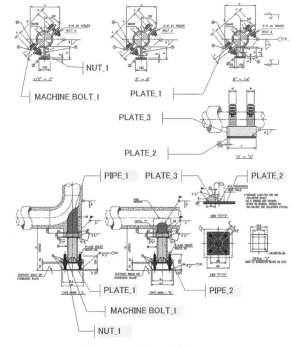

図15.1　サポート部材の展開

15. 配管サポート部材展開（Part Material）

配管サポートは複数の部品から構成される。部材展開方法は、材質、形状、厚み等の要素を知る必要がある。

各部材において必要な情報を求める。表15.1は、各サポートを構成する部材の集計単位を示す。また表15.2は、サポート形式ごとの構成部材の種類を示している。

(1) 材質
(2) 形状要素1（パイプやパッドの外径、形鋼のメンバー etc.）
(3) 形状要素2（パッドの長さ、ボルトの長さ etc.）
(4) 厚み
(5) パッド角度
(6) 単位数量（長さ、面積、体積、個数）
(7) 単位
(8) 備考（コンクリートの耐圧など、必要な追加情報）

表15.1　サポート部材の集計単位

材料名称	材質規格	形状要素1	形状要素2	厚み	角度	計数単位	備考 *1
PIPE	○	○（外径）		○		○(m)	○
PAD (PIPE)	○	○（外径）	○（長）	○	○	○（個）	○
PLATE（含 FLAT BAR）	○	*2		○		○(m^2)*3	○
BOLT	○	○（径）	○（長）			○（個）	○
NUT	○	○（径）				○（個）	○
形鋼	○	○（規格）				○(m)	○
ROD and BAR	○	○（径）				○(m)	○
CONCRETE						○(m^3)	○

その他特殊なものについては個々に必要な項目を入力する。

*1 必要な場合入力
*2 FLAT BARの場合　形状要素1に断面寸法を表示
*3 FLAT BARの場合　単位はm

表15.2 サポート毎の使用部材

サポート部材品目＼サポート形式	アタッチメント	シュー	ストッパーガイド	ラグ	スツール	ダミー	ブラケット	スタンション	アングルサポート	ハンガー	ストラクチャルサポート	スライディングプレート	スペシャルサポート
パイプ				○	○	○		○			○		
パッド		○		○	○								
プレート	○	○	○	○	○	○	○	○		○	○	×	
フラットバー	○		○										
L形鋼			○				○		○				
[形鋼			○				○	○			○		
H形鋼			○				○						
T形鋼		○											
ロッド＆バー										○			
マシンボルト	○	○			○			○		○	○		
メカニカルアンカー											○		
スタッドボルト	○												
フックボルト											○		
アイボルト										○			
ナット	○	○			○		○			○	○		
コンクリート											○		
ターンバックル										○			
U-ボルト＆ナット	×												

16. 特殊サポート

パイプサポート（配管支持金具・装置）は、単に配管系（管路）を支持するだけでなく、配管系を完全に固定するもの、方向の移動を制御（ある方向は移動を許し、特定の方向は移動を拘束するなどの制御）するもの、全方向の移動を許しながらその荷重（自重）を支えるもの、振動・衝撃などの動的荷重を制御するものなど、その目的によって多くの種類に分類される。なお、スプリングハンガー、コンスタントハンガー、バネ式防振器、油圧／機械式防振器などについては、第8章4項を参照されたい。

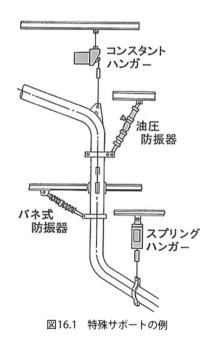

図16.1 特殊サポートの例

第6章
火力・原子力発電プラントの
プロットプラン

1.	配管設計における建屋・機器配置	138
2.	配置計画	138
	2.1　発電所の立地選定	139
	2.2　プロットプラン	140
	2.3　各種設備	145
3.	タービン建屋内配置計画	148
	3.1　基本的考慮事項	148
	3.2　タービン建屋機器配置計画	150
4.	まとめ	153

第6章　火力・原子力発電プラントのプロットプラン

1．配管設計における建屋・機器配置

　火力・原子力発電所建屋内には、膨大な量の機器・配管・弁・ケーブルトレイ・電線管・換気空調用ダクトが配置されている。

　その中でも特に配管（ハンガ・サポート類含む）・弁はプラントにおける配置上、主要なウエイトを占めており、発電所の使い勝手は、配管・弁の配置によるところが大きい。

　配管・弁の配置については、プラント性能・機能を満足すると同時に、その品質と経済性を満足するものでなければならず、更に、発電所建設時に工事施工性をも考慮したものでなければならない。

　配管の配置設計（配管ルーティング）の良し悪しは、プラント設計初期に行われる建屋・機器配置設計によるものが大きく作用する。

　本章では、火力・原子力発電プラントの建屋・機器配置設計に関し、配管ルート設計面から考慮すべき点を含め記載する。

2．配置計画

　発電所の配置計画においては、発電所全体のプロットプランの配置計画を行う必要があり、その後プロットプランにて配置された各建屋および設備内での機器配置計画を行うこととなる。

　プロットプランとは、プラント全体の構内配置等を記載したものであり、そこには、主要建屋の配置、道路、配管トレンチ、配管ラック、埋設配管ルート等を記載し、プラント構内配置を決めるものである。

　ここでは、プロットプランの概要について記載の後、タービン建屋内の機器配置計画について記載するものとする。

　図2.1に火力発電（石炭火力）システムの概要を、図2.2に火力発電所（石炭火力）の構成を、図2.3

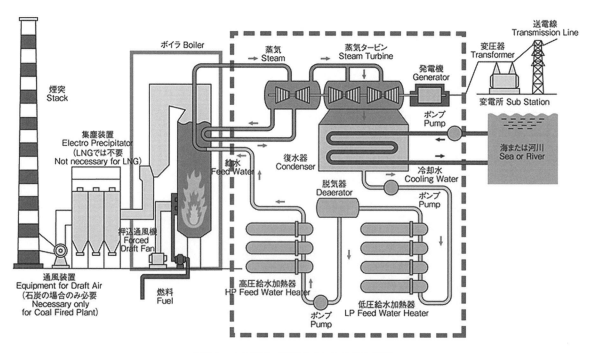

図2.1　火力発電（石炭火力）システム概要

第6章 火力・原子力発電プラントのプロットプラン

にBWR原子力（沸騰水型）発電システムの概要を、図2.4にPWR原子力（加圧水型）発電システムの概要を示す。

2.1 発電所の立地選定

火力・原子力発電所の立地を選定する上で、数々の検討すべき項目があり、発電所立地を選定する上で十分な検討が必要である。

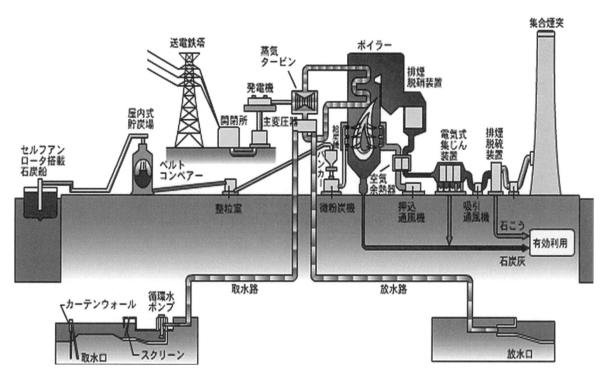

図2.2　火力発電所（石炭火力）の構成

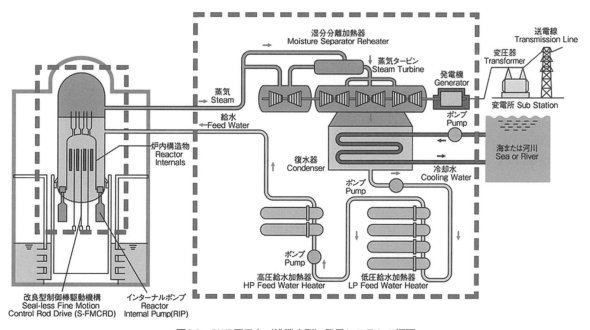

図2.3　BWR原子力（沸騰水型）発電システムの概要

139

第6章　火力・原子力発電プラントのプロットプラン

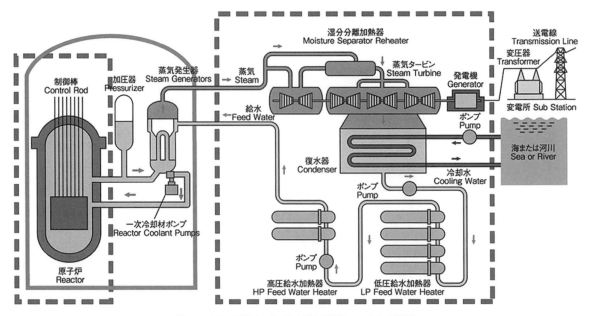

図2.4　PWR原子力（加圧水型）発電システムの概要

以下に火力発電所の立地場所選定の上で、検討すべき項目を記載する。

(1) 土地の形状、面積、地盤、等

火力発電所では、発電設備、燃料設備等の大型設備や緑地を法令等に基づいて適切に配置することが必要なことから、十分な面積で、かつ、適度な形状を有する土地が求められる。

また、ボイラやタービン発電機のような重量機器を据付け、運転することから、強固で安定した支持地盤が必要である。

(2) 港湾設備

火力発電所では燃料等の搬入、重量機器の荷揚げ等に船舶を利用する場合が多いので、港湾設備が構築できるような水深、停泊余地、波浪（静穏水域）等の条件が整っていることが望ましい。

(3) 冷却水の確保

火力発電では、ボイラ用水等大量の発電用水を必要とするため、十分な量の工業用水、上水道等を確保することが必要である。また、復水器の冷却用水に、通常は海水を用いる場合が多いことから、取放水設備の構築が可能な地点を選定する必要がある。

(4) 環境保全対策

火力発電所の運転に伴い発生する、煤煙、排水、騒音、振動等について諸法令を遵守すると共に将来予測も含め、環境保全対策について十分に検討しておく必要がある。

(5) 需要地との近接性

送変電設備の建設等、電力系統上のコストや送電ロスを考慮すると、なるべく需要地の近傍に発電所を建設することが望ましい（ただし、近年は都心等の需要地近傍での発電所建設が困難になっている）。

2.2　プロットプラン

全体配置計画の立案に際しては、発電所内主要設備の要求事項とその配置について十分な考慮が必要となる。全体配置計画の一例を図2.5に示す。

全体配置計画を検討する際は、主要建屋内での機器配置および土木関連構造物の基本事項を十分考慮し、主要建屋の配置・設置レベルを決定すると共に、発電所内での輸送・アクセス性を考慮した道路計画を行う必要がある。

また、当然ながら、配置計画では、その発電所において、設置される設備類を把握しておく必要がある。火力発電所において設置される設備類は表2.1に示すものがある。

以降、プロットプラン検討の上での基本事項を記載する。

第6章　火力・原子力発電プラントのプロットプラン

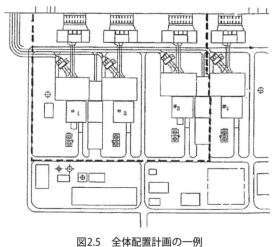

図2.5　全体配置計画の一例

2.2.1　主要建屋配置検討

以下に全体配置計画における基本事項を記載する。

(1) 敷地内へのアクセス

敷地内での多数基の立地を考える時、プラントの運用管理は敷地防護とアクセス性を考慮したユニット間相互配置の計画を行う必要がある。

車両ゲートは大物機器搬出入を考慮し、複数ユニットにて共用を含め計画する。

(a) 敷地内アクセス

敷地内アクセスについては、各ユニット内建屋・設備のアクセスを考慮すると同時に、ユニット間建屋・設備のアクセス性も考慮する。

アクセスについては、隣接する建屋の場合は建屋内を、離れている建屋の場合は地上およびラックまたは地下トレンチにて計画する。

発電所敷地内で考慮するアクセスは下記のものである。

表2.1　火力発電所の設備構成

設備 \ 燃料	コンベンショナル			コンバインドサイクル
	石油（燃料油）	LNG	石炭	ガス／燃料油
港湾設備	航路、泊地 防波堤 係留施設	防波堤 係留施設	航路、泊地 防波堤 係留施設	同左
燃料受入・貯蔵・供給設備	油受入設備 計量設備 貯蔵タンク	（LNG基地より送ガス）	石炭受入装置 貯炭場設備 石炭払出装置	同左
排煙・排ガス設備	排煙脱硝装置 電気集塵装置 （排煙脱硫装置） 煙突	脱硝装置 煙突	排煙脱硝装置 電気集塵装置 排煙脱硫装置 煙突 灰・石膏処理設備	脱硝装置 煙突
取水・放水設備	取水口、取水路、取水槽、放水路、放水口			同左

設備 \ 燃料	コンベンショナル			コンバインドサイクル
	石油（燃料油）	LNG	石炭	ガス／燃料油
給水処理設備	原水タンク、純水タンク、補給水タンク、水処理設備			同左
発電設備	ボイラ、ボイラ補機、蒸気タービン、発電機、復水器、給水加熱器、ポンプ類、補機類			圧縮機、燃焼器、ガスタービン、HRSG、蒸気タービン、発電機、復水器、ポンプ、補機類
排水処理設備	浄化槽、油分離装置、排水貯槽・凝集沈殿装置、ろ過装置、排水回収装置			同左
電気設備	主回路、変圧器、開閉所、所内電源装置、非常用発電設備			同左
制御計装設備	BTG盤、自動化盤、制御盤、リレー盤			同左
配管／ケーブル	配管、配管装置 ケーブル、ケーブルダクト・トレイ・コンジット			同左

① ユニット内建屋間アクセス（ボイラ建屋・タービン建屋等）
② 他ユニット間アクセス（1号機ユニット、2号機ユニット等）
③ 発電所内各ユニットと共用設備間アクセス（給水処理建屋・補助ボイラ建屋・機械工作室等）

　原子力発電所の場合は、管理区域と非管理区域とでアクセス通路を分離計画する必要がある。

(b) 道路計画

　道路計画は、発電所ゲートから事務本館、ボイラ建屋・タービン建屋へと主要建屋・設備に向い計画を行い、敷地内を周回できる様、計画する。

　多数基のある発電所内の道路計画を行う場合は、建設工事時期および運開後の定検工事により、運転中ユニットと工事中ユニットが混在する可能性があり、工事用トラック等が運転中ユニット敷地内に入らない様に道路計画を行う必要がある。

　道路計画において考慮すべき事項は以下の通りである。

① 通過する最大車両・機器を考慮した道路幅とする。
② 通過する最大輸送荷重を考慮した荷重条件にて計画する。
③ 大型機器の輸送を考慮した道路曲がり半径・勾配にて計画する。
④ 道路曲がり部・交差部形状は、運搬車両の旋廻スペースを考慮した計画とする。
⑤ 道路下部に設置される地下トレンチ・取放水路・埋設配管については、道路を通る機器等の最大荷重を考慮した設計を行う必要がある。

(c) 構内配置の留意事項

　以上記載した内容を含み、発電所構内配置のポイントで以下は重要である。

① 港湾設備

　航路、泊地の確保と共に、アクセスしやすい係留施設（燃料バース施設、物揚場）の配置とする。

② 燃料貯蔵設備

　燃料を搬入する港湾設備に近いこと、燃焼装置への輸送が便利なことが望ましい。

③ 排煙・排ガス設備

　脱硝装置、電気集塵器、脱硫装置、煙突を排煙処理システムの構成に応じて配置すると共に、付属装置の配置についても配慮する。

④ 取放水口

　取放水口は、温排水の拡散や循環等を考慮した上で、取放水路の距離をできるだけ短くするように位置を選定する。

⑤ 給水処理設備

　水源（工業用水、上水道水、海水等）、処理設備の規模、ボイラ等への供給先を考慮し、系統に沿ってコンパクトに配置することが望ましい。

⑥ 発電設備

　ボイラ、煙突等は、定期検査等で必要となるスペースも考慮して合理的に配置する。発電設備は、敷地の中央部に配置されることが多く、本館は開閉所の位置等も考慮して計画する。また、ボイラや本館は重量機器が据付けられることから、強固な地盤を選定する必要がある。

⑦ 排水処理設備

　排水源、処理設備の規模（一般に排水種類毎に処理方法が異なる）、放流地点を考慮して合理的に配置する。近年は、排水種類（処理対象物質）により処理後の排水を再利用する場合もある。

⑧ 電気設備（開閉所）

　送電線の引込み、引出しに無理のないように開閉所の位置を選定する。また、塩害対策にも配慮する。

⑨ 緑地等

　工場立地法により、全体として敷地の40％以上の緑地帯を確保すると共に、特に、敷地境界周辺に敷地の15％相当を配置することが必要である。

⑩ 関係法令

　工場立地法、消防法、石油コンビナート等災害防止法、等を遵守した配置とする。

(d) I型配置とL型配置の選択

　発電所内の主要建屋であるボイラ建屋（または原子炉建屋）とタービン建屋間の配置は

第6章 火力・原子力発電プラントのプロットプラン

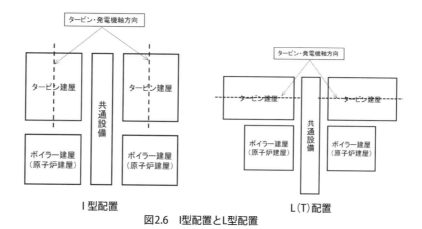

図2.6　I型配置とL型配置

I型配置とL型配置がある。

I型配置とはボイラ建屋とタービン建屋の配置が直列になっており、L型配置は各建屋の配置がL型となっているものである。L型配置の変形例がT型配置であり、タービン建屋の中心付近にボイラ建屋が配置されものである（図2.6）。

① I型配置
- 海岸線から奥行が深いサイトに適し、また海岸沿いに長く、奥行の小さいサイトにも適している。
- 主蒸気配管の長さを短縮可能である。
- タービン建屋へのアクセスの自由度が大きい。
- アクセス性が優れていることから建設性には好ましく、複数ユニットの増設が予定されている場合は、敷地内の有効利用に繋がる。

② L型配置
- 海岸線から奥行が浅いサイトに適している。
- 2ユニットにて1共用設備を設ける場合は、2ユニットをミラー対象にて配置し、その間に共用設備を設けるという最適な配置が可能である（原子炉建屋とタービン建屋間は、2ユニットの間に中央制御室を設置するサービス建屋を設けるため、この配置が多い）。

ボイラ建屋とタービン建屋間の配置を決定する上で、重要な因子は主蒸気配管のルートである。

主蒸気配管はプラントの中でも、最も高価な配管であることから、そのルートは短い程経済的となるが、反面高温配管であることから熱膨張応力が大きくなる。したがって、この熱膨張応力を緩和できる配管ルートとする必要性があり、その熱膨張緩和のルートを考える場合、ボイラ建屋とタービン建屋の位置関係が重要な要素となる。

ボイラ建屋からタービン建屋に直線にて配管ルーティングが可能なI型配置の場合は、特にこの点に注意する必要がある。逆にL型配置の場合は、相互の建屋間配置の関係から、主蒸気配管がある程度曲がりを有するルートとならざるを得ないことから、熱膨張応力に関しては有利なこととなる。

次にこの主蒸気配管が接続する主蒸気止め弁・加減弁（以下MSV・CVと称す）、主蒸気配管の途中に設置される主蒸気ヘッダーから分岐した配管または高温再熱蒸気管が接続するタービンバイパス弁（以下TBVと称す）、加減弁からの主蒸気リード管が接続する高圧タービン、ボイラからの再加熱された蒸気を移送する高温再熱蒸気管が接続する中圧タービン、中圧タービンからのクロスオーバー管

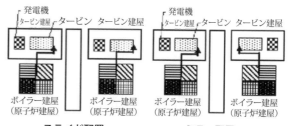

図2.7　スライド配置とミラー配置

第6章　火力・原子力発電プラントのプロットプラン

が接続する低圧タービン等、所謂タービン主機周りの機器類へ先に記載した各蒸気配管が、適切なルートで効率的にルーティングされる機器配置となることの考慮も、プロットプラン検討の上で必要なことである。

更にこれらタービン主機周りの機器類には制御油圧配管・潤滑油系配管が接続されることから、これらの配管が最短ルートにて効率的にルーティングされる配置とする必要がある。また、これら機器類のメンテナンス用ハッチ（床開口部）についても大きなものとなることから、建屋設計に影響することは基より、機器配置関係について影響が大きいため、早期の配置設計時点にて検討しておく必要がある。

(e)　スライド／ミラー配置の選択

2ユニットを並べて配置する場合、ボイラ建屋（または原子炉建屋）とタービン建屋の各建屋内の主要機器類配置にはスライド配置とミラー配置がある（図2.7）。

スライド配置とは、2ユニットの各建屋内の主要機器類が全く同じ方向を向き配置されるものであり、ミラー配置とは2ユニットの各建屋内の主要機器類が、ユニット境界を軸として鏡対称に配置されるものである。

① スライド配置
- 配置設計にて同一設計が可能。
- 2ユニットの共用施設・設備を2ユニットの中央に配置する場合は、その取合いに係る設計変更が必要となる。
- 機器類についても同一設計が可能。
- したがって、配管の基本ルーティングも同一設計が可能。
- 建設・工事管理も同一管理が可能。

② ミラー配置
- 配置設計にて基本的な同一設計が可能。
- 回転機器については、機器周辺の設計変更が必要。
- 機器類についても同一設計が可能。
- 配管基本ルーティングについては、配置・機器が同一設計であると同一設計とはならない。
- 建設・工事管理は別管理となる。
- アクセス性については、スライド配置と

比較して有利。

(f)　主要建屋構成と配置

以上記載したＩ型／Ｌ型配置、スライド／ミラー配置の検討結果より、主要建屋の配置を主要建屋、設備物量、建屋間アクセス性、搬出入ルート等を考慮し決定する。

主要建屋配置検討に関しては、
- ユニット数
- 建屋基本配置（Ｉ型／Ｌ型配置、スライド／ミラー配置）
- 建屋間クリアランス（通路・連絡スペースの観点から）
- 屋外設備（取水・放水ピット、主変圧器・所内変圧器、開閉所、軽油タンクetc）寸法検討

以上の考慮が必要となる。

2.2.2　土木構造物基本配置

ここでは、湾岸位置・取水・放水設備等が上げられる。

取水・放水設備には、取水口取水路・放水口放水路以外に循環水ポンプ室、循環水管、補機海水ポンプ、補機海水配管等の設置位置・配管ルーティングも含む。

2.2.3　主要建屋設置位置・レベル

各主要建屋配置位置を決定する上で重要なファクターとして地震への考慮が必要となる。主要建屋の耐震設計面から岩盤の上に設置することが必要であり、建屋マット面の大部分を岩盤設置可能な位置とすることを考慮する。岩盤に接しない場合、マンメイドロック（以下、MMRと称す）を岩盤と建屋構造物との間に設けることとなる。

建屋設置レベルについては、建屋基準床面と敷地面レベルを一致させる必要性がある。

火力発電所においては、一般に建屋1階面を敷地面レベルに一致させるが、原子力発電所においては、岩盤深さとの関係で、ＭＭＲ量・掘削量を考慮すると共に、タービン建屋の場合、復水器が建屋最地下面から設置されることから、復水器に接続される循環水管レベルが海抜以下となる場合がある。循環水管の送水系統はサイフォン作用を利用しており、運転中において圧力の最低値に制限値が設けられている。この制限をサイフォンリミットと呼ぶ。

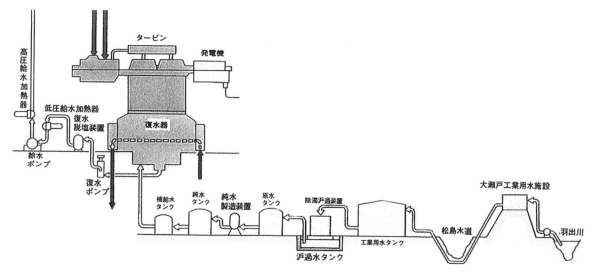

図2.8　給水水処理設備

圧力が最低部となる場所（通常は、復水器出口水室）において、冷却水の圧力が低下してサイフォンリミット（負圧）に達した場合、冷却水に混入している空気が溜まると復水器性能に影響が出るので、この制限値がある。系統がサイフォンリミットを満足しているかの判定は、圧力勾配線図を作成し、復水器出口水室の圧力がサイフォンリミットを下回っていないことを確認する。サイフォンリミット値を満足しない場合は、復水器据付レベルを下げ、最頂部となる復水器水室位置を低くし、圧力低下を緩和する等の配慮が必要となる。

2.3　各種設備

発電所におけるプロットプランを計画する上で、構内に配置される各設備の目的・用途を知ることが必要であり、その上でプロットプランに反映を行うことが重要である。

2.3.1　給水処理設備

発電所における給水処理系統の水源（工業用水、上水道水、海水等）は重要なものの一つであり、処理設備の規模、ボイラ等への供給先を考慮し、系統に沿ってコンパクトに配置することが望ましい。
以下に給水処理設備の概要に関し、記載する。
(1)　設備の概要
　給水処理設備は、十分な量のボイラ用水、他を供給する設備である（図2.8）。

(2)　水源
　水源としては工業用水が一般的であるが、上水道水、河川水、湖水等の場合もあり、近年では海水淡水化装置を利用しての海水の場合もある。

(3)　給水処理設備の主な装置
　一般に、原水タンク、純水タンク、補給水タンク、水処理設備（前処理装置、純水製造装置、海水淡水化装置、等）等で構成され、水質の標準値まで処理される。

(4)　水質標準値
　発電所により若干異なるが、電気伝導率（μS/cm）、シリカ（mg SiO_2/ℓ）を規定している。
　※JISではこれに加え、硬度（mg $CaCO_3$/ℓ）も規定している。

2.3.2　排水処理設備

発電所における排水処理系統に関しては、排水源、処理設備の規模（一般に排水種類毎に処理方法が異なる）、放流地点を考慮して合理的に配置する必要がある。近年は、排水種類（処理対象物質）により処理後の排水を再利用する場合もある。
以下に排水処理設備概要に関し、記載する。
(1)　設備の概要
　発電所の排水には、生活排水、含油排水、一般排水、脱硫排水がある。これら排水は、石膏、フライアッシュ等の浮遊物質（SS：Suspended Solid）、油、重金属等、それぞれに含有物質が

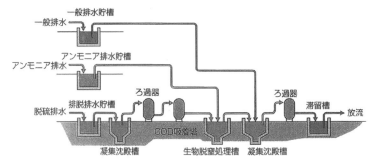

図2.9 排水処理設備

異なっているため、排水毎に個別に処理した後に、最終的には集合し、ろ過器および吸着器を経て放水、または再利用される（図2.9）。

(2) 排水基準

処理後の排水は、次の基準を満足している必要がある。

- 国内：「水質汚濁防止法」で定める水質基準および環境基準
- 海外：客先仕様書、または当該国（または地域）の基準

(3) 排水処理設備構成装置

浄化槽、油分離装置、排水貯槽、凝集沈殿装置、ろ過装置、排水回収装置、等がある。

2.3.3 電気設備

発電所においては、発電機で発生させた電気を変圧器にて昇圧し、各需要先に送電することとなる。よって、送電線の引込み、引出しに無理のないように開閉所の位置を選定する。また、塩害対策にも配慮する必要がある。

以下に電気設備の概要に関し、記載する。

(1) 電源設備の系統構成

電気設備を電源設備の系統構成からみた場合、基本的には、次の二つから構成される。

- 発生電力を電力送電系統網へ送り込むための設備
- 発電所側の補機動力および制御のための設備（図2.10）

(2) ユニットシステムの系統構成

発電機により発生した電力は、主変圧器で送電系統電圧まで昇圧され送電される。発電所の所内動力は、発電機主回路に接続された所内変圧器を介して供給される。

※事業用火力、（コンバインドサイクル火力）

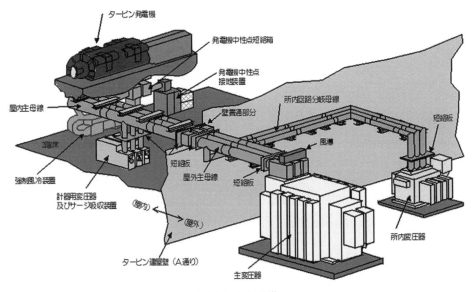

図2.10 電気設備

第6章　火力・原子力発電プラントのプロットプラン

表2.2　所内電源設備

所内電源設備	略語	電圧	単結例
メタルクラッドスイッチギア	M／C	高圧系	6.6 KV
パワーセンタ	P／C	低圧系	460 V
コントロールセンタ	C／C	低圧系	460 V
分電盤	D／P		
CVCF設備／UPS設備			
直流電源設備（バッテリ設備）			
直流コントロールセンタ	C／C	低圧系	DC 110V
その他			

で採用

(3)　非ユニットシステムの系統構成

　発電機により発生した電力は、主変圧器で送電系統電圧まで昇圧され送電される。発電所の所内動力は、共通母線（送電系統）に接続された所内変圧器を介して供給される。

※自家用火力、コンバインドサイクル火力で採用

(4)　発電機主回路設備

　発電機の発生電力を、主変圧器、所内変圧器に伝達する重要な回路である。発電機端子からの外部へのリードは、小容量機ではケーブルまたはNPB（Non Segregated Phase Bus Duct）を採用、大容量機では相分離母線（IPB：Isolated Phase Bus Duct）が採用される。

(5)　変圧器

　火力発電所の大型変圧器としては、主変圧器、所内変圧器、起動（または共通）変圧器がある。発電機により発生した電力は、主変圧器により昇圧され送電される。主変圧器からはCVケーブル（直埋、トレンチ、トンネル）により、送受変電開閉所設備に接続される。架線、OFケーブルで接続する場合もある。

(6)　送受変電設備（開閉所設備）

　発生電力の送電線への送り込み、および外部電力系統網から受電するための開閉所設備で、遮断器、断路器、避雷器、計器用変圧器、変流器、等から構成される。

　近年では、塩害対策を兼ねて敷地縮小に効果のあるSF6ガス絶縁開閉装置を設置する場合が多い。

　これら機器の配置は、回路構成、送電線引込みの方向、変圧器の位置、用地の地勢等に加え、機器の保守・点検・増設の有無、等を考慮しておく必要がある。

(7)　開閉所

　開閉所は、発電所で発生した電力を電力系統へ送り出すために設置される中継基地である。開閉器で電力回路の開閉を行う。

　遮断器、断路器、避雷器、支持碍子、計器用変成器、変流器等の開閉装置の構成機器、鉄塔／架構、他を要求機能に沿ってコンパクトに配置する。遮断器、断路器、避雷器等が独立して設置される従来型に対し、近年は、遮断器、断路器、電路等の開閉装置構成機器をSF6ガスを充填した密閉金属製容器に収納したガス絶縁開閉装置（GIS）型が多い。

(8)　所内電源設備

　発電設備および付属設備の電気補機を運転するための動力電源として、所内電源設備が必要となる（表2.2）。

　通常、本館の1階または2階に設置されるが、防潮対策を考慮すると2階に設置することが望ましい。

　回路（単線結線）構成に沿った配置を考慮する。

2.3.4　制御機器設備

　火力・原子力発電所のプラント制御装置は、ボイラ、タービン、発電機、その他多数の補機、弁類等を有機的に結合し、総合・統括制御する中枢的な役割を果たしている。

　事業用火力発電所が、給電運用上、最も要求される役割は、中央給電指令所（中給）が各ユニットに対して与える指令に忠実に出力を確保することである。

第6章　火力・原子力発電プラントのプロットプラン

- 自動負荷制御装置（ALR）は、そのユニットに適した変化速度で出力を増減させる。
- ボイラ自動制御装置（ABC）は、給電指令にしたがって変化する発電機出力にプラントの状態を適合させる。
- タービン調速装置は、蒸気タービンの回転数を整定させる。
- 発電機励磁制御装置は、系統運用上または発電機運転上、最も有効な値に電圧・力率を制御する。
- ユニットインターロック装置は、プラントの保安保護機能の中枢部となる。

これらの他にも様々の制御システムがあり、全体としてプラントの円滑な制御が行われる。

(1)　中央制御室（中央操作室）

中央制御室は、火力発電プラントの制御と監視を全て一ヶ所で行うために設置され、BTG盤（ボイラ・タービン・発電機総合操作監視盤）、自動化盤、等が置かれる。中央制御室は、一般に本館3階（T／Gフロア）に設けることが多いが、近年では、本館とは離れた別の場所に設けられることもある。

(2)　計算機室（制御機器室）

BTG盤、自動化盤以外の装置・盤は、計算機室（制御機器室）に置かれる。計算機室（制御機器室）は中央制御室（中央操作室）の並びに設けることが多いが、本館2階に設ける場合もある。コンバインドサイクル火力では、これ以外にLCC（Local Control Compartment）室が設けられる場合がある。

装置・盤の配置（配列）に特に決められた順はないが、装置・盤の増設、リプレース時のスペースの確保に留意した上で、コンパクトにまとめることが必要である。

(3)　シミュレータ室

火力発電所内にシミュレータを設置する場合には、本館またはサービスビル内にシミュレータを置く場合が多い。まれに、シミュレータ室と講義室等を備えたシミュレータ建屋に置く場合もある。

3．タービン建屋内配置計画

前項ではプロットプラン、つまり発電所全体配置計画について記載して来た。プロットプランの計画後は、建屋内配置計画を行うこととなる。

発電所における主要建屋にはボイラ建屋（または原子炉建屋）、タービン建屋、補機類建屋等があるが、ここではタービン建屋を取り上げ、本建屋内の配置について記載するものとする。

3.1　基本的考慮事項

(1)　プラント全体での考慮事項

第一にタービン建屋に設置される最も主要な機器は蒸気タービンおよび発電機である。タービンによる発電機出力は発電所自体の性能・効率を最も明確に表すものであり、その為、タービンおよび発電機の性能が最小限のコストにて実現できる様にその機器配置を決定する必要がある。

これら機器配置を決定する上で重要な要素は、各機器の相対位置・レベル関係である。つまり機器と機器を接続する配管が如何に効率的なルーティングが可能な機器配置となっているかと言うことである。

まず、蒸気系配管の場合は、熱損失の問題があり、機器間の配管長さが長ければ長いほど必然的に熱損失は増大する。又、配管系が長い程、圧力損失も増加することとなる。

したがって、蒸気系配管の場合は、配管長さが最短にできる様な機器配置であることが好ましいこととなる。

但し、蒸気系配管は高温配管であることから当然熱膨張応力の問題が同時に付きまとうこととなり、この熱膨張を吸収可能なフレキシビリティを備えた配管ルーティングが可能であることが必要条件となる。

第二に復水器の寸法がタービン建屋の配置で大きなウエイトを占めることとなる。タービン効率は、タービン排気側に設置される復水器の真空度により左右され、真空度は季節の夏場と冬場で変化する。

夏場では、冷却水温度が上がり、復水器の設計温度も上げることになるが、復水器の所定真空度を確保するためには、冷却水量を増やす必要がある。その場合復水器自体の寸法は大きくなることとなり、当然復水器へ冷却水を導く循環水配管の口径も大きくなることとなる。

復水器はタービン建屋内で最も大きな機器で

あり、また循環水管はタービン系配管の中で最も口径の大きな配管であることから、タービン建屋機器配置上大きなウエイトを占める。

したがって、復水器の設計温度が本建屋内機器配置をも左右することとなる。

(2) 機器周りへのアクセス性

タービン室内には多数の回転機器を含む動的機器が設置される。

これら動的機器については、プラント運転中に定期的な巡視パトロールを行い、異常有無を確認しておく必要がある。

その上で、各機器周りへのアクセス性は機器配置計画時に重要な因子であり、如何に最短ルートにて当該機器へ辿り着き、機器周りを一通り点検できるかを配置計画上確認しておく必要がある。

機器周りの点検においては、人が一回りできることが基準となるが、機器配置計画時点では、機器周辺に設置される配管および電気・計装品の配置設計が行われていないことから、先行類似プラント等をベースとして、それら配管および電気・計装品が設置されても機器周りをアクセスできるスペースを予め確保しておく必要がある。

(3) 機器のメンテナンス性

発電所においては一定期間内に定期検査を行うことが義務付けられており、その際に各機器、特に回転機器類のメンテナンスを行うこととなる。特にタービンのメンテナンスは上半車室・動翼とロータ・静止翼上下ディスクの様な大型部品を取り外すこととなり、又、その際にはタービン上半に接続される配管類も取り外すこととなる。

また、MSV・CVの弁分解点検を行う場合も、弁内部部品類を取り外すこととなる。

これらの分解された部品はタービン設置フロアーであるオペレーティングフロアー床面に展開配置されることから、オペレーティングフロアーはレイダウン上、十分な床面積を確保しておく必要がある。

更に発電機に関しては、内部絶縁部材経年劣化の関係から、点検のためにロータの引く抜きが必要である。ロータはタービンとは逆方向に引き抜かれることになり、そのスペースが必要

となる。

また、オペレーティングフロアー上面に設置される天井クレーンの搬送重量および走行範囲も、タービン・MSC・CV、発電機のレイダウンを考慮し決定される。

先の基本事項にて、タービン効率には復水器の真空度が大きく影響することを記載したが、復水器性能に影響を与えるものに復水器冷却水チューブの熱交換効率がある。

本冷却水チューブには循環水配管にて運ばれる海水等の冷却水が流れ、タービン排気と熱交換を行う訳であるが、冷却水チューブ内面が貝類・ゴミ等の異物で閉塞されていたり、積層堆積物に覆われたりすると、伝熱性能が低下する。

これを防ぐためにプラント運転期間中に定期的に冷却水チューブ内面を清掃する必要があり、その方法には、次の二つがある。

• 逆洗方式：冷却水チューブ内の冷却水の流れを一時的に逆方向の流れとし、流量も増加させチューブ内流速を上げ、チューブ内面を清掃する。

• ボール洗浄方式：冷却水内にスポンジボールを混入させ、スポンジボールによりチューブ内面の清掃を行う。

逆洗方式の場合は、復水器水室入口上流側の循環水配管の途中に3方切換弁を設ける場合と、復水器水室出入口弁を水室直前に設け、更に異なる系列の水室間に連絡弁を設ける場合の2種類がある。

3方切換弁方式の場合は、本弁は非常に大形弁であることから屋外に設置することとなる。

また、連絡弁方式の場合は、水室出入口と連絡弁全てがタービン建屋内の復水器近傍に設置されること、更に口径が非常に大きなバタフライ弁となることから、その弁へのアクセス性・操作性（通常は電動弁であるので、手動操作不要）・弁メンテナンス性を考慮する必要性があり、復水器本体と同様にタービン建屋配置を検討する際に重要な項目の一つとなる。

(4) 建設工事の配慮

タービン建屋に設置される機器類は、工場で組立られ、一体搬入されるものもあるが、大形機器になると多かれ少なかれ建屋内に分割搬入

第6章　火力・原子力発電プラントのプロットプラン

され、建屋内で組立てが行われる。

　最も代表的なものが復水器であり、これは上半・下半を幾つかにブロック分割し、水室も単独で建屋内に搬入され、建屋内にて最終組立てを行うこととなる。また、冷却水チューブも据付工事時に建屋内で復水器本体に挿入される場合もある。

　これら分割で建屋内に運び込まれる復水器の各モジュールも十分に大形なものであることから、建設時に搬入時期・搬入場所・経路を十分検討しておく必要があり、その為に他機器配置が制限されることがある。

　特に冷却水チューブを工事時に組み込む場合は、復水器本体組立が完了した時点、つまり他機器・配管等の工事も可也進捗した時期となることから、冷却水チューブ搬入スペースは他機器・配管等の配置設計に大きなインパクトを与えることとなる。

　以上記載した通り、建設工事工法等一見配置設計に無関係と思われるものも、実際の配置設計に大きな影響を与える場合があるので注意が必要である。

(5)　原子力発電所特有の配慮

　原子力発電所の配置設計で考慮しなければならない特有の項目として、被爆・汚染管理がある。

　運転中の巡回点検および定期検査時の点検・工事において、放射線被爆レベル大なる機器類と小の機器類が同じ部屋の中に配置されることは、巡回者・工事作業者のアクセス管理からも好ましくなく、更に万一の汚染拡大の面から好ましくない。

　以上より原子力発電所のタービン建屋でも放射線の点からクリーンエリアとダーティエリアを区別し、設置される機器類もそれに従った放射線レベルのものとなる。

3.2　タービン建屋機器配置計画
3.2.1　機器配置のための基本条件

　タービン建屋内の機器配置においては、建屋本体の構成、タービン建屋以外のプラント全体の設備構成、プラントの系統構成を念頭におき、配置の基本方針を設定する必要がある。

(1)　プラント全体の建屋内構成

　ここでは、タービン発電機の電気出力、負荷遮断時に主蒸気を復水器へ逃すタービンバイパス量、建屋間相互配置（単独／複数ユニット、スライド／ミラー型配置、Ⅰ型／Ｌ型配置）およびタービン系系統構成とそれに伴う機器・設備類を決定・確認する。

　タービン建屋に設置される主な機器類には下記がある。

- 主タービン
- 発電機
- 復水器
- MSV・CV
- TBV
- （湿分分離器または湿分分離加熱器）
- 再熱蒸気弁（中間止弁）
- 脱気器
- 給水加熱器
- ドレンタンク類
- 復水ろ過装置／脱塩装置
- （低圧）復水ポンプ
- 復水ブースタポンプ
- 高圧復水ポンプ
- ボイラ給水ポンプ（原子炉給水ポンプ）
  　：タービン駆動、電動機駆動
- 機械式真空ポンプ
- 蒸気式空気抽出器
- 電気式油圧制御装置
- 主油タンク
- 油貯蔵タンク
- 油清浄器

etc

　（　）内機器は原子力発電所での機器を示す。

　以上の機器はタービン建屋の主たる機器であり、この他に補機冷却器、換気空調設備を初めとするプラント補機類が多数配置されることとなる。

(2)　機器配置方針

　タービン建屋内の機器配置を計画する場合、白紙状態からスタートするのではなく、同出力・同一系統構成を持つ先行プラントの配置をモデルとして配置設計を行うことが、まず早道である。

　同出力・同一系統構成の先行機が無い場合

は、極力それに近いものをモデルとして使用し、必要な箇所の手直しまたは部分的な新規配置検討をすることが望ましい。

理想的な配置は、機器類のみならず、配管・ケーブルトレイ・吸気排気ダクト等の配置が終了した時点で、プラント全体として、プラント性能を満足し、機能面を含み効率的運用ができ、かつコストメリットもあるものであることが大切である。

したがって、これら全てを考慮しながら、白紙状態から機器配置計画を行うことは非常に労力を要すものであり、更に可也の経験年数とプラント全体の知識が無ければ成し遂げることはできない。

以上より、最初の機器配置計画では先行類似プラントのものを手本とし、そこから各機能面および要求事項等を検討していくことが良いと考える。

また、その際に大切なことは先行機における配置に起因する不具合を含む改善事項を当該プラントに確実に反映することである。

3.2.2 機器配置計画

機器配置計画における基本事項は次の通りである。

一般に低圧系機器類を低層階に、高圧系機器を高層階に設置する。

これは、配管ルーティングを一筆画きの要領で如何に最短ルートにて計画を行うという点で必要である。

一般にボイラ建屋または原子炉建屋から進入してくる主蒸気管は建屋の高層階からであり、また、タービン建屋からボイラ建屋または原子炉建屋に戻る給水配管も同様に高層階になることが多い。また、タービンで仕事をした排気は復水器にて凝縮されるが、その凝縮された復水は建屋マット面に近い復水器出口箱から排出されることになる。

よって、配管ルートは

主蒸気管 ： 中層階～高層階
抽気管 ： 中層階
復水管 ： 低層階～中層階
給水管 ： 中層階～高層階

の順となり、当然ながら主要機器それらの配管が接続される機器類も同様な配列となる。

MSV、CV	：	中層階
主タービン／発電機	：	高層階
～中層階		
復水器	：	中層階
		～低層階
低圧復水ポンプ	：	低層階
復水ろ過器／脱塩装置	：	低層階
グランド蒸気復水器	：	中層階
蒸気式空気抽出器	：	中層階
低圧給水加熱器	：	中層階
復水ブースタポンプ	：	低層階
高圧復水ポンプ	：	中層階
ボイラ（または原子炉）給水ポンプ	：	中層階
		～高層階
高圧給水加熱器	：	中層階
		～高層階
脱気器	：	高層階
湿分分離器（または湿分分離加熱器）	：	高層階

また、ポンプ類等の回転機器類は他への振動面を考慮し、低層階に設置することが好ましい。

更に各フロアー面に設置する機器類の方向については、機器周りアクセス状況を考えると共に、各機器への配管ルートが最短となる方向に機器ノズルを向けることが好ましい。

同一の機器で複数の配管系統が接続される（例えば給水加熱器への給水管と抽気管接続）場合は、機器ノズルの取り付け位置の関係から全ての配管ルートを最短とする機器設置方向の検討は困難である場合がある。この様な場合は、少なくとも一つの配管系統を優先すべきであり、それは系統機能または配管コスト面を考慮し、決定するのが妥当と考える。

機器配置の一例として、図3.1にタービン建屋内機器配置の鳥瞰図を、図3.2～3.5に各フロアー面および側面の機器配置を示す。また、図3.6に配管等を原則配置しないエリアを示す。

タービン建屋における各種機器（機械、電気、制御計装等）の配置フロアーレベルの例を表3.1に示す。

(3) 建屋寸法決定

建屋寸法の決定に際しては、各機器類の収まりを考慮することになるが、その上で主要機器類の設置場所・レベルは重要なものとなる。

タービン／発電機の設置場所・レベルは当然ながら、脱気器・高圧／低圧給水加熱器・湿分

第6章　火力・原子力発電プラントのプロットプラン

図3.1　タービン建屋機器配置例（その1）

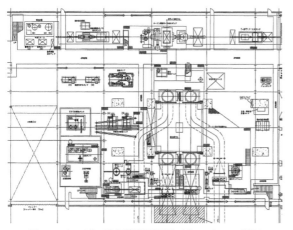

図3.2　タービン建屋機器配置例（その2）：1階面

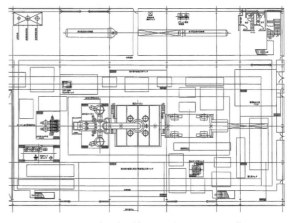

図3.4　タービン建屋機器配置例（その4）：3階面

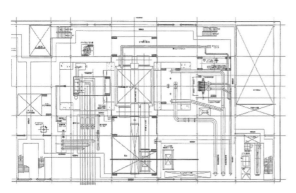

図3.3　タービン建屋機器配置例（その3）：2階面

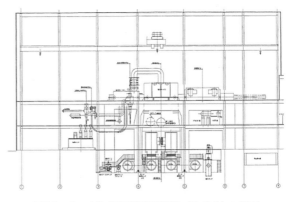

図3.5　タービン建屋機器配置例（その5）：側面

第6章　火力・原子力発電プラントのプロットプラン

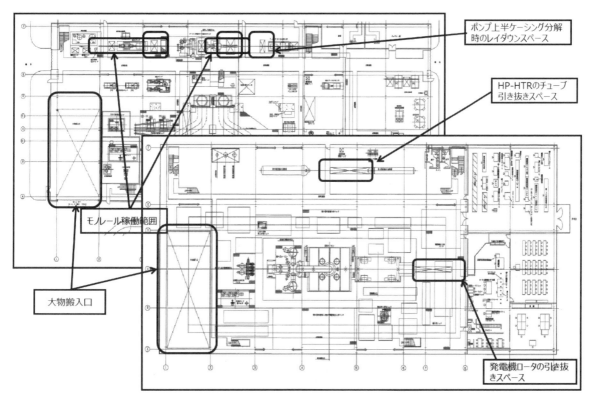

図3.6　タービン建屋機器配置図内のスペース記載例
（矢印に示す範囲は配管等を通さないことが原則）

表3.1　タービン建屋における機器配置フロアーの例

	機械	電気	制御計装	その他
地下	復水ポンプ、復水器ボール循環ポンプ、ＢＦＰ－Ｔ油ドレンタンク、ＢＦＰ－Ｔ油移送ポンプ、タービン室排水ポンプ			含油排水槽 非含油排水槽
1階	主油タンク、油冷却器、油清浄機、油移送ポンプ、油清浄機出口油ポンプ、ＥＨＣ油圧ユニット、ＢＦＰタービン、復水器、復水ブースタポンプ、Ｔ－ＢＦＰ、Ｍ－ＢＦＰ、ＢＦＰブースタポンプ、ＢＦＰシール水ポンプ、脱気器再循環ポンプ、復水回収タンク、低圧ヒータドレンポンプ、軸受冷却水ポンプ、軸冷補給水ポンプ、復水器真空ポンプ、薬液注入装置、粉末消火設備	密封油装置 固定子冷却水装置 Ｍ／Ｃ Ｍ／Ｃ、ＴＤ盤	ＥＨＣ油タンク計装盤 密封油装置計装盤 固定子冷却水装置 制御盤／計装盤／補助盤 水素ガス制御盤／計装盤 薬液注入装置制御盤	
2階	主蒸気止め弁／蒸気加減弁、組合せ再熱蒸気弁、タービンバイパス弁、グランド蒸気復水器、グランド蒸気排風機、低圧ヒータドレンタンク	空気抽出機 発電機中性点接地装置盤 発電機ＢＣＴ中継端子箱 発電機ＰＴ／ＳＡ盤 Ｐ／Ｃ Ｃ／Ｃ		
3階	蒸気タービン 低圧給水加熱器 高圧給水加熱器	発電機 パルスアンプ盤 サイリスタ整流器盤 界磁遮断器盤	ＢＴＧ盤 ＢＴＧ補助盤 集中監視盤 制御盤	
4階	低圧給水加熱器 高圧給水加熱器 軸冷ヘッドパイプ 油タンク排気油分離装置			ＣＷＴ流量調整ラック
5階	脱気器 高圧給水加熱器			
5階上	天井クレーン サイレンサー			換気装置
屋外	復水脱塩装置／サンプリングラック 冷却水冷却器 海水ブースタポンプ	主変圧器 所内変圧器 励磁変圧器 起動変圧器	復水脱塩装置 制御盤／計装盤	

153

分離器類の設置レベルは特に建屋寸法決定への影響が大きい。

脱気器は接続される復水管の経路の関係および復水ブースタポンプへの押込み水頭の関係から最上階に設置される場合が多く、また高圧給水加熱器も先に記載した通り給水配管経路の関係から高層階に設置されることとなる。

したがって、これらの機器にてタービン建屋の階数とフロアーレベルが決まってくることとなる。

更に低圧給水加熱器は機器寸法も大きく、建屋内スペース占有面積が大きい。その対策の一つとして復水器に給水加熱器を串刺し設置するネックヒータ方式がある。この方法を取ることにより、建屋内設置スペースが削減されるメリットと接続配管の短縮化のメリットが出て来る。

また、湿分分離器はタービン設置床面であるオペレーティングフロアーに設置するか、その下の階層に設置するかの選択が必要となる。前者の場合、建屋容積はコンパクト化されるが、タービン設置と同一フロアーとなることから、レイダウンスペースが狭くなる欠点がある。

後者の場合は、レイダウンスペースは十分確保できるが、オペレーティングフロアー下の他機器・配管類が非常に混み合ったフロアーに湿分分離器のような大型機器を設置することから、建屋フロアーの柱間スパンを1スパン程度広げる必要がある。

どちらを選択するかは各発電所における要求仕様と他機器類との関係を検討し決定する必要がある。

以上記載した機器類以外にもタービン建屋寸法を決定する際に検討する必要があるものとして、冷却水系統等の補機類の設置場所がある。

これら補機類を別建屋として収納するか、タービン建屋と一体の建屋として構築した建屋に収納するかで、タービン建屋の寸法・構成は大きく変化することになるので、事前に十分な検討が必要である。

4．まとめ

火力・原子力発電プラントのプロットプラン及びタービン建屋内の機器配置で考慮すべき基本事項に関し、以上、記載してきた。

配管の配置（ルート）設計を行う上で、プロットプランと機器配置設計は非常に大きな影響を持つものであり、これらの計画・設計を行う上で、配管設計の基本事項を知っておく必要がある。

次章では、配管配置設計の基本事項に関し、解説を行う。

第7章
火力・原子力発電プラントの配管レイアウト

1. 火力・原子力発電プラントの配管レイアウト 156
2. 配管設計について 156
   2.1 配管設計のエンジニアリング............156
   2.2 配管設計の手順 156
3. 配管ルート計画.........157
   3.1 配管の種類 157
   3.2 配管ルート計画のステップ.........159
   3.3 配管ルート計画手順.........160
   3.4 配管ルート計画の基本事項.........161
   3.5 計装側からの要求事項.........165
4. タービン系配管ルート計画の基本事項........167
   4.1 主蒸気系配管 167
   4.2 主蒸気リード管 168
   4.3 低温再熱蒸気管 168
   4.4 高温再熱蒸気管 169

   4.5 タービンバイパス管 169
   4.6 補助蒸気系配管 170
   4.7 抽気系配管 170
   4.8 BFP-T高圧主蒸気管 173
   4.9 給水ポンプ駆動用
       タービン排気管 173
   4.10 タービングランド蒸気系配管.........173
   4.11 低圧復水ポンプ吸込み配管 174
   4.12 復水系配管 175
   4.13 給水系配管 182
   4.14 給水加熱器ドレン系配管 186
   4.15 給水加熱器ベント系配管 190
   4.16 軸受冷却水配管 190
   4.17 循環水配管 193
5. まとめ.........195

第7章 火力・原子力発電プラントの配管レイアウト

1. 火力・原子力発電プラントの配管レイアウト

第6章において、配管設計を行う上での基本となるプロットプランと機器配置設計に関し、記載して来た。配管配置設計において、機器類の配置は非常に影響が大きいものであり、重要な意味を持つ。

本章では、機器配置設計後の配管配置（レイアウト、ルート）設計に関し、解説を行う。

発電所の配管設計業務においては、大きく分類すると次の3項目の業務を行う必要がある。

① 建屋内機器配置、ケーブルトレイ、換気空調用ダクト配置を考慮した配管ルート計画
⇒配置・ルーティング計画
② 強度・配管系応力解析を含む強度計算
⇒所謂、材料力学上の確認
③ 配管系機能を満足させるための圧力損失計算と過渡時等の流体解析
⇒所謂、水力学・流体力学上の確認

配管ルート計画は、まず建屋内に無理なく配管を収める様に計画を行い、その後の配管強度計・配管系応力解析で強度面での確認をとり、また、配管系機能を満足しているかの圧力損失計算による機能面での確認をとるということとなる。仮に強度面・機能面で満足がいく結果が得られなかった場合は、配管ルート計画にフィードバックし、再度配管ルート計画をし直すこととなる。つまり、配管ルート計画を効率的に行うには、配管系の強度と機能面に注意を払い、ルート計画を行うことが重要である。

したがって、配管ルート計画は、その後の配管設計業務を効率良く処理できるかを決定付けるものであり、配管設計において最も重要な業務と言っても過言ではない。

本章において、火力・原子力発電所タービン建屋内での配管ルート計画の基本について記載する。

2. 配管設計について

2.1 配管設計のエンジニアリング

配管エンジニアリング／設計を進めるに際しては、配管系統（計画）、機器配置（計画）に基づき、現地据付工事を配慮して、定められたスケジュールを過ぎることなく、配管仕様、配管ルート、等を決めていくことになる。

配管エンジニアリングおよび設計を進めていく上で、必要となる情報は以下がある。

- プラントの基本計画と設計方針
- プラントの運転・制御方法
- プラントの熱サイクルおよび配管系統機能
- 各機器の機能、構造、および使用上の制約条件
- プラントの試運転調整方法
- 土木建築に関する資料、知識
- プラントの建設工程と出荷スケジュール
- 大物機器の搬入・搬出方法
- 機器・配管の据付方法、ケーブルの布設方法
- 採用される給水処理等の化学的知識
- 騒音・振動に関する知識
- 官庁手続および公害規制に関する知識

これらの情報は、初期段階で全て決定し、揃うことは稀であり、配管設計者は、逐次情報収集を行い、円滑にエンジニアリングおよび設計を進めていく必要がある。

2.2 配管設計の手順

配管設計における手順の概要は以下となる。

(1) 適用法規および規格の確定

国内向けの場合は、発電用火力設備（または原子力設備）の技術基準、JIS等が適用される。

海外向けの場合は、相手国により法規および規格が異なるが、一般に広く適用されているのは、米国のASME、欧州のEN（旧、英国のBS、独国のDIN）、およびJISが多い。

適用法規・規格の選定に当っては、客先またはコンサルタントの承認が必要となる。

第7章　火力・原子力発電プラントの配管レイアウト

(2)　配管設計条件の確定

ヒートバランスに記載されている主蒸気、再熱蒸気、抽気、給水、復水の流量、圧力、温度、および復水器冷却水（循環水）量が、主要配管（主蒸気管、再熱蒸気管、抽気管、給水管、復水管、循環水管）の材質、口径、肉厚選定のための基本条件となる。

主要配管が連結する機器の配置に関し、次の事項を考慮しておく必要がある。

① ボイラ、タービンの配置が、主蒸気管、再熱蒸気管、給水管、等の配管を最短で接続できること

② 蒸気、給水等の内部流体の流れに沿って機器を配置すること

③ 機器の分解スペース、搬出入ルートが十分に確保されていること

(3)　設計方針および設計工程の確立

系統設計データ・機器仕様の確認、全体工程（大工程）に対する設計・製作工程の確認、図面提出・材料手配・出図時期の決定等、設計方針および設計工程を設定する。

(4)　主要配管の計画

各種制約条件を満足しつつ、主要配管の長さをいかに短くするかが重要なポイントである。

プラント効率の向上、建設費の低減、熱膨張に対するフレキシビリティの確保の観点より、流量、圧力、温度条件に合わせて、主要機器配置、配管口径、配管肉厚、配管材質、配管ルート等を検討していく。

(5)　配置・配管計画（全般）

火力発電プラントの配置・配管計画に当っては、次の基本的要求事項を満足するように努める。

・系統全体の信頼性と安全の確保
・高性能の確保と長期維持
・運転・操作の容易性
・保守点検の容易性
・据付の容易性
・経済的優位性
・美観の優位性

以上の観点に立って、配管設計の初期の段階で、機器配置図に基づき全体配管図を作成する。

(6)　機器配置図

機器配置図は、構成機器の位置、機器相互間の関係、および機器の分解・引抜スペースを示すもので、全体配管図と共にプラントの系統性能を左右するものである。

(7)　全体配管図（総合配管図）

全体配管図は、配管・弁等以外に、柱、梁、ブレース、機器（主機、補機）、電気設備、計装制御設備、ケーブルトレイ、空調ダクト等、発電プラントを構成する全ての機器および設備を、同一紙面（画面）上に表現するものである。

弁操作性、通行性などの確認、機器の分解・搬出入スペースの確認、配管と機器または配管同士の干渉のチェック等を行うと共に、配管詳細設計（系統別配管図、製作図、他）の指針図となるものである。

近年は、全体配管図での機能を、3次元CADを用いて実施する方法が大半である。

(8)　屋外配管図

全体配管図は、建屋内配管を主体に作成される。

屋外配管図は、建屋～建屋間、設備～建屋間、設備～設備間、等を渡る、屋外に配置される配管・弁、ケーブルトレイ、空調ダクト等を設備・機器、配管ラック、スリーパ、トレンチ、ピット等と共に、同一紙面（画面）上に表現するものである。

(9)　埋設配管図

建屋屋外、建屋マット面下等に設置される埋設配管は、その計画に当たり、地上配管とは別の配慮が必要である。

埋設配管には、循環水管、機器ブロー管、ボイラ水洗排水管、消火用水管、雨水排水管、生活排水管、等の多種の配管があり、火力発電所全域に亘って敷設されるために、建屋および機器基礎、構内道路との関係等、土木建築工事との関連が深く、土木建築側と調整を図った配管ルートの決定が必要である。

3．配管ルート計画

2.1項に記載した通り、発電所内プロットプラン、建屋寸法、建屋内機器配置計画を行った後、配管のルート計画を行うこととなる。

発電所内プロットプラン、建屋寸法、建屋内機器配置計画が、配管ルート設計に及ぼす影響も高いことから、特に主要配管のルーティングを考慮しつつ全体配置・機器配置を決定していかなければならない。ここでは実際の配管ルーティングを行う際の基本事項について記載する。

3.1　配管の種類

発電所内における配管は多種多様であり、重要度・内部流体種類・耐震クラス等から分類される。

157

第7章　火力・原子力発電プラントの配管レイアウト

ここでは、タービン建屋内を通るタービン系配管を一例にその種類を記載する。

また、タービン建屋内のタービン系配管の概略系統を図3.1に示す。

(1) 1次系配管

ボイラまたは原子炉にて加熱された流体を移送する配管であり、復水器にて凝縮された復水流体も含む。種類として以下の配管が上げられる。

- 主蒸気系配管
- 抽気系配管
- 復水系配管
- 給水系配管
- ヒータドレン・ベント系配管
- 復水器空気抽出系配管

(2) 2次系配管

ボイラまたは原子炉にて加熱された流体とは全く異なる経路にて加熱または冷却された流体を移送する配管である。種類として以下の配管が上げられる。

- 補機冷却水系配管
- 補機冷却海水系配管
- 循環水系配管
- 補給水系配管
- 潤滑油系配管
- 発電機用ガス系配管

(3) 1次系と2次系の中間配管

部分的に1次系流体と2次系流体それぞれが流れる系を持ち、且つ1次系流体と2次系流体の混合が流れる系も備える場合がある配管である。種類として以下の配管が上げられる。

- 補助蒸気系配管
- タービングランド蒸気系配管

(4) 制御系配管

プラントの制御機器（MSV、CV etc）に信号を送り、各機器をコントロールする流体が流れる配管である。種類として以下の配管が上げられる。

- 電気式油圧制御系配管

(5) 計装配管

各系統の配管または計装設備から信号検出を行い、プラントの神経的な役割を果たす配管で、圧力検出・温度検出・流量検出・レベル検出などを行う。

(6) ユーティリティ配管

プラントの補助設備用の流体を移送する配管であり、種類として以下のものが上げられる。

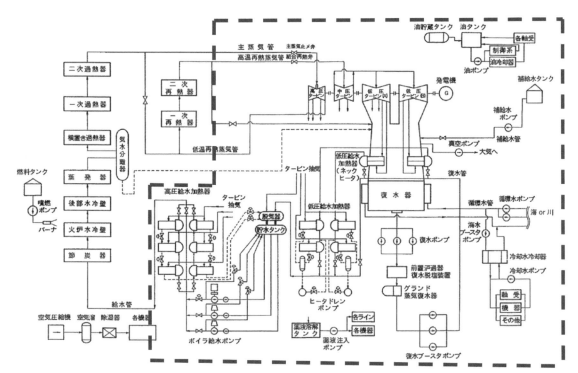

図3.1　タービン系配管概略系統
（波線枠内がタービン系配管を示す）

- 所内用水系配管
- 所内用空気系配管
- 建屋内排水系配管

3.2 配管ルート計画のステップ

配管ルート計画に際しては、以上記載した配管を一度にまたは順不同に計画を行うのではなく、まずは1次系の主要配管ルート計画を行い、次に2次系主要配管ルート計画を行うという様に、3.1項に記載した各配管種類毎に順次計画を行って行く必要がある。

また、例え1次系配管であっても、ドレン・ベント等の小口径配管（一般に口径50A以下のもの）は全体の大・中口径配管の計画が終了した後で計画を行うこととなり、まずは変更が発生した場合、下流設計に影響が大きい配管のルーティングを固めて行くことが重要である。

但し、潤滑油系配管・電気式油圧制御系配管・循環水系配管については1次系配管と同レベルにて配管ルート計画が必要となる。

潤滑油系配管は、タービン／発電機の軸受部の潤滑を行う油を移送する配管である。配管ルートが長くなると、その分だけ配管内に滞留する油量が多くなり、プラント停止時に配管内より油タンク類に戻って来る油量でタンク類の必要容積が決定されることから、結果としてタンク寸法が大きくなる可能性がある。したがって、潤滑油系配管は最短ルートにて計画することが望ましい。

電気式油圧制御系配管は先に記載した通り、プラントの制御機器類をコントロールする油が内部流体であることから、制御応答性の面から配管内油量は少ない方が好ましい。本配管は口径50A以下の小口径配管であるが、以上の様な用途を担うことから、少なくとも主要配管ルート計画時にルーティングに必要な場所を予め確保しておく必要がある。

循環水系配管については、プラントの中でも最も口径が大きい配管であり、且つ屋外および建屋内でも地中またはマット面下に埋設される部分が多い。よって、主要配管以上に早い時期（プロットプラン・建屋内機器配置計画時）に概略ルート計画を行っておく必要がある。

以上記載した通り、配管ルート計画でのステップは、単なる配管自体の設計進捗状況により決定されるものではなく、系統設計的配慮、土木建築計画・工程的配慮を加味しなければならない。

配管ルート計画においては、建屋・機器およびそのメンテナンススペース確認、他配管とのクリアランス確認および建屋内アクセス性確認を行う目的で、従来は2次元図面による配管ルート計画図を作成していた。

しかしながら、これでは実際の3次元場において、機器・配管との干渉が発生したり、メンテナンススペースまたはアクセススペース確認が不十分であるケースが発生すること、詳細部分の検討が十分行えないことから、2次元図面をもとにプラスチックモデルを別途製作し、詳細チェックおよびレビューを行うという手法がしばしば活用されて来た（1990年台前半まで）。

近年（1990年台後半以降）では、コンピュータ技術の発展に伴い、従来の2次元図面とプラスチックモデル両方の機能を合わせ持った3次元CADにより配管ルートを計画し、3次元でのコンピュータグラフィックモデルとして構築することが通常となっている。

これら3次元CADを使用することにより、以前のプラスチックモデルでの検討に比べ、更に緻密な検討が実施され、機器配置・配管ルート計画において臨場感溢れるレビューを行うことが可能となっている。

図3.2に以前使用された2次元図面における配管ルート計画例を、図3.3に近年使用されている3次元CADにおける配管ルート計画例を示す。

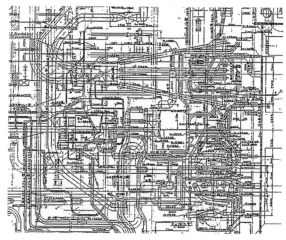

図3.2　配管ルート計画例（2次元図面）

第7章　火力・原子力発電プラントの配管レイアウト

図3.3　配管ルート計画例（3次元CAD）

3.3　配管ルート計画手順

配管ルート計画は、配置的な考慮は基より配管系の機能および強度面での確認をしつつルート固めを行っていく必要がある。

その為には、配管基本仕様決定を行う必要があり、まずはヒートバランスおよび機器基本設計仕様から導かれる流体の流量により、配管口径を選定することとなる。

次にその配管系統に要求される最高使用圧力・温度において、その配管口径に要求される強度面からの配管厚さを決めることとなる。

以上仮決めされた配管口径・厚さにおいて、配管系統を構成する上で要求される配管圧力損失の許容値を満足できるかの圧力損失計算を行うこととなり、本計算を行う上で配管ルート計画での配管長さ・曲がり部個数等が必要となってくる。

もし、許容圧力損失を満足できない結果が得られた場合は、配管口径のサイズアップまたは配管ルート計画のやり直しを行うこととなる。

又、高温配管については、計画された配管ルートによっては、配管自身の熱膨張により配管自体の内部応力増大および機器ノズルへの反力過大等の結果を生じることとなる。よって、高温配管については予め配管熱膨張を緩和できる様にフレキシビリティを持たせたルート計画を行い、熱膨張における配管系応力解析を実施し、配管内部応力と機器ノズル反力が許容値に収まっているかを確認しておく必要がある。

仮に許容値を超えた結果となった場合は、ルート計画の見直しを行うこととなる。

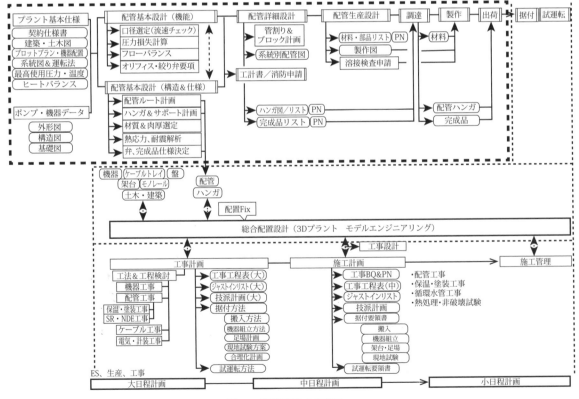

図3.4　配管設計の概略フロー

第7章 火力・原子力発電プラントの配管レイアウト

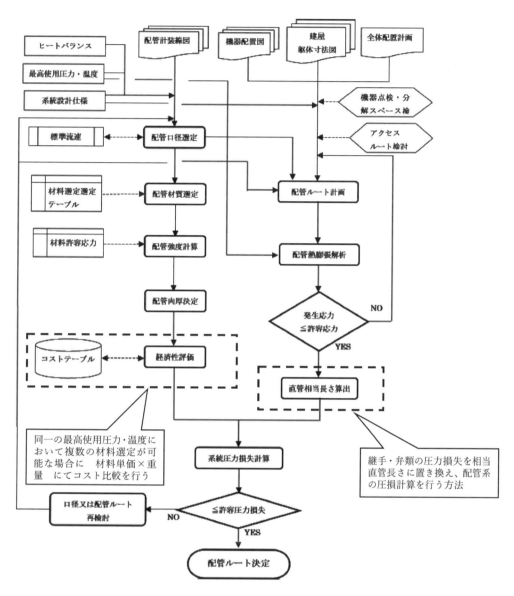

図3.5 配管基本設計仕様と配管ルート計画決定フロー

　以上記載した通り、配管ルート計画は配管基本仕様決定と深く結びついており、ルート計画と基本仕様を相互に確認しつつ設計を進めて行く必要がある。

　図3.4に配管設計の概略フローを、図3.5に配管基本設計仕様と配管ルート計画の関連フローを示す。

3.4 配管ルート計画の基本事項

　先にも記載した通り、配管ルーティングが理想的ルートにて行えるかは、機器配置計画によるところが大きく、主要配管のルーティングを頭に描きながら機器配置を決定しておく必要がある。

この部分については、第6章に記載済みであることから、ここでは機器配置決定後の配管ルート計画にて考慮すべき項目を記載する。

3.4.1 高温配管ルーティングでのフレキシビリティ

　内部流体が高温である配管のルート計画においては、先に記載した通り配管系の熱膨張応力を緩和させる為に、配管系の熱膨張に対しフレキシブルとなる様、ある程度の曲がりルートとUベンドが必要となる。

161

第7章　火力・原子力発電プラントの配管レイアウト

一般にタービン建屋内においては、建屋自体および各種機器類その他配管ルート等の関係から、機器から機器に向かい直線ルートにて配管計画を行うことは困難であり、よほど機器から機器への距離が短くない限り、多少なりとも曲がりが発生するのが実情である。

それ程、高温でない配管については、この曲がりにより配管系が熱膨張に対しフレキシビリティを持つ結果となり熱膨張緩和策について特に意識しなくても良いケースが多々ある。

しかしながら、主蒸気配管、補助蒸気配管、抽気配管、タービングランド蒸気配管、給水配管等の高温配管については、先に記載した通りルート計画時に意識して曲がり部およびUベンドを設け、配管系の熱膨張に対するフレキシビリティを持たせることが必要である。

これら高温配管については、ルート計画に基づき配管系の熱膨張応力解析を実施し、許容値に収まることを確認する必要がある。

以下に熱膨張応力解析を実施せずに配管のフレキシビリティを確認する方法を記載する。

配管系の設計温度が常温の場合、その熱膨張に対するチェックの必要性が無いことは、勿論であるが、ASME B31.1 Power Piping、ASME B31.3 Process Pipingの二つのコードでは高温配管の場合でも以下に該当する場合は、熱膨張解析の必要性は無いとしている。

① 計画された配管系が十分な使用実績がある配管系と全く同一な系であるか、または十分な使用実績のある配管系をそのまま移設して使用する場合

② 計画された配管系が既に熱膨張解析を実施した配管系と比較し、十分な強度を有すると判断される場合

③ 計画された配管系の配管口径が一定で、2アンカー系で中間にサポート等も含む拘束点が無く、しかも運転サイクル数が7000回以下で、下記式を満足する場合

$$\frac{DY}{(L-U)^2} \leq 208000 \frac{S_A}{E_C}$$

ここで

$S_A = f(1.25S_C + 1.25S_h - S_L)$

　D：配管口径（mm）

　Y：配管が吸収すべき変位量（mm）

　U：2個のアンカー間の直線距離（m）

　L：配管系のトータル長さ（m）

　E_C：室温の縦弾性係数（kPa）

　S_A：熱膨張に対する許容力範囲（kPa）

　S_h：設計温度における材料の許容応力（kPa）

　S_C：常温における材料の許容応力（kPa）

　S_L：圧力、自重、他の長期荷重による長手方向の応力和（kPa）

　f：応力範囲低減係数

ASMEコードでは、上記③の条件に補足して、その精度が実証済みの配管形状のみに使用することを勧告している。

プラントにおける配管系ルートは様々であり、先の①②の条件を適用できるケースは、全くのコピープラント、または配管の補修等に限られたものであり、実際には非常に稀なケースのみとなる。

また、②の条件の判断については、かなりの経験および知識を有する設計者に限られたもののみとなる。

これらと比較して③の条件は数値的なチェックとなることから、設計者の経験に限るものでなく、広く適用できるものである。

③の条件式は、その配管系のルートが熱膨張時にフレキシビリティを有したものとなっているかのチェック方法として使用することができる。

さて、ここで③の条件について考えて見ることとする。

ここで、③にて表現した式には、配管の肉厚及び形状的な要素が含まれていないことに着目する。

つまり、異なる2種類の配管系にて、③にて表現した式で得られた値が同じあっても、その配管形状及び管肉厚により、熱膨張に対する裕度・危険度は異なるということである。

(1) ③にて表現した式で得られた値が同じでも、配管形状が異なる場合はその反力・応力の程度は異なる場合がある。

(2) 配管形状と③にて表現した式で得られた値が同じでも、肉厚が大きければ反力・応力も大きくなる場合がある。

(3) 配管形状と肉厚が全く同じならば、③にて表現した式の値が小さい方が反力・応力は一般的には小さくなる傾向である。

但し、③にて表現した式の値が小さくなる原因に着目する必要がある。

例えば、配管系の温度が低い場合、又は端点の移動量が各3方向とも同程度で減少する場合、反力・応力ともに相対的に小さくなるが、端点において一方向の移動量のみが減少する場合には、反力・応力が同一の割合にて小さくなるとは限らず、逆に増加する部分が発生することも有り得る。

以上の判定基準は一つの目安であって、実際の配管系は更に複雑な形状を有していることから、最終的には、計算機による解析を行うこととなるが、ルーティング計画した配管系が熱膨張に関し、フレキシビリティを有しているものなのかを判断する上で、活用できると考える。

3.4.2 配管ルートのレベルおよび勾配

配管ルート計画では、配管系のアップ・ダウンと勾配に関しても重要な事項である。

配管系のアップ・ダウンに関しては、機器および他配管・ケーブルトレイ・吸気排気ダクトとの干渉回避によって生じる場合があるが、その場合についても水頭差にて流れを形成させる配管については、下り下り経路にてのルーティングが必要であるし、ポンプのNPSH確保が可能な水頭を保有できなければならない。

また、飽和ドレンの様な不安定状態にある流体についても、プラント停止・起動時・過渡時に発生の可能性のあるハンマー現象を考慮し、下り経路にて配管することが理想的である。

また、蒸気系配管については、プラント起動時等に凝縮されたドレンが流れることとなり、その場合は、ドレン回収方向へ配管勾配を設ける必要がある。

配管勾配は一般に1/100～1/50程度であり、配管据付時に本勾配を設けることとなるが、その際、プラント運転時での熱膨張により勾配の逆転が発生せぬ様な勾配にすることが必要である。

3.4.3 配管配置における原則

以下に配管配置上における原則を記載する。

配管ルート計画を行う上では、これらの原則を認識・考慮しながら計画を進めて行く必要がある。

(1) 最短ルートにて計画を行う。

(2) 機能的に不要な曲がり部およびアップ・ダウンは避ける。

(3) 配管支持構造物の工事物量削減および構造物の剛性・強度確保の点から配管ルートはなるべく天井・床・壁近傍を通す計画とする。

(4) 架台物量削減の点から、弁等の配置は機能上許す限り床上配置となる様に配管ルートを計画する。

(5) 複数の弁が集中配置されるエリアは、弁操作架台面がフラットとなる様に、各配管レベルを調整する。

(6) 主要配管および大口径配管、特にコスト影響が高い配管のルートを優先する。

(7) 配管内流体の流動状況におけるルーティング制限の多い配管を優先し計画する。

(8) 先行機でのトラブル反映を着実にルート計画に反映する。

(9) 配管の床・壁とのクリアランス確保。

配管の床・壁とのクリアランスはある一定寸法を確保する必要がある。

床・壁とのクリアランス寸法確保には次の要因が関連する（図3.6）。

①配管支持装置の構造・施工性

②配管本体の周溶接の施工性

③弁類等の点検スペース確保

④壁貫通可能位置

配管の床・壁とのクリアランスについては、その寸法が小さいほど美観的に優れているものとなるが、上記要因により、必ずある一定以上の寸法の確保が必要となる。

一般論であるが、配管の床・壁とのクリアランス寸法は200～300mm程度、配管中心からの壁・床までの寸法1D（D：配管口径）が目安となる。

(10) 配管同士のクリアランス

配管同士が並べて配置される場合には、一定間隔を確保する必要性がある。

配管同士のクリアランスについては、次の要因が関連する。

①配管の施工性（溶接も含む）

②据付施工誤差

③配管の熱膨張時の移動量
④配管支持構造物の施工性

一般に配管同士のクリアランスについては以下寸法の確保が必要とされている（図3.7）。

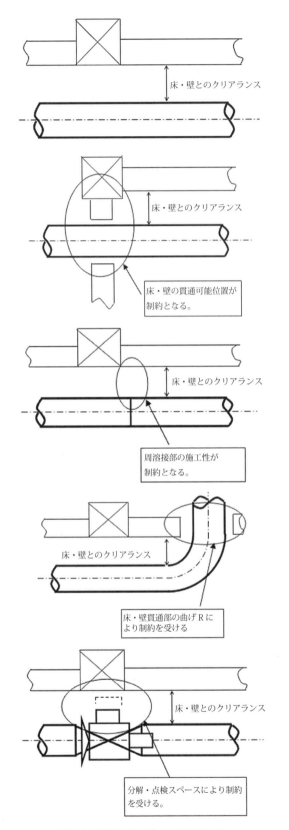

図3.6 配管と床・壁のクリアランス

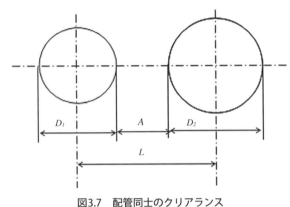

図3.7 配管同士のクリアランス

隣り合う配管口径をD_1、D_2とし、そのクリアランスをAとした場合、配管間隔Lは、

$$L = \frac{D_1 + D_2}{2} + A$$

ここで、A＝150mm（200A以下）
　　　　　　300mm（250A以上）

(11) 配管同士の交差時クリアランス

配管同士が途中で交差する場合は、そのクリアランスは100mm程度を確保することが好ましい。

しかしながら、低温配管について最低で50mm程度まで許容しても構わない。

(12) 配管とケーブルトレイのクリアランス

配管とケーブルトレイが平行して走る場合は、ケーブルの延線スペースとしてケーブルトレイ上方に200mm程度、横方向には700mm程度のクリアランスを確保する必要がある（図3.8）。

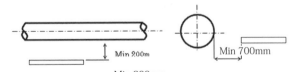

図3.8 配管とケーブルトレイのクリアランス

(13) 配管と吸気排気ダクトとのクリアランス

配管と吸気排気ダクトとのクリアランスは、通常は施工誤差50mm程度を考慮し、設計値と

して100mmのクリアランスが必要である。
　但し、ダクト吸気部前では最低1000mm、排気部前では最低500mmのクリアランスを確保しておく必要がある。

3.5　計装側からの要求事項
配管設計に反映すべき計装側からの要求事項について規定する。

3.5.1　系統上の計器座取付位置
系統上の計器座取付位置は系統図に忠実に従うものとし、弁の上流側、下流側、分岐の上流側、下流側等取付け間違いのないものとし、また、機器操作時監視する必要がある計器用の座はできるだけ操作される機器の近くに取り付ける（図3.9のような場合、ケース2のみの付け方は2台運転の場合、個々の監視が不可能であり、また、機器より離れるため精度的にはあまり好ましくない）。ただし、放射線量率の異なるエリアから機器が操作されるような場合は、その操作する場所の近くに取り付けても機能上問題ないか確認の上、取り付ける。計器座の取り付けに於いては、メンテナンス性および監視のし易さ等レイアウトを十分考慮しなければならない。

3.5.2　圧力取出座
(a) 座の取付け方向は原則として真横（水平方向）とする（図3.10）。

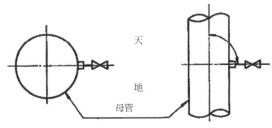

図3.10　圧力取り出し座取付け方向

(b) 座の取付高さは、床もしくは架台から、最大でも2m以下の高さが望ましい。ただし、通路中に計器が飛び出す場合は、人の通行の邪魔にならないようにする。
(c) 座は母管に対して垂直とし、正確な静圧測定が可能なものとする（図3.11）。
(d) ポンプ、エルボ、ベンド、T継手および弁等、流れの乱れる恐れのある所から、上流なら2D（D；管内径）、下流なら10D以上離すことが望ましい。
(e) 海水ライン圧力検出座（図3.12）
　海水系配管ラインは、内部流体が海水であり、ガルバニック腐食を防ぐ点から、配管内面をライニングしている。よって、本配管に

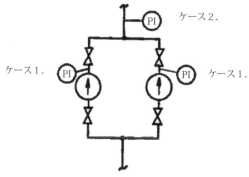

図3.9　計器座取付け位置

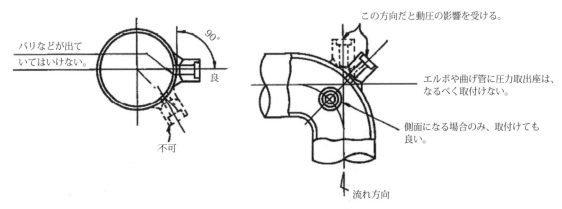

図3.11　圧力取り出し座取付け方向

設置される圧力検出座は、図3.12に示す様に配管に分岐管を設置し、フランジ接続等にて取り付ける。

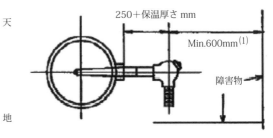

図3.14　温度計取り外しスペース

表3.1　流量計の必要直管長さ

ウェルの直径	流量計の上流側	流量計の下流側
全て	20D以上	5D以上

備考：Dは管内径を示す。

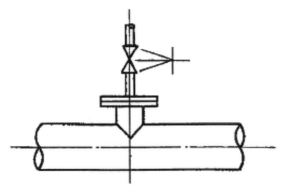

図3.12　海水配管の圧力取り出し座

(f) 圧力取り出し配管サポート用ラグの取付については、高温配管、振動のある配管等の場合、母管から圧力取り出し配管の第1サポートを取るものとする。

3.5.3　温度計座

(a) 母管に対し、水平以上に取り付ける（図3.13）。

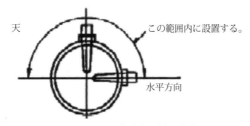

図3.13　温度計座取付け方向

(b) 温度計の取付、取外しなどの保守スペースを考慮する。また、熱電対、温度スイッチの場合はケーブル施工スペースも考慮しなければならない（図3.14）。

注(1) 感温部の長さにもよるが目安としてMin600mmである。

(c) 絞り機構を用いる流量計（オリフィス、ノズル、ベンチュリ）の付近に温度計座を設ける場合は、これらの流量計の必要直管長さを考慮して設置しなければならない。必要直管長さは計装設計に確認を行う必要がある。

3.5.4　フローエレメント取付部

(a) 流量計オリフィス、フローノズル、ベンチュリ、超音波流量計取付け部の上流、下流には原則として、以下の直管部を設け、上流側直管部入口には連続エルボ、または連続ベンドや弁を取り付けないものとする（なお、これにより難い場合は、計装設計担当に相談の上、配管の実状に合った流量計を手配してもらうように調整する）。

① オリフィス、フローノズル
上流　34～75D
下流　7D　　D：内径注(2)

② ベンチュリ
上流　3～22D
下流　4D　　D：内径注(2)

③ 超音波流量計（本体含まず）
上流　10D
下流　5D　　D：内径注(2)
（メーカーにより変わる可能性有り）

注(2) 必要直管長さは実際にはJIS等によればβ、不確かさおよびその他によりさまざまである。

以上の直管部必要長さは、目安値であり、詳細は計装設計担当より指示されるものである。

(b) フローオリフィスを設置する場合、取手がフランジ面より飛び出すので、他との干渉に注意する。また、フローオリフィスの取り付け、取り外しのスペースも考慮しなければならない（図3.15）。

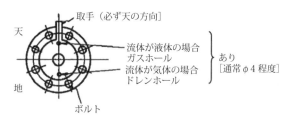

図3.15 フローオリフィスの取手方向

(c) 容積式流量計の場合、水平配管に設置するのを標準とするが、オーバル型流量計は垂直配管に取り付けても良い。ただし、その場合はバイパス管側に流量計を据え付ける（タービン型流量計の場合は、垂直配管に取付け不可）（図3.16）。
また、指示計の目視スペースおよび容積式流量計の分解点検スペースを考慮して配置しなければならない。なお、必要スペースは計装設計担当より指示されるものとする。
オーバル型流量計およびその上流に設置されるストレーナは、重量物であるため、計装設計担当側に寸法、重量等確認の上、十分配管サポート計画に反映しなければならない。

(d) フローエレメント取付け部（オリフィス、フローノズル、ベンチュリ取付け部）は、真円度を満足させるために、管内面のボーリング加工が必要となる。
したがって、管内面のボーリング加工範囲、寸法公差および表面粗さ等を計装設計担当に確認することが必要である。
また、検査要領書の作成を計装設計担当に依頼することも必要である。

4．タービン系配管ルート計画の基本事項

配管ルート計画に関する基本事項は、前項に記載した通りであるが、次にタービン系配管ルート計画における基本事項について記載する。

4.1 主蒸気系配管

本配管は、ボイラまたは原子炉にて発生した蒸気を主蒸気止め弁、加減弁（MSV・CV）を経て、主タービンに導く配管であり、非常に重要度の高い配

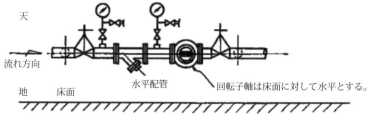

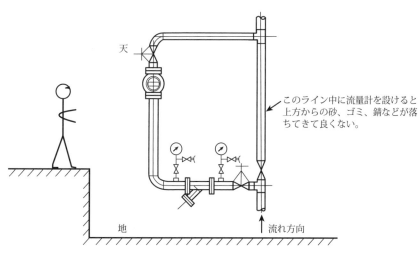

図3.16 オーバル型流量計の取り付け姿勢

管であることから、以下のルート計画における配慮が必要となる。

(1) 配管内部流体温度が非常に高温であることから、ルート計画上、十分な熱膨張に対する配慮が必要である。本配管の熱膨張により、主タービン本体へ与える反力値が大きくなることから、ルート計画の観点からのみならず、サポート計画面での反力低減の配慮が必要となる。

(2) 本配管の熱膨張量が大きな場合は、予め配管を短めに製作しておき、据付時に所定の位置まで引張り据付を行うコールドスプリング量を配慮した設計が行われる場合がある。

(3) MSVおよびTBV入口圧力に関し、所定圧力を確保できるルート計画を必要とされる（プラント自体の圧力制御の関係から）。

(4) プラント起動時の蒸気凝縮によるドレンを流れ方向に向かって排出できる様、ドレン勾配を設ける必要がある。

(5) 先の(1)項に記載した主タービン反力の関係から、配管熱膨張時の挙動がスムーズとなる様に、配管サポートの構造を考慮する必要がある（配管サポート部での摩擦により、配管熱膨張が妨げられない様に）。

　その対策として、スライディングサポートおよびロッドレストレイント使用が上げられる。

(6) MSV入口への直管部は、主蒸気管口径の5倍以上とし、MSVへの偏流防止を図る。

(7) ボイラ出口からの主蒸気管が2本の系統構成となっている場合は、左右の圧力の差をなくすために、MSV前に左右の主蒸気管を結ぶバランス管を設置する。

(8) ボイラ側主蒸気管とMSVの材質（異種材か否か）を確認し、現地での溶接信頼性を確保するために、必要な場合はMSV側に主蒸気管と同材の短管を（工場溶接として）付ける。

4.2 主蒸気リード管

本配管は、MSV・CVを通過した蒸気を高圧タービンに導く配管であり、主蒸気配管と同様に重要配管の一つに上げられる。

(1) プラント負荷がフルロードで無い場合は、CVにて流量コントロールが行われる場合が

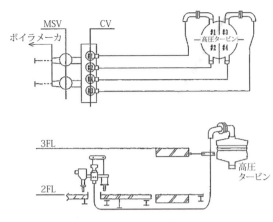

図4.1　主蒸気リード管の構成

ある（原子力プラントの場合）。その結果、配管自体に高周波振動が発生することから、配管サポート類での高サイクル疲労を起こす可能性がある。よって、配管サポート方法に対し、十分な検討と配慮が必要となる。

(2) CV出口部に関しては、前項に記載した通りCVにて流量コントロールがなされることから、一定の直管長さが必要となる。

(3) 本配管は高圧タービンの上半および下半に接続されるが、タービンメンテナンス時に上半ケーシングの取り外しが行われる為、上半ケーシングとの取合いはフランジ接合とし、且つ上半ケーシング取り外し時に配管自体を引張り、接合フランジ面を開くことが可能な様にフレキシビリティを持ったルートおよびサポート計画が必要である（図4.2）。

(4) 許容応力の高い9Cr鋼材等を使用して、従来実績の配管よりも薄肉とした場合は、厚肉の場合に比べ振動が発生しやすいために注意が必要である。

(5) 蒸気加減弁本体、主蒸気リード管、高圧タービンのインナースリーブ（外車と内車をつなぐ短管）により、気柱振動を起こさないように計画することが重要である。

4.3 低温再熱蒸気管

本配管は、高圧タービン排気口からボイラ再熱器までの配管で、高圧タービン排気をボイラ再熱器へ供給するものである。

(1) 再熱蒸気系（低温再熱蒸気管＋ボイラ再熱器

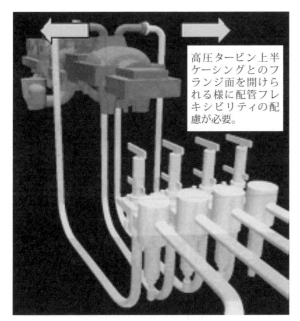

図4.2 主蒸気リード管と高圧タービンノズル

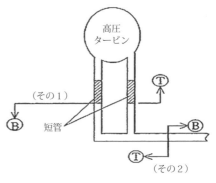

《逆止弁なし》

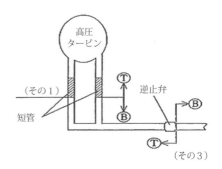

《逆止弁あり》
(B)：ボイラ側、(T)：タービン側
図4.3 低温再熱蒸気管の取合い位置

＋高温再熱蒸気管）の圧力損失が、高圧タービン排気圧力基準とした一定範囲に入る様に、管口径、管厚さを選定する。
(2) 一般に、高圧タービン排気口は左右の２ヶ所で、T/G基礎台下で１本に合流する。
(3) 高圧タービン車室と低温再熱蒸気管の溶接は、異種材の溶接となる。現地溶接の作業性を考慮し、車室側に蒸気管と同材質の短管付きとし、現地では再熱蒸気管と同種材の溶接とする。
(4) ボイラ側との取合い位置は以下がある。
 ・高圧排気口出口部でボイラ側と取合（事例多い）
 ・T/G基礎台下の母管でボイラ側と取合
 ・タービンバイパス系統を有し、低温再熱蒸気管に逆止弁を設ける場合は、逆止弁はタービン側手配、さらに逆止弁出口でボイラ側と取合（図4.3）となる。

4.4 高温再熱蒸気管

本配管は、ボイラ再熱器出口から組合せ再熱弁（CRV）までの配管で、中圧タービンおよび低圧タービンに蒸気を供給するものである。
(1) 再熱蒸気系（低温再熱蒸気管＋ボイラ再熱器＋高温再熱蒸気管）の圧力損失が、高圧タービン排気圧力基準とした一定範囲に入る様に、管口径、管厚さを選定する。
(2) ボイラ再熱器出口から２本で供給する高温再熱蒸気管の場合（大出力プラント）は、組合せ再熱弁（右、左）に接続する２本の高温再熱蒸気管にバランス管を取付ける。
(3) CRVと本配管の材質が異種材の場合、現地溶接の作業性を考慮し、再熱弁本体入口部には蒸気管と同材質の短管付き（工場溶接）とし、現地では再熱蒸気管と同種材の溶接とする。
(4) CRV短管の入口部（③の位置）がボイラ側との取合となる（図4.4）。

4.5 タービンバイパス管

本配管は、起動・停止特性、負荷変化特性、電力系統事故に対する適応性改善のために、高圧タービン、中圧および低圧タービンをバイパスさせるために以下目的にて設置される。
 ・ボイラ／タービン起動時間の短縮
 ・ボイラ蒸気温度とタービンメタル温度のミス

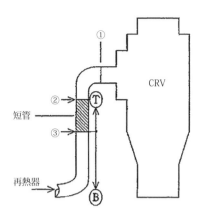

①、②、③：溶接部

図4.4 CRV入口配管溶接（異材の場合）

マッチ温度の低減
- 所内単独運転（FCB）対応
- 負荷急変対応
- ボイラ過熱器安全弁としての機能

(1) 系統構成は以下の通りである（図4.5）。
(2) 高圧タービンバイパス系はボイラ側の供給（低温再熱逆止弁はタービン側）、低圧タービンバイパス系はタービン側の供給が多いが、プラント毎に方針確認が必要である。
(3) 高圧・低圧タービンバイパス管の復水器への流入入口には、減温装置が設置され、高圧系は蒸気変換弁型または減温器型、低圧系は減温器型（管内スプレー型、コーン型）である。
(4) 低圧系の管内スプレー型の場合は減温後の管内流速に注意する必要がある。

4.6 補助蒸気系配管

補助蒸気系配管は、プラント起動時等のタービン抽気圧力が立たない段階にてタービングランドのシールや各機器類の作動蒸気として使用される蒸気を導く配管である。

(1) 本配管は主蒸気系配管と同様に高温蒸気が流れることから、配管熱膨張に対しフレキシビリティを持ったルートが必要とされる。
(2) 本配管も流体が流れ始めた際の蒸気凝縮によりドレンが発生することから、ドレンが適格に排出できる様にドレン勾配を設けると同時に、弁設置等の関係から配管経路にアップ・ダウンが生じる場合はドレン排出ラインの設置が必要である。
(3) 水平配管にて合流・分岐する場合、分岐部または合流部にて片側系統の配管にドレンが滞留する場合があるので、分岐・合流の仕方に注意が必要な場合がある（図4.6）。

4.7 抽気系配管

抽気系配管は、高圧タービン排気を中圧タービンまたは低圧タービンへ、各タービン抽気を給水加熱器・給水ポンプ駆動用タービン等に導く配管である。

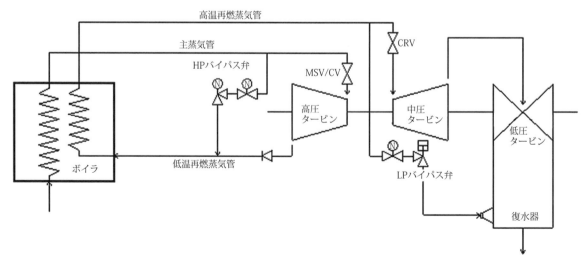

図4.5 タービンバイパス管の構成

第7章　火力・原子力発電プラントの配管レイアウト

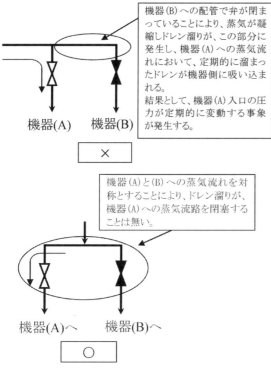
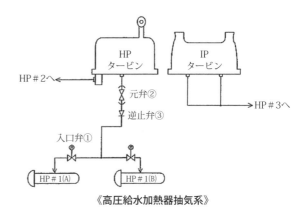

図4.6　蒸気配管での水平配管での分岐・合流
図4.7　高圧・低圧給水加熱器抽気配管の構成

尚、火力プラントにて、中圧タービン排気を低圧タービンに導く配管をクロスオーバー管、原子力プラントにおいて、高圧タービン排気から湿分分離器（または湿分分離加熱器）を通じ、低圧タービンに導く配管をクロスアラウンド管と言う。これらの配管も抽気配管の一部であるが、クロスオーバー管・クロスアラウンド管の名称は、配管のルート形状に伴い付けられるものである。

(1) 抽気管は、ヒートバランス上で許容圧力損失が定められている。この許容圧力損失値内に入るように配管口径を決定する。
(2) 配管系熱膨張に関しても、主蒸気系配管ほどでは無いが、それなりの熱膨張量が発生することから、ある程度、熱膨張量を緩和できるルート計画とする必要がある。
(3) 抽気系配管においても蒸気凝縮によるドレンが発生するため、ドレン溜まりが生じない様に流れの一方向（上流または下流）にドレン勾配を設けると同時に、配管ルートとして上り上り、下り下りとする必要がある。また、止むを得ない場合は、ドレン排出ラインを配管経路ボトムに設置する。
(4) 本配管は、複数の給水加熱器等の熱交換器に内部蒸気を分配する系統構成となる場合があり、その際には、流量分配差がMin.値となる様なルート計画が必要である。
(5) 本配管は、タービン排気ノズルの関係から、高圧タービン下等非常に配管が錯綜するエリアを通過することとなる。他配管との成立性を考慮した十分綿密なルート計画が必要である。

4.7.1　給水加熱器抽気管

本配管は、蒸気タービン各段落出口から高圧／低圧給水加熱器に蒸気（抽気）を供給し（一般に、高圧、中圧タービン抽気を高圧給水加熱器、低圧タービン抽気を低圧給水加熱器に供給）、給水／復水を加熱、熱効率を向上させるものである（図4.7）。

(1) 本配管は、給水加熱器等にタービン抽気蒸気を導くことからプラント性能に係るものである。よって、配管圧力損失も一定範囲内であることが要求されるので、配管ルート計画においてもなるべく最短ルートにて計画することが要求される。

171

(2) 抽気系配管は、その途中に強制閉機能を持った抽気逆止弁（図4.7）が設置される。プラントトリップ時に抽気逆止弁を強制閉し、抽気管内部蒸気によるタービンオーバースピード防止の目的を持つことから、各タービン抽気出口から抽気逆止弁までの配管長さはMin.値とすることが必要である。

(3) 高圧／低圧給水加熱器入口弁（電動弁）仕様等は以下となる。
　・給水加熱器内水位レベル高により強制閉
　・給水加熱器入口弁の個数は、給水加熱器片系列運転時の運用性を考慮し、抽気系統数と同数となる。

(4) 抽気元弁は以下仕様となる。
　・抽気逆止弁の不具合発生時にタービンの分離可（タービンの継続運転が可能）
　・元弁までの保管（N2または蒸気シール）が可能
　・建設時の抽気管水圧試験時の閉止用

※近年では、タービン抽気口取合部に閉止板を取付けて水圧試験を実施することから、抽気元弁は設置しない場合がある。

(5) 抽気逆止弁（強制閉鎖型）は以下仕様となる。
　・ウォータインダクション対策として設置
　・オーバースピード対策として設置（抽気逆止弁は極力タービン近傍に設置）

(6) ネックヒータ（復水器上部本体設置）抽気は、一般に、抽気管が全て復水器上部本体内に配置され、抽気逆止弁、入口弁は保守ができないことから設置しない。

4.7.2 脱気器抽気管

本配管は、脱気器での復水の加熱および脱気効果を上げるため脱気器に加熱蒸気を供給するものである。一般に中圧タービン排気（抽気）が該当する。なお、起動時（タービン起動前）は加熱蒸気源として補助蒸気を使用する（図4.8）。

(1) タービン近傍に逆止弁、脱気器入口（補助蒸気合流部上流）に逆止弁、入口弁（電動弁）を設置する。タービン起動時までは補助蒸気を加熱蒸気源とし、タービン起動後、所定圧力（10％負荷前後）以上となった時点で脱気器抽気入口弁を開き、通常運転とする。

(2) 逆止弁1、2は強制閉鎖型とし、脱気器内の

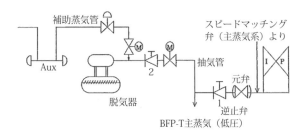

図4.8　脱気器抽気管の構成

蒸気、補助蒸気によるタービンのオーバースピードを防止する。脱気器内保有蒸気量が大きいこと、補助蒸気系に接続され蒸気が無限に流入し得ることから、逆止弁は2個設置とする。

(3) 逆止弁2は、脱気器からのウォータインダクション対策用も兼ねる。

(4) 抽気元弁は通常設定しない。

4.7.3　BFP-T低圧主蒸気管

本配管は、ボイラ給水ポンプ駆動用蒸気タービン（BFP-T）駆動用蒸気を供給するものである。通常運転時の各負荷帯でのBFP-Tの効率、運用面等により、一般に脱気器抽気管（中圧排気を蒸気源）より供給している（図4.9）。

(1) 通常運転時は、脱気器抽気からの低圧主蒸気でBFPタービンを駆動する。

(2) T-BFP起動のあるプラントでは、一般的に、抽気が活きるまでは補助蒸気を駆動蒸気源とし、補助蒸気を低圧主蒸気に接続する。

(3) FCB（Fast Cut Back）機能を有するプラントでは、FCB時に脱気器抽気が遮断され、かつ、補助蒸気の瞬時バックアップができないことから、給水量確保のために高圧主蒸気によるバックアップ系統を設置する。

(4) 次の場合には、補助蒸気系からの蒸気供給が必要となる。
　・T-BFPによるプラント起動
　・FCB時
　・部分負荷帯において、BFPタービン排気温度に制約がある場合

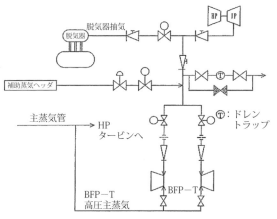

図4.9　BFP-T低圧主蒸気管の構成

4.8　BFP-T高圧主蒸気管

BFP-T（ボイラ給水ポンプ駆動用蒸気タービン）は、通常運転時の各負荷帯でのBFP-Tの効率、運用面等により、一般に脱気器抽気管から蒸気を供給している（低圧主蒸気管）。

一方、FCB（Fast Cut Back）時における給水制御は、抽気系統から蒸気が得られなくなることから、主蒸気でBFP-Tを駆動することによりボイラ給水量を確保するために、主蒸気管から蒸気を供給することになる（高圧主蒸気管）（図4.10）。

(1) 常用の系統でないために、ウォーミングが必要であり、高圧主蒸気加減弁のステムリーク量を増す、ウォーミングラインを設ける、等の対策が必要である。ただし、ウォーミング量を過大にすると、復水器側が損傷するため注意が必要である。

(2) BFP-Tの効率低下、BFPのスケール付着等による効率低下、が定量的に把握できる場合には、低圧主蒸気のバックアップとして高圧主蒸気ラインを設ける。

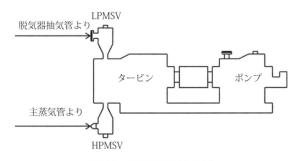

図4.10　BFP-T作動蒸気構成

(3) 主ライン（低圧主蒸気）とバックアップライン（高圧主蒸気）の併設の場合、主ライン側の余裕をとり過ぎる（低圧側のノズル面積を大きくとり過ぎる）と、100％負荷でCVが閉まり気味となり、効率低下を起こすために注意が必要である。

4.9　給水ポンプ駆動用タービン排気管

本配管は、タービン抽気である駆動用蒸気が給水ポンプ駆動用タービンにて仕事をした後、その排気を復水器に回収する配管である。

(1) 本排気管はプラント中でも1、2を争う大口径配管であり、給水ポンプ駆動用タービン排気孔から復水器までのルーティング裕度も少ないことから、給水ポンプ駆動用タービンの配置により大きく影響される配管である。よって、機器配置決定時に予め配管ルートを考慮しておく必要がある。

(2) 本配管では配管ルート上、熱膨張に対するフレキシビリティを取ることが困難であることから、配管途中に伸縮継手を設置するのが通常である。伸縮継手は配管形状により、圧力バランスタイプかヒンジタイプが使用される。

(3) 本排気管が復水器に接続されることから、復水器水張り試験時に本配管内に水が入って来る。そのため、配管サポート類については、本水張り試験時の荷重も受ける様、設計上の考慮が必要である。

4.10　タービングランド蒸気系配管

グランド蒸気系配管は、タービングランドおよびMSV・CV、TBV等の主要制御弁のグランド部をシールする蒸気を供給すると共に、グランド部漏洩蒸気および排気を復水器またはグランド蒸気復水器に回収する役割を持つ配管である。

火力発電プラントにおいては、通常運転時には、高圧および中圧のグランド部からの漏洩蒸気が低圧グランドに供給され、余剰蒸気はグランド蒸気調整器（GSSR）にて逃される（図4.11）。

(1) タービン起動時の、タービングランド部への供給蒸気条件（特に温度）の確認が必要である。

(2) 調節弁方式の場合、逃しの調節弁の容量不足

第7章　火力・原子力発電プラントの配管レイアウト

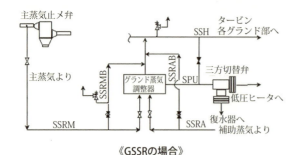

《GSSRの場合》

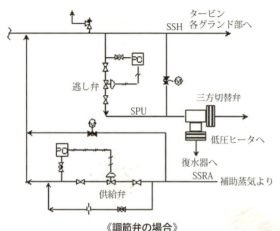

《調節弁の場合》
図4.11　タービングランド蒸気管の構成

（調節弁が全開しても余剰蒸気全量がはけない）の事例があるため、逃しの調節弁の容量決定には十分な検討が必要である。

(3) 本シール蒸気供給配管は、内部ドレン発生時にそれがタービンに流入せぬ様、ドレン勾配を設ける必要がある。但し、本配管はMSV・CV、TBV、主タービンとあまり配置上レベル差が無い部分を行き来することから、途中でドレン排出ラインの設置が必要となる。このドレン排出ラインは運転時に常にドレン排出が行える様にライン途中にオリフィスを設け、ドレン排出機能を持たせるのが通常である。

(4) グランド漏洩蒸気配管については、各グランド部から下り勾配にてルートを計画する。

(5) グランド蒸気排気管については、ドレン排出の関係から、接続先のグランド蒸気復水器まで下り勾配にてルート計画することが好ましいが、機器配置上そのルートが困難な場合は、配管ボトム部にシール蒸気供給配管と同様にオリフィスを設置したドレン排出ラインを設ける。

　尚、グランド蒸気排気管は、管内が負圧となることから、本ドレン排出ラインはUシール構造を持つ必要がある。

(6) グランド蒸気供給配管は、その必要蒸気量がノルマルパッキンクリアランス時とダブルパッキンクリアランス時の2条件があり、この2条件について圧力損失計算を行うことにより、配管口径が決定される。よって、そのルート計画について十分な配慮が必要である。

(7) グランド蒸気系配管は主タービン周りまたは下部等、非常に配管が錯綜したエリアをルーティングすることとなることから、他配管等とのクリアランス確保を十分確認する必要がある。

4.11　低圧復水ポンプ吸込み配管

本配管は復水器にて凝縮された復水を低圧復水ポンプ（以下LPCPと称す）に導く配管であり、復水器内で凝縮した飽和水を静水頭差で復水ポンプへ流す。

(1) 本配管の内部流体は、真空域での静水頭差分だけのサブクール水のため、管路上の全ての個所の圧力が、飽和圧力以上となることが必要である。

(2) 復水ポンプ吸込管最大圧力損失時（復水器出口箱までの復水器圧力損失＋配管圧力損失＋吸込ストレーナ許容最大差圧）に、復水ポンプの必要NPSHが確保されると共に、復水ポンプ吸込部でフラッシュ現象を発生させない様に配慮を行う（図4.12）。

(3) 下記項目の要否の検討を行う。
　　復水ポンプ吸込弁のリミットスイッチ、復水ポンプ吸込部の逃し弁、復水ポンプ吸込ストレーナ、復水ポンプ吸込部の伸縮継手、等

(4) 複数の復水器と複数のLPCPを接続する場合、複数台のLPCPのうち、1台が予備機として設置されていることが多い。どのLPCPを運転しても、流体の流れ状況および圧力損失上問題ないことを確認し、配管ルートを決定する必要がある（図4.13）。

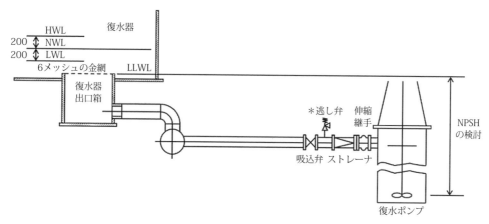

図4.12　低圧復水ポンプ吸込み管の構成

4.12　復水系配管

復水系配管は、LPCPにて昇圧された復水を蒸気式空気抽出器、グランド蒸気復水器、復水ろ過装置、復水脱塩装置、脱気器を経て、復水ブースタポンプ（以下、CBPと称す）高圧復水ポンプ（以下、HPCPと称す）まで導き、HPCPにて更に昇圧を行い低圧給水加熱器を経て、給水ポンプ（以下、BFPと称す）へと導く配管である。

(1) 上記に示した通り、多種機器を渡り歩く配管となることから、プラントの中でも経路が非常に長い配管となる。更に復水を導く配管であることから、それなりに配管口径も大きく、配置スペースを多く占有する。以上の観点から、予め機器配置計画において復水系配管経路が合理的ルートになる様に、途中の機器類の配置・設置方向を決定しておく必要がある。

(2) 途中通過する機器が大型機器であり、機器内での圧力損失も比較的大きめであることから、ライン全体の圧力損失を低減する様、最短距離にて不要な曲がり部を除いたルート計画が必要である。

(3) 復水系配管は、先に記載した通り配管経路が長く、且つ設置機器も複数フロアーに跨ることから、本配管頂部において、プラント緊急停止時等に管内が負圧となるケースがある。この場合、本配管近傍の熱交換器類にて余剰蒸気等により熱交換が行われていると、管内流体が飽和状態となりフラッシュ現象が発生することがある。フラッシュ現象により発生

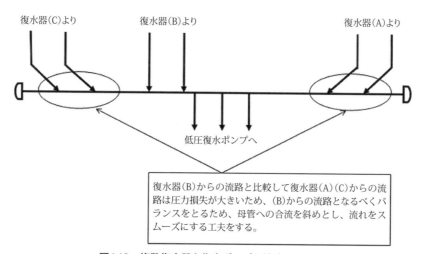

図4.13　複数復水器と復水ポンプを接続する場合

第7章　火力・原子力発電プラントの配管レイアウト

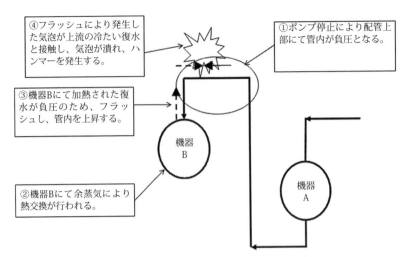

図4.14　復水配管頂部で発生するハンマー現象

した気泡が上流側の低温水と接触すると、気泡が潰れることによるハンマー現象が発生する場合がある（図4.14）ので、その点について十分な検討と配管支持装置類の強度確認が必要である。

(4) 火力プラントの脱気器からCBPへのラインについては、CBP入口でのNPSH確保が重要となり、又プラント過渡変化時の脱気器内圧力変化の関係から内部流体をなるべくスムーズに流すことが重要である。以上の点から脱気器からCBPまではなるべく急激な下り配管に

てルーティングする必要がある。

(5) 復水系配管の途中には、プラント性能確認等を目的とした復水流量計が設置される。復水流量計の前後配管は、流量測定精度の関係から一定の直管長さを確保する必要がある。
一般精度で上流15D、下流5D、精度要求がある場合は上流20D、下流10Dが目安となる（D：配管内径）。

(6) CBPおよびHPCPは他のポンプ類と比較して、流体脈動が大きめに出ることがあり、その流体脈動により配管が振動することがある。し

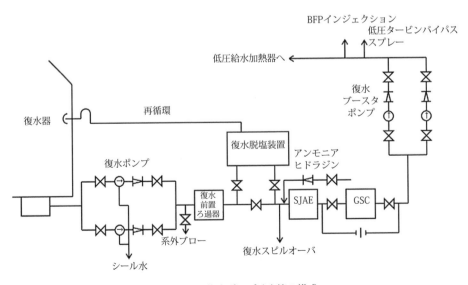

図4.15　復水ポンプ吐出管の構成

176

たがって、CBPおよびHPCP周りの本配管支持構造物強度・設置位置には十分な設計検討が必要である。

また、ポンプ周りに設置される弁類についても振動における対策（支持装置設置等）が必要となるかを検討する。

4.12.1　復水ポンプ吐出管

本配管は、復水ポンプから復水ブースタポンプまでの配管で、復水ポンプ以降、復水前置ろ過器、復水脱塩装置、グランド蒸気復水器（GSC）を経由して、復水を復水ブースタポンプへ送水するものである（図4.15）。

(1) ポンプの運用形態（50％×3台、50％×2台、100％×2台、100％×1台）を確認する必要がある。
(2) 復水ブースタポンプのNPSHを確保する。
(3) 復水前置ろ過器、復水脱塩装置を設置する場合は、最高使用圧力を考慮して機器配列を決める。
(4) 配管の圧力損失は、復水ポンプ要項決定根拠書に記されている値を超えない範囲とする。

4.12.2　復水ブースタポンプ吐出管

本配管は、復水ブースタポンプから脱気器までの配管で、復水ブースタポンプ以降、脱気器水位調節弁、低圧給水加熱器を経由して、脱気器へ復水を送水するものである（図4.16）。

(1) ポンプの運用形態（50％×3台、50％×2台、100％×2台、100％×1台）を確認する必要がある。
(2) 復水ろ過装置、復水脱塩装置を設置しないプラントでは、復水ポンプのみ設置の場合がある。

この場合の復水ポンプは、復水ブースタポンプの機能（揚程）を有することになる。亜臨界圧プラント、循環ボイラの場合は、復水脱塩装置を設置しない場合が多い。
(3) 配管の圧力損失は、復水ブースタポンプ要項決定根拠書に記されている値を超えない範囲とする。

4.12.3　復水再循環管

本配管は、グランド蒸気復水器、復水ポンプ、復水ブースタポンプの最小必要流量（ミニマムフロー）を確保する目的で設置される（図4.17）。

- 復水器真空保持中におけるタービングランド蒸気排気（SPE）の回収のため、グランド蒸気復水器（GSC）／グランド蒸気排風機（GSE）を運転することから、グランド蒸気復水器への最小必要流量の復水を確保する。
- 復水ポンプ、復水ブースタポンプの最小必要流量（ミニマムフロー）の供給も兼ねる。

(1) グランド蒸気復水器水室内のバイパス方式（オリフィス方式、スプリング式内蔵弁方式）により、ミニマムフロー量が異なるため、容量決定に際しては確認をとる（内蔵弁方式が望ましい）。

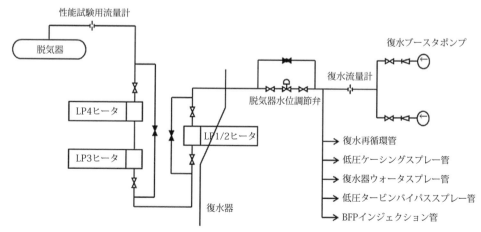

図4.16　復水ブースタポンプ吐出管の構成

第7章　火力・原子力発電プラントの配管レイアウト

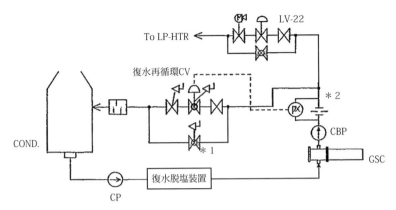

図4.17　復水再循環管の構成

(2) 復水再循環系統は、グランド蒸気復水器（GSC）、復水脱塩装置の下流側より分岐させる。

(3) DSS（Daily Start Stop）運用プラント等において、復水ブースタポンプ停止状態での真空保持運用がある場合は、復水ポンプ1台でミニマムフロー量を確保できるか、の検討をする。

4.12.4　復水スピルオーバ管

本配管は、復水管から補給水タンクまでの配管で、プラントサイクル内の状態変化に伴い、復水器水位高の際に、余剰の復水を復水器から補給水タンクへ回収し、復水器水位を下げる。

ただし、系統からのブロー、リーク等により、保有水量が減少することはあっても、増加することはほとんどなく、起動時等に、他ユニットから補助蒸気の供給を受ける場合を除いては稀である（図4.18）。

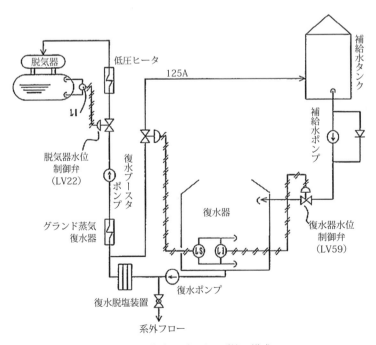

図4.18　復水スピルオーバ管の構成

(1) 復水系統の必要圧力（脱気器への送水、復水ポンプ／復水ブースタポンプ吸込・吐出圧力、各種スプレー水管必要圧力）を確保でき、復水器水位高を解消できる容量（流量）とすることが必要である。
(2) 滞留水対策を考慮する（一般にポリエチレンライニング管（ステンレス管の場合もある）を使用する）。
(3) 復水スピルオーバ管は、動作することがほとんどないために設けない傾向にある。ただし、補助蒸気の供給を受ける場合には、ユニット停止時に必ず動作することから、設けない場合には、代替方法（復水器水位高の際の系外ブロー等）を予め考慮する。
(4) 補給水タンクが無い場合は、接続先に注意が必要である。

4.12.5 復水器補給水管

補給水タンクから復水器までの配管で、復水器の水張、復水器水位低の際に復水器に復水を供給するものである（図4.19）。

(1) 常用の補給水は、補給水ポンプをバイパスする管路により、補給水流量計、復水器水位調節弁を経由して復水器に給水される。
(2) 水張りラインは、補給水ポンプのNPSH、およびミニマムフロー管の有無を確認する。
(3) 上記概略系統は概念的なものであり、実際には、補給水タンク（共通設備）の運用、軸冷補給水ポンプの設置、水張系の考え方、等を確認をしておく必要がある。
(4) 補給水タンクは、共通設備として、数ユニットに供給可能な場合が多い。数ユニットを一定間隔（例えば3ヶ月）で建設する場合、一方のユニットは水張準備、他は据付工事中の場合もあるため、捨弁（ユニット間の縁を断つ弁）の検討もしておく。

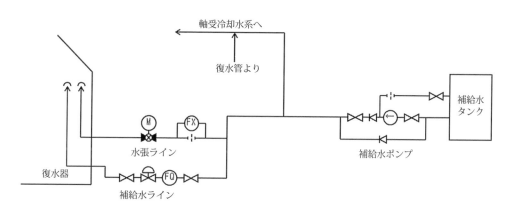

図4.19 復水器給水管の構成

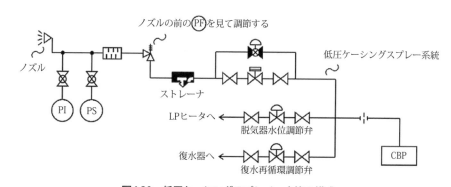

図4.20 低圧ケーシングスプレイー水管の構成

4.12.6 低圧ケーシングスプレー水管

本配管は、復水管から低圧最終段出口に設けられたスプレーノズルまでの配管で、蒸気タービンの無負荷および低負荷時の排気室温度上昇防止のため、スプレーノズルにスプレー水を供給するものである（図4.20）。

無負荷および低負荷時においては、羽根出口部では乾き域となり、回転風損も加わり排気室温度は上昇する。羽根およびゴム製伸縮継手（低圧タービンと復水器、抽気管との接続部）の保護、ケーシングの変形防止、アライメント変化防止のために設けられる。

(1) スプレー調節弁には、バイパス系を設ける場合がある。
(2) スプレー調節弁は高差圧となりやすいため、振動騒音対策（減圧部のオリフィスによる分散化等）を考慮する。
(3) 長時間の連続スプレー動作とならないよう、最低運用負荷や制御方式を考慮して設定する。

4.12.7 復水器ウォータカーテンスプレー水管

復水管から復水器上部本体内に設けられたスプレーノズルまでの配管で、復水器へ流入する高温蒸気の冷却および復水器の保護のため、スプレー水を供給する（図4.21）。

復水器上部本体内に流入するボイラ蒸気系の高温・多量の蒸気、ドレン等にスプレーし、蒸気を冷却すると共に、ゴム伸縮継手の保護、および低圧タービンへの上昇流れを防止する。

復水器チューブ外側の洗浄を行う場合にも使用する場合があり、この場合は、スプレーノズルの配置がチューブ全数に水がかかるように配置される。

(1) 復水ポンプおよび復水ブースタポンプの仕様、配管、復水脱塩装置等のシステム構成、圧力損失を考慮し、プラント運用上支障ないようにスプレーノズル圧力、調整形式、調節弁を選定する。
(2) プラントの運用状態の変化等により、ウォータカーテンスプレー水量が満足できなくなった場合、例えば、復水ブースタポンプ吐出圧力が規定圧力以下になった場合、高温流体の流入による復水器の損傷を防止するため、高温流体の復水器入口弁を全て閉める。

4.12.8 低圧タービンバイパススプレー水管

本配管は、復水ブースタポンプ吐出管より減温器入口部にスプレー水を供給して、低圧タービンバイパス蒸気を飽和温度まで冷却する目的で設置される（図4.22）。

(1) スプレー水調節弁は急開、急閉作動となるのでウォータハンマーを発生しやすい。軸方向振動防止を考慮する。
(2) 調節弁〜減温器間は、バイパス管からの熱伝達により温度上昇するため、最高使用温度の決定に注意が必要である。
(3) 調節弁〜減温器間の温度上昇によるバイパス弁リーク対応として、調節弁下流のスプレー管に逆止弁の設置を検討する。

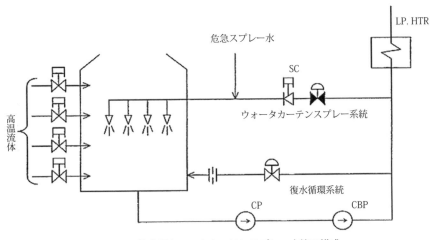

図4.21　復水器ウォータカーテンスプレー水管の構成

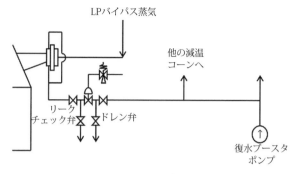

《コーン型》

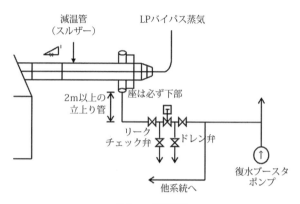

《チューブラ型》
図4.22 低圧タービンバイパス管の構成

4.12.9 脱気器降水管

本配管は、脱気器からBFPブースタポンプまたはボイラ給水ポンプ（BFP）までの配管で、脱気器に貯えられた復水を、BFPブースタポンプまたはボイラ給水ポンプ（BFP）へ送水するものである（図4.23）。

(1) 脱気器〜BFPブースタポンプ〜BFPの過度応答解析を行い、プラントトリップ時、等にBFPブースタポンプの吸込圧力（必要NPSH）が確保されることを確認する。
(2) 脱気器降水管管路が短くなるように、BFPブースタポンプの配置計画を考慮すると共に、配管は空気溜りのない（急な）下り勾配とし、極力曲がりも少なくする。

4.12.10 脱気器再循環管

脱気器降水管から、脱気器再循環ポンプを介して復水管（脱気器入口）までの配管で、
- プラント起動時のクリーンアップによる、ボイラ給水の早期脱気

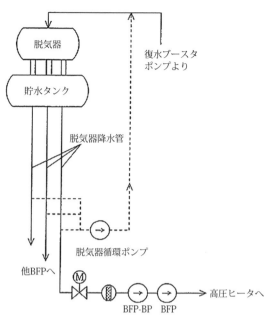

図4.23 脱気器降水管の構成

- プラント過渡時における脱気器降水管、脱気器入口復水管内の安定（含、フラッシュの防止、ウォータハンマーの防止）のために、脱気器降水管〜脱気器入口復水管〜脱気器を循環させ、脱気器の水位低下を抑制させること目的として、設置される配管である（図4.24）。
(1) 復水管への接続は、脱気器入口の復水流量計および逆止弁の下流側とする。
(2) 復水管への接続点は、脱気器再循環水の飽和圧力以上が確保できる個所とする。

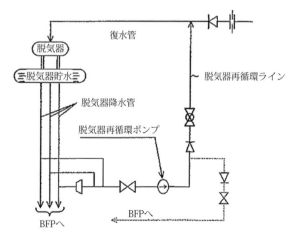

図4.24 脱気器再循環管の構成

(3) 脱気器再循環ポンプ吐出弁は、ポンプ過流量を防止するために、流量調節または流量設定が可能な弁（玉形弁等）とする。

※近年、石炭火力で起動停止回数が少なく、起動時間がそれ程速くなく、負荷変化率が遅いプラントで、FCB機能を有していないプラントでは、早期脱気の必要もないことから、脱気器再循環管を設置していない。過渡的な対応としては、T-BFPブースタポンプをプラントトリップ時等に起動（停止した場合は再起動）させ、BFPブースタ／BFPミニマムフロー管を介して脱気器まで給水を循環させ、脱気器降水管内のフラッシュの発生を抑えている。

4.13 給水系配管

給水系配管は、ボイラ給水ポンプ（BFP）により昇圧された給水を高圧給水加熱器を通過することにより昇温し、ボイラまたは原子炉に給水するものである。

また、BFPの周りの配管には、BFPミニマムフロー運転用配管やウォーミングのための配管が配置される。

(1) 給水系配管は、内部流体圧力が高いため、配管肉厚も厚いものとなっており、コストウエイトもタービン系配管の中で高いものに位置される。したがって、圧力損失面において配管を最短にてルーティングするだけでなく、コスト面においても最短ルートでの計画が要求される。

(2) 本配管には、復水系配管と同様にプラント性能・機能保障・安全性面から給水流量計が設置される場合がある。この流量計は非常に重要度が高いものであることから、流量計前後の直管長さは十分確保する必要がある。

(3) BFP出口配管は、ポンプ停止系列側ラインにて、その配管形状等により、ポンプ吐出逆止弁と止め弁間に低温水が閉じ込められ（ポンプ停止につき、逆止弁・止め弁共に閉状態）、その後合流する他系列側吐出配管に流れる高温水の熱伝達により、先に記載した弁間の低温水が温められ、内部流体が異常昇圧を起こすことがある（図4.25）。

このような状況が予想される場合は、弁設置

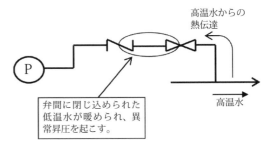

図4.25 ポンプ出口部での異常昇圧

部配管レベルを下げるとか、異常昇圧を起こす可能性がある配管に逃がし弁を設置するとか、止め弁自体にバランスホールを設けるとかの対策が必要となる。

(4) ポンプミニマムフローラインについては、BFPにより昇圧された水を復水器の真空域まで、減圧弁および減圧オリフィスにより減圧を行うこととなり、弁およびオリフィス前後にて振動現象が発生し易いので、配管サポート等による振動対策を行う必要がある。

(5) 給水再循環ラインについては、各運転モードにより復水器真空域まで減圧を行うこととなり、絞り弁および減圧オリフィスの組合せ設計が重要な要素となる。このラインについても過酷な減圧条件となることから、振動対策の配慮が必要である。

4.13.1 BFP連絡管

本配管は、ボイラ給水ポンプ（BFP）ブースタポンプからBFPまでの配管で、BFPに給水を送水するものである。

BFPブースタポンプとBFPが別置の場合、BFPブースタポンプとBFPが一体（コモンベース）の場合がある（図4.26）。

(1) 連絡管に流量計（オリフィス型）を設け、BFPミニマムフローの制御用に使用する。

(2) クリーンアップを行うBFPブースタポンプ側のラインには、仮設ストレーナを設け、クリーンアップ時のBFPの保護のため、BFP連絡管から高圧給水加熱器入口給水母管への、BFPバイパスラインを設ける（図4.27）。

4.13.2 BFPミニマムフロー管

本配管は、ボイラ給水ポンプ（BFP）吐出から脱

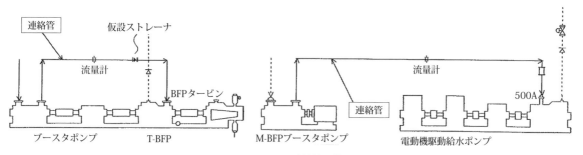

図4.26 BFP連絡管の構成

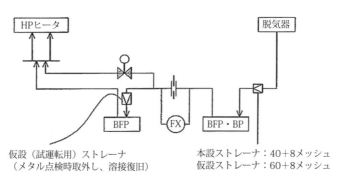

図4.27 BFP連絡管ストレーナ設置

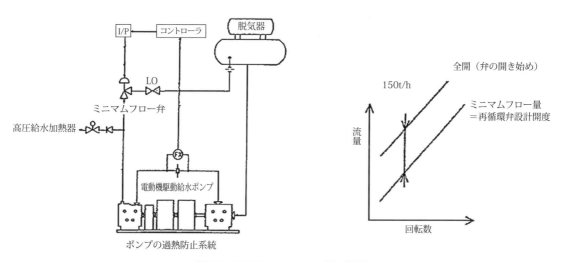

図4.28 BFPミニマムフロー管の構成

気器までの配管で、BFPの最低必要水量（ミニマムフロー量）以上の水量を常時確保することを目的とし設置される（図4.28）。

※ポンプは小水量で運転した場合、設計点とのズレによる損失により、内部温度が上昇し、振動・騒音が大きくなる。とりわけ、高温水を扱い、動力の大きい、ボイラ給水ポンプ（BFP）では温度上昇が大きくなるため、ポンプ側で決まる最低必要水量（ミニマムフロー量）を確保する必要がある。

(1) ミニマムフロー管の取出点は、BFP吐出逆止弁の上流側、位置は配管の水平部または上部とする。
(2) ミニマムフロー弁の後弁は、LO（Locked OPEN：ロックドオープン）とすることが望ましい。

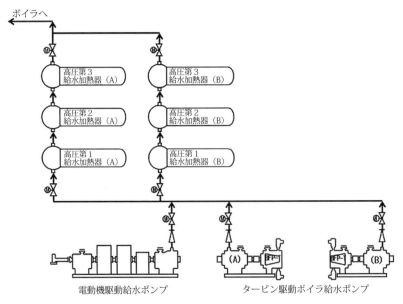

図4.29 高圧給水管の構成

(3) 脱気器入口部に、フラッシュ防止オリフィスを設ける。

4.13.3 高圧給水管

本配管は、BFP（吐出）からボイラ節炭器までの配管で、高圧給水加熱器を経て、ボイラへ給水を送水するものである（図4.29）。

(1) BFPブースタポンプおよびBFPは、組立、分解、運転時（コールド時、ホット時）において、その機能が損なうことがないように、取合点（ノズル部）での許容反力／モーメントを規定している。熱応力計算の結果が許容反力／モーメント内であることを、BFPメーカーと調整・確認する。

4.13.4 高圧給水加熱器バイパス管

本配管は、高圧給水加熱器入口と高圧給水加熱器出口を接続し、高圧給水加熱器の片系列運転またはバイパス運転を行うことを目的に設置される（図4.30）。

(1) 通常運転中はバイパス弁は閉、バイパス運転時に中操からの操作により開とする。
(2) 給水バイパス（カット）後は、抽気を含め、加熱源を全て遮断する。

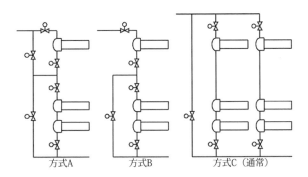

図4.30 高圧給水加熱器バイパス管の構成

4.13.5 脱気器クリーンアップ管

本配管は、脱気器からボイラブロータンクまでの配管で、低圧クリーンアップの一環として、復水器で要求する水質になるまでボイラブロータンク側へ排水する（図4.31）。

※貫流ボイラ採用のプラントにおいては、系統内の水の水質管理がなされている。特にプラント起動時においては、復水器水張り→復水系（低圧）クリーンアップ→給水系（高圧）クリーンアップの手順で、系統内の洗浄と水質の向上が図られる。

(1) ボイラブロータンクへの接続は、ウォータハンマー等を避けるために、可能な限り単独とし、他系統と合流させない。

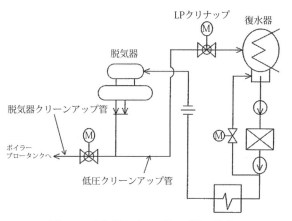

図4.31 脱気器クリーンアップ管の構成

(2) ブロー弁は、脱気器貯水が汚れている時に使用されるため、シートの噛み込みの可能性が大きい。
性能試験前にはリーク状況をチェックし、必要な手入れを行う。

4.13.6 低圧クリーンアップ管

本配管は、脱気器から復水器までの配管で、脱気器を含めた復水系のクリーンアップを行なうことを目的とする。

プラントの起動に先立ち、復水ポンプ、復水ブースタポンプにより循環・ブローしながら、復水管路内を洗浄に有効な流速以上にして金属表面を清浄化し、水質を管理値以内にする（図4.32）。

(1) 系外ブロー系から復水器回収系への切替時、系外ブロー系から復水器への空気の流入防止のため、弁が同時開とならないようにすると共に、復水器の真空破壊対策を図る。
(2) 系外ブロー系／復水器回収切替弁は、流量調節可能なようパラボリック玉形弁とする。取付位置は、ウォータハンマー、フラッシュ等を考慮し、極力復水器近傍に設置する。

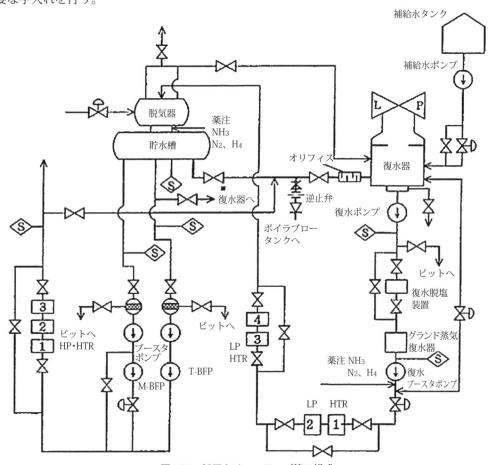

図4.32 低圧クリーンアップ管の構成

(3) 近年は、高圧クリーンアップ管と合流し、ボイラブロータンク側および復水器側へのラインを統合している。

4.13.7　高圧クリーンアップ管

本配管は、最終高圧給水加熱器出口から復水器（初期はボイラブロータンク）までの配管で、脱気器降水管、高圧給水管、および高圧給水加熱器のクリーンアップを行う（貫流ボイラのプラント）（図4.33）。

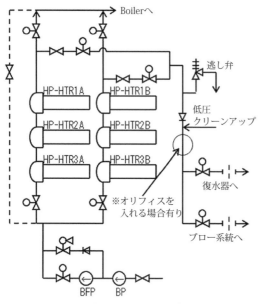

図4.33　高圧クリーンアップ管の構成

(1) Cold起動、Warm起動時においては、高圧クリーンアップが行われるのが一般的である。
(2) BFPブースタポンプの揚程は、一般に高圧クリーンアップ系の圧力損失と同程度であることから、揚程が確保されていることを確認する。
(3) 低圧クリーンアップ管を高圧クリーンアップ管に合流させる場合は、高圧クリーンアップ管元弁のシートリークに備え、合流部上流側に逆止弁を設ける。2系統の分流になるために、下流側の絞り弁、オリフィスは2系統の条件を満たすようにする。

4.14　給水加熱器ドレン系配管

本配管は、給水加熱器等での熱交換により発生したドレンを移送する配管であり、高圧系給水加熱器から低圧系へと順次ドレンを流していくものである。

蒸気タービンからの抽気または他の蒸気が、低圧給水加熱器での復水との熱交換、高圧給水加熱器での給水との熱交換により発生したドレン（飽和水が給水加熱器のドレン冷却部（Drain Cooling Zone）で給水加熱器給水入口温度に近い値まで冷却されている）は、「まだ利用し得る熱量を有している」、「圧力の減少によって容易に再蒸発する」という性質を持っていることから、この性質を考慮してヒータドレン系統が構成される。

ヒータドレン系統は、ヒートバランスに基づいて構成されており、圧力・温度のより高い給水加熱器から低い給水加熱器へ順次流す（カスケード方式）。
- 高圧ヒータドレン系統は脱気器を終点とする。
- 低圧ヒータドレン系統はポンプド・ヒータ（ヒータドレンタンク＋ヒータドレンポンプを付加した給水加熱器）または復水器を終点として、復水・給水系に回収する系統となる（図4.34、図4.35）。

(1) ヒータドレン配管は、
- 「常用ライン」「非常用ライン」の別、「調節弁上流（前）側」「調節弁下流（後）側」の別により、選定基準が異なる。
- 常用ライン：定負荷運転中、系統が正常に制御されている状態で使用されるラインで、プラント寿命の殆どを運転されているライン
- 非常用ライン：プラント起動・停止操作中における部分負荷時、または、定負荷運転中においてもごく短時間の過渡的に使用されるライン

(2) 「非常用ライン」において、
- 低負荷時対応の場合、代行運転・緊急（危急）処理対応の場合とでは、流量の考え方が異なるため、注意が必要である。

(3) 「調節弁下流（後）側」においては、管内を気液二相流が流れることから、配管長さは極力短くする。

(4) 給水加熱器チューブにリークが発生した場合、給水加熱器内のドレン水位は急速に、かつ異常に高くなる。最悪の場合には、蒸気タービンの抽気管を経由して蒸気タービン本体

第7章　火力・原子力発電プラントの配管レイアウト

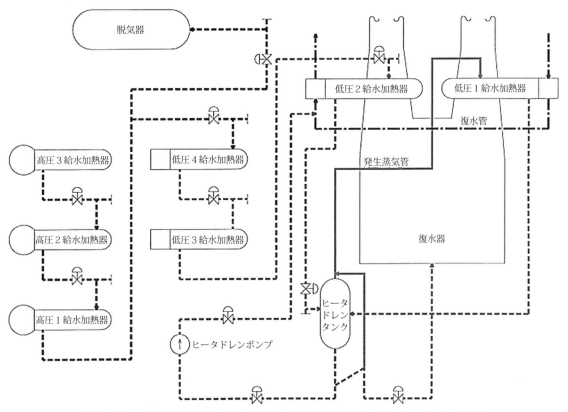

《低負荷時、高圧系を低圧系に回収、低圧第１給水加熱器がポンプド・ヒータ（ＡＲ形）》
図4.34　給水加熱器ドレン管の構成

への水流入（ウォータインダクション）という重大事故につながる。

ウォータインダクション対策に関しては、ヒータドレン系統のシステムのみならず、蒸気タービンの構造、運転、およびプラント全体設備等、広域に亘って考えられている。

(5) クリーンアップは、給水の系外ブロー、循環流動による濁度成分の除去、薬液注入による腐食抑制、pH管理、等がその主なものである。

ヒータドレン系統の系外ブローは、抽気管、給水加熱器胴側、ヒータドレン管をクリーンアップするための操作であるが、中でも特に、給水加熱器加熱管表面に存在する鉄錆等を除去・排出することを主たる目的としている。

ドレン系統の基本形のポイントは次にある。
高圧ヒータドレン系統または低圧ヒータドレン系統の１系列毎に、給水系統への回収前に、少なくとも１ヶ所以上で系外ブローができること。

ヒータドレン系統のクリーンアップは、蒸気タービンを起動、併入後に行われることから、プラントは前の状態に引戻すことできない状態にあり、ヒータドレンの給水系統への回収はそのままボイラ給水となるため、系外ブローを十分に行い、不純物を給水系に持込まないようにする。

(6) 給水加熱器ドレン系配管の内部流体は、飽和水または、飽和水に変化し易いサブクール水であることから、通常運転時の飽和蒸気の巻き込み、または過渡運転時の急激な機器内減圧により内部流体であるドレンがフラッシュ現象を起こし易い。その結果、管内は飽和蒸気と飽和水の２相流状態となり、数々のトラブルが発生し易い状況にある。このことから、本配管のルート計画については、細かい配慮と設計経験が必要となってくる。

第7章 火力・原子力発電プラントの配管レイアウト

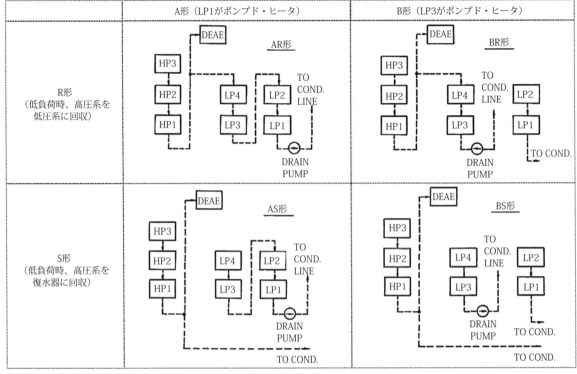

図4.35 ヒータドレン管ドレンポンプ構成

(7) 上記の通り、本配管内流体は非常に不安定な状況にあることから、次の項目について詳細検討が必要である。

① 流動状況：

・管内を満水として流れるか。
ドレンタンク出口配管の様に、ドレンタンク水頭圧力が加わる流れでは、水頭圧により管内ドレンは飽和圧力に対し高めの圧力状態となり、配管内部で満水状態での流動となる。

・管内に液面を保有した流れとなるか。
蒸気が凝縮し水頭無しで流れるドレンは、飽和状態にあり、多少の圧力降下によりフラッシュ現象が発生する。飽和状態にある管内ドレンは重力に従った流れであるが、フラッシュ現象により発生した蒸気は、それと逆に上流側に向かおうとする（ドレンクーリングゾーンを持たない給水加熱器からドレン冷却器までの配管内部ドレンは、本状態にある）。本状態にあるドレン配管は、フラッシュ蒸気による気相の通り道が閉塞されない様に配管口径を広げ、液面を持つ流動状態にしてやる必要がある。

・飽和蒸気・飽和水の二相流となるか。

途中に調節弁が設置され、復水器に接続されるドレン配管については、調節弁による圧力降下により内部ドレンが減圧されフラッシュ現象が発生し、飽和蒸気と飽和ドレンの二相流れを形成する。

② ハンマー現象：フラッシュにより発生した気相が液相部にぶつかり急激に凝縮を起こすとウォーターハンマーが発生する。このハンマー現象は、配管装置または機器類の損傷を引き起こす可能性がある（図4.36）ので、ハンマー現象をなるべく発生させぬ様なルート計画または発生した場合の振動対策が必要である。

③ フラッディング：管内に液面を持つ流れの場合、機器出口部等においてその流れと逆流する蒸気流量が多い場合、ドレンの流れが妨げられ下流に流れないという現象が発生する。これをフラッディング現象と呼ぶ。
これを防止する対策として本ドレン配管が接続される上流・下流機器類の減圧速度が同じになる様に機器バランス管口径を上げることが考えられる。

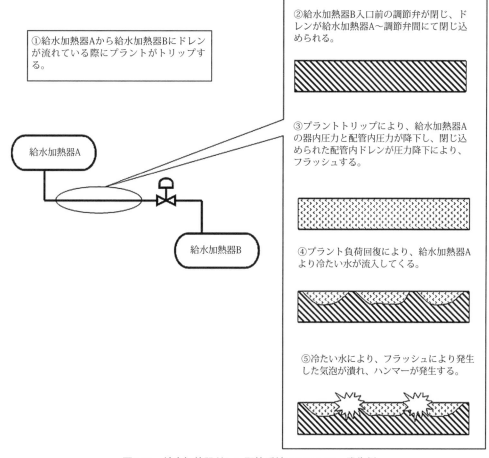

図4.36　給水加熱器ドレン配管系統でのハンマー発生例

4.14.1　ヒータドレンポンプ吐出管

本配管は、ヒータドレンタンクから復水管までの配管で、低圧ヒータドレンを復水系へ熱回収するために、ヒータドレンタンク内のドレンを復水管に戻すものである。

ヒータドレンタンクには、SAH（蒸気式空気予熱器：Steam Air Heater）ドレン、SC（蒸化器：Steam Converter）ドレンのようなボイラ系ドレンも回収され、復水系に戻されることもある（図4.37）。

(1) ヒータドレンポンプは、低圧給水加熱器の系列数に等しい台数を設置する（1系列1台）。
(2) ドレンタンクへ戻るミニマムフローラインを必ず設ける。
(3) サンプリング管はミニマムフロー管に設ける（復水器へのドレン回収時を考慮）。

4.14.2　ヒータドレンタンク発生蒸気管

本配管は、ヒータドレンタンクからポンプ・ヒータまでの配管で、ヒータドレンタンク器内圧が、ポンプド・ヒータ器内圧と等しくなるようにすることを目的に設置される（図4.38）。

(1) ヒータドレンタンク器内は、ボイラからのドレン（SAHドレン、SCドレン、等）が回収され、内部流体エンタルピがポンプ・ヒータより高くなると、ヒータドレンタンクより飽和蒸気が、ポンプド・ヒータへ流入する。この条件で配管口径を選定する。

※ヒータドレンタンクへ低圧ヒータドレンを回収する際に、ヒータドレンタンクの器内圧（P1）がポンプド・ヒータの器圧内（P2）より高まり、静水頭差（ΔH）以上になると、ヒータドレンタンクへのヒータドレンの流入は不可能となる。

第7章 火力・原子力発電プラントの配管レイアウト

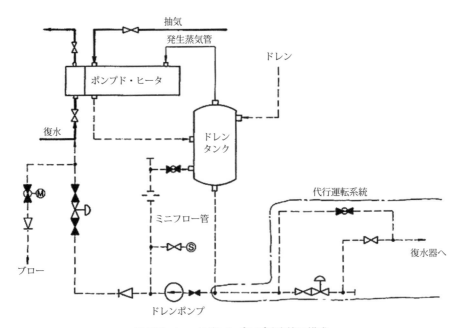

図4.37 ヒータドレンポンプ吐出管の構成

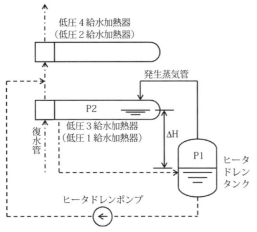

図4.38 ヒータドレンタンク発生蒸気管の構成

4.15 給水加熱器ベント系配管

給水加熱器ベント系配管は、給水加熱器に流入した不凝縮ガスを復水器に排出するものである。

また、給水加熱器のチューブリーク発生時に加熱器自体の異常昇圧防止を目的に逃がし弁を設置しており、この下流配管もベント系配管として復水器に接続されている。

(1) 本配管は復水器に接続されるため、途中に流量制限用オリフィスを設置することとなる

が、オリフィス下流側が高速流となることから管内面にエロージョン現象が発生する。このため、オリフィス下流配管に対エロージョン対策材を使用したり、流れになるべく偏流を発生させない様なルート計画が必要である。

(2) 内部流体が飽和蒸気または飽和蒸気に近い状態の蒸気であることから、管内部にてドレンが発生し易い。よって、ルート計画上ドレン溜まりができない配管形状とする必要がある。

4.16 軸受冷却水配管

軸受冷却水配管は、発電所に設置されるタービン、発電機、BFP-T（ボイラ給水ポンプ駆動用タービン）、ポンプ類、補機類の軸受油、発電機水素ガス冷却器等の各種冷却器、各種モータ類を冷却するために、一定温度（通常は35℃）の純水（淡水）を供給する系統配管である。

系統構成の方式には、クローズドサイクル形（密閉サイクル形）、オープンサイクル形（開放サイクル形）がある。

- クローズドサイクル形（密閉サイクル形）
  軸受冷却水ポンプの押込圧確保用にヘッドパイ

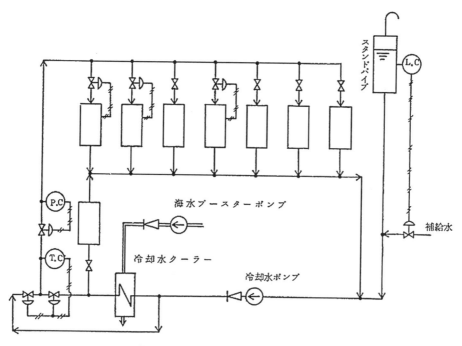

図4.39　軸受冷却水管の構成（密閉型）

プ、又はスタンドパイプを設け、密閉循環により冷却水を供給する。軸受冷却水ポンプは、一般に横形である（図4.39）。

- オープンサイクル形（開放サイクル形）
地下に冷却水を貯蔵する開放タンクを設け、開放タンクを介して冷却水を供給する。軸受冷却水ポンプは、一般に立形である（図4.40）。
以前はオープンサイクル形も多く採用されていたが、現在は軸受冷却水系統内の水質の管理、システムの信頼性の面で優れているクローズドサイクル形の採用が多い。
被冷却機器は、次のように大別される。
- タービンおよび発電機関係機器
  ※主な機器は、各補機の軸受油を冷却するための油冷却器
- 空気圧縮機等の共通設備関係機器
- ボイラおよび排煙処理設備関係機器

(1) 被冷却機器が必要とする流量および管内標準（制限）流速を用いて、配管口径を決める。
軸受冷却水系統においては、各被冷却機器への冷却水流量を、可能な限り定格（必要とする）流量に合わせる。特に、被冷却機器の入口（または出口）に、温度調節弁を単独に設置していない場合は、機器・配管の圧力損失に見合う分の冷却水が流れ、冷却水の過不足が生じることから、水力勾配線図を作成し、軸受冷却水系統全体の流量バランスの検討を行う。

(2) クローズドサイクル形（密閉サイクル形）
被冷却機器より高い位置に、冷却水タンクまたは軸冷ヘッドパイプ（スタンドパイプ）を設置し、軸受冷却水ポンプにより軸受冷却水を循環させる。系統全体に静水頭圧が加えられているため機器での水切れの心配がなく、軸受冷却水の流量調整も機器入口側で行うことができる。
また、冷却水ポンプも横形が採用できるために、振動などの不安要素も減少する。
なお、建設後の試運転時に、系統内に残った異物が軸受冷却水ポンプへ戻ってくるために、ポンプ吸込側に必ず仮ストレーナを設置する。

(3) オープンサイクル形（開放サイクル形）
地下に開放形のタンクを設置し、冷却水を貯蔵、軸受冷却水ポンプにより冷却水を循環させる。

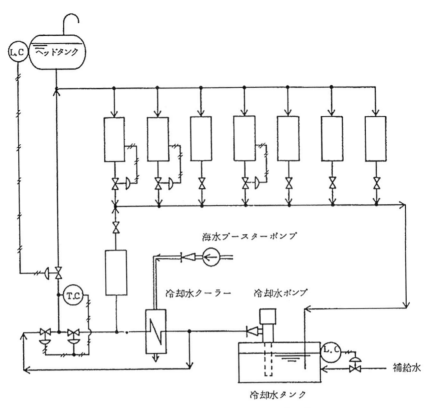

図4.40 軸受冷却水管の構成（オープン型）

各機器出口側は大気開放状態となるため、水切れの心配があり、機器内を充満させる対策として、
- 機器出口側配管を機器より高く配置する
- 軸受冷却水の流量調整は機器出口側で行う

等の配慮が必要である。

(4) 軸受冷却水の制御

被冷却機器にとっては、軸受冷却水温度が一定であることが望ましい。さらには、圧力も一定であることが、過流量防止等の系統設計を行うに当っては望ましい。

- 温度制御：一般に温度調節弁を設けて、冷却水冷却器を出た軸受冷却水（冷水）と、冷却水冷却器をバイパスした軸受冷却水（温水）を混合し、常に一定温度（例：起動時30℃、通常時35℃）の冷却水を供給する。温度調節弁により、1次冷却水の温度が変化した場合、負荷変化により冷却水出口温度が変化した場合にも、各機器入口の冷却水温度は常に一定であるために、各機器での温度制御が容易である。なお、低い温度の冷却水を必要とする機器については、冷却水冷却器出口の冷水を直接使用する。

- 圧力制御：軸受冷却水ポンプの運転台数、負荷により軸受冷却水圧力が変動し、これに伴い各機器を通過する軸受冷却水量も変動する（機器に対しては好ましくない状態で不適合を招く恐れがある）。

圧力制御としては、軸受冷却水系統中の主要被冷却機器が必要とする軸受冷却水を流すに必要な圧力差を基準として、軸受冷却水供給母管と戻り母管の圧力差が一定となるよう、冷却水流量を調整する。

(5) 水力勾配線図

軸受冷却水系統の冷却装置においては、冷却水温度が一定であることが望ましい。更には、圧力も一定であることが、各機器への必要流量の確保（流量バランス）、ポンプ過流量防止等、システム設計を行う上で望ましいものである。

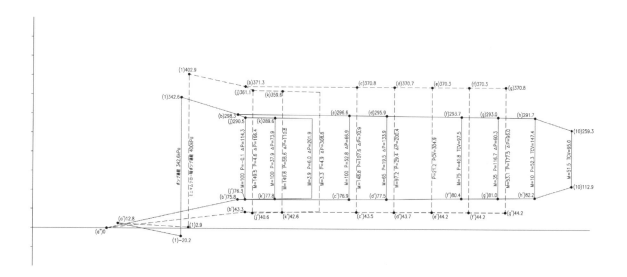

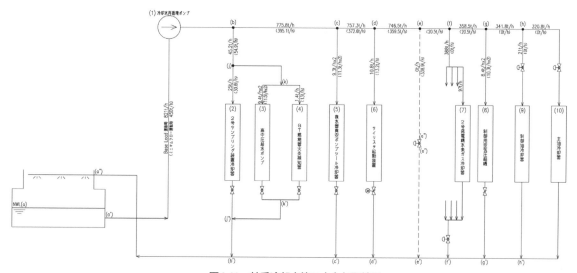

図4.41 軸受冷却水管の水力勾配線図

軸受冷却水系統においては、各々の被冷却機器への冷却水流量を可能な限り定格流量に合わせることが必要（理想）である。

主油冷却器、発電機冷却器のように、一般的に温度調節弁を設置している系統は問題ないが、調節弁不設置の系統においては、圧力損失に見合う分だけ冷却水が流れてしまい、冷却水の過不足が生じる。

水力勾配線図は、軸受冷却水系統全体の流量バランスをとるために作成するもので、圧力値をグラフ化して、圧力損失の大きい系統を基準として、各系統の絞り弁の差圧を決定するものである（図4.41）。

4.17 循環水配管

循環水配管は、復水器で蒸気タービン排気との熱交換を行わせるための冷却水（一般には海水）を供給する系統配管で、取水口より循環水ポンプにより復水器（水室）に送水し、放水路に排出する。

また、冷却水冷却器の1次冷却水（一般には海水）を復水器入口側循環水管から取水し、復水器出口側循環水管に放水する。

機器としては、復水器に冷却水（海水）を供給するための循環水ポンプ、軸受冷却水と冷却水（海水）を熱交換するための冷却水冷却器、復水器入口側の循環水管から分岐（取水）して、冷却水（海水）の一部を冷却水冷却器に送水する海水ブースタポン

第7章　火力・原子力発電プラントの配管レイアウト

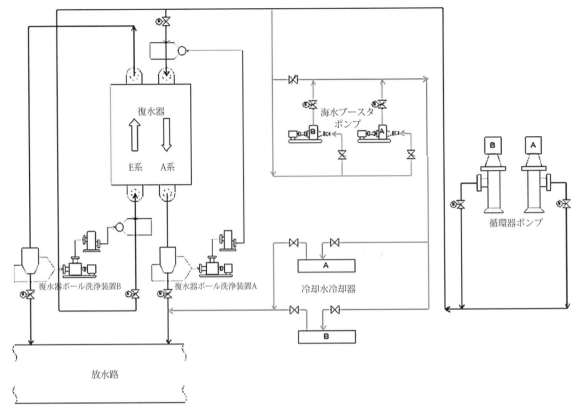

図4.42　循環水管の構成

プ、等により構成される（図4.42）。
(1) 本配管の設計で留意すべき事項は以下がある。
＜システム設計＞
- 過渡現象
- 水撃現象（ウォータハンマー）
- サイフォンリミットの確保
- 循環水ポンプ（CWP）室の水位変化

＜配管設計＞
- 配管ルート、管内外面処理（ライニング管、ボナパイプ）、弁体弁箱表面処理（ゴムライニング）
- 配管サポート方法（含、スラスト反力受、ピット壁貫通部）
- 圧力損失算出の際の管表面粗さ（ε）の採り方

(2) 復水器冷却管洗浄方式
復水器冷却管を清浄にし、復水器性能を保持するために行う冷却管洗浄方法としては、概ね、次の3種類がある。

- 逆洗方式：通常運転中に、復水器冷却管を通過する循環水の流れ方向を逆にする（逆洗運転）ことにより、復水器内部を洗浄する方式で、一般に次の方式がある。
  4方弁切替え（逆洗弁）
  6弁切替え（逆洗）
  7弁切替え（逆洗）
  8弁切替え（逆洗）

- フィルタ方式：目の細かいスクリーン（フィルタ）で取り除き、復水器冷却管内にゴミ、海洋生物を入れないようにする方式で、次の機器がある。
  逆洗フィルタ
  渦流フィルタ

- ボール洗浄方式：復水器冷却管中にスポンジボールを通すことにより、ゴミ、海洋生物を取り除く方式。ボール洗浄方式は、逆洗方式またはフィルタ方式と、組合せて使われることが多い。

194

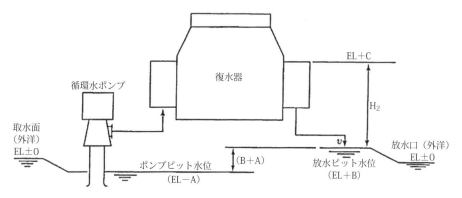

図4.43　循環水管のサイフォンリミット

(3) サイフォンリミット

循環水系統における、循環水ポンプの送水系統は図4.43に示すような系統で構成されている。

この送水系統が成立するためのサイフォンリミット（H2＝復水器水室最上部（EL＋C）－放水ピット水位（EL＋B））は、主に、水中溶存空気の気泡化の点から制限があり、ある値以上には高くできない（水力勾配線図上、循環水ライン最上部の真空値の限度）。

一般的には8.0m程度とされているが、これに余裕を設け制限している。

防止策としては、復水器の設置レベルの関係から、水室最上部（EL＋C）が高くなり、サイフォン高さが8.2mを超えてしまう場合には、次の方策等によりサイフォン高さを8.2m以内にする。

- 復水器位置（レベル）を下げる。
- 放水ピット水位（EL＋B）を上げる（ダムアップ）。

ダムアップした場合は、海水の潮位による影響は取水路側のみとなり、CWPの運転点が変化し、循環水ポンプの実揚程が大きくなるため注意を要する。

以上、タービン系1次系および2次系の主要配管の設計・ルート計画の基本事項について記載して来たが、これらの配管以外の配管についても数々のルート計画時での基本事項・注意事項があることは言うまでもない。

5．まとめ

本章では、火力・原子力発電プラントにおける配管レイアウト・ルート設計に関し記載してきた。

本章に記載されている内容は、配管配置設計における基本的内容であり、設計を行う上で必要な知識は、記載内容以外にも多々ある。

配管設計者は、配管配置設計における知識を習得すると共、実務における経験を十分積んでいくことが重要である。

第8章
火力・原子力発電プラントの配管サポート

1.	配管における支持装置	198
2.	配管系支持ポイント	198
	2.1　支持ポイント決定方法	198
	2.2　アンカーの設定	199
	2.3　サポート設定要領	199
3.	サポート設計時の配管荷重の組合せ	200
4.	配管支持装置種類	201
	4.1　各支持装置と荷重条件での有効性	202
	4.2　配管支持装置選定における基本事項	202
	4.3　各種配管支持装置の概要	204
	4.4　付属金具	219
5.	配管支持装置に使用される材料	220
	5.1　支持装置本体に使用される材料	220
	5.2　配管に付着する支持装置部品の材料	220
6.	配管支持装置選定・設計時の留意事項	221
	6.1　配管支持装置留意事項	221
	6.2　配管応力解析における取り扱い	222
	6.3　振動及び衝撃のある配管での留意事項	222
	6.4　分岐小口径配管の支持方法	222
7.	まとめ	223

第8章　火力・原子力発電プラントの配管サポート

1．配管における支持装置

第7章1項及び後述の第11章1項に記載している通り、各プラントにおける配管系は、配管及びそれに付帯する各装置類（弁類・トラップ・オリフィス・ストレーナ等）の重量を配管の剛性のみで保持することはできず、これら重量を保持する配管支持装置（パイプハンガ、サポートとも称される）を配管経路の途中に設置する必要がある。

各プラントにおける配管系は、内部流体及び周囲環境の温度の影響から、熱収縮・熱膨張という現象を伴うこと、各種機械振動、流体振動、地震時の振動と言う現象も伴い、それらに対し、何れも満足する配管系の設計を行う必要がある。

それらは、第7章、第11章に記載している通り、配管ルーティング設計において、何れも加味した設計を行うこととなるが、配管ルーティングのみで、熱収縮・熱膨張、各振動等の問題を解決するには限度がある。

熱収縮・熱膨張と各種振動と言う、相反する問題を解決する手段の一つとしても、各種配管支持装置を使い分けることが必要となる。

本章では、配管支持装置の種類を紹介すると同時に各支持装置の機能及び使用における要点について触れるものとする。

2．配管系支持ポイント

各配管系及び機器類に支持装置を設置する場合、まず各支持装置類を配管系の何処に設置するかが重要なポイントとなる。

配管支持装置を設置する目的は、前項で紹介した通り、配管系及びそれに付随する機器類の重量を支えることと、地震時等の振動及び管路に作用する各種機械・流体振動及び各種衝撃荷重が配管系に及ぼす影響から保護することにある。

例えば低温配管については、まず、配管系自重を支える様に支持装置を設置するポイントを決定すると共に、地震時等の振動及び管路に作用する各種機械・流体振動及び各種衝撃荷重により配管系に発生する応力を低減させ、それによる破損が生じぬ様に支持装置設置ポイントを決定する。

また、高温配管に関しては、前記低温配管の場合に加え、熱膨張という、相反する荷重条件（極低温配管については、逆に熱収縮の現象が在る）がある。

この場合、自重・地震荷重等により設定された支持ポイントが配管系の熱膨張時のフレキシビリティを阻害し、配管系及び支持装置類・それに接続される機器ノズルに多大な荷重・応力を発生させる場合がある。

以上より、一般に配管系の支持ポイントを決定する際は、相反する荷重条件が隣り合わせにて存在することから十分な考慮が必要となる。

2.1　支持ポイント決定方法

配管系支持ポイント設定のための手法としては、

① 管系応力解析実施によるポイント設定
② 定ピッチスパン法によるポイント設定

がある。

前者の配管系応力解析により支持装置設定ポイントを決める方法は、各種荷重条件（自重・熱膨張・地震・機械及び流体振動等）を配管系に与え、配管系の変位及び発生応力が許容値に入る様に配管支持ポイントを決めるものである。この方法は一般的に解析を要することから労力を費やすが、支持装置類設定ポイントが適性化され、ハードコストを押さえられる利点がある。

後者の定ピッチスパン法によるポイント設定は、自重スパン・振動数基準スパン・応力基準スパン等何種類か存在するが、何れも配管の応力・撓み等を規程値以下に収める様に定められた支持点ピッチ寸法にて配管支持装置を設定するものである。

本方法は、複雑な解析を有しないことから支持ポイント設定時の設計工数を少なくできるが、反面安全設計を狙い過ぎると支持ポイント数が多くなり、ハードコストが上がる欠点がある。また、高温配管

等については、系全体の熱膨張の点から本手法は適さない場合がある。

支持ポイントの決定方法における
①計算機解析による方法
②定ピッチスパン法による方法
の詳細については、第11章7項を参照いただきたい。

以上記載した何れかの方法により、配管支持ポイントを決定することになるが、先に記載した通り配管系には、自重・地震・機械・流体荷重が作用すると同時に、それと相反する配管系の熱膨張・熱収縮という荷重条件が付きまとうために、それらを総合的に満足する様に配管系を支持する必要がある。

これを解決する手段としては、設計時の配管系ルーティングの適性化があるが、配管支持装置類の使い分けも重要な手段の一つである。

2.2 アンカーの設定

アンカーについては、機器ノズル部をアンカーとして扱うことは当然ながら、以前は解析を行う計算機能力の限界から、解析時設定モデルの縮小化を図ることを目的に設定されることが多々あった。

現在においては、計算機能力の飛躍的向上により、計算機能力の点からアンカーを設定することは非常に少なくなっている。

しかしながら、場合により敢えてアンカーを設定する場合がある。以下は、その一例である。

① 配管の重要度区分が異なるポイントの近傍にアンカーを設定し、重要度区分の範囲をなるべく狭くする（工事計画書申請範囲を小さくすることも含める）。

② 運転時の振動等発生に対する防御策として、配管の剛性を高める必要性がある場合、アンカーを設定する。

③ 伸縮継手を含む配管系にて、伸縮継手のバネ定数が非常に小さく、耐震解析時にエラーとなる場合は、その一端をアンカー扱いとする（但し、バネ定数を設定する）。

④ ハード面にて床・壁貫通部等、アンカー構造設計が容易な個所にアンカーを設定する。

⑤ 非常に大きな解析モデルにて、熱膨張と耐震性を満足するサポートポイント決定、サポート種類決定の判断が複雑となる場合、敢えてアンカーを設定し、モデル分割を行い、解析評価を簡易化する。

2.3 サポート設定要領
2.3.1 サポート設定の要求事項

以下にサポートを設定する際の基本要求事項を記載する。

① サポートポイントは、機器に作用する荷重ができるだけ低減される様に設定する。

② サポートポイントを決定する場合は、基本的なサポート構造及び設置スペースが問題無いかを建屋、周囲の配管・ケーブルトレイ・ダクト類、機器等の設置状況を含め確認（3D-CAD等）する。

③ 電動弁、調節弁、ON／OFF弁等の集中荷重のある近傍にサポートを設置する。

また、鉛直配管についても、必ず自重を受けるためのサポートを設置する（必要に応じ耐震性の面からも）。

④ 他配管、ケーブルトレイ、ダクト類が並行して配置されている場合は、共用サポート化を検討する。

但し、配管の耐震クラスが高い場合、または当該配管、他配管にて振動等が予想される場合は、共用化を行わず、サポートを分離する。

⑤ ストレーナ（コーン式配管内蔵タイプ）等で、配管の一部を分解する必要性がある部分に設置するサポートは分解可能な様にフランジまたはボルト接合構造とする。

⑥ サポートの設置性を考慮し、可能な限り壁・床・天井の近傍にサポートポイントを設ける。

⑦ オリフィス・絞り運用弁・調節弁下流については、減圧による配管振動が予測されるので、必ずサポートポイントを設定する。

⑧ 安全弁の2次側については、なるべく近傍に、安全弁吹き出し時の反力受けのサポートを設置する。

⑨ 高温配管部に設置されるレストレイントについては、非拘束方向に対し、配管の熱膨張移動を阻害せぬ様なサポート構造とする（ロッドレストレイント、オイルレスプレート使用等）。

⑩ 高温配管については、配管の半径方向の熱膨張を考慮し、架構タイプレストレイントを設置する場合は、鋼材と配管の間にクリアランスを設ける（図2.1）。

第8章　火力・原子力発電プラントの配管サポート

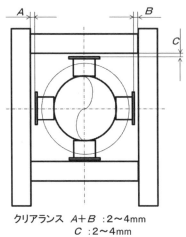

クリアランス　$A+B$: 2〜4mm
　　　　　　　C : 2〜4mm
図2.1　高温配管の鋼材とのクリアランス

⑪ 溶接線及び小口径配管用の座と干渉を避ける様にサポート位置を設定する（原則として、サポート位置は、溶接線より300mm以上離す）。

⑫ 高温配管で、母管の移動量が大きい場合は、小口径配管の分岐部近傍に母管からのサポートを設定する。

⑬ 異なる建屋間に敷設される配管においては、建屋間の相対変位を吸収できる位置にサポートポイントを設定する。

3．サポート設計時の配管荷重の組合せ

各支持装置類の選定及びサポート設計を行う上で、配管系応力解析等にて得られた拘束点反力・モーメントの組合せを行う必要性がある。

以下の配管系応力解析で得られたサポート支持点の反力・モーメント荷重の組合せ例を示す（図3.1）。

尚、鉛直方向をY、水平東西方向をX、南北方向をZとする。

① 地震荷重＝Max（静的地震（X＋Y）、静的地震（Z＋Y）、動的地震（X＋Y）、動的地震（Z＋Y））　　　　　　　　　　　…(3.1)

※1：耐震解析にて、X、Y、Z方向について不利となる組合せとする。

② 建屋間地震相対変位荷重＝Max（相対変位（X＋Y）、相対変位（Z＋Y））　　…(3.2)

※2：地震相対変位解析にて、X、Y、Z方向について不利となる組合せとする。

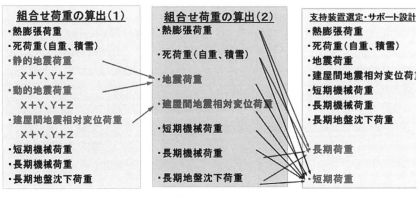

図3.1　サポート設計荷重の組合せ

③ 長期荷重＝Max（｜熱膨張荷重｜、｜死荷重｜、
｜熱膨張荷重＋死荷重｜）＋｜長期機械荷重｜＋
｜長期地盤沈下荷重｜   …(3.3)
④ 短期荷重＝｜長期荷重｜＋｜地震荷重｜＋
｜建屋間地震相対変位荷重｜＋｜短期機械荷重｜
                                    …(3.4)

4．配管支持装置種類

配管支持装置類の使い分けは、配管系に作用する各種荷重条件をクリアーすること及び使用する配管系種類等により決定される。

配管支持装置類は、総称してサポート、またはハンガと呼ばれる。但し、ハンガに関しては、これは広義の意味での呼ばれ方であり、狭義の意味でのハンガ（スプリングハンガ、コンスタントハンガを指す）とは異なるので注意が必要である。

各プラントにおける配管系には、配管及びその付属品を支持する為に当然のことながら支持装置が必要であり、一方、プラントの安全性に対する要求の点から配管系の健全性評価が重視され、耐震設計及び機械振動、流体振動抑制の点からも、配管支持装置は重要な意味を持つ。

各プラントに使用される配管支持装置及びその構造物は多種に渡り、1プラントにおける支持点数は数千ポイントにおよぶ。

プラント設計を行う上で配管支持装置は、その目的により使い分けが必要であり、最低限のポイント数にて適確な機能を発揮するように設計されるべきである。

配管支持装置は大別してハンガ、レストレイント及び防振器の3種類に分けることができる。

ハンガは配管の自重を支える事を目的とした装置、レストレインとは熱膨張による配管の移動を拘束または制限し、且つ地震等による振動を抑制する

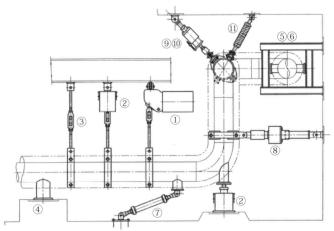

大分類	小分類		熱膨張に対する解析上の取扱い
	名称	用途	
(1) ハンガ (サポート)	①コンスタントハンガ	垂直変位の多い場合 転移荷重を抑える場合	自由
	②スプリングハンガ	垂直変異の少ない場合 荷重変動率が許容される場合	自由 （必要に応じてばね定数を入力する）
	③リジットハンガ	垂直変位が無いか、または無視できる場合	垂直方向、拘束
(2) レストレイント	④アンカ	完全に支持点を固定する場合	固定
	⑤ストップ	指定方向の変位を制限する場合	回転自由、指定方向拘束
	⑥ガイド	指定方向のみ変位を許容する場合	回転自由、拘束、一定軸、自由
	⑦ロッドレストレイント	任意方向の変位を拘束する場合	回転自由、拘束、一定軸、拘束
(3) スナッパ	⑧メカニカル防振器	耐震解析で配管の剛性を上げる場合	自由
	⑨油圧防振器		（耐震解析時のみで入力する）
	⑩油圧緩衝器	安全弁吹出し反力等、一定方向の反力を受ける場合	自由
(4) ブレース	⑪ばね式防振器	配管系の振動を減少させる場合	自由 （必要に応じてばね定数を入力する）

図4.1 配管支持装置種類と使用例
（出典：三和テッキ㈱,「管系支持装置」, 改訂第10版）

第8章　火力・原子力発電プラントの配管サポート

表4.1　配管支持装置種類と代表例

支持装置種別		用途	補足説明	概略形状
ハンガ	リジットハンガ	配管の重量支持	ロッドを使用。ロッドを用いないタイプはリジットサポートと呼ぶ。	ハンガタイプ　サポートタイプ　リジットハンガ　　ハンガタイプ　サポートタイプ　バリアブルハンガ　　コンスタントハンガ
	バリアブルハンガ		コイルばねを内蔵した形式が一般的である。	
	コンスタントハンガ		コイルばねを内蔵した形式が一般的である。	
レストレイント	アンカ	配管の移動の拘束・移動の制限	支持点の完全拘束	アンカ　　1方向ストップ　原子力でのストップ例　ロッドレストレイント　ストップ　　ガイド
	ストップ		ある方向の変位や回転角の制限	
	ガイド		配管軸に直角方向の移動を拘束	
防振器	ばね式防振器	配管の振動抑制	配管の熱変位を許容し振動を抑制する。熱膨張に対する抵抗あり。	一般型　初期荷重型　ばね式防振器　　油圧式防振器　　機械式防振器
	油圧防振器機械式防振器		配管の熱変位を許容し振動を抑制する。熱膨張に対し、抵抗が発生しない。	
付属金具	配管アタッチメント	支持装置を配管・取付台に接続	配管に溶接するタイプと溶接しないタイプがある。	溶接型　非溶接型　配管アタッチメント　　上部アタッチメント　　中間吊り金具　　架構類
	上部アタッチメント		支持装置本体と取付台の接続に用いるのが一般的である。	
	中間金具		吊り棒類	
	架構類		鋼材を組立ててサポート構造にしたものが一般的。	

装置、防振器は機械振動や流体振動・衝撃・地震など配管自重と熱膨張以外の原因で配管が移動または振動する事を抑制するための装置である。

　図4.1に支持装置の種類と使用例を示す。表4.1に支持装置の種類・用途及び代表的な形状を示す。

4.1　各支持装置と荷重条件での有効性

　各配管支持装置の説明を行う前に、各支持装置の配管系作用荷重条件における有効性について説明する。

　各支持装置の荷重条件における有効性を纏めると表4.2のとおりである。

4.2　配管支持装置選定における基本事項

　本項では、配管支持装置を選定し、サポート設計を行う上で、知っておくべく基本事項に関し、解説を行う。

4.2.1　配管支持装置に要求されるトラベル

　配管系は温度上昇に伴い、熱膨脹によって三次元の空間で変位する。この変位の垂直方向、軸方向、

表4.2　支持装置種類と荷重条件

		荷重条件						
		自重	熱膨張	地震慣性力	地震相対変位	機械荷重（衝撃）	振動	風力
ハンガ	リジットハンガ	○	○					
	スプリングハンガ	○						
	コンスタントハンガ	○						
レストレイント	アンカー	○	○	○	○	○	○	○
	レストレイント	○	○	○	○	○	○	○
防振器	油圧防振器			○	○	○		
	機械式防振器			○	○	○		
	ばね式防振器		△			○	○	○

軸直角方向の各成分のうち、一番重要なものは垂直方向の変位である。

一般に熱膨張による変位をトラベル（TRAVEL）と言い、それぞれ
　軸方向のトラベルの成分をTx
　軸直角方向のトラベルの成分をTy
　垂直方向のトラベルの成分をTz
という表現を使用し、Tzをトラベルと言うこともある。

トラベルは座標原点のとりかたにより、その数値を異にするのは当然で、配管設計者は着目する管系の冷間時の中心線（点）を原点にとって、Tx,Ty,Tzを計算し表現するのが一般的であり、配管支持装置は、その取付け位置を原点として、そのトラベルを決定しなければならない。

したがって管系支持装置に要求される最大トラベルは、使用条件や取付け場所を考慮の上、配管系のトラベルとはっきり区別する必要があるので、注意を要する。

図4.2はこの関係を示すもので、同図において、
Oc点　：冷間時の管の中心点
Oh点　：運転時の管の中心点
P点　　：支持装置の取付位置
T　　　：管系のOc点を原点とする総合トラベル
　　　　（Tx、Ty、TzはTのx、y、zの方向の成分）
Lc　　：支持装置の取付位置から冷間時の管中心
　　　　までの距離
Lh　　：支持装置の取付位置から運転時の管中心
　　　　までの距離とすると、

$$T^2 = Tx^2 + Ty^2 + Tz^2 \quad \cdots (4.1)$$
$$Lh = \sqrt{((Lc+Tz)^2 + Tx^2 + Ty^2)} \quad \cdots (4.2)$$
$$Th = Lh - Lc \quad \cdots (4.3)$$

即ち、Thが管系支持装置に要求されるトラベルとなる。

4.2.2　支持装置の荷重変動率

配管の自重を支持するハンガにはその特性によって、コンスタントハンガ、スプリングハンガ、リジットハンガの3種類に区別されるが、その特性として重要な点は、配管の熱膨張によって垂直方向に生ずる運転時変位、冷間時変位が支持力に変化を与えることである。

これを荷重変動率（Variation, Variability）といい、次式で示される。

$$V = |Wh - Wc| / Wd \times 100 \quad \cdots (4.4)$$

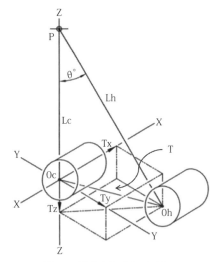

図4.2　要求されるトラベル
（出典：三和テッキ㈱,「管系支持装置」,改訂第10版）

V：荷重変動率
Wh：運転時荷重
Wc：冷間時荷重
Wd：設計荷重

図4.3は配管系の支持点移動量に対する荷重変動率を示したものである。

①のコンスタントハンガはX-X軸と重なっており、荷重変動率は理論上0となる。

⑤のリジットハンガはY-Y軸と重なっており、荷重変動率は無限大となる。

その間に各種変動率のスプリングハンガがあり、一般には、荷重変動率20〜25%程度のものとなる。荷重変動率は個々のハンガ性能表示にも用いられ、その基準値とし、移動量$\delta = 25$mmと決め、Whとしてそのハンガの標準荷重をとることになっている。

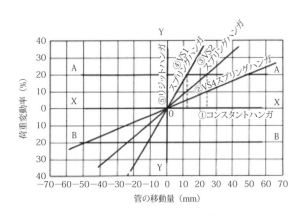

図4.3　各種ハンガの荷重変動率
（出典：三和テッキ㈱,「管系支持装置」,改訂第10版）

4.2.3 転移荷重

今、機器(1)、機器(2)への配管系（A-B-C-D）がある時、運転時に内部流体の熱影響を受け、配管は熱膨張を生じ、A-B'-C'-Dと変形し、支持点EはE'にδだけ変位する（図4.4）。

運転時に配管系の自重をE'点（H-1）のハンガですべて支持するものと設計すれば、端点A、Dには配管系自重は残らないでバランスする。しかし、この時H-1にばね定数Kのスプリングハンガを使用すると、スプリングハンガはその特性からE点とE'点では（K×δ）分の支持荷重差を生じる。配管系自重は変化しないため冷間時に生じた荷重差はA、D点へ負荷されることとなり、合計の支持荷重で配管系自重とバランスする。この生じた荷重差を転移荷重と言う。

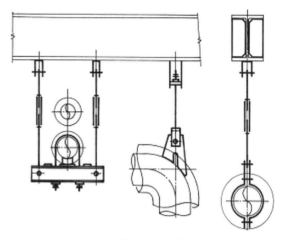

図4.5 リジットハンガ使用例
（出典：三和テッキ㈱，「管系支持装置」，改訂第10版）

また、リジットハンガで配管を下から受けるタイプをリジットサポートとも呼ぶ（図4.6）。

(a) 特徴
　① 配管を支持する装置としては、最も単純且つ安価なものである。
　② よって本サポートを多用化する事により、サポート全体のコスト低減が図れる。
　③ 配管の固有振動数を高め、制振効果が多少期待できる。

(b) 注意点
　① 運転時に上下方向の変位により、サポートに過大な荷重がかかる可能性がある。
　② 運転時に水平方向変位が拘束される可能性がある。
　③ 運転時に上方向に配管が変位すると、リジットハンガが座屈する可能性がある。
　④ 据付誤差により、設計荷重と実際の据付後にリジットハンガが受ける荷重値に差が生じる場合がある。

(c) 対策
　① 上下方向の変位が少ない所に使用する。
　② 水平方向変位については、傾斜角が4°以内となる様に設計する。傾斜角が4°を超える場合はオフセットを考慮し、設計する。
　　※オフセット：配管の熱膨張時移動方向とは逆方向に予めハンガ・サポート設定位置をずらし設置する。
　③ 運転時にロッドに圧縮力が働かない様に

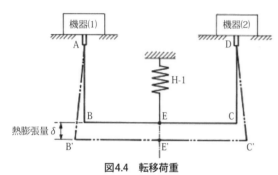

図4.4 転移荷重
（出典：三和テッキ㈱，「管系支持装置」，改訂第10版）

4.3 各種配管支持装置の概要

本項では、代表的配管支持装置類について解説を行なう。

4.3.1 ハンガ

配管自重を支えることを目的とするハンガには、配管上下方向の変位を完全に阻止するリジットハンガと変位を許し変位に比例して支持力が変動するスプリングハンガ及び変位に対して支持力が変動しないコンスタントハンガの3種類がある。

(1) リジットハンガ

上部から吊り形式にて配管を支持し、基本的にロッドを使用するもので、中間にターンバックル等を有し長さが調整可能なものである（図4.5）。

リジットハンガは配管系の熱膨張の上下変位がほとんど無い箇所に使用される。

する。
④ 管据付誤差に対しては、リジットハンガのターンバックルにて寸法調整を行ない、適正荷重を受ける様に設置する。

(2) リジットサポート
リジットハンガに対し、配管下部等から鋼材等により、配管を支持するものをリジットサポートと呼ぶ（図4.6）。

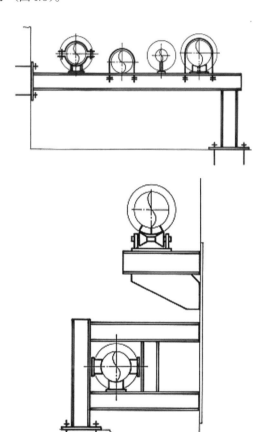

図4.6　リジットサポート使用例
（出典：三和テッキ㈱,「管系支持装置」, 改訂第10版）

(a) 特徴
リジットハンガに同じ。
(b) 注意点
① 配管を下部等から鋼材により支持する場合は、摩擦の影響を考慮する必要がある。
② 熱膨張により配管が上方に移動しない（浮き上がらない）事を確認する必要がある。
③ 据付誤差等により、設計時荷重と実際の据付後の配管荷重に誤差が生じる事がある。
(c) 対策
① 配管またラグプレートと鋼材の間にテフロン板、オイルレスプレート等を挿入し、摩擦力を緩和する。またはローラ支持を行う。
② （熱膨張移動量＋自重移動量）が下方であることを確認する。
③ 配管据付誤差に対しては、リジットサポート部に調整代を設ける設計として寸法調整可能とする。

(3) スプリングハンガ（バリアブルハンガ）
コイルバネをケース内に内蔵したもので、熱変形をする配管系のハンガとしては最も使用頻度の高いものである（図4.7～4.9）。
スプリングハンガとの呼び名は、次項に記載する

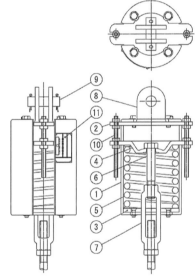

11	インデックスプレート	ALP	
10	ロックボルト	SS400	
9	クレピスピン	SS400	
8	イーヤ	SS400	
7	ターンバックル	S25C	M56以上SS400
6	ハンガロッド	SS400	
5	コイルばね	SUP	線径によって異なる
4	ピストンプレート	SS400	
3	下部カバー	SS400	
2	上部カバー	SS400	
1	ケース	SS400	
品番	部品名称	材質	備考

図4.7　スプリングハンガの構造
（出典：三和テッキ㈱,「管系支持装置」, 改訂第10版）

コンスタントハンガと共に広義の呼び名で使用される場合があり、本ハンガをコンスタントハンガに対し、バリアブルハンガと呼ぶ場合がある。

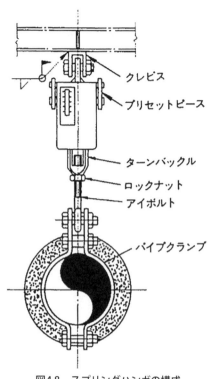

図4.8　スプリングハンガの構成
（出典：三和テッキ㈱，「管系支持装置」，改訂第10版）

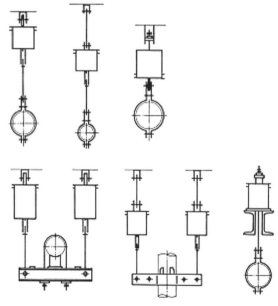

図4.9　スプリングハンガの使用例
（出典：三和テッキ㈱，「管系支持装置」，改訂第10版）

(a) 特徴
① コイルばねをケースに内蔵したハンガである。
② 上下方向の変位を許容しないと配管系の熱膨張応力や機器の反力が許容値を超える箇所に使用される。
③ 熱膨張に応じ内部のばねが伸縮し、支持力が変化する。その為、配管の熱膨張時の抵抗を小さくすることがハンガの性能上好ましく、この性能を表すものを荷重変動率と言う。

荷重変動率とは、配管系の熱膨張前と熱膨張した際のハンガ力の変化を示すものであり、ハンガの抵抗力を表すものである（4.2.2項参照）。

荷重変動率は個々のハンガ性能表示にも用いられ、その基準値とし、移動量 $\delta = 25\,\mathrm{mm}$ と決め、W_H としてそのハンガの標準荷重をとることになっている。

つまり、

$$荷重変動率 \beta = \frac{ばね数 \times 25}{標準荷重} \quad \cdots(4.5)$$

となる。

配管系の支持荷重はプラント運転時と停止時の支持荷重の変動が少ないことが好ましく、荷重変動率が小さいハンガほど性能が良いハンガとなる。

一般には、スプリングハンガでは荷重変動率20～25前後のものが使用される。

(b) 注意点
① 熱膨張に応じて内部のバネが伸縮して支持荷重が変化する。よって、荷重が変化すると配管の熱膨張に対する抵抗が生じる。この程度を表すのが荷重変動率であり、本荷重変動率が小さいハンガほど熱膨張に対する抵抗が小さく、性能が良いものとなる。
② スプリングハンガは前述した通り、停止時と運転時の荷重変動が少なからず発生することから、設置する場所によっては、機器ノズル近傍及びリジットハンガ類にその荷重変動分がかかることとなり好ましい状況でない場合がある。
③ 配管ラインとして振動がある部位に使用する場合、振動を増幅する可能性があるので、

使用時に十分検討を有する。
④ 高サイクル振動を起す配管系に使用するハンガについては、高サイクル振動によりハンガケース等の破損が発生することがある。
⑤ 配管内部流体が気体の場合、本来の設計荷重（通常プラント運転時・停止時）以外に、配管耐圧試験において耐圧水分の余分な荷重がハンガに作用する。
⑥ 機器点検等にて機器側ノズルと配管を切り離す場合、ノズルに負担していた配管自重分の荷重が本ハンガに余分に作用することとなる。
⑦ 据付誤差により、設計時荷重と実際の据付後の配管荷重に誤差が生じる事がある。
⑧ 運転時水平移動量が大きい場合、ハンガが傾斜し、所定の荷重が出ない可能性がある。

(c) 対策
① 荷重変動率は25％以内のものを使用する。
② ハンガ本体の高サイクル疲労を防止する観点から対策品（ハンガケースの溶接止端部が無い物）を使用する。
③ 配管耐圧試験においては、ハンガにプリセットピースを設置し、バネの伸縮を固定する。
④ 配管と切り離す事がある機器ノズル近傍のハンガはユニバーサルロック装置付きとし、バネの伸縮を固定する（図4.10）。

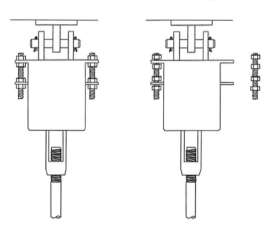

図4.10　ユニバーサルロック装置
（出典：三和テッキ㈱，「管系支持装置」，改訂第10版）

⑤ 据付後にハンガの荷重調整が可能な様に、ハンガ選定時に容量に多少余裕（通常は、ハンガの型番選定をハンガの公称荷重にて選定すれば、最大許容荷重の範囲でカバーできる）を持って選定する共に、現場にてハンガの荷重調整が可能な位置に設置する。現場での荷重調整は設定荷重の±10％以内とする。
⑥ ハンガロッドの傾きは4°以内とする。これを満足できない場合は、据付時にオフセットを取る必要がある。

(4) コンスタントハンガ
コンスタントハンガは、コイルばねをケースに内蔵し、回転アーム機構を利用して支持点の上下方向変位による支持力の変動をなくしたハンガであり、熱変形をする配管系のハンガとしては最も使用頻度の高いものである（図4.11～4.12）。
コンスタントハンガは、指定されたトラベル（配管系の熱膨張時移動量）の範囲内で、配管系が熱膨張により上下移動することに対応し、常に一定の荷重で配管を支持することができるものである。
つまり、先の(3)スプリングハンガの項にて述べた荷重変動率が"0"のハンガということになる。

(a) 特徴
① 支持点の上下移動に関わらず、常に一定の荷重にて配管を支持することができる。つまり荷重変動率が0であり、バネ定数が0のハンガである。
② したがって、スプリングハンガ（バリアブルハンガ）では運転時に配管移動量が大き過ぎ、ハンガの荷重変動（停止時と運転時）が大きくなる箇所については、コンスタントハンガを使用する。

(b) 注意点
① スプリングハンガ（バリアブルハンガ）と比較してハンガ本体寸法が大きくなり、横にはみ出す形状である為、他の配管等の干渉チェックを十分行う必要がある。
② 回転アーム機構であることから、運転時の配管移動方向により、ハンガ本体の取付け方向を決める必要がある。
③ 配管ラインとして振動がある部位に使用する場合、振動を増幅する可能性があるので、使用時に十分検討を有する。
④ 配管内部流体が気体の場合、本来の設計荷重（通常プラント運転時・停止時）以外に、

第8章 火力・原子力発電プラントの配管サポート

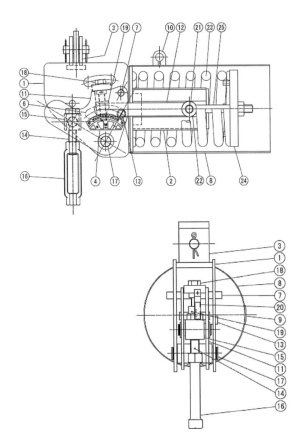

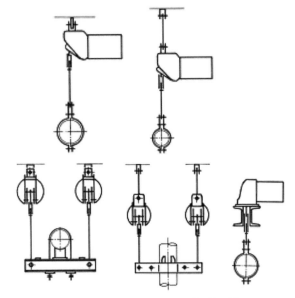

図4.12 コンスタントハンガの使用例
(出典：三和テッキ㈱,「管系支持装置」, 改訂第10版)

25	テンションボルト	SS400
24	スプリングプレート	SS400
23	コイルばね	SPU or SAE
22	ローラ	SS400
21	ローラシャフト	S45C
20	ロードインデックスプレート	ALP
19	荷重調整ナット	SS400
18	荷重調整ボルト	SS400
17	メインシャフト	S45C
16	ターンバックル	S25C or SS400
15	荷重受	FCD400
14	荷重吊下ボルト	SS400 or SCM435
13	トラベルインジケータ	SS400
12	リンクプレート	SS400
11	回転アーム	SS400
10	リフテングラグ	SS400
9	ネームプレート	ALP
8	ばねケース	SS400
7	ロックピン	SS400
6	トラベルストップ	SS400
5	—	
4	トラベルインデックスプレート	ALP
3	上部取付金具	SS400
2	ローラガイド	SS400
1	フレーム	SS400
品番	部品名称	材質

図4.11 コンスタントハンガの構造
(出典：三和テッキ㈱,「管系支持装置」, 改訂第10版)

配管耐圧試験において耐圧水分の余分な荷重がハンガに作用する。
⑤ 機器点検等にて機器側ノズルと配管を切り離す場合、ノズルに負担していた配管自重分の荷重が本ハンガに余分に作用することとなる。
⑥ 据付誤差により、設計時荷重と実際の据付後の配管荷重に誤差が生じる事がある。
⑦ ハンガの支持荷重は指定荷重に調整され、運転開始位置にロックして出荷される。プラントの定期点検に管系の保修を行ない再度水圧テスト等を行う場合は、ハンガをロックしておき、水圧テスト完了後にロックを解除する。
⑧ 長時間運転後においては配管系のリラクゼーションなどで当初の運転開始位置に戻らない傾向があるためロック位置の変動で通常のロックピンではロックにすることがはなはだ困難となる。

(c) 対策
① 配置調整時には配管と同様に本ハンガもプラント配置設計時に入力し、干渉チェックを実施する。
② 配管耐圧試験においては、ハンガにプリセットピースを設置し、バネの伸縮を固定する。

第8章 火力・原子力発電プラントの配管サポート

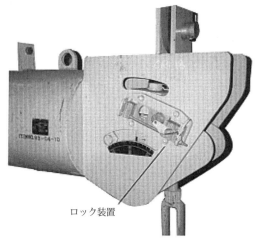

図4.13 コンスタントハンガ永久ロック装置
（出典：三和テッキ㈱,「管系支持装置」, 改訂第10版）

③ 配管と切り離す事がある機器ノズル近傍のハンガは永久ロック装置付きとし、バネの伸縮を固定する（図4.13）。

④ 据付後にハンガの荷重調整が可能な様に、ハンガ選定時に容量に多少余裕（通常は、ハンガの型番選定をハンガの公称荷重にて選定すれば、最大許容荷重の範囲でカバーできる）を以って選定する共に、現場にてハンガの荷重調整が可能な位置に設置する。現場での荷重調整は設定荷重の±10％以内とする。

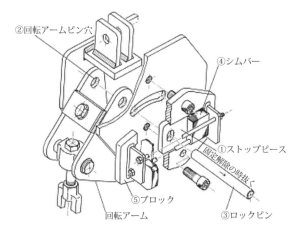

図4.14 コンスタントハンガアーム部機構
（出典：三和テッキ㈱,「管系支持装置」, 改訂第10版）

4.3.2 レストレイント

レストレイントは熱膨張による配管の移動や地震等による配管の移動の拘束を目的としたものであり、拘束方法により、アンカー・ストップ・ガイドの3種類がある。

(1) アンカー

支持点の移動と回転について3次元上における全方向について拘束するものであり、通常はラグ材等を配管に取付け、本ラグ材と形鋼にて形成された架鋼を溶接等により固定したものである。

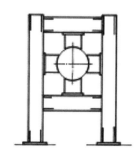

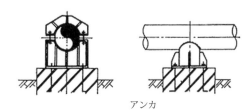

図4.15 アンカーの使用例
（出典：三和テッキ㈱,「管系支持装置」, 改訂第10版）

(a) 特徴

① 自重・熱膨張・地震等全ての荷重条件に関し、支持点の移動と回転を止め、配管をその位置に完全固定する。

② アンカーを使用する事により、アンカー点で分断される2つの配管系を互いの熱膨張から絶縁できる。

③ 配管系の中央にアンカーを使用する事で熱膨張問題を簡明に見通し良くする。

④ 配管系全体の剛性を高める事となり、振動抑制効果が期待できる。

⑤ 機械的振動の有る配管にアンカーを設ける事により、その下流配管及び分岐管への振動伝達が絶縁される。

⑥ 配管の途中にアンカーを設ける事により、配管系解析モデルが分割され、配管系応力解

209

析上における計算機処理能力の問題が解決され、更に配管固有値解析の収束計算が速くなる。
  (b) 注意点
    ① 熱膨張時に完全固定となる為に配管の発生応力及び機器ノズル反力が過大となる可能性がある。
    ② 各荷重条件において、配管側から大きな荷重が構造物に作用するため、構造物の構造が複雑且つ鋼材物量が増加する。
    ③ 上記により溶接部が非常に多く複雑な設計となる。
    ④ 以上より、サポート部品・据付工事において、コストがかかる。
  (c) 対策
    ① アンカー設置前の配管系解析において、熱膨張時の移動量が小さな箇所に設定することにより、配管熱膨張時の発生荷重を減少させる考慮が必要である。
    ② 各荷重の組合せ条件（長期荷重、短期荷重）にて構造物の強度確認を行い、各種規程[※3]を満足する設計とする。
    ③ 溶接部が多い構造となることから、現地施工性を十分に考慮した設計とする。

(2) レストレイント（ガイド・ストップ）
　レストレイントは少なく共、1方向の配管の変位または回転を拘束するものであり、鋼材等を用いた構造物により、構成されるのが一般的である。
　機器のズル部の熱膨張による反力の低減、安全弁の反力受け、配管系自体の自重受け及び耐地震用として使用される（図4.16）。
　配管の管軸方向の移動のみを許容し、その他の方向を拘束するものをガイド、ある一定方向についてのみ拘束するものをストップと呼ぶ場合がある。

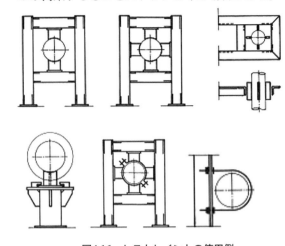

図4.16　レストレイントの使用例
（出典：三和テッキ㈱,「管系支持装置」, 改訂第10版）

  (a) 特徴
    ① 自重・熱膨張・地震等全ての荷重条件に関し、拘束方向のみ固定となる。
    ② 熱膨張の変位を強制的に拘束する際に使用する場合がある。
    ③ 配管系全体の剛性を高める事となり、振動抑制効果がある程度期待できる。
    ④ 振動源から合計3方向拘束すると、その下流側の配管への振動伝達がかなり減少する。
  (b) 注意点
    ① 熱膨張時に拘束方向が固定となる為に配管の発生応力及び機器ノズル反力が過大となる可能性がある。
    ② 配管側から各荷重条件において、大きな荷重が構造物に作用する。
    ③ 溶接部が非常に多い設計となる。
    ④ サポート部品・据付工事において、コストがかかる。
    ⑤ 非拘束方向について、配管またはラグ材と鋼材との摩擦により、非拘束方向を運転時に拘束してしまう可能性が有る。
    ⑥ 配管軸直方向の拘束を行う構造にした場合、熱膨張時の配管軸側方向変位が妨げられることから配管系に過大な応力および近傍サポートに過大な反力が発生することがある。
  (c) 対策
    ① ポイント設定前の配管系解析において、熱

※3：強度確認にて参照する各種規程には、下記のものがある。
　①日本機会学会JSME S NC1「発電用原子力設備設計・建設規格」
　②日本電気協会　JEAC4601「原子力発電所耐震設計技術規程」
　③日本電気協会　JEAC3605「火力発電所の耐震設計規程」
　④ASME SectionⅢ Subsection NF Component Supports
　⑤MSS　SP-58 Support-Materials, Design, Manyufacture, Selection,Application and Installation
　⑥日本建築学会（AIJ）「鋼構造物設計基準」

膨張時の移動量が小さな箇所に設定する。
② 各荷重の組合せ条件（長期荷重、短期荷重）にて構造物の強度確認を行い、各種規程（※3）を満足する設計とする。
③ 溶接部が多い構造となることから、現地施工性を十分に考慮した設計とする。
④ 非拘束方向の摩擦がなるべく少なくなる様な構造設計とする（オイルレスプレートの使用または、拘束方向の配管と構造物の接触面積をなるべく小さくする設計とする）。
⑤ 配管またはラグ材と架鋼鋼材との間に所定のクリアランス（2～4mm）を考慮した設計とする（配管半径方向熱膨張により、配管軸方向非拘束時にラグ材と架鋼鋼材間のクリアランスが無くなり、配管軸方向拘束現象を防ぐ観点から。また、本熱膨張が架鋼鋼材により押さえられ、管内部応力が増大するのを防ぐ観点から）（図2.1、2.3.1項参照）。

(3) ロッドレストレイント
レストレイントの一種であり、通常のレストレイントが鋼材を組んだ構造物により構成されるのに対し、両端に自動調芯用の球面軸受を持ち備えたパイプロッドにより、配管を所定の方向に拘束するもの

である（図4.17～4.18）。

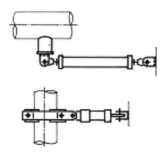

図4.18　ロッドレストレイントの使用例
（出典：三和テッキ㈱、「管系支持装置」、改訂第10版）

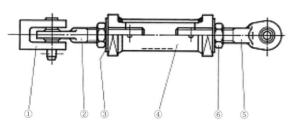

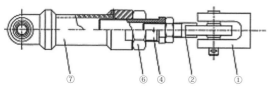

7	コネクティングパイプ	STPG370, SS400
6	ロックナット	SS400
5	アイボルト（左）	S25C
4	ターンバックル	STGP370, SS400
3	座金	
2	アイボルト（右）	S25C
1	ブラケット	S25C
品番	部品名称	材質

図4.17　ロッドレストレイントの構造
（出典：三和テッキ㈱、「管系支持装置」、改訂第10版）

(a) 特徴
① 自重・熱膨張・地震等全ての荷重条件に関し、拘束方向のみ固定となる。
② 熱膨張の変位を強制的に拘束する際に使用する場合がある。
③ 配管系全体の剛性を高める事となり、振動抑制効果がある程度期待できる。
④ 振動源から合計3方向の拘束とすると、その下流側の配管への振動伝達が可也減少する。
⑤ 通常の架鋼架台タイプのレストレイントと比較し、構造がシンプルであり、現地工事での合理化が期待できる。
⑥ 取付け時の長さがロッド部にて調整可能である。
⑦ レストレイントで問題となる配管熱膨張時の非拘束方向の配管摺動性について、球面軸受を持つ事により改善される。

(b) 注意点
① 熱膨張時に拘束方向が固定となる為に配管の発生応力及び機器ノズル反力が過大となる可能性がある。

(c) 対策
① ポイント設定前の配管系解析において、熱膨張時の移動量が小さな箇所に設定する。
② 各荷重の組合せ条件（長期荷重、短期荷重）にて構造物の強度確認を行い、各種規程[※3]を満足する設計とする。
③ 配管の両方向に設置する構造とし、配管に余分なモーメントをかけぬ様にする。
④ 運転時と停止時のロッドの傾斜角差を4°以内とする。これが満足できぬ場合は、予めオフセットを取った設計とする。

4.3.3 防振器

配管系の振動抑制は、レストレイントを適切に取り付け、配管の変位及び回転を拘束し、配管系の固有振動数を高める方法が最も有効的である。

しかし、これらの拘束は同時に配管の熱膨張を拘束することにもなり、機器の反力や配管の熱膨張応力も増加させることとなる。

これらの問題を解決するために使用する装置が防振器である。

(1) 油圧防振器（オイルスナッバ）

地震及び瞬時の衝撃荷重類に対し、配管を一定方向に拘束するものであり、自重及び熱膨張荷重については、非拘束となり変位を許容するものである。

ロッド、ターンバックル、油圧シリンダを有し、一端に自動調芯用の球面軸受けを設けた構造となっており、油圧シリンダ内のピストンにオリフィスを設け、内部の油がこれを高速で通過する時のピストン前後の圧力差を利用したものである。

ピストン速度が遅い時は抵抗力も微小であり、熱膨張時の配管の変位に対しては、ほとんど抵抗力が無いが、ピストン速度が速い時は抵抗力が生じ、地震時等の配管変位に抵抗力を発起する。

抵抗力の発生機構としては一般にはポペット弁、および定オリフィスの2種類が使用されているが大容量や特殊用途の場合は特殊な弁機構を使用する場合がある（表4.3）。

油圧防振器の構造としては、大きく分けて、オイルリザーバー内蔵型（図4.19）と外付け型がある。オイルリザーバー内蔵型は、設置後の給油が不要であるが、オイルリザーバーが外付のタイプでは、設置後の給油が必要である。

(a) 特徴
① 地震時及び瞬時の衝撃荷重（安全弁吹き出し時、ハンマー、サージフォース）に対し、配管拘束方向を固定する。
② 熱膨張及び自重については、非拘束となる。
③ 大きな制振力が得られる。
④ 両端に自動調芯用球面軸受けを持つ為、運転時等の配管に熱膨張変位が発生した場合、スナッバが追従する。

(b) 注意点
① 耐震用と安全弁反力受け用があり、耐震用は衝撃荷重が発生した場合、配管の熱膨張に追従する構造となっているが、安全弁反力受け用は安全弁吹き出し時に配管熱膨張も拘束してしまうこととなる。
② 配管の微振動抑制には効果が少ない。
③ 作動に油を使用している為、作動油の定期的補充および交換が必要である。
④ 作動に油を使用している為、長期間使用により作動不良を発生する可能性がある。
⑤ 熱膨張時の配管変位が防振器圧縮方向であると、ロッドの座屈に対する注意が必要である（レストレイント等で熱膨張移動量分がスティックしており、それが急に解除され配管が動いた場合、ロッドに座屈が発生する可能

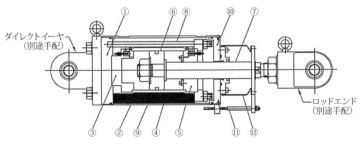

品番	部品名称	材質
6	ピストン	SS400
5	ロッドカバー	SS400
4	シリンダーチューブ	STKM13A又は13C
3	シリンダーカバー	SS400
2	ケーシング	SGP
1	ホルダー	SS400
12	ブーツ	—
11	インジケータ	SUS304
10	ケーシングカバー	SS400
9	アキュームレータ	EPDM
8	タイロッド	SCM435(S45C)
7	ピストンロッド	S45C

図4.19 油圧防振器の構造（オイルリザーバー内蔵型）

（出典：三和テッキ㈱,「管系支持装置」, 改訂第10版）

第8章　火力・原子力発電プラントの配管サポート

表4.3　油圧防振器の型式と特性・性能

型式	ポペット弁型(SN, SHP)	オリフィス弁型(SHR)	チェック弁型(SNS, SHS)
構造図	ブラケット／球面軸受／ポペット弁／パイプクランプ／アキュムレータ(内蔵リザーバ)／ピストン／インジケータ／平面軸受	ブラケット／球面軸受／オイルキーパー／オリフィス弁／パイプクランプ／ピストン／インジケータ／平面軸受	ブラケット／球面軸受／チェック弁／パイプクランプ／アキュムレータ(内蔵リザーバ)／ピストン／インジケータ／平面軸受
容量	●荷重(kN)：3, 6, 10, 30, 60, 100, 160, 250, 400, 600, 1000 ●ストローク：100mm, 160, 250 ●製作範囲：5000kN, 630mm	●荷重(kN)：3, 6, 10, 30, 60, 100, 160, 250 ●ストローク：100mm, 160, 250 ●製作範囲：250kN	●荷重(kN)：3, 6, 10, 30, 60, 100, 160, 250 ●ストローク：100mm, 160, 250 ●製作範囲：250kN
主な用途	耐震用	一般振動防止用、耐震用	安全弁反力受用、その他の緩衝用
特性	配管系の熱膨張によるゆるやかな移動には抵抗力を発生しない。 それ以上の速度で振動した場合(地震ウォータハンマなど)はリジットとなり、振動を防止する。	配管系がある振動数と振幅を持って振動しているとき、そのエネルギーを油圧によって減衰させる。	配管系熱膨張によるゆるやかな移動には抵抗力を発生しない。 安全弁が吹出したときには、ただちにチェック弁が作動し、抵抗力を発生する。
性能	●ピストン移動速度1〜4mm/secの間で抵抗力を発生する。 ●4mm/sec以上では必ず抵抗力を発生する。 ●1mm/sec以下では無負荷作動抵抗力以外の抵抗力を発生しない。	●入力振動速度の2乗に比例した抵抗力を発生する。($F=CV^2$)	●ピストン移動速度1〜4mm/secの間で抵抗力を発生する。 ●4mm/sec以上では必ず抵抗力を発生する。 ●1mm/sec以下では無負荷作動抵抗力以外の抵抗力を発生しない。

(出典：三和テッキ㈱,「管系支持装置」, 改訂第10版)

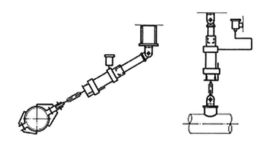

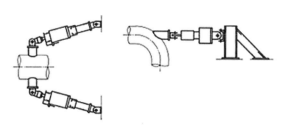

図4.20　油圧防振器の使用例
(出典：三和テッキ㈱,「管系支持装置」, 改訂第10版)

性がある)。
⑥　熱膨張の配管変位量が大きい場合に防振器追従性に注意が必要である。
⑦　地震時に際して、所定の拘束荷重が発揮できるものである必要がある。
⑧　地震時に各部の機械的ガタ付きが問題とならぬ様にする。
⑨　スナッバの受け台として架鋼を組むと、サポート全体の剛性低下により地震時の拘束力が弱まる事がある。

(c)　対策
①　耐震用と安全弁反力受け用のどちらを使用するかにより、配管系熱膨張解析の拘束条件の使い分けが必要である。
②　配管微振動抑制に関しては、後述のばね式防振器の適用を検討する。
③　オイルリザーバー外付けタイプの場合、作動油が補充可能な箇所に防振器本体を設置するか、それが不可能な場合はオイルリザーバーを別置きとして、リザーバー作動油が補充可能な箇所に設置する(リザーバーから防振器本体まで導管が下り勾配となる様に配置する必要がある)。
　　または、オイルリザーバー内蔵型のタイプを使用する。
④　使用に際して、必ず外観点検及び分解点検等のメンテナンスを心掛ける。
⑤　極力、熱膨張時に防振器本体が引張方向となる方向に設置する。
⑥　地震及び衝撃荷重値に対して、適切な定格

213

荷重の防振器を選定する。
⑦ 受け台設計に関しては、十分剛設計となる配慮を行なう。
⑧ 短期荷重にて構造物の強度確認を行い、各種規程[※3]を満足する設計とする。

〔補足〕
油圧防振器の地震時等における抵抗力発生機構には、ポペット弁型、オリフィス弁型、チェック弁型の3種類があり、その性能別用途別概要を表4.3に示す。

① ポペット弁型油圧防振器

ポペット弁型油圧防振器は配管系や機器の熱膨脹による緩やかな移動に対しては小さな抵抗力で追従し、地震などによる振動に対しては所定の抵抗力を発生し、配管や機器を拘束するオイルロックタイプの油圧防振器である。配管や機器が各種の運転条件で発生する荷重に対しても十分に対応するものであるが、その基本性能はポペット弁の作動によるもの

で、引張、圧縮のそれぞれに作動するようシリンダの両側からのバイパス回路に対向に設置されている（図4.21）。

弁はばね力によって常時開の状態になっており、熱移動によって動かされるピストンの移動によって生ずる圧力には打勝って抵抗を発生しない構造となっている。

地震などの振動によるピストンの急激な移動（1〜4mm）の振幅をもつ振動変位に対して弁が油圧により閉の状態となり抵抗力を発生する。図4.22にポペット弁型の性能を示す。

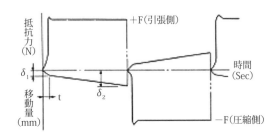

F：抵抗力
t：抵抗力が発生までの所要時間（sec）
δ_1：ピストン初期移動量。（通常2mm以下としている）
δ_2：弁のブリードレート用孔による移動速度（通常0.5mm/sec以上としている）

図4.22 ポペット弁型性能線図
（出典：三和テッキ㈱,「管系支持装置」, 改訂第10版）

② オリフィス型油圧防振器

オリフィス弁型油圧防振器は弁部に定オリフィスを組み込み、振動のエネルギーを油圧により吸収（減衰させ）共振等を防ぐ効果がある。

通常この型式はダッシュポットと呼ばれ、流体が狭い通路を通過するときのエネルギー消耗を利用するものである。

オリフィス弁の構造は図4.23に示すように、ばね力により弁本体は常時閉の形となっており、ピストンが作動すると作動側のオリフィス弁が弁座に強く押され、作動油は弁のオリフィス穴からのみ流出し、反対側の弁をばね力に打勝って押戻し油が反対側のシリンダ内に流入する。

図4.24にオリフィス弁型の性能を示す。

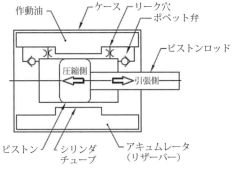

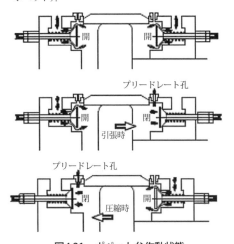

図4.21 ポペット弁作動状態
（出典：三和テッキ㈱,「管系支持装置」, 改訂第10版）

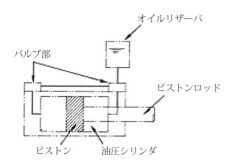

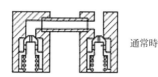
通常時

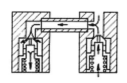
引張側荷重発生時

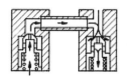
圧縮側荷重発生時

図4.23 オリフィス弁作動状態
（出典：三和テッキ㈱，「管系支持装置」，改訂第10版）

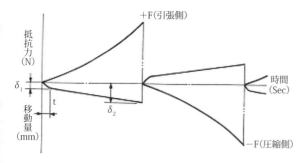

F ：抵抗力
t ：抵抗力が発生までの所要時間（sec）
δ_1：ピストン初期移動量
δ_2：定格抵抗力発生時の移動量

図4.24 オリフィス弁型性能線図
（出典：三和テッキ㈱，「管系支持装置」，改訂第10版）

③ チェック弁型安全弁反力受装置

チェック弁型安全弁反力受は、引張方向のみに抵抗力を発生する。この機能を除き、その他はすべてポペット弁型と基本的に性能は同じである。

安全弁の吹出反力によって配管やその接続部に過大な応力が発生することを防止することが目的で、抵抗力を発生しながら一定時間一定の変位を保ち続けられる。弁構造は図4.25に示すように、ポペット型の片半分になっている。

チェック弁型の性能は図4.26に示す。

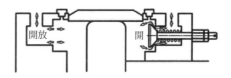

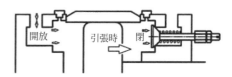

図4.25 チェック弁作動状態
（出典：三和テッキ㈱，「管系支持装置」，改訂第10版）

F ：抵抗力
t ：抵抗力発生までの所要時間
δ：ピストン初期移動量。（通常3mm以下で3分以上保持としている）

図4.26 チェック弁型性能線図
（出典：三和テッキ㈱，「管系支持装置」，改訂第10版）

⑵ 機械式防振器（メカニカルスナッバ）

油圧防振器が作動原理に油圧を基にしているのに対し、本防振器は機械的機構のみで構成されたものである。

油圧防振器と同様にロッド、ターンバックル、球面軸受けから構成されているが、その作動部は並進運動を回転運動に変換するボールネジとその先に取り付けられたフライホイール部（内輪）、ディスクブレーキ部（ブレーキドラム、リターンスプリング）から構成されている（図4.27）。

第8章 火力・原子力発電プラントの配管サポート

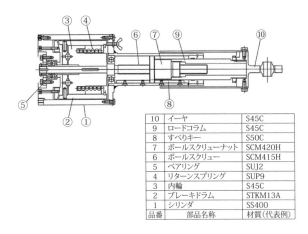

10	イーヤ	S45C
9	ロードコラム	S45C
8	すべりキー	S50C
7	ボールスクリューナット	SCM420H
6	ボールスクリュー	SCM415H
5	ベアリング	SUJ2
4	リターンスプリング	SUP9
3	内輪	S45C
2	ブレーキドラム	STKM13A
1	シリンダ	SS400
品番	部品名称	材質（代表例）

図4.27 機械式防振器の構造
（出典：三和テッキ㈱,「管系支持装置」, 改訂第10版）

熱膨張時の遅い移動に対しては、ブレーキが作動せず、衝撃荷重の様な瞬時の変位については、ブレーキが作動する。

今、ボールナットに往復運動（振動）が加わると、ボールねじは回転を開始しようとするが、等価質量の慣性によって、回転が阻止されるため、ボールナットは往復運動ができず外力に対抗する荷重が発生する。

これを式で表わすと、

$M\alpha = F$

M：等価質量（フライホイール部）
α：入力加速度
F：発生荷重

の関係となり、α が小さい時、ゆるやかな振動は F が小さく、極めて小さな抵抗力で自由に追従し、その逆の場合は大きな抵抗力で往復動に対抗する（図4.28）。

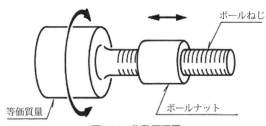

図4.28 作動原理図
（出典：三和テッキ㈱,「管系支持装置」, 改訂第10版）

尚、先に記載したディスクブレーキ部等は、フライホイール効果により抵抗力を発した後のゆらぎ現象を止めるためにある。

メカニカル防振器の構造は、その持っている機能から三つの主要素に大別される。

① 配管や機器の運動を直接伝達する部分
② 運動の変換（ボールねじ）によって回転する部分
③ アタッチメントを接続して建屋に取付け、地震反力などを受け止めるハウジング部分（詳細な構造は図4.29による）

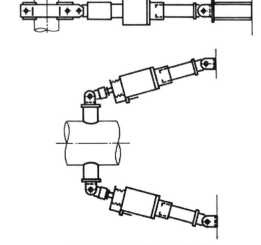

図4.29 機械式防振器の使用例
（出典：三和テッキ㈱,「管系支持装置」, 改訂第10版）

(a) 特徴
① 地震時及び瞬時の衝撃荷重（安全弁吹き出し時、ハンマー、サージフォース）に対し、配管拘束方向を固定する。
② 熱膨張及び自重については、非拘束となる。
③ 大きな制振力が得られる。
④ 両端に自動調芯用球面軸受けを持つ為、運転時等の配管に変位が発生した場合、スナッバが追従する。
⑤ 作動原理がメカニカル的なものである為、経年劣化や漏洩などの油の交換の必要が無く、メンテナンスフリーである。
⑥ どの様な状況でも衝撃や振動に対し、拘束しながら、熱移動の緩やかな変位には追従する。

(b) 注意点
① 油圧防振器と比較し、コスト高となる。
② 熱膨張時の配管変位が防振器圧縮方向であると、ロッドが座屈する可能性がある。
③ 油圧防振器に比べ大容量のタイプがシリーズ化されていない。
④ 設計時荷重と実際の据付後の配管荷重に誤差が生じる事がある。
⑤ 熱膨張に抵抗力が働かぬ事。
⑥ 地震時に際して、所定の拘束荷重が発揮できるものである必要がある。
⑦ 地震時に各部の機械的ガタ付きが問題とならぬ様にする。
⑧ スナッバの受け台として架鋼を組むと、地震時の拘束力が弱まる事がある。

(c) 対策
① 配管微振動抑制に関しては、後述のばね式防振器の適用を検討する。
② 極力、熱膨張時に防振器本体が引張方向となる方向に設置する。
③ 地震及び衝撃荷重値に対して、適切な定格荷重の防振器を選定する。
④ 受け台設計に関しては、十分剛設計となる配慮を行なう。
⑤ 短期荷重にて構造物の強度確認を行い、各種規程（※3）を満足する設計とする。

〔補足〕
メカニカル防振器は効率の良いボールねじで配管や装置の移動を敏感に回転に変換する。したがって配管や装置の熱膨脹によるゆるやかな移動に対してはブレーキ作用することなく追従する。
地震やウォータハンマ、安全弁吹出反力などのショックや振動に対しては小さい変位で短時間に耐震上のレストレイントとして作用する。
振動が停止した場合はリターンスプリングによってブレーキが解除される。
メカニカル防振器の性能の要点は以下となる。
① 3〜33Hzまでの全範囲について耐震効果を発揮する。
② 配管や装置の熱膨脹による移動に対する抵抗力は、1mm/sec以下の移動速度において、定負荷する。
③ 定格荷重までの連続的な荷重に対してリリースする。

④ いかなるストローク位置において、荷重と変位は左右対称に発生する（図4.30）。

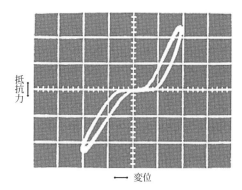

図4.30　性能線図（リサージュ波形）
（出典：三和テッキ㈱，「管系支持装置」，改訂第10版）

(3) ばね式防振器
ばね式防振器は、配管系の振動を押さえる目的にて使用され、振動のエネルギーをコイルスプリングの撓みと荷重の直線的性能を利用し減衰させるものである。
ばね式防振器は、ケース内に1個のバネに初期圧縮を加えたコイルバネを内蔵するか、または2個のコイルバネに初期圧縮を加えバランスさせた構成となっており、バネ定数と配管の変位の積による制振力を発揮する。
一般に、ばね式防振器には次の2種類があり、使用ケースにより使い分けが必要である。
・ケース内蔵タイプ：1個のコイルばねで、振動による圧縮、引張両方向に対抗できるように、プリロードを加えケースの中に封入されている型式のもの（図4.31）。
・ばね2個使用タイプ：同じ性能のコイルばねを2個使用した防振器で、高い防振効果をあげ得

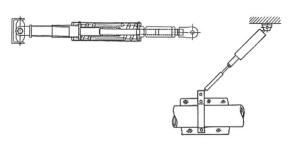

図4.31　ケース内蔵タイプ
（出典：三和テッキ㈱，「管系支持装置」，改訂第10版）

る特徴がある（図4.32）。
① 2個のコイルばねの特殊な配列により、配管系が振動しないときは、なんらの余分の荷重も加わらない。
② 配管系に振動が発生する場合は、配管の単位長さ当りの振動変位に対して、ばね定数の2倍の防振力が作用する。

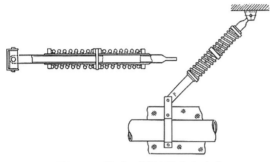

図4.32　ばねを2個使用したタイプ
（出典：三和テッキ㈱，「管系支持装置」，改訂第10版）

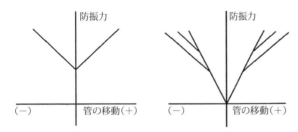

図4.33　ばね式防振器特性曲線
（出典：三和テッキ㈱，「管系支持装置」，改訂第10版）

(a) 特徴
① 配管の振動抑制に効果を発揮する。
② 構造的にシンプルであり、コストが安い。
③ ケース内蔵タイプとばねを2個使用したタイプの2種類があり、荷重特性が異なる。ケース内蔵タイプは初期設定荷重がかけられていることから、振動力が本圧縮力を超えない限り、配管を拘束できる。
　ばねを2個使用したタイプは、配管に変位が発生し、それに見合った抵抗力が発生する為、多少なりとも配管が動く事は避けられない（予め予想される振動の振幅に十分適応できるよう、コイルばねにプリロードを加えておく必要がある）。

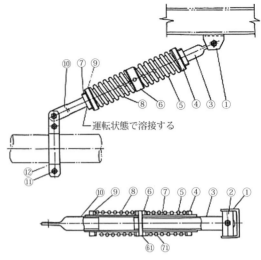

①	ブラケット	⑨	ブラケット
②	ユニバーサルピン	⑩	ユニバーサルピン
③	インナーパイプ	⑪	インナーパイプ
④	荷重調整ナット	⑫	荷重調整ナット
⑤	コイルばね		コイルばね
⑥	固定リング		固定リング
⑦	アウターパイプ	⑥1	アウターパイプ
⑧	コイルばね（⑤と同一）	⑦1	コイルばね（⑤と同一）

図4.34　ばね式防振器の構造図（ばね2個使用タイプ）
（出典：三和テッキ㈱，「管系支持装置」，改訂第10版）

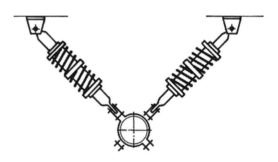

図4.35　ばね式防振器の使用例
（出典：三和テッキ㈱，「管系支持装置」，改訂第10版）

④ 本防振器は、配管本体に設置されるのみならず、配管系振動による弁類の駆動部等の振れを抑制する為に、弁類駆動部等に取り付けられる場合もある。

(b) 注意点
① ばねを2個使用したタイプでは、配管の微振動を止める事はできない場合がある。

② ケース内蔵タイプでは、配管冷間時にも配管に荷重が作用する。
③ バネ定数の大きな物を使用すると、配管熱膨張時にも変位に比例した拘束力が働く為、配管に大きな反力が作用する事となる。
(c) 対策
① 配管系の微振動を止めるには、初期荷重をばねに負荷させたケース内蔵タイプ型のタイプを使用するか、ばね2個使用タイプで、予めプリロードを加えておく。
② ケース内蔵タイプの防振器を使用する場合は、初期設定荷重がかけられていることから、予めばね力に見合った荷重をかけた配管系応力解析を実施し、配管側発生応力に問題無いことを確認しておく。
③ バネ定数の大きな防振器を使用する場合は、配管系熱膨張解析にて本防振器設置ポイントをバネ拘束し、配管系の発生応力に問題無いことを確認しておく。

4.4 付属金具

以上の支持装置類を配管と建屋に取り付けるには金具類が必要である。本金具類には配管に直接取り付ける配管アタッチメントと建屋等に直接接続する上部アタッチメント、及びこれらのアタッチメントと支持装置本体を接続する中間金具及び架構類がある。

4.4.1 配管アタッチメント

配管に直接取付けるもので、溶接タイププラグ、サドル、チェア、イヤー、パイプクランプ等があり、これらは各ハンガ、レストレイント、アンカー及び各防振器類を使用する場合に用いられる。
また、比較的口径の小さく、低温の配管をレストレイント拘束する場合は、Uボルト（図4.36）または、クランプ類（図4.38）が使用され、これらもアタッチメントの一種と考えられる。
クランプの種類として、図4.38に示す様な一本の配管を支持するものの他に平行して配置される複数の配管を束ね支持するマルチタイプがある。このタイプのものは、比較的口径が細い配管に使用され、配管各々を支持すると共に複数の配管を束ねることによる配管系剛性アップの効果が期待でき、配管系振動抑制効果がある。

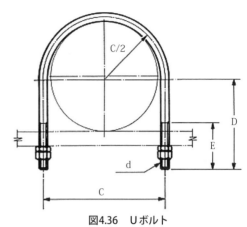

図4.36　Uボルト
（出典：三和テッキ㈱，「管系支持装置」，改訂第10版）

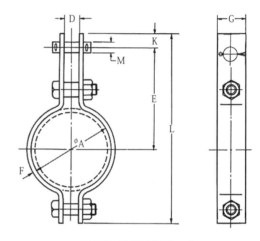

図4.37　配管用クランプ
（出典：三和テッキ㈱，「管系支持装置」，改訂第10版）

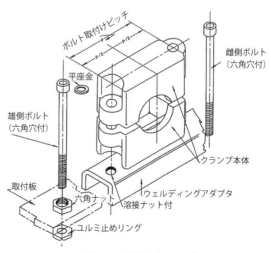

図4.38　配管用クランプ
（出典：三和テッキ㈱，「管系支持装置」，改訂第10版）

第8章　火力・原子力発電プラントの配管サポート

4.4.2　上部アタッチメント

配管を支持するために建屋側に取付けるもので、建屋に直接取付けられる埋込金物、アンカーボルト等がある。

また、埋込金物及び建屋鉄骨材に溶接にて取り付けられるブラケット類（ビームブラケット、クレビスブラケット）も含まれる。

これらのブラケット類は、各種ハンガ、ロッドレストレイント及び各防振器類を使用する場合に用いられる。

4.4.3　中間金具

中間金具は、先の上部アタッチメントと支持装置本体（各種ハンガ、ロッドレストレイント及び各防振器類）を接続する目的にて使用される。

中間金具には、アイボルト、クレビスボルト、ターンバックル等があり、スプリングハンガ、ロッドレストレイント及び各防振器類を使用する場合に用いられる。

4.4.4.　架構類

架構類は、アンカー、レストレイントを構成すると共に、各種ハンガ、ロッドレストレイント及び各防振器類の受け台として構成される場合がある。

基本的に架構類は各種鉄骨鋼材にて製作され、鋼材としては、Ｈ型鋼、Ｉ型鋼、角型鋼管、チャンネル鋼、Ｌ型鋼及び鋼管が使用される。

５．配管支持装置に使用される材料

配管支持装置に使用される材料は、一般的に国内メーカーの場合はJIS材が使用される。

但し、スプリングハンガ・コンスタントハンガ・ばね式防振器に使用されるバネ材については、一部SAE（Society of Automobile Engineering）規格品を使用する場合がある。

また、JIS規格材が適切でない場合及び、海外メーカーの場合はASTM規格材が使用される場合が多い。

5.1　支持装置本体に使用される材料

以下に各支持装置類本体に使用される代表例を示す。

(1)　スプリングハンガ、コンスタントハンガ
スプリングケース：SS400

バネ　　　　　　：SWO-B、SWO-B、SWOSM、SUP材
バネ座　　　　　：S25C、SS400、STKM材
その他　　　　　：SS400、S25C　etc

(2)　ロッドレストレイント
メインコラム　　：STPG370
球面軸受け　　　：SUJ2
その他　　　　　：SS400、S25C、STKM　etc

(3)　油圧防振器
シリンダー　　　：STKM材
ピストンロッド　：S45C、SS400 S
ピストン　　　　：SS400
球面軸受け　　　：SUJ2
延長パイプ　　　：STPG370、STPT370、STKM材
その他　　　　　：STPG370、STPT370、STKM材
　　　　　　　　　etc

(4)　機械式防振器
ケース　　　　　：SYKM材、SS400
ベアリングボックス、ベアリングシート
　　　　　　　　：SS400
ロードシリンダ　：STKM材
フライホイル　　：SS400、STKM材
ディスクスプリング
　　　　　　　　：SK5
球面軸受け　　　：SUJ2
コネクタ、延長パイプ
　　　　　　　　：SS400、SYPG370、STPT370、STKM材
(5)　ばね式防振器
スプリングケース：SGP
バネ　　　　　　：SWOSM、SUP材
バネ座　　　　　：SS400、STPG370
球面軸受け　　　：SUJ2
その他　　　　　：STPG370、STPT370、STKMS材　etc

5.2　配管に付着する支持装置部品の材料

配管に直接溶接される支持装置部品（ラグ類etc）は、配管と同一材質であることが好ましく、また、高温配管に付着する支持装置部品（クランプ類etc）については、その使用温度に適合した材料を使用する必要がある。これら、配管に直接触れることとなる部品類についての材料一例を表5.1示す。

第8章　火力・原子力発電プラントの配管サポート

表5.1　配管に直接触れる部品の材料

温度区分		配管材質	支持装置部品		ボルト	ナット	ピン
			配管溶接物	クランプ類			
低温	−30℃以下	SUS STPL	配管同材質	SUS	SUS	SUS	SUS
室温～中温	21～350℃	STPT STPG SGP	配管同材質 SS400	SS400	SS400	SS400	SS400
中高温	351～450℃	STPT	配管同材質 SS400	SB410	S45C	SS400	SS400
高温	451～575℃	STPA	配管同材質 ASTM A387	ASTM A387Gr22	SCM435 SNB16	S45C	SS400
極高温	575℃以上	SUS Super9Cr	配管同材質	SUS Super9Cr	SUS Super9Cr	SUS Super9Cr	SUS Super9Cr

6. 配管支持装置選定・設計時の留意事項

次に配管支持装置選定・設計時の留意事項について記載する。

6.1 配管支持装置留意事項

配管支持装置選定・設計時に考慮することは、機能面・経済面・据付性・メンテナンス性等であるが、その要点を纏めると次の通りである。

(1) 基本事項

① 支持装置種類としては、可能な限りリジットハンガ又はレストレイントを使用し、配管系の熱膨張解析及び地震解析上やむをえぬ箇所にハンガ及び防振器を使用する。

② 集中荷重の作用する近傍に支持装置を設置する。

③ 機器に作用する荷重を許容値内に収める様に支持装置を設置する。

④ 小口径配管の分岐部近傍の変位を小さくするために支持装置を設定する。また、小口径配管の分岐部近傍にレストレイント等の支持装置を設置することにより、母管側の配管振動の小口径配管側への伝達を小さくすることができる。

⑤ 他の配管・支持装置類及び構造物と干渉しないように設置する。

⑥ 配管の溶接線及び座等に干渉しない位置に支持装置を設置する。

⑦ 熱膨張移動量の大きな箇所に支持装置を設置する場合は予めオフセットを設ける設計とする。

⑧ アンカーは配管系応力解析上モデル分割の必要な箇所に、または衝撃荷重及び配管系振動絶縁を目的とした箇所に設定する。

⑨ 架構類については、特に溶接施工性を考慮し設計する。

⑩ 他の配管との共通化を考慮した支持装置設計とする。

(2) ハンガ

① ハンガのロッドの傾斜角度は4°以下とする（ロッドレストレイント、各防振器も同様）。

② リジットハンガには圧縮荷重を作用させない。

③ リジットハンガを優先させた選定を行い、次にスプリングハンガを選定する。

(3) レストレイント

① ロッドレストレイントで自重を受ける場合は、吊り方式とする。

② 非拘束方向の摺動性を考慮（クリアランス確保、オイルレスプレート使用等）した設計とする。

(4) 防振器

① スナッバ類については配管熱膨張時引張り方向となるように設定する（座屈防止）。

② 管軸方向の拘束に対しては、モーメント作用を考慮し2本引きとなるよう設定する。

③ 油圧防振器については、オイルリザーバーへの給油性・油量確認を行える位置に設定する。

221

第8章　火力・原子力発電プラントの配管サポート

④　メンテナンス性に支障の無い箇所に設定する。

⑤　インジゲータの確認が可能な位置に設定する。

6.2　配管応力解析における取り扱い

配管応力解析では、配管自重・内圧・熱膨張・機械荷重・地震・建屋間相対変位等の各荷重条件に対する解析が行われる。

これらの解析において支持装置の取り扱いが、解析結果を左右することにもなる。

各支持装置の解析での有効性については、4.1項にて述べたとおりであるが、ここではその他取り扱い及び留意事項について記載する。

支持装置は、配管応力解析において支持する方向に対して、ある剛性を持った拘束として取り扱うことが一般的である。

ある剛性を持った拘束とは、配管をあるばね定数を持ったばねにて拘束することであり、このばね定数は本来実際のハードに見合ったものであることが好ましい。

しかし、配管応力解析を実施する時点では、支持装置側の設計は行われていないのが通常であり、よって、支持装置の剛性を算出することは困難である。

したがって、良く取られる手法としては、これまでの設計結果より支持装置の剛性を実際に解析等により求め、本剛性と解析時に使用する剛性とにどの程度のずれまでが許容できるか、どの程度に解析時の剛性をすれば、実際の支持装置類が合理的設計となるかを研究・検討し、独自のデフォルトの解析用ばね定数を決定する方法がある。

配管応力解析で支持装置の剛性を考慮する上での留意事項は、次の通りである。

①　一般にハンガのばね定数は無視する。

②　アンカー、レストレイントは耐震計算上、ばね定数を考慮することにより安全側の設計となるが、熱膨張に対しては非安全側の設計となることがあるので、注意が必要である。

③　ばね式防振器については、ばねの剛性を解析に考慮する場合と考慮しない場合がある。

6.3　振動及び衝撃のある配管での留意事項

配管支持装置は、通常の配管解析で発生する反力

にもつように設計する事はもちろんであるが、それ以外に運転時振動・衝撃がある配管系については特別な配慮が必要となる。

これらについては、解析により振動や衝撃で発生する荷重を求めたり、先行プラントでの経験及びデータから発生荷重を予測し、設計に反映することが必要である。

配管系にて起きえる衝撃とは、安全弁吹き出し時・弁急閉鎖・内部流体の急激な状態変化等により引き起こされるハンマー現象等であるが、これらについては、一般に流体解析等を行い各時間毎の配管への発生荷重を算出し、配管応力解析時に時刻歴解析を行い、支持点へ発生する反力を求める。

一般的に衝撃荷重は、数トン～数十トンのオーダにて配管に作用することがあるため、支持装置の設計には十分余裕を見込んだ設計が必要である。

また、配管系に発生する振動とは、ポンプからの流体脈動による振動・回転体からの機械振動・絞り要素等による流体圧力変化による振動等があるが、振動荷重の場合、衝撃荷重のように瞬間的に支持装置が破損するような荷重が発生することは少なく、繰り返し荷重が長時間作用することにより疲労破壊に進展する場合がほとんどである。

よって、支持構造物は強度的にも最も柔な部分や溶接部などの応力集中箇所から亀裂が入り、進展することとなる。

よって、振動荷重については、その発生応力を疲労強度曲線にて評価する場合が多い。

6.4　分岐小口径配管の支持方法

母管または機器の熱膨張による分岐部の移動や振動により配管分岐部または機器ノズルには過大な応力が生じる恐れがある。

よって、この様な分岐小口径配管は、原則として母管または機器から第一支持点を取ることが多い。

これは、形状等の関係から分岐部には応力集中が起こりやすく、且つ母管に比べ配管断面積及び断面係数等の断面性能が低い為、同一内力・モーメントでも発生応力が大きくなるためである（別の視点で小口径配管系自体のフレキシビリティを考え、第一支持点を母管または機器から取らないこともある）。

また、小口径配管においては、母管以上に集中荷重部に対する支持点のポイント設定が重要であり、この点を十分考慮した設計を行う必要がある。

222

小口径配管の支持装置としては、一般にUボルト及びクランプ類が使用されることが多いが、これらを使用する箇所については、締め付け部品を使用している関係上、振動による緩み止め対策を十分設計に考慮する必要がある。

7．まとめ

以上、配管支持装置（パイプハンガ、サポート）における設置位置選択、考慮すべき荷重条件、支持装置種類と機能、使用される材料、注意事項等に関し、解説した。

配管支持装置類の選択、設計においては、配管ルートによる影響が大きく、各プラントで使用される支持装置個数、コスト等も配管ルートに左右されところが大きい。

配管支持装置設置箇所を如何に少なくし、かつ構造形状をコンパクトに抑えるか、その点を十分考慮し、配管ルート設計を行うことが必要である。

＜出典及び参照図書＞

本稿における各図においては、三和テッキ㈱殿の「管系支持装置　第10版」から御提供いただいたものである。
また、同カタログの記載内容を参考とさせていただいている。

第9章
配管材料基準と配管材料選定

1.	配管材料基準の概要	226
2.	バルク材と特殊材	226
	2.1　バルク材（Bulk Materials）	226
	2.2　特殊材（Special Materials）	226
	2.3　バルク材の最大化	227
3.	配管サービスクラス	227
	3.1　配管サービスクラスの利点	227
	3.2　配管サービスクラス名称の決定	227
4.	配管サービスクラスインデックスの作成	229
	4.1　必要書類	229
	4.2　配管サービスクラスの抽出	231
5.	ブランチテーブル	231
	5.1　代表的な分岐方法	231
	5.2　分岐方法の決定	231
6.	配管材料部品の仕様の決め方	232
	6.1　管（Pipe）	232
	6.2　管継手（Fittings）	234
	6.3　フランジ（Flanges）	236
	6.4　ガスケット（Gaskets）	237
	6.5　ボルト／ナット（Bolts & Nuts）	238
	6.6　バルブ（Valves）	239
	6.7　特殊材（Special Materials）	245
7.	配管材料選定と特殊要求事項	247
	7.1　配管材料選定の基本事項	247
	7.2　バルブに対する特殊要求事項	252
8.	配管材料技術の重要性	255

第9章　配管材料基準と配管材料選定

1．配管材料基準の概要

石油、化学、石油化学、LNGプラントなど、所謂プロセスプラントや、発電プラントなどで使用される配管は、多種多様な流体が、様々な運転条件（温度、圧力など）の下で使用されるため、配管ごと（ラインごと）にその仕様（材質、呼び圧力、肉厚など）を管理するのは非常に困難である。

従って、プラント内で使用される配管を、圧力／温度、材質、腐食代、流体、溶接後の熱処理の要否などからグループ化し、グループごとに使用される配管部品の仕様を、配管サービスクラスとして規定するのが一般的である。

このようにして規定した配管サービスクラスごとの個別材料仕様を纏めたものを、配管材料基準（Piping Material Specifications、或いは配管材料仕様書）と呼ぶ。

配管材料基準は、プロジェクトの開始直後に作成され、後続のあらゆる配管設計作業、配管材料購買及び配管工事に大きな影響を及ぼす最も重要な図書の1つであり、その作成には配管材料に関する深く広範な知識と、配管設計から配管工事或いはプラントの運転にまで至る知識、更にはプロセス設計など周辺技術の知識、及び経験が必要となる。

本章では、プラントの配管設計に携わる技術者に向けて、配管材料基準の基本的な作成手順、記載されるべき項目、仕様の決め方、考慮すべき事項などについて紹介する。

なお、本章で参照する規格・基準や材料の仕様の例は、プロセスプラントで一般的に使用されるものである。発電プラントでは細かい相違があるが、配管材料設計の基本的な考え方は同じである。また、文中で使用する材料名称などは、特に注記の無い場合、海外プロジェクトで一般的に使用されるASTM番号表記とした。対応する日本国内規格（JISなど）の材料番号は、JPI-7S-77 付属書Aなどを参考に、必要に応じて読み替えて頂きたい。

2．バルク材と特殊材

プラントで使用される全ての配管材料は、バルク材と特殊材に大別される。

2.1　バルク材（Bulk Materials）

同一配管サービスクラス内であれば、使用箇所を特定しない配管部品のことを指す。全てのバルク材は、配管材料基準の中で、その仕様が定義される。

以下の材料は一般にバルク材として扱われる。

- 管（Pipe）
  継目無管、溶接管
- 管継手（Fittings）
  エルボ、レジューサ、ティー、キャップ、スタブエンドなど
- フランジ（Flanges）
  フランジ、ブラインドフランジ、レジュースフランジなど
- ガスケット（Gaskets）
  シートガスケット、うず巻形ガスケット、リングジョイントガスケットなど
- ボルト・ナット（Bolts & Nuts）
  スタッドボルト、マシンボルトなど
- バルブ（Valves）
  仕切弁、玉形弁、逆止弁、ボール弁、バタフライ弁など

2.2　特殊材（Special Materials）

個別に設計条件を与えて設計される必要がある配管部品のことを指す。一品一品にタグナンバーが付与され、それぞれに対し設計条件を記載したデータシートが作成される。配管材料基準の中では扱われない材料である。

以下の材料は一般に特殊材として扱われる。

- ストレーナ
- 安全弁
- スチームトラップ
- サイトグラス
- フレームアレスター

- ホース類
- ベローズ形伸縮管継手
- 特殊用途バルブ（ノンスラム逆止弁など）
- 配管サポート（スプリングサポート、防振サポート、スライディングプレート、低温用コールドサポートなど）

2.3 バルク材の最大化

2.1項で述べたように、バルク材は、同一の配管サービスクラス内であれば使用箇所を問わない。言い換えると、あるサービスクラス内に無数にある設計条件の内、最も厳しい条件を基準として仕様が決められることになる。従って、一品一品を見ると、高級仕様になっていることがある。しかしながら、部品の種類が大幅に削減されることにより、設計時間の低減、容易な材料管理、高い互換性、少品種大量生産による製作時間及びコストの低減など、メリットが大きく、トータルのコスト及びスケジュールを考えると、特に規模の大きなプラントでは、配管材料を可能な限りバルク材として扱う方が良い。例えば、2.2項で特殊材の例として挙げたストレーナやスチームトラップなども、類似の仕様となるものが非常に多数となる場合は、グループ化してバルク材として取り扱う方が良いケースもある。

3. 配管サービスクラス
3.1 配管サービスクラスの利点

2項で述べたように、配管サービスクラスとは、プラント内で使用される配管を、圧力/温度、材質、腐食代、流体、溶接後の熱処理の要否などからグループ化した時のグループ名称である。

図3.1に、ポンプ廻りの配管をグルーピングした例を示すが、この場合、配管の本数が6本であるのに対し、配管サービスクラスは3クラスに分類することができる。このようにしてプラント内で使用される全ての配管をグルーピングしていく。

グルーピングをすることにより、あるLNGプラントでは、総ライン本数が約10000本あったのに対し、配管サービスクラスは約80クラスになった。これは、10000通りの設計条件に対応した配管材料を設計しなければならない所を、80通りまで縮小させたことを意味する。また、表3.1は、同じLNGプラントにおいて使用された配管材料部品ごとの総数量と、配管サービスクラスを規定することによりグルーピングした後の各材料部品の種類の数を示す。例えばバルブの総数は25000個であったのに対し、サービスクラスによるグルーピングにより1000種類にまで絞ることが可能となり、設計、材料購入、工事管理、プラントの運転・保守など、各Phaseでの材料管理を非常に容易にできる。

表3.1　配管材料の数量と種類の例

配管材料	数量	種類
パイプ	270000メートル	270種類
管継手	100000個	1800種類
フランジ	40000個	600種類
バルブ	25000個	1000種類
ガスケット	40000枚	280種類

3.2 配管サービスクラス名称の決定

個々の配管サービスクラスの名称は、配管材料設計者だけでなく、プロセス設計、配管レイアウト設計、制御・計装設計、機器設計、現場材料管理、更にはプラントの運転後やメンテナンス時など、様々な場面で使用される。また、多くの設計図書に記載されるものであるため、簡潔且つ意味を持ったルールを設け、判りやすく使いやすい名称にするのが良い。意味を持たない通し番号としてしまったり、意味を持たせすぎてあまりに多い桁数としてしまったりすると非常に扱いにくくなるので、3～6桁程度の範囲で考えるのが良い。但し、プラントオーナーが独自の配管サービスクラスを持っている場合はそれに従うことになる。

一例として、5桁の文字列を用いた場合のサービスクラス名称について解説する。

$$\underline{A}\ \underline{31}\ \underline{A}\ \underline{Q}$$
$$(a)\ (b)\ (c)(d)$$

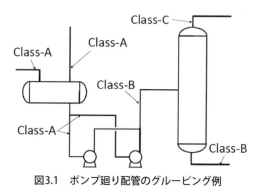

図3.1　ポンプ廻り配管のグルーピング例

(a) 呼び圧力（第1桁）

海外規格ではASME B16.5やASME B16.34、国内規格ではJPI-7S-65に、材料の種類（材料グループ）ごと及び呼び圧力ごとに各温度における最高許容使用圧力が示されている。これをP-Tレイティングと呼ぶ。一般に、バルブやフランジはP-Tレイティングに基づいて設計されており、配管サービスクラスを分割する際の重要な因子となる。

材料グループとは、材料の機械的特性（引張り強さ、降伏点または耐力）が近いものを纏めたグループを示す。また、呼び圧力は、設計上の便宜のために規定された区分で「クラス（Class或いはCL）」により分類する。

表3.2は、ASME B16.5における、材料グループ1.1のP-Tレイティングの抜粋である。また、図3.2は、それをグラフ化したものである。呼び圧力がCL150、CL300、CL600と上昇すると、最高許容使用圧力は、一部例外はあるものの、呼び圧力の数字（150、300、600など）に比例して増大する。また、温度上昇に伴い、材料の許容応力が低下するので、最高許容使用圧力は低下する。

表3.2 材料グループ1.1 P-Tレイティング

温度	CL150	CL300	CL600	CL900	CL1500	CL2500
38	19.6	51.1	102.1	153.2	255.3	425.5
50	19.2	50.1	100.2	150.4	250.6	417.7
100	17.7	46.6	93.2	139.8	233.0	388.3
150	15.8	45.1	90.2	135.2	225.4	375.6
200	13.8	43.8	87.6	131.4	219.0	365.0
250	12.1	41.9	83.9	125.8	209.7	349.5
300	10.2	39.8	79.6	119.5	199.1	331.8
325	9.3	38.7	77.4	116.1	193.6	322.6
350	8.4	37.6	75.1	112.7	187.8	313.0
375	7.4	36.4	72.7	109.1	181.8	303.1
400	6.5	34.7	69.4	104.2	173.6	289.3
425	5.5	28.8	57.5	86.3	143.8	239.7
450	4.6	23.0	46.0	69.0	115.0	191.7
475	3.7	17.4	34.9	52.3	87.2	145.3
500	2.8	11.8	23.5	35.3	58.8	97.9
538	1.4	5.9	11.8	17.7	29.5	49.2

[単位：bar（圧力）、℃（温度）]

また、表3.3は、プラントでよく使用される材料グループの呼び圧力CL150における38℃の最高許容使用圧力を示すが、材料グループによりP-Tレイティングが大きく異なることがあるので、選定する際には注意を要する。

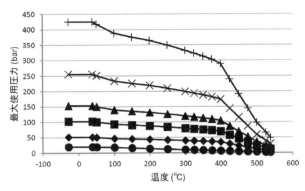

図3.2 材料グループ1.1 P-Tレイティング

表3.3 CL150、38℃における最高許容使用圧力

材料グループ	材質	CL150、38℃での最高許容使用圧力
1.1	炭素鋼	19.6
1.3	低温用炭素鋼	18.4
1.9	低合金鋼（1-1/4Cr-1/2Mo）	19.8
2.1	ステンレス鋼（304）	19.0
2.2	ステンレス鋼（316）	19.0
2.3	ステンレス鋼（304L/316L）	15.9
2.8	2相ステンレス鋼	20.0
3.8	ニッケル合金	20.0

[単位：bar]

プラントで使用される配管の設計温度・設計圧力の組合せは無数にあるが、P-Tレイティングの考え方を導入することにより、以下のように数種類に分類することができる。

なお、規格上はCL400という呼び圧力も設定されているが、あまり広く使用されておらず、材料購入が困難になることがあるので、一般的には使用されない。

A：Class 150
B：Class 300
D：Class 600
E：Class 900
F：Class 1500
G：Class 2500

(b) 配管材質（第2桁、第3桁）

流体の種類や温度によって配管材料の種類が選定される。以下の例では2桁を使って分類しているが、プラント内で使用される材料の種類があまり多くない場合は1桁に纏めてしまっても良い。

11：炭素鋼（CS）一般
12：炭素鋼（CS）高温

15：低温用炭素鋼（LTCS）

21：低合金鋼（C-0.5Mo）

25：低合金鋼（5Cr-0.5Mo）

31：ステンレス鋼（SS304）極低温

33：ステンレス鋼（SS316）常温

35：ステンレス鋼（SS321）

37：ステンレス鋼（SS31254）

41：二相ステンレス鋼（22%Cr）

43：二相ステンレス鋼（25%Cr）

81：非金属 C-PVC

82：非金属 FRP（GRP）

83：非金属 HDPE

91：炭素鋼／亜鉛めっき配管

この例では、同じ炭素鋼を使用する場合でも、一般用と高温用を分けている。これは、6項で解説する、各配管部品、特にバルブの詳細仕様を決定する際に異なる仕様を設定することがあるのが理由であり、プロジェクトによっては分割しない場合もある。このように、後続の作業を見据えて配管サービスクラスの名称を定義することが重要である。

（c）腐食代（第4桁）

流体の腐食性と使用する材料の組合せによって腐食代が決定される。流体の種類、温度、圧力、流速などを考慮して腐食速度を想定し、プラントの耐用年数を掛け合わせることで計算されるが、過去の類似装置の実績から設定されることも多い。非金属の場合は一般に腐食代0.0mmが適用される。ステンレス鋼の場合も腐食代0.0mmが適用されるケースが多いが、腐食性が特に高い条件の場合には、それ以外の腐食代が適用されるケースもある。

腐食代は、管や管継手の肉厚の選定に直接的に影響を与えるため、刻みを大きくしすぎると過剰設計となり、材料コストが跳ね上がる結果となってしまう。反対に刻みが小さすぎると、配管サービスクラスの種類が増大し、配管部品の種類を少なくするメリットが失われてしまうので、適切な刻みで設定することが重要である。プロセスプラントでは、一般に、1.5mm刻み程度で設定することが多い。

A：腐食代 0.0mm

C：腐食代 1.5mm

E：腐食代 3.0mm

G：腐食代 4.5mm

H：腐食代 6.0mm

（d）流体分類及び特殊要求（第5桁）

使用される流体によっては、バルブの選定が異なったり、溶接後熱処理が必要になったり、追加の検査が必要になったりするなど、特殊要求が付くことがある。また、おおまかに使用流体を規定しておくことによって、各ラインの配管サービスクラスを決める際のミスを防止する効果も期待できる。

A ：Instrument Air/Plant Air/Nitrogen

C ：Amine

F ：Wet Flare

G ：Dry Flare

H ：Hydrogen

N ：General Process with Wet H2S

O ：Oxygen

P ：General Process

Q ：General Process（Low Temperature）

S ：Steam/Condensate/Boiler Feed Water

W ：Fresh Water

X ：Feed Gas

Y ：Lube Oil/Seal Oil

4．配管サービスクラスインデックスの作成

配管材料基準を作成する際の最初のステップは、配管サービスクラスインデックスを作成することである。配管サービスクラスインデックスとは、プラント内で使用される全てのサービスクラスを抽出しリスト化したものである。

4.1 必要書類

配管サービスクラスインデックスを作成するために、以下の上流設計からの情報が必要となる。

⑴ Process Flow Diagram（PFD）

製品の製造過程の機械設備と流れの状態を示す系統図。主要なラインとその運転条件（温度、圧力）が記載される。後述の配管設計圧力/設計温度情報があればPFDは無くても良いが、プラントのプロセス理解のためにも、入手しておいた方が良い。

⑵ 配管設計圧力／設計温度の情報

上述のPFD上に、配管の設計圧力及び設計温度を記入した図面。単純にList形式となったりする場合もある。バルブやフランジの呼び圧力の決定やバルブの選定、配管肉厚の設定などに必須の情報。図4.1にその一例を示す。

第9章 配管材料基準と配管材料選定

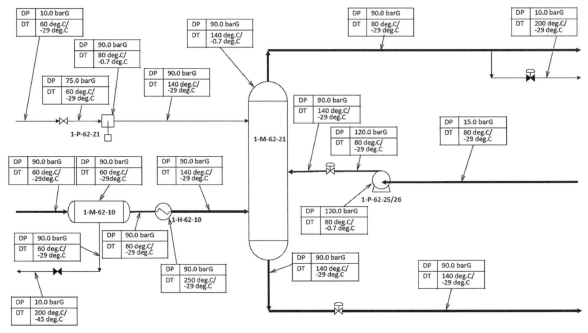

図4.1 設計温度/設計圧力の情報（例）

(3) 材料選定要領書

材料選定のための要領書。プラントで使用される主要な流体に対し、選定される材料の種類、選定理由、必要な腐食代や特殊要求などが記載される。後述の材料選定図面に必要事項が全て書き込まれていれば無くても良いが、材料選定の思想を理解するためにも入手しておいた方が良い。

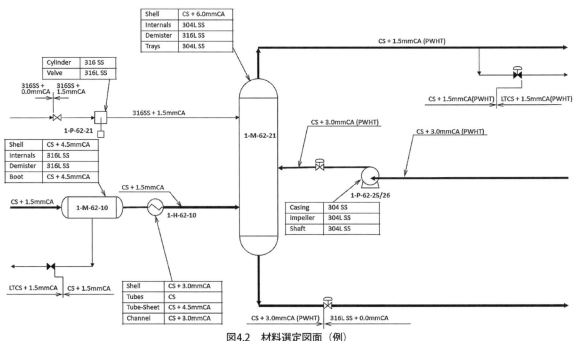

図4.2 材料選定図面（例）

(4) 材料選定図面

PFD上に、材料選定要領書に従って選定された材料の種類や腐食代などが記載された図面。Material Selection Diagram（MSD）と呼ばれることもある。図4.2にその一例を示す。

4.2 配管サービスクラスの抽出

3項で解説した配管サービスクラスを設定するために、少なくとも以下の情報を抽出する必要がある。

(a) 呼び圧力（材料グループ）
(b) 配管材質
(c) 設計温度範囲
(d) 腐食代
(e) 流体分類及び特殊要求事項

PFD、設計温度/設計圧力の情報、材料選定要領書、材料選定図面から得られた上記の情報を基に、プラントで使用される全ての配管サービスクラス名称を抽出しリスト化したものを、配管サービスクラスインデックスと呼ぶ。表4.1に、配管サービスクラスインデックスの一例を示す。プロセス部門がP&IDを作成する際に必要になる資料なので、プロジェクトの進捗に伴い変更があった際はしっかり反映し、常の最新のリストを関係者と共有しておくことが重要である。

表4.1　配管サービスクラスインデックス（例）

サービスクラス	呼び圧力	配管材質	温度範囲 [℃]	腐食代 [mm]	流体分類及び特殊要求
A11CP	CL150	CS	−29〜200	1.5mm	P
A11EC	CL150	CS	−29〜200	3.0mm	C
A11EP	CL150	CS	−29〜200	3.0mm	P
A12CP	CL150	CS	−29〜400	1.5mm	P
A15CQ	CL150	LTCS	−45〜200	1.5mm	Q
A15EC	CL150	LTCS	−45〜200	3.0mm	C
A15EQ	CL150	LTCS	−45〜200	3.0mm	Q
A31AQ	CL150	304SS	−196〜200	0.0mm	Q
A33AP	CL150	316SS	−29〜200	0.0mm	P
A83AW	CL150	HDPE	0〜50	0.0mm	W
B11CP	CL300	CS	−29〜200	1.5mm	P
B11EP	CL300	CS	−29〜200	3.0mm	P
⋮	⋮	⋮	⋮	⋮	⋮

5. ブランチテーブル

配管の分岐の方法は様々な種類があるので、配管材料基準の中で、どの方法を採用するのかを決定する。

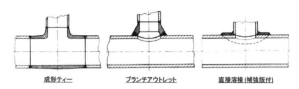

図5.1　代表的な分岐方法
（出典：VIAR SpA社カタログ）

5.1 代表的な分岐方法

以下及び図5.1に、代表的な分岐方法とその特徴を示す。

(a) 成形ティー

ASME B16.9（JIS B2312/B2313）、ASME B16.11（JIS B2316）に従って設計・製造される分岐用継手。一般にティーと呼ばれる部品。主管との接続は、管同志の接続と同じ突合せ溶接/差込み溶接/ネジ接続となるため、信頼性が高い。但し、主管側に周溶接が発生するので、主管と分岐管のサイズ比が大きい場合、他の分岐方法と比べると溶接量が多くなりコスト高となる。

(b) ブランチアウトレット及びボス

MSS SP-97（JPI-7S-84）に従って設計・製造される分岐用継手。一般にブランチアウトレット、或いはボスと呼ばれる部品。主管に穴を開けて、その上に溶接して設置される。分岐部の補強も考慮して設計されているので、特別な配慮をしなくても使用できる。鍛造で製造されるため、分岐管のサイズが大きいと、巨大な鍛造ブロックからの製造となることがあり、非常にコスト高となる。

(c) 分岐管の直接溶接

特別な部品を使用せず、穴を開けた主管に、分岐管を直接溶接する。ASME B31.3（JPI-7S-77）に強度計算方法が規定されており、必要に応じて補強板を取り付けることもある。管だけを使って製作ができ、他の特別な部品を必要としないので、特に補強板を必要としない場合は手軽で安価であるが、外部荷重に対して応力集中が大きくなる形状になるため、特に激しい振動が起こる配管へ適用する場合は慎重に検討する必要がある。

5.2 分岐方法の決定

上記特徴を理解し、各サービスクラスの重要性（温度、圧力、流体、振動の有無など）を考慮しながら配管の分岐方法を決定し、ブランチテーブルを作成する。表5.1に示した例では、主管から2サイ

表5.1 ブランチテーブルの例

ズダウンまでを成形ティー、分岐管のサイズが6″までをブランチアウトレット或いはボスとし、それ以外を分岐管の直接溶接としている。

6. 配管材料部品の仕様の決め方

配管サービスクラスインデックスができたら、いよいよ、各配管材料部品の仕様を決めていくこととなる。以下に、主要な配管材料部品の仕様の決め方の概要を解説する。

6.1 管（Pipe）

配管材料基準の中で、管は以下の例のように仕様を記述する。

A671-CC60 CL.22　WELDED　BE　26″ STD
　　　(a)　　　　　　(b)　　(c)　(d)

(a) 材質による分類

管の材質は、使用される流体の腐食性、温度、強度、入手性、施工性、経済性などを考慮して選定される。

プラントで一般的に使用される管の材料名称と使用される条件を表6.1に示す。

このほかに、特殊な流体や環境条件に対応するために、二相ステンレス鋼、ニッケル合金鋼や非金属材料が選定されることもある。

(b) 製造方法による分類

管の製造方法により、継目無管（Seamless Pipe）と溶接管（Welded Pipe）に分類される。

継目無管は、管の長手方向に溶接線が無い鋼管で、図6.1に示すような方法などで製造される。

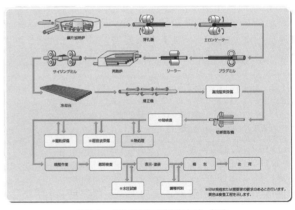

図6.1　継目無管の製造方法（例）
（出典：JFEスチール㈱カタログ）

一方、溶接管は比較的大口径に適用され、長手方向に溶接線がある鋼管で、図6.2に示すような方法などで製造される。溶接部分はその品質を確保するために、100％放射線透過試験による検査を指定することが一般的である。試験を実施しない場合は、配管肉厚を計算する際に、溶接継手品質係数を小さく取らなければならない（＝安全率を大きく取る）ことが、ASME B31.3（JPI-7S-77）に規定されている。

表6.1　代表的な管材料

流体特性	材料種別	温度制限（℃）	材料名称 継目無管	材料名称 溶接管
非腐食性常温付近	炭素鋼（CS）	−29〜427	A53-B A106-B API5L-B	API5L-B A672-C60
非腐食性低温	低温用炭素鋼（LTCS）	−46〜427	A333-6	A671-CC60
高温	低合金鋼（LAS）	−29〜649	A335-P11, etc	A691 Gr.1-1/4Cr, etc
腐食性高温極低温	ステンレス鋼（SS）	−254〜816	A312-TP304, TP316, TP304L, TP316L, etc	A358-Gr.304, Gr.316, Gr.304L, Gr.316L, etc

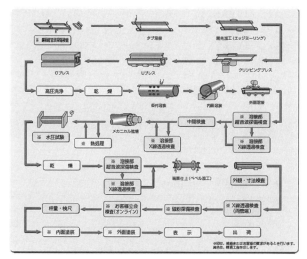

図6.2 溶接管の製造方法（例）
（出典：JFEスチール㈱カタログ）

一般に、長手方向に溶接線が無い継目無管が信頼性の面で有利と言えるが、大口径の継目無管は製造が難しく、溶接管を選択することになる。表6.2に、各製造方法及び鋼種における一般的な製造可能範囲を示す。炭素鋼或いは低合金鋼において、継目無管のサイズ範囲を24"迄、また、ステンレス鋼に於いて8"迄とするケースも多いが、その場合、製造可能メーカーが限定される。

表6.2 管製造方法別の配管サイズ範囲

製造方法	材料種別	配管サイズ範囲
継目無管	炭素鋼	1/2"-16"
	低合金鋼	1/2"-16"
	ステンレス鋼	1/2"-6"
溶接管	炭素鋼	18"以上
	低合金鋼	18"以上
	ステンレス鋼	8"以上

(c) 管端形状による分類

管端形状は、大きく分けてプレーン加工（Plain End）、ベベル加工（Bevel End）、及びネジ加工（Thread End）がある。

図6.3に示すように、プレーン加工はスクエアーカットとも呼び、管長に対し90度に切断した状態、ベベル加工は突合せ溶接のために開先を取った状態となる。ネジ加工はプレーン加工にネジを切ったものになる。

管端形状は、配管の接続形式に対応したものを選

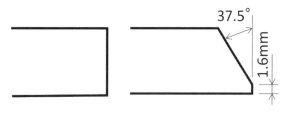

図6.3 プレーンエンドとベベルエンド

定し、差込み溶接（Socket Weld）の場合はプレーン加工、突合せ溶接（Buttweld）の場合はベベル加工、ネジ込み接続（Thread Joint）の場合はネジ加工を指定する。

施工性を考慮し、小口径（1-1/2"以下）に差込み溶接、中～大口径（2"以上）に突合せ溶接を適用することが多い。水などのユーティリティー配管で亜鉛めっきされた配管を使用する場合には、小口径（4"或いは6"ぐらいまで）の範囲でネジ込み接続を適用する。

(d) 配管サイズ及び肉厚

配管の内圧により必要な肉厚は、ASME B31.3（JPI-7S-77）に規定される以下の式によって計算される。

$tm = t + c$

$t = PD / (2000SEW + 2PY)$

ここで、

tm：最小必要厚さ（mm）

t　：圧力設計における厚さ（mm）

c　：余裕代の合計（mm）で機械的（ネジまたは溝の深さ）、腐食及びエロージョンの余裕代を加えた合計。

P　：設計内圧（kPa）、ゲージ圧力。

D　：管の外径（mm）、許容差を含まない。

S　：材料の許容応力値（N/mm²）

E　：品質係数

W：溶接継手強度低減係数

Y　：補正係数

計算で使用される設計内圧（P）は、該当サービスクラスで使用される配管の内、最大となる設計圧力を採用すれば良いが、設計初期段階において設計圧力が決まっていないものがあったり、後々の詳細設計で設計圧力が変更になったりすることがあるため、フランジやバルブのP-Tレイティングで規定される最高許容使用圧力を採用することが多い。但し、

第9章　配管材料基準と配管材料選定

特に24"を超えるような大口径配管の場合では、P-Tレイティングの条件で肉厚決定をすると過剰肉厚となり、材料コストが上昇することがあるため、該当サービスクラスで使用される配管の最大設計圧力を早い段階で確定させ、その圧力を使用して計算することが経済設計の上で望ましい。

また、管で使用される材料よりも管継手やフランジに選定される材料の許容応力値が小さいケースや、製造方法や材料の種類により肉厚の寸法許容差が異なるケースがあるので、最も厳しい条件での計算肉厚を採用する必要がある。

加えて、配管が外圧を受ける（＝負圧を受ける）場合、配管の座屈を防止するために、肉厚を厚くして対応する場合がある。

上記により、設計上必要とされる最小配管肉厚が算出されるが、購入する管の肉厚を決定する際は、更に市場性や互換性、汎用性を考慮する必要がある。ASME B36.10MやASME B36.19M、国内の場合は該当の管のJIS規格に、一般的に使用される配管サイズと肉厚が規定されている。

表6.3にASME B36.10Mにおける12"の場合の肉厚を一部抜粋した。特別な理由が無い限り、ウェイト表記方式或いはスケジュール表記方式がある肉厚を選定するのが良い。例えば、最小必要厚さが8.50mmであった場合、8.50mmでも8.74mmでもなく、より厚肉でウェイト表記「STD」がある9.53mmの肉厚を選定する。同様に、最小必要厚さが10.00mmであったら、スケジュール表記「スケジュール40」がある10.31mmの肉厚を選定する。

配管サイズの選定についても、ASME B36.10M

表6.3　配管サイズ12″の場合の肉厚

ウェイト表記方式	スケジュール表記方式	肉厚（mm）
⋮	⋮	⋮
---	---	7.92
---	30	8.38
---	---	8.74
STD	---	9.53
---	40	10.31
---	---	11.13
XS	---	12.70
---	60	14.27
⋮	⋮	⋮

及びB36.19Mに従うのが一般的であるが、1-1/4"、2-1/2"、3-1/2"、5"、22"は市場性・汎用性の点から使用されないことが多い。また、プロジェクトによっては、材料の種類を減らすことによる互換性を重視し、24"を超えるサイズを6"刻み（24"、30"、36"、42"、…）で設定する場合もあるが、刻みを大きくしすぎると大きなコストアップとなるので、十分な検討が必要である。

6.2　管継手（Fittings）

配管材料基準の中で、管継手は以下の例のように仕様を記述する。

<u>90 DEG LR ELBOW</u>　<u>A420-WPL6</u>　<u>SMLS</u>　<u>BE</u>　<u>6" STD</u>
$\quad$(a)$\qquad\qquad$(b)$\qquad$(c)$\ (d)\ $(e)

(a)　管継手の種類

管継手は、突合せ溶接式管継手と鍛造管継手に大別される。

突合せ溶接式管継手は、ASME B16.9（JIS B2312/B2313）により定義されており、図6.4に示されるエルボ、レジューサ、ティー、キャップ、スタブエンドなどが一般によく使用される。エルボには、曲げ半径が小さいショートタイプとロングタイプがあるが、ロングタイプが一般に使用され、ショートタイプは配管レイアウト上、スペースの問題でどうしても必要な場合に、圧力損失増大の影響を考慮した上で限定して使用される。「管継手の表記例」で示した90°エルボは、ロングタイプ（LR ＝ Long Radius）を示している。

鍛造管継手はASME B16.11（JIS B2316）に定義されるネジ込み式/差込み溶接式管継手（図6.5）が該当する。また、MSS SP-97（JPI-7S-84）で定義されるブランチアウトレット（図6.6）もよく使用される。

(b)　材質による分類

管継手の材質は、原則として管の材質と同等のものを選定する。代表的な材料の種類を表6.4に示す。

(c)　製造方法による分類

前項の管の場合と同様に規定する。

(d)　管端形状による分類

前項の管の場合と同様に規定する。

(e)　配管サイズ及び肉厚

前項の管の場合と同様に規定する。

第9章　配管材料基準と配管材料選定

図6.4　突合せ溶接式管継手
（出典：㈱ベンカン機工カタログ）

図6.5　鍛造管継手
（出典：㈱フジトク ホームページ）

ウェルドオーレット
(Buttwelding Outlet)

ソケットオーレット
(Socket Welding Outlet)

スレッドオーレット
(Threaded Outlet)

図6.6　ブランチアウトレット
（出典：VIAR SpA社カタログ）

表6.4　代表的な管継手材料

流体特性	材料種別	温度制限（℃）	材料名称 鍛造	材料名称 突合せ溶接式
非腐食性常温付近	炭素鋼（CS）	−29〜427	A105	A234-WPB
非腐食性低温	低温用炭素鋼（LTCS）	−46〜427	A350-LF2	A420-WPL6
高温	低合金鋼（LAS）	−29〜649	A182-F11、etc.	A234-WP11、etc.
腐食性高温極低温	ステンレス鋼（SS）	−254〜816	A182-F304、F316、F304L、F316L、etc	A403-WP304、WP316、WP304L、WP316L、etc

235

6.3 フランジ（Flanges）

配管材料基準の中で、フランジは以下の例のように仕様を記述する。

<u>FLANGE</u>　<u>A350-LF2</u>　<u>CL300</u>　<u>RF</u>　<u>WN</u>　<u>8″</u>　<u>SCH20</u>
　(a)　　　(b)　　　　(c)　　(d) (e)　　　(f)

(a) フランジの種類

フランジ及びブラインドフランジ、レジュースフランジは、ASME B16.5（JPI-7S-15）に24"以下が、ASME B16.47（JPI-7S-43）に26"以上が定義されている。22"を使用したい場合は、ASME B16.5（JPI-7S-15）に寸法の規定がないので、MSS SP-44を適用することが多い。また、ASME B16.47（JPI-7S-43）の規定から外れる大口径のフランジの場合、ASME Boiler and Pressure Vessel Code Section VIII（JIS B8265）の圧力容器の設計で規定される手法を用いて、個別に設計される。

(b) 材質による分類

フランジは一般に、鍛造により製造され、その材質は前項の鍛造式管継手と同じ材料を選定する。

(c) 呼び圧力

配管サービスクラス設定時に決めた呼び圧力を指定する。

(d) ガスケット座の種類

ASME B16.5/B16.47（JPI-7S-15/7S-43）に規定されるガスケット座の種類を図6.7に示す。この中で、一般によく使用されるのは、全面座（Flat Face）、平面座（Raised Face）及びリングジョイント座（Ring Joint Face）である。

全面座は、接続されるフランジの材料が非金属（GRPやHDPE）や鋳鉄の場合に、ボルト・ナットの締めすぎに起因する強度上の理由により選定され、全面座用のガスケットと共に使用される。ただし、ガスケット締付面圧を大きくできない為、設計圧力が高い場合には使用されない。平面座とリングジョイント座は、一般に、圧力によって使い分けられる。リングジョイント座は高圧での信頼性が高いので、CL900以上など、呼び圧力が高くなると選択されることがある。しかし、リングジョイントは、リングの取付け・取外しが非常に難しくなるので、高圧であっても平面座を採用するプロジェクトも多い。

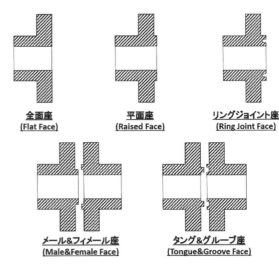

図6.7　ガスケット座の種類

(e) フランジの形状

ASME B16.5/B16.47（JPI-7S-15/7S-43）に規定されるフランジ形状の種類を図6.8に示す。前項にて解説した管の管端形状に応じて突合せ溶接形（Welding Neck）、差込み溶接形（Socket Welding）、或いはネジ込み形（Threaded）を選定する。スリップオン形（Slip-on Welding）は、比較的低圧のユーティリティー配管などで使用されることがある。また、遊合形（Lapped）のフランジは、配管

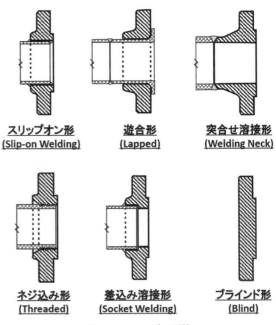

図6.8　フランジの形状

内部流体に接液せず、配管との直接溶接が無いので、配管系と異なる材質を選定することが可能であり、チタンなど非常に高価な配管系の場合に使用されることがある。ブラインド形（Blind）は、配管の末端を閉止する場合に用いられる。

(f) 配管サイズ及び肉厚

配管サイズ及び肉厚は前項の管の場合と同様に規定する。

6.4 ガスケット（Gaskets）

配管材料基準の中で、ガスケットは以下の例のように仕様を記述する。

```
SPRL-WND  W/IOR  316-SS  CL150  RF
  (a)      (b)    (c)    (d)   (e)

OR=CS  GRH-FILL  4" 4.50MM
 (f)     (g)       (h)
```

(a) ガスケットの種類

ASME B16.20/B16.21（JPI-7S-81）に様々な種類のガスケットが定義されている。代表的なガスケットの種類を図6.9に示す。

最もよく使用されるのがうず巻形ガスケット（Spiral Wound Gasket）で、高圧ではリングジョイントガスケット（Ring Joint Gasket）が使用されることもある。ユーティリティー配管などでは、安価なゴムシートガスケット（Rubber Sheet Gasket）が使用されることもある。また、フランジ座面が全面座の場合は、ボルト穴付きのシートガスケットを使用する。

(b) 内外輪の要否

うず巻形ガスケットでは内外輪の要否を指定する必要がある。表記例で「W/IOR」と記載したのは「with Inner and Outer Rings」の略で、内外輪の両方を要求している。

外輪（Outer Ring）はセンタリングリング（Centering Ring）とも呼ばれ、ガスケット本体の外側への変形防止の機能に加え、ガスケットをフランジ間に挿入する際の中心出しの機能があり、特に理由が無い限りは付ける。

内輪（Inner Ring）は、ガスケット本体の内部への変形防止が主目的となる。ASME B16.20では、フィラ材料（ガスケット本体を構成するテープ状の充填剤）がテフロン（PTFE）の時は必ず必要で、膨張黒鉛の場合は発注者の指定が無い限り付ける。それ以外のフィラ材料の場合も、呼び圧力がCL900の24"以上、CL1500の12"以上、CL2500の4"以上で必須とされている。対応する国内規格であるJPI-7S-81では、平面座に使用する場合には内輪付きが推奨されている。ガスケット本体の内部への変形は、流体の外部への漏れや流体内への異物混入の原因になるため、上記の呼び圧力及びサイズの制限に関わらず、全てのガスケットに於いて内輪を付けるケースが多い。特に危険流体の場合や清浄性が要求される流体の場合、内輪は必須である。

(c) 金属フープ及び内輪の材料の種類

うず巻形ガスケットの金属フープ（ガスケット本体を構成するテープ状の金属波形薄板）及び内輪の材料は304系或いは316系ステンレス鋼かそれ以上の耐食性をもつ材料を選定する。

(d) 呼び圧力

フランジと同じ呼び圧力を指定する。

(e) ガスケット座の種類

使用するフランジのガスケット座の種類を指定する。

(f) 外輪の材料の種類

外輪の材料は原則として炭素鋼とする。高温或いは極低温サービスの場合、耐熱性の観点からステンレス鋼が選定されることもある。

(g) フィラの材料の種類

様々な種類のフィラ材料が製品化されており、流体との相性によって選定するが、一般的によく使用されるのは膨張黒鉛（Graphite）である。

左上：うず巻形ガスケット
右上：リングジョイントガスケット
左下：ゴムシートガスケット

図6.9 ガスケットの種類
（出典：ニチアス㈱カタログ）

(h) 配管サイズ及びガスケット厚さ

配管サイズ及びガスケット厚さを規定する。ガスケット厚さは規格により定められているので、特に理由が無い限りその厚さを指定する。

6.5 ボルト/ナット（Bolts&Nuts）

配管材料基準の中で、ボルト及びナットは以下の例のように仕様を記述する。

<u>SBN/FULL-THD</u>　<u>A320-B8 CL2</u>　<u>W/A194-8</u>
　　(a)　　　　　　(b)　　　　　　(c)

<u>HVY-HEX-NUT</u>　<u>8UN S-FN GR-2AB</u>　<u>1" x 160MM</u>
　　(d)　　　　　　(e)　　　　　　　(f)

(a) ボルトの種類

フランジ規格のASME B16.5（JPI-7S-15）の中で、ASME B18.2.1に定義される全ネジ（Full Thread）のスタッドボルト（Stud Bolt）の使用が規定されている。また、CL150及びCL300に対しては、炭素鋼製のマシンボルト（Machine Bolt）の使用も認められている。各ボルトの形状を図6.10に示す。

スタッドボルトは、長尺物の加工がしやすい、締め幅を調整しやすい、高温膨張時の増し締めがしやすい、ボルト形状が均一なので軸方向の引張に強いなどの利点があり、特に指定が無い限りスタッドボルトを使用するのが一般的である。一方、マシンボルトは、取付け、取外しがしやすいので、規格で許容されている範囲で使用することも可能である。

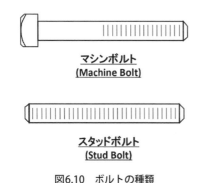

図6.10 ボルトの種類

(b) ボルトの材料の種類

ボルトの材料は、ASME B16.5 Table 1B（JPI-7S-15 付属書I）に従って選定されなければならない。価格と性能のバランスを考慮し、一般的に、表6.5に示した材料が選定される。

表6.5 ボルト・ナットの材料

Bolt Type	Design Temperature (℃)	Bolt Grade	Nut Grade	Note
GENERAL SERVICE					
Stud Bolt	−46 〜 −29	A320-L7	A194-4	
	−29 〜 427	A193-B7	A194-2H	
	427 〜 593	A193-B16	A194-2H or A194-4	
	−198 〜 −46	A320-B8 CL2		
		A320-B8M CL2	A194-8 A194-8M	
	538 〜 816	A193-B8 CL2 A193-B8M CL2	A194-8 A194-8M	
Machine Bolt	−29 〜 200	A307-B	A563	1)
WET H2S (SOUR) SERVICE					
Stud Bolt	−29 〜 427	A193-B7M	A194-2HM	2)
	−46 〜 −29	A320-L7M	A194-4M	2)

1) CL150及びCL300のみ
2) NACE Serviceが指定された場合

(c) ナットの材料の種類

表6.5を参照。

(d) ナットの種類

ASME B16.5（JPI-7S-15）に従い、ASME B18.2.2に規定されるHeavy Hex Nutとする。但し、マシンボルト用のナットのネジの呼びが3/4-10UNC以上の場合には、炭素鋼に限りHex Nutを用いても良い。

(e) ネジの基準

ASME B16.5（JPI-7S-15）の規定に従い、ネジのピッチ及び等級（仕上げ）を指定する。ボルトサイズが1"以下の場合はASME B1.1に定義されるUNC（Unified Coarse Series）、それより太いボルトは8UN（8-Thread Series）を適用する。等級は、ASME B1.1に定義されるClass 2A（ボルト）及びClass 2B（ナット）を適用する。

国内ではメートルネジが使用されるケースも多く、JPI-7S-15の付属書Iに詳細仕様が規定されている。

(f) ボルトのサイズ及び長さ

ボルトのサイズは、使用されるフランジの規格に基づいて決定される。また、長さは、使用されるフランジ及びガスケットの厚さとナットの高さに合わせて決められる。フランジ間にウエハー形バルブやスペーサーなどが挟み込まれる場合やワッシャーを

使用する場合には、挟み込まれる部品やワッシャーの厚さの分だけ長いボルトが必要になるので注意を要する。

6.6 バルブ（Valves）

プラントで使用される配管材料の中でも、バルブは、プラントを安定的且つ安全に運転する上で最も重要な部品の一つである。また、他の配管材料と違い、プラントの運転中にオペレータによる操作が必要であること、また、定期的なメンテナンスが必要になることから、経済性や性能のみならず、操作性やメンテナンス性など、多くの要因を考慮して最適なバルブを選定し、その仕様を決定する必要がある。

表6.6に、バルブの選定手順、及び選定時に考慮すべき事項を示す。

表6.6 バルブの選定手順と考慮すべき事項

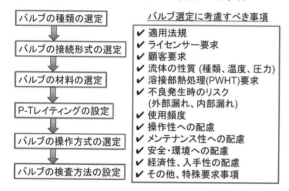

6.6.1 主なバルブの種類と特徴

プラントで使用される代表的なバルブの特徴を以下に示す。各バルブの定義は、JIS B 0100「バルブ用語」、主な使い方、長所及び短所はJPI-7R-76より一部抜粋し要約した。

(a) 仕切弁（Gate Valves）
＜定義＞
弁体が流体の流路を垂直に仕切って開閉を行い、流体の流れが一直線上になるバルブの総称。
＜主な使い方＞
- 主として管路の遮断用止め弁（全開/全閉）で使用。

＜長所＞
- 全開時の圧力損失が小さい。
- 構造的に大口径のサイズも製作できる。
- 玉形弁に比べ一般的に操作トルクが小さい。

＜短所＞
- 原則として中間開度では使用しない。
- 頻繁な開閉操作には適さない。
- 一般に、玉形弁と比べて開閉頻度が激しいと弁座面が摩耗しやすい。

＜開閉動作及び構成部品名称＞
図6.11に、典型的な仕切弁の開閉動作及びバルブを構成する主要部品の名称を示す。

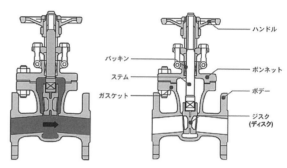

図6.11 仕切弁（Gate Valve）
（出典：株式会社キッツ ホームページ）

(b) 玉形弁（Globe Valves）
＜定義＞
一般に球形の弁箱をもち、入口の中心線と出口の中心線が一直線上にあり、流体の流れがS字状となるバルブ。
＜主な使い方＞
- 主として流量の調整目的に使用。
- 止め弁または頻繁な操作が必要な場合に使用されることもある。

＜長所＞
- 高い締切性が得られる。
- 流量及び圧力の調整が可能（中間開度での使用が可能）である。
- 頻繁な開閉操作が可能である。

＜短所＞
- 圧力損失が大きい。
- 乱流が生じる恐れがある。
- 流路にポケット部があり、液だまりが生じる。
- 仕切弁に比べて操作トルクが大きい。

＜開閉動作及び構成部品名称＞
図6.12に、典型的な玉形弁の開閉動作及びバルブを構成する主要部品の名称を示す。

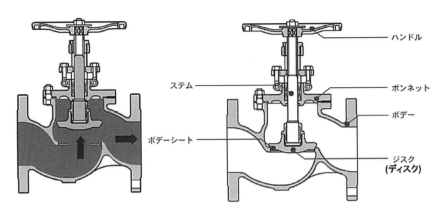

図6.12　玉形弁（Globe Valve）

（出典：㈱キッツ ホームページ）

(c) 逆止弁（Check Valves）

＜定義＞

弁体が流体の背圧によって逆流を防止するように作動するバルブの総称。

＜主な使い方＞

- 逆流を防止する目的に使用。
- リフト式（ピストン、ボール）は小口径に適している。
- 中口径ではスイング式、デュアルプレート式が広く使われている。
- 大口径になると、コンパクトに製作できるデュアルプレート式が使われる。
- チャタリング・スラミングが懸念される場所には、ノンスラムタイプであるデュアルプレート式、或いはノズル式が使われる。

＜開閉動作及び構成部品名称＞

図6.13に、代表的な逆止弁の開閉動作及びバルブを構成する主要部品の名称を示す。

(d) ボール弁（Ball Valves）

＜定義＞

弁箱内で弁棒を軸として球状の弁体が回転するバルブの総称。

＜主な使い方＞

- 他のバルブと比べ速やかな遮断または完全閉止が必要な用途に使用。

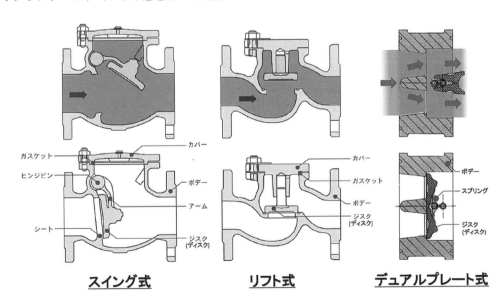

図6.13　逆止弁（Check Valve）
（出典：㈱キッツ ホームページ、及びGoodwin International Ltd社カタログ）

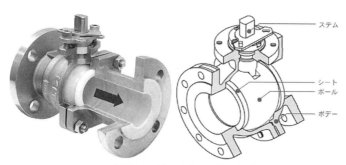

図6.14 ボール弁（Ball Valve）
（出典：㈱キッツ ホームページ）

<長所>
- 急速な開閉作動に適する（90度回転）。
- 構造的にコンパクトにできていて、保守が容易である。
- 圧力損失が小さい。
- マルチポートが可能である。

<短所>
- ソフトシートの場合には、使用温度・圧力の制限を受ける。
- ボールの加工には高度な技術が必要である。
- ソフトシートの場合には、静電気対策を考慮する必要がある。
- 弁箱とボールの間に空洞部があるので、液だまりを生じる恐れがある。

<開閉動作及び構成部品名称>
図6.14に、典型的なボール弁の開閉動作及びバルブを構成する主要部品の名称を示す。

(e) バタフライ弁（Butterfly Valves）

<定義>
弁箱内で弁棒を軸として円板状の弁体が回転するバルブの総称。

<主な使い方>
- 管路の遮断または流量調整に使用。偏心形は同心形より厳しい使用条件に使用することができる。

<長所>
- 面間寸法が短い。
- 軽量・コンパクトにできているため、取付け及び取外しが容易である。
- 急速な開閉操作に適する（90度回転）。
- 大口径の製作が可能である。
- 圧力損失が小さい。
- エラストマーなどのライニング施工がしやすい。

<短所>
- 弁体が、開弁時でも常時流体に晒されている。
- 中間開度で使用するとバルブ下流に渦またはキャビテーションが発生しやすい。
- フランジのフルレーティングが保証できないものが多い。
- 流れ方向が限定されるものがある。
- 高圧・高温の流体には、ウエハー形は使用しないことが望ましい。

<開閉動作及び構成部品名称>
図6.15に、典型的なバタフライ弁の開閉動作及びバルブを構成する主要部品の名称を示す。

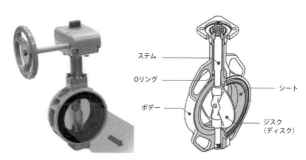

図6.15 バタフライ弁（Butterfly Valve）
（出典：㈱キッツ ホームページ）

6.6.2 バルブの仕様

配管材料基準において定める、各バルブの仕様の記述例を以下に示す。

〈仕切弁〉

<u>GATE VALVE</u>　<u>A216-WCB</u>　<u>ASME CL.150</u>　<u>RF-SERR</u>
　　(a)　　　　　(b)　　　　　(c)　　　　　(d)

<u>13CR-TR/SEAT-STLT</u>　<u>BB-OS&Y/G-OP FLEX-DISC</u>　<u>14"</u>
　　　(e)　　　　　　　　　　(f)　　　　　　　　(g)

〈玉形弁〉

<u>GLOBE VALVE</u>　<u>A352-LCB</u>　<u>ASME CL.300</u>　<u>RF-SERR</u>
　　(a)　　　　(b)　　　　　(c)　　　　　(d)

<u>316SS-TR/SEAT-STLT</u>　<u>BB-OS&Y/HW-OP</u>　<u>4"</u>
　　　(e)　　　　　　　　(f)　　　　　(g)

〈逆止弁〉

<u>CHECK VALVE</u>　<u>A105</u>　<u>ASME CL.800</u>　<u>SW</u>
　　(a)　　　　(b)　　　　(c)　　　　(d)

<u>13CR-TR/SEAT-STLT</u>　<u>BC-PSTN</u>　<u>3/4"</u>
　　　(e)　　　　　　(f)　　　(g)

〈ボール弁〉

<u>BALL VALVE</u>　<u>A352-LCB</u>　<u>ASME CL.600</u>　<u>RF-SERR</u>　<u>316SS-BALL&STEM</u>
　　(a)　　　　(b)　　　　　(c)　　　　　(d)　　　　　(e)

<u>R-BORE NYLON-SEAT W-OP W/TRUNNION</u>　<u>6"</u>
　　　　　　　　(f)　　　　　　　　　　(g)

〈バタフライ弁〉

<u>BUTTERFLY VALVE</u>　<u>A216-WCB</u>　<u>ASME CL.150</u>　<u>SERR-FCG LUG-TP</u>
　　(a)　　　　　　(b)　　　　　(c)　　　　　　(d)

<u>CS-DISC/ 316SS-SEAT/ 17-4PH-STEM</u>　<u>METAL-SEAT G-OP HP-TP</u>　<u>24"</u>
　　　　　　(e)　　　　　　　　　　　　(f)　　　　　　　(g)

各記号(a)～(g)は以下の仕様を定義する。

(a) バルブの種類

バルブの種類を規定する。

(b) 弁箱及びふたの材料

弁箱及びふたに使用する材料は、原則として、配管サービスクラスに規定された材質に合わせて選定する。表6.7に、代表的な鍛造品（Forging）及び鋳造品（Casting）の材料の種類を示す。

表6.7　弁箱及びふたの材料

鋼種	鍛鋼品	鋳鋼品
炭素鋼	A105	A216-WCB
低温炭素鋼	A350-LF2 CL1	A352-LCB
低合金鋼	A182-F11-2	A217-WC6
	A182-F22-3	A217-WC9
	A182-F5a	A217-C5
ステンレス鋼	A182-F304L A182-F304	A351-CF3 A351-CF8
	A182-F316L A182-F316	A351-CF3M A351-CF8M

(c) 呼び圧力

フランジ接続の場合は、接続するフランジの呼び圧力と同じとする。

下の(d)で示すように、小口径（一般に1-1/2"以下）では、差込み溶接接続、或いは、ネジ込み接続を使う。その場合、API Standard 602やJPI-7S-57で規定される軽量形鋼製弁（所謂、コンパクト弁）が使用されることが多く、CL800やCL1500といった呼び圧力が指定される。

(d) 配管との接続形式

バルブと配管の接続形式は、材質、サイズ、圧力、使用条件などによって決定される。表6.8に、配管との接続形式の選定例を示す。

表6.8　配管との接続形式の一例

弁箱及びふたの材料	呼び径	呼び圧力	接続形状
鍛鋼 炭素鋼 ステンレス鋼 低合金鋼	≦1-1/2	クラス800 クラス1500	ネジ込み/ ソケット溶接形
		クラス2500	突合せ溶接形
		クラス150, 300 （含むクラス800）	フランジ形 （クラス800の場合ソケット 溶接形でニップル付）
		クラス600以上	フランジ形
鋳鋼	≧2	クラス600以下	フランジ形
		クラス900以上	突合せ溶接形

溶接後熱処理が必要な配管サービスクラスで使用されるバルブは、現場溶接を避けるために、できるだけフランジ接続形を選定する。溶接形にする場合、現場での熱処理時にバルブ要部が高温に晒され変形などが生じ、不具合の原因になることがある。図6.16に示すように、バルブの両端に長さ100mm～150mm程度の短管を製造業者で取付けておき、現

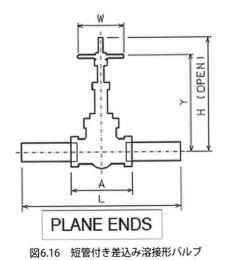

図6.16　短管付き差込み溶接形バルブ

場の溶接後熱処理の熱によるバルブの損傷を防止する対策が必要である。

また、ソフトシートを使用するボール弁では、溶接時の熱によりソフトシートが容易に損傷するので、溶接後熱処理の要否に関わらず、フランジ形を選定するか、或いは溶接形の場合は短管を取付けるなどの配慮が必要である。

バタフライ弁及びデュアルプレート式逆止弁はウエハー形、ラグ形、或いはダブルフランジ形が採用される（図6.17）。経済性を考慮し、表6.9のように接続形式を選定することが多い。

図6.17　バタフライ弁の接続形式
（出典：Vanessa/Emerson社カタログ）

表6.9　バタフライ弁、デュアルプレート弁の接続形式選定の例

ウエハー形	非可燃性流体、及び、ユーティリティー配管。
ラグ形または ダブルフランジ形	ファイヤーセーフが要求される場合。 （Note-1）
ダブルフランジ形	メンテナンスで片側の配管を取り外すことがある場合。

（Note-1）ウエハー形の場合、火災が発生した際、ボルトが直接火炎に晒され、ボルトが伸び内部流体が漏洩し、火災のエスカレートにつながる。

(e)　要部（Trim）の材料

要部とは、表6.10に示すバルブ内部の主要部品を指す。これらは、バルブの締切性能を維持するために最低限必要な部品である。要部材料の種類は、バルブ本体の材質や温度、圧力、使用条件などによって決定される。

要部のうち、弁座面は耐食性と耐摩耗性が要求され、更に弁座面同志のかじりを抑えるために、一般的に以下の条件の場合は、ステライト盛りを指定することが多い。

- 220℃以上のスチームまたはガス
- 350℃以上の高温流体
- －40℃以下の低温流体
- 高速流体、スラリー、スラッジなど、エロージョンが大きくなる流体
- 腐食性の高い流体
- 高差圧下での使用が想定される場合

表6.10　バルブの要部

仕切弁	玉形弁	逆止弁
弁箱側の弁座面 弁体側の弁座面 ふたはめ輪 弁棒	弁箱側の弁座面 弁体側の弁座面 ふたはめ輪 弁棒 弁押さえ	弁箱側の弁座面 弁体側の弁座面 ヒンジピン

ボール弁	バタフライ弁
ボール シートリング 弁棒 流体に接するシートリング 取付部品	シートリング 弁体シート面 弁箱シート面 弁棒 流体に接するシートリング 取付部品及びブッシュ

(f)　その他の仕様

バルブの種類によって種々の仕様を決定する必要がある。以下、主なものについて解説する。

＜バルブの口径＞

軽量形鋼製仕切弁（コンパクト仕切弁）或いはボール弁には、配管内径と同一の流路をもつフルボア（Full Bore）と、流路内径が配管内径より小さいレジュースボア（Reduced Bore）の2種類がある。レジュースボアはバルブを小さく設計できるので経済的であるが、プロセス上圧力損失を最小にしなければならない場所で使用するバルブにはフルボアバルブを指定する。

＜弁箱とふたの接続形式＞

仕切弁、玉形弁及び逆止弁では、弁箱とふたの接続形式を規定する。様々な接続方法があるが、弁箱とふたの両フランジの間にガスケットを用い、ボル

第9章　配管材料基準と配管材料選定

トによって接続するフランジ接続形式（Bolted Bonnet、Bolted Cover）が一般に使用される。また、高圧の場合、流体の内圧を受けてシールする特殊な形式であるプレッシャーシール形（Pressure Seal Bonnet）が使用されることもある。

＜バルブの操作方式＞

ハンドル車またはレバーにより弁棒を直接操作する直接操作方式（Handwheel Operator、Lever Operator）と、歯車による減速機構を通して小さな操作力を大きな力に変換して弁棒に伝達させる歯車減速方式（Gear Operator）がある。大口径・高圧になると、開閉時の操作力が大きくなる（操作力490N＝50kgf程度が目安）ので、歯車減速方式が使用される。

＜ボール弁のボール支持形式＞

ボールが1組のシートリングによって弁箱内に支持されるフローティング形（Floating Type）と、ボールの上部と下部に接続された弁棒によってボールが弁箱内に支持されるトラニオン形（Trunnion Type）の2種類がある。大口径・高圧では、ボールの重量が重くなることから、トラニオン形が選択さ

れる。

＜追加圧力試験＞

API Standard 598やJPI-7S-39などの規格で規定されている圧力試験に加えて、低温試験、ファイヤーセーフ試験、外部漏れ試験などが規定される場合がある。

(g)　サイズ

接続する配管サイズを指定する。

6.6.3　バルブの規格体系

他の配管部品と同様に、バルブは各種規格・標準に従って製作される。表6.11は、JPI-7S-67で紹介されているバルブの規格体系を抜粋したものである。国内の場合、JPIにバルブの規格が纏められているので迷うことはあまりないが、海外プロジェクトでは、ISOやAPI、BSやMSSなど、数多くの同様の規格が乱立しており、どの規格に基づいてバルブの仕様を決定するのか、しっかりと決めておく必要がある。表6.12に、海外プロジェクトで一般的に使用されるバルブの設計規格を参考に示す。

表6.11　バルブの規格体系

共通技術基準

JPI-7S-24	バルブの表示方式
JPI-7S-39	バルブの検査基準
JPI-7S-65	フランジ及びバルブのP-Tレイティング
JPI-7R-68	バルブの操作方式
JPI-7R-76	バルブのユーザガイド
JPI-7R-85	石油工業用バルブのシール性能確認試験

参考国際規格/外国規格

ISO 6002	Bolted bonnet steel gate valves
ISO 7005-1	Pipe flanges – Part 1: Steel flanges for industrial and general service piping systems
ISO 7121	Flanged steel ball valves for general-purpose industrial application
ISO 10434	Bolted bonnet steel gate valves for the petroleum, petrochemical and allied industries
ISO 10631	Metallic butterfly valves for general purposes
ISO 15761	Steel gate, globe and check valves for sizes DN 100 and smaller, for the petroleum and natural gas industries
ISO 17292	Metal ball valves for petroleum, petrochemical and allied industries
API Std 598	Valve Inspection and Testing
API Std 600	Steel Gate Valves – Flanged and Butt-welding Ends, Bolted Bonnets
API Std 602	Gate, Globe and Check Valves for Sizes DN 100 and Smaller for the Petroleum and Natural Gas Industries
API Std 603	Corrosion-resistant, Bolted Bonnet Gate Valves – Flanged and Butt-welding Ends
API Std 608	Metal Ball Valves – Flanged, Threaded, and Welding Ends
API Std 609	Butterfly Valves: Double-flanged, Lug- and Wafer-type
ASME B16.34	Valves – Flanged, Threaded, and Welding End
ASME B31.3	Process Piping
BS 1868	Specification for Steel check valves (flanged and butt-welding ends) for the petroleum, petrochemical and allied industries
BS 1873	Specification for Steel Globe and Globe Stop and Check Valves (Flanged and Butt-Welding Ends) for the petroleum, petrochemical and allied industries
BS 6364	Valves for Cryogenic Service
BS 6755-2	Testing of valves, Part 2: Specification for Fire Type-Testing Requirements
BS EN 12266-1	Industrial valves, Testing of metallic valves, Part 1: Pressure tests, test procedures and acceptance criteria, Mandatory requirements
BS EN 12266-2	Industrial valves, Testing of metallic valves, Part 2: Tests, test procedures and acceptance criteria, Supplementary requirements
MSS SP-45	Bypass and Drain Connections
MSS SP-92	MSS Valve User Guide

JPI-7S-67 石油工業用バルブの基盤規格

1. 適用範囲	2. 引用規格
3. P-Tレイティング	4. 呼び圧力
5. 呼び径	6. 設計
7. 材料	8. 仕上げ
9. 試験	10. 検査
11. 表示	12. 補修
13. 受領拒否	14. 塗装
15. 発送	16. 品質保証

付属書1：バルブの口径
付属書2：バルブの面間寸法
付属書3：バルブの基本設計
付属書4：バルブと管との接続部の形状及び寸法
付属書5：バルブ用材料
付属書6：バルブ用要部材料の組合せ
付属書7：バルブ用ガスケット及びパッキン
付属書8：バルブの付帯設備

個別製品（標準仕様）規格

JPI-7S-36	鋼製小形弁
JPI-7S-37	鋳鉄製フランジ形ねじ込ウエッジ仕切弁
JPI-7S-46	鋳鋼製フランジ形及び突合せ溶接形弁
JPI-7S-57	鋼製フランジ形ボール弁
JPI-7S-57	軽量形鋼製小形弁（50A[2B]以下）（クラス150～800）
JPI-7S-58	ステンレス鋼鋳鋼製フランジ形軽量耐食弁
JPI-7S-69	軽量形鋼製弁（65A[2-1/2B]以上）（クラス150～2500）
JPI-7S-82	鋼製小形高圧弁
JPI-7S-83	石油工業用バタフライ弁

関連JPI規格

JPI-7S-15	石油工業用フランジ
JPI-7S-16	配管用非金属ガスケットの寸法
JPI-7S-23	石油工業用リングジョイントガスケット及び溝
JPI-7S-31	溶接士技量検定基準
JPI-7S-41	配管用うず巻形ガスケット
JPI-7S-43	石油工業用大口径フランジ
JPI-7S-75	配管用PTFE被覆ガスケット及びPTFEソリッドガスケット
JPI-7S-77	石油工業用プラントの配管基準
JPI-7S-79	配管用膨張黒鉛シートガスケット
JPI-7S-81	配管用ガスケットの基準
JPI-7R-91	配管用非石綿ガスケットの使用指針

国内関連規格

JIS "G"	鉄鋼
JIS "H"	非鉄金属
JIS B 0203	管用テーパねじ
JIS B 0205	一般用メートルねじ
JIS B 0206	ユニファイ並目ねじ
JIS B 0208	ユニファイ細目ねじ
JIS B 0209	一般用メートルねじ －公差－
JIS B 0210	ユニファイ並目ねじの許容限界寸法及び公差
JIS B 0216	メートル台形ねじ
JIS B 0217	メートル台形ねじ公差方式
JIS B 0218	メートル台形ねじの許容限界寸法及び公差
JIS B 0222	29度台形ねじ
JIS B 1180	六角ボルト
JIS B 1181	六角ナット
JIS B 2316	配管用鋼製差込み溶接式管継手
JIS B 8265	圧力容器の構造－一般事項
JIS B 8266	圧力容器の構造－特定規格
JIS Z 3040	溶接施工方法の確認試験方法
JIS Z 3801	手溶接技術検定における試験方法及び判定基準
JIS Z 3821	ステンレス鋼溶接技術検定における試験方法及び判定基準
JIS Z 3841	半自動溶接技術検定における試験方法及び判定基準
KHK E 009	バルブ取扱指針（高圧ガス保安協会）
JEAC 3706	圧力配管及び弁規程（日本電気協会/電気技術規程）

244

表6.12　海外のバルブ設計規格

バルブの種類	バルブの設計規格
軽量形鋼製弁（コンパクト弁）	API Standard 602
鋼製仕切弁	API Standard 600 API Standard 603（Note-1）、或いは ASME B16.34（Note-1）
鋼製玉型弁	API Standard 623 ASME B16.34（Note-1）
鋼製逆止弁（スイング式）	API Standard 594 ASME B16.34（Note-1）
デュアルプレート式逆止弁	API Standard 594
ボール弁	API Standard 608、或いは API Specification 6D
バタフライ弁	API Standard 609

（Note-1）API Standard 603或いはASME B16.34は弁箱の必要最小肉厚が小さい。ステンレス鋼など、腐食代が小さいバルブに適用される。

6.6.4　バルブに関する参考書籍

本項では、バルブの基礎的な機能・性能・選定方法の解説に留めたが、更に詳細は、以下の書籍・規格が非常によく纏まっているので、必要に応じて参照されたい。

- 新版 バルブ便覧（社団法人日本バルブ工業会）
- JPI-7S-67 石油工業用バルブの基盤規格
- JPI-7S-76 バルブのユーザーガイド

6.7　特殊材（Special Materials）

前項までに解説した、所謂バルク材とは違い、個別の部品を設計条件により設計する必要がある配管部品を特殊材と呼ぶ。一品一品に対しタグナンバーが付与され、設計条件を記載したデータシートが作成される。配管雑品とも呼ばれ、様々な種類の配管部品が特殊材として扱われる。本項では代表的な特殊材とその用途を紹介する。

6.7.1　ストレーナ（Strainers）

流体内の異物を除去する機能をもち、主として、ポンプや自動弁、熱交換器などの保護に使用される。保護される機器に対応したろ過性能を可能な限り低い圧力損失で発揮することが期待される。

要求される性能、用途により、図6.18に示すような様々なタイプがある。

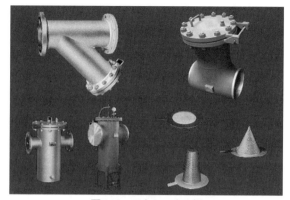

図6.18　ストレーナの例
（出典：大同工機㈱ホームページ）

6.7.2　安全弁（Pressure Relief Valve）

機器や配管の昇圧による爆発や破損を防ぐために、バルブ入口側の圧力があらかじめ設定された圧力に達した際、自動的に弁体が開き、流体を排出し、圧力が所定の値以下に降下すれば、再び弁体が閉じる機能をもつバルブ。

バルブ下流側の圧力（背圧）や、背圧の変動幅、流体の特性や温度などから、図6.19に示すようなタイプが選定される。

図6.19　安全弁の例
（出典：㈱福井製作所ホームページ）

6.7.3　スチームトラップ（Steam Traps）

蒸気は加熱などの目的で多くのプラントで使用される。蒸気は、高温高圧下で水が気体になってできたものであるが、温度低下に伴い凝縮してドレン（水）になる。このドレンを自動的に排出する機能を持った部品がスチームトラップである。

ドレン量や下流側の圧力（背圧）、使用目的によ

図6.20　スチームトラップの例
（出典：㈱ミヤワキ ホームページ）

り、図6.20に示すように様々なタイプがある。

6.7.4　サイトグラス（Flow Sight Glasses）

流体の色や流れの有無、流量の変化などを目で見て確認するため、ガラス製の覗き窓が付いた部品。

流体の性質や使用目的により、図6.21に示すようなタイプがある。

図6.21　サイトグラスの例
（出典：ワシノ機器㈱ホームページ）

6.7.5　フレームアレスター（Flame Arresters）

主としてタンクの開口部、或いはその接続配管に取り付けられ、通常運転時にガスの流れを可能にするが、火災発生時に火炎の伝播を阻止する（消炎する）機能を持つ配管部品。

ガスの種類やフレームアレスターの取付位置、火炎の伝播速度などにより設計され、図6.22に示すようなタイプがある。

図6.22　フレームアレスターの例
（出典：BS&B Safety Systems LLC社 ホームページ）

6.7.6　ホース類（Hoses）

水や蒸気、窒素など必要に応じて機器などに接続する際に配管と機器を繋いだり、燃料や化学薬品などを外部（トラックなど）からプラントに供給する際に使用するホース。

ゴム製のラバーホースや図6.23のような波型断面のベローズの外側をワイヤーブレイドでカバーしたメタルホースがある。フレキシブルホース（Flexible Hose）とも呼ぶ。

図6.23　フレキシブルホースの例
（出典：㈱テクノフレックスカタログ）

6.7.7　ベローズ形伸縮管継手（Expansion Bellows）

熱膨張や振動、地震、沈下、据付誤差などによる配管の動きを吸収する目的で使用される。

変位吸収量や内部圧力、反力の発生有無、流体性状などにより設計され、図6.24に示すようなタイプがある。

図6.24　ベローズ形伸縮管継手の例
（出典：㈱テクノフレックスカタログ）

6.7.8　特殊用途バルブ（Special Valves）

特殊な用途或いは条件で使用されるバルブで、バルク材として扱うことができないバルブ。

様々な種類のバルブがあるが、例えば、大口径ポンプ吐出配管に取り付けられる逆止弁で、並列する複数台のポンプの内、一台が急停止した際にバルブが急閉鎖することで発生する水撃によるウォーターハンマー（衝撃圧）やスラミング（衝撃音）を防止する目的で使用されるノズルタイプ逆止弁（図6.25）などがある。

図6.25 ノズルタイプ逆止弁の例
（出典：Goodwin International Ltd社 ホームページ）

6.7.9 配管サポート（Pipe Supports）

配管を支持する目的で取り付けられる部品で、様々な種類のサポートが使用される。

極低温配管を支持するために保冷性能と強度を併せ持ったコールドサポートや、図6.26に示すように、配管の熱移動に追従しながら荷重を支持するスプリングサポート、熱移動のような遅い変位には追従するが地震による振動など急激な変位は拘束する防振サポートなどがある。

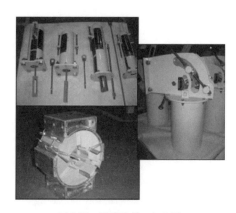

図6.26 配管サポートの例
（出典：日本発条㈱提供）

7. 配管材料選定と特殊要求事項
7.1 配管材料選定の基本事項

配管材料選定は、配管内に流れる流体の性状や温度、圧力といったプロセス設計情報、金属の腐食、溶接技術、或いは熱処理による改質といった冶金学的な知識、金属の強度や加工性といった機械工学的な知識、また、プラスチックやゴムなど有機材料の耐腐食性や機械的特性の知識など、多方面にわたる工学知識が要求される。また経済性や市場性も材料選定の重要な要因の一つとなる。

表7.1に、プラントで使用される代表的な材料の分類を示す。

表7.1 材料の分類

大分類	小分類	材料例	備考
金属材料	鉄系	炭素鋼 合金鋼 ステンレス鋼	最も多用される。
	非鉄系	銅 アルミニウム チタン ハステロイ インコネル ジルコニウム	高耐食材料として適用されることがある
有機材料	—	プラスチック ゴム	酸・アルカリへの対応。
無機材料	—	カーボン 黒鉛 ガラス セラミックス	高耐食性、バルブなどの部品として使用される。

ここでは、プロセスプラントにおける、ごく基本的な材料選定の考え方とそれに付随する配管材料への特殊要求事項について解説する。

(a) 設計温度による制限

各配管材料の使用温度範囲がASME B31.3（国内ではJPI-7S-77）に規定されている。また、フランジのP-Tレイティング（ASME B16.5/B16.34、国内ではJPI-7S-65）においても、使用制限が付けられていることがある。

同一サービスクラス内で使用される管材（表6.1）、管継手材（表6.4）の他に、鍛造材、鋳造材、板材などで、使用可能温度範囲が異なる場合は、そのうち最も厳しい使用制限を適用しなければならない。また、高温域で急激な許容応力の低下を示す材料の使用を避けるよう考慮する必要がある。

腐食性流体や以降に示すような特定の流体を扱う配管を除き、配管サービスクラスの基本となる管の

第9章　配管材料基準と配管材料選定

表7.2　設計温度による材料選定

鋼種	最低温度	最高温度（*1）
炭素鋼（*2） API5L-B、A106、A672-B65等	−29℃（*3）	425℃
低温用炭素鋼 A333-6、A671-CC65等	−46℃	345℃（*4）
C-1/2Mo低合金鋼 A335-P1、A672-L70等	−29℃	450℃
Cr-Mo低合金鋼 A335-P11、A691-1.25Cr等	−29℃	593℃
ステンレス鋼 A312-TP304（L）、A358-304（L）、A312-TP316（L）、A358-316（L）等	−196℃	425℃（*5）
安定化ステンレス鋼 A312-TP321、A358-321等	−196℃	538℃（*5）

（*1）ASME B31.3 Table A-1による。バルブなどでソフトシートが選定される場合、その材質により限定されることがある。
（*2）API5L-X60やX65等の高強度炭素鋼の場合、最高使用温度は204℃に制限される。
（*3）ASME B31.3 Table A-1において、最低使用温度にA、B、C、Dの記号が記述されている場合、肉厚により衝撃試験が要求される。
（*4）低温用炭素鋼の鋳鋼としてバルブなどに使用するA352-LCBの最高使用温度がASME B16.34により345℃に制限される。
（*5）これらの温度を超える範囲で使用する場合は、詳細検討を要する。

材料、並びに上記の点を考慮した後の使用温度範囲を表7.2に示す。

また、低温サービスでは、ASME B31.3或いはJPI-7S-77において、衝撃試験が要求されるので注意が必要である。低温用炭素鋼は、材料規格で自動的に衝撃試験が要求されているので特別な注意は要らないが、低温用でない炭素鋼、例えば管としてよく使用されるAPI5L-BやA106-B、A672-C65、管継手としてよく使用されるA234-WPBは、ASME B31.3 Fig.323.2.2AのCurve-B（図7.1）に従い、肉厚が12.7mmを超えると最低使用温度が−29℃から徐々に高くなる。最低設計温度が材料の最低使用温度よりも低くなる場合は、衝撃試験を追加で要求する必要があるが、それよりも入手性を考慮して、元々規格で衝撃試験が要求されている低温用炭素鋼を使用することが多い。また、ステンレス鋼を-29℃未満の温度で使用する場合、炭素含有量が0.10%を超えるまたは材料が固溶化熱処理されていない母材については衝撃試験が要求される。通常使用されるSS304（L）やSS316（L）では、炭素含有量が0.01%を超えることは無いが、衝撃試験を回避するためには固溶化熱処理を別途要求しておく必要がある。その場合においても、溶接部に対しては衝撃試験が必要となることがあるので、購入時には注意が必要である。

(b)　水素（Hydrogen）

水素は、石油精製や石油化学の水添装置など、広い範囲で使用される。

水素が水素原子になって鋼に侵入しメタンを生成する「水素浸食（Hydrogen Attack）」が問題となる。高温・高圧の水素雰囲気で発生し、一般に鋼中の炭素量が多いほど起こりやすいと言われている。また、ステンレス鋼では発生しない。

材料の選定基準としてAPI RP 941が参考になる。API RP 941 Figure 1に水素分圧と温度に対し、推奨される材料を示した線図（ネルソン線図（Nelson Curve）とも呼ばれる）が紹介されており、材料選定時によく使用されている。図7.2に示したように、低水素分圧及び低温では炭素鋼が使用可能であるが、それらの数値が高くなるに従い、Cr-Mo低合金鋼の使用が推奨されている。

(c)　アミン溶液（Amine）

石油精製設備、ガス精製設備、或いはLNG製造設備において、酸性ガス（CO_2、H_2S）の洗浄装置で使用される吸収液（アミン溶液：MEA、DEA、MDEAなど）は、炭素鋼、低合金鋼に対して応力腐食割れ（SCC：Stress Corrosion Cracking）を発生させる。この現象は、材料の引張残留応力がある部分で発生しやすいことが知られており、アミン応力腐食割れ（ASCC：Amine Stress Corrosion Cracking）とも呼ばれる。更に硫化水素（H_2S）を含む流体を

248

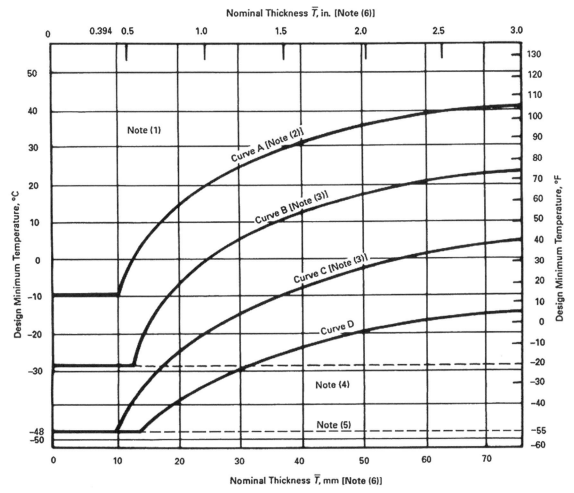

NOTES:
(1) Any carbon steel material may be used to a minimum temperature of −29°C (−20°F) for Category D Fluid Service.
(2) X Grades of API 5L, and ASTM A381 materials, may be used in accordance with Curve B if normalized or quenched and tempered.
(3) The following materials may be used in accordance with Curve D if normalized:
    (a) ASTM A516 plate, all grades
    (b) ASTM A671 pipe made from A516 plate, all grades
    (c) ASTM A672 pipe made from A516 plate, all grades
(4) A welding procedure for the manufacture of pipe or components shall include impact testing of welds and HAZ for any design minimum temperature below −29°C (−20°F), except as provided in Table 323.2.2, A-3(b).
(5) Impact testing in accordance with para. 323.3 is required for any design minimum temperature below −48°C (−55°F), except as permitted by Note (3) in Table 323.2.2.

図7.1　衝撃試験が不要な炭素鋼の最低温度

（出典：ASME B31.3）

Reprinted from ASME B31.3-2016 Figure 323.2.2A by permission of the American Society of Mechanical Engineers（ASME）. All rights reserved.

扱う場合は、後述する硫化物応力腐食割れ（SSC：Sulfide Stress Cracking）や水素誘起割れ（HIC：Hydrogen Induced Cracking）も考慮する必要がある。

比較的低流速では、溶接時に発生する残留応力を除去、即ち溶接後熱処理をすることにより、炭素鋼を使用できる。流速が速い場合はステンレス鋼を選定する。詳細はAPI RP 945を参照のこと。

(d) 水酸化ナトリウム/苛性ソーダ
    （Sodium Hydroxide/Caustic Soda）

プラントで一般に使用されることが多い水酸化ナトリウム溶液でも、その重量パーセントが2wt%～

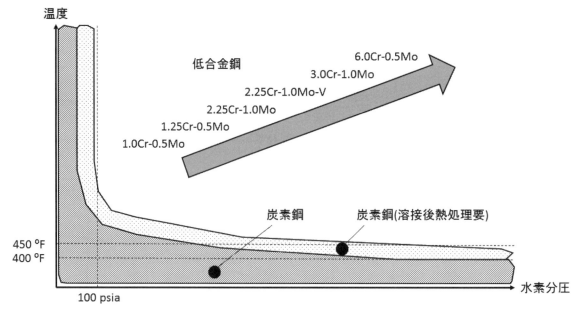

図7.2 水素分圧-温度による推奨材料

5wt％を超えるあたりから応力腐食割れ（SCC：Stress Corrosion Cracking）が懸念される。温度及び濃度によって、炭素鋼に対し溶接後熱処理を実施したり、更に高温・高濃度になるとニッケル合金の使用を検討したりする必要がある。

材料選定の詳細についてはNACE SP 0403が参考になる。

(e) 高温硫化水素（Hot H_2S）

石油精製設備の接触分解、脱硫、水素化分解などで発生する高温硫化水素は、炭素鋼及び低合金鋼に対し、288℃超の高温、及び硫化水素分圧7kgf/cm^2G超になると激しく腐食することが知られている。

そのため、フェライト系或いはオーステナイト系のステンレス鋼がよく使用される。また、運転中に高温・還元性雰囲気で生成された硫化鉄が、運転停止中に水分・酸素と反応し、ポリチオン酸を生成、オーステナイト系ステンレス鋼の鋭敏化した部位があると、応力腐食割れを発生する恐れがある。そのため、安定化ステンレス鋼が使用される。

(f) 湿潤硫化水素（Wet H_2S）

湿潤性硫化水素は、一般にSour Serviceとも呼ばれ、石油精製設備、ガス処理設備、LNG製造設備など、多くのプラントで発生し、炭素鋼、低合金鋼、マルテンサイト系ステンレス鋼に対して硫化物応力腐食割れ（SSC：Sulfide Stress Cracking）や、炭素鋼に対して水素誘起割れ（HIC：Hydrogen Induced Cracking）、或いは応力支配水素誘起割れ（SOHIC：Stress Oriented Hydrogen Induced Cracking）と呼ばれる腐食問題を引き起こす（図7.3）。

湿潤硫化水素の濃度（pH）が高く硫化水素の分圧が高いと上記の腐食が起こりやすくなる。詳細はNACE MR 0103或いはNACE MR 0175を参照のこと。なお、NACE MR 0103の方は、より上流側の濃H_2Sに対応したガイドラインで、要求される内容も厳しいものとなっている。

対策として、炭素鋼を使用する場合は鋼中の化学成分の制限や溶接後熱処理及び熱処理後の硬さの制限、HIC鋼の使用（NACE TM 0284参照）など、また、その他の鋼種においても使用制限がある。

(g) 硫酸（Sulfuric Acid）

硫酸の金属材料に対する腐食性はその濃度に大きく依存する。濃度が90％〜100％の常温濃硫酸で0.9m/sec以下程度の低流速の場合、炭素鋼がよく耐える。流速が1.8m/sec以下程度の中流速では、SS304/SS316が使用される。詳細はNACE RP 0391を参照されたい。

濃度10％以下の希硫酸の場合、SS316が一般に使用される。

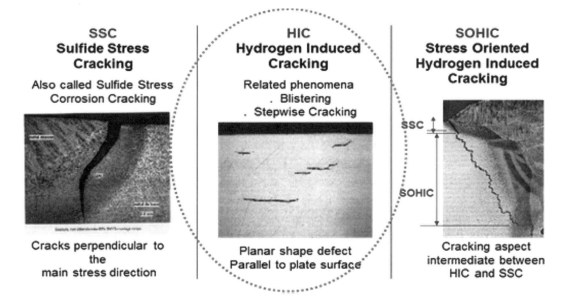

図7.3　SSC、HIC、SOHICの例
（出典：Industeel/ArcelorMittal社ホームページ）

(h)　塩酸（Hydrochloric Acid）

塩酸は金属に対し最も腐食性の強い酸の1つで、実用金属材料による取り扱いが困難なことが多い。各種金属に対する腐食速度の表がAPI RP 581のTable 2.Bにあるので参照されたい。

インコロイ825やインコネル625は40℃以下の範囲であればよく耐える。それ以上の温度の場合、ハステロイ系の材料が使用される。或いは、FRPやテフロンライニング管など、有機材料もよく使用される。

(i)　次亜塩素酸ナトリウム
　　（Sodium Hypochlorite）

次亜塩素酸ナトリウムは海水殺菌によく使用される流体で、その濃度と温度によって材料が選定される。

低濃度の場合はハステロイC-276が使えるが、一般にはFRPやPVC、或いはテフロンライニング管などの有機材料が使われることが多い。

(j)　海水（Seawater）

冷却水や消火用水などで海水が使用されることがあるが、海水は金属材料に対して非常に強い腐食性があり、材料選定が最も難しいサービスの一つである。

炭素鋼の静止海水中での平均の腐食速度は0.1-0.15mm/年程度であり、淡水での腐食速度とあまり変わらないが、流速が増すにつれて比例的に腐食速度も増大する。例えば、1.5m/sの流速で0.5mm/年程度になる。原則として海水サービスでは炭素鋼は使用しない。

SS304やSS316などのオーステナイト系ステンレス鋼は孔食や隙間腐食が生じやすく、海水にはあまり適さない。鋼中にCr、Mo、Nを添加したスーパーオーステナイト鋼（SS31254）やスーパー2相ステンレス鋼（SS32750など）は、比較的孔食や隙間腐食に強く、条件によっては使用されるケースもある。

銅合金（キュプロニッケル、Cu-Ni）は低流速の場合に小口径配管で使用されることがあるが、流速が早くなるとエロージョンが起こりやすい。

モネルやハステロイなどのニッケル基合金やチタンなどは、海水に対して比較的良い耐食性を示すが、値段が非常に高価である。

FRPやPVC、HDPEなどのプラスチック材料やプラスチック・ゴムをライニングした有機ライニング鋼管、セメントライニング鋼管やコンクリート管などの無機材料は、耐腐食性が優れ比較的安価であるが、施工性や対候性（紫外線や太陽放射熱による高温）に難があったり、低靱性、低強度であったりするので、使用場所を選ぶ材料である。

7.2 バルブに対する特殊要求事項

バルブからの漏洩や作動不良は重大な事故や運転不良に繋がることがあり、バルブの性能を長期にわたり維持することは、プラントを安全かつ安定的に運転する上で非常に重要である。そのために、バルブに関しては、実際に使用される条件に合わせて追加の特殊要求が適用されることが多い。ここでは、近年、よく適用されるようになった特殊要求事項について紹介する。

(a) 極低温漏洩試験

LNGなど極低温サービスで使用されるバルブでは、パッキン部が凍結している状態でバルブの開閉を行うことでパッキンが損傷したり、凍結による固着でそもそもバルブが操作できなくなったりする問題が発生する。図7.4に示すように、バルブのボンネット部分を延長し、パッキンまでに十分な距離をとることにより、凍結を防止する対策が必要になる。この場合、内部流体がボンネット延長部に侵入しないよう、一般にバルブのステムは上向きで45°以内の方向に取付ける必要がある。

更には、バルブが極低温流体に晒されると、金属の熱収縮により、バルブ各部材の寸法に変化が起こる。また、バルブ内には線膨張係数の異なる金属材料が使用されるため、変形後のバルブの性能は一般に常温時における性能よりも低下する。

この問題に対応する設計を検証するために、極低温漏洩試験を実施することが多く、表7.3のように各種標準が発行されている。また、エンジニアリングコントラクターやエンドユーザーによる独自の試験方法が適用されることもある。

表7.3 極低温漏洩試験の標準

標準番号	標準名称
JPI-7S-39	バルブの検査基準
BS 6364	Specification for Valves for Cryogenic Service
ISO 28291	Industrial Valves – Isolating Valves for Low-temperature Applications
ANSI/MSS SP-134	Valves for Cryogenic Service Including Requirements for Body/Bonnet Extensions

試験方法は概ね共通しており、図7.5及び図7.6に示すように、液体窒素などの低温の液体にバルブを浸けてヘリウムガスをバルブ内に充填、一定時間保持し、バルブ内外の温度を－200℃付近まで下げた後、加圧し弁座漏れ試験及び弁箱耐圧試験などを実施する。本試験はバルブの設計及び製造方法が極低温サービスに適しているかを検証する試験なので、全数試験ではなく、抜き取り検査とするケースが多い。また、各標準において常温試験における規定よりも大きな許容漏れ量が規定されている。この試験は高圧ガスを用いた試験となるため、安全面に十分配慮した専用の試験設備が必要となる。

(b) 外部漏洩試験

バルブは、操作やメンテナンスを考慮してグランドパッキンやガスケットにより内部流体が封止される構造になっているが、そこからの微量の外部漏洩を完全にゼロにすることは不可能である。しかしながら、特に高圧や高温、或いは危険流体を扱うバルブに対しては、安全上、外部漏洩が少ないバルブを選定することが重要である。また、近年、地球環境への配慮により、プラントからの流体の外部漏洩を最小限にする社会的要請が増してきている。

図7.7は、ある石油精製プラントにおける流体の外部漏洩の原因を調査した資料であるが、プラントから漏洩する流体のうち60％（安全弁も入れると75％）がバルブからの漏洩であり、その中でも摺動部であるバルブステムからの漏洩が大部分を占めるという報告がある。

バルブからの外部漏洩を減らすため、グランド部

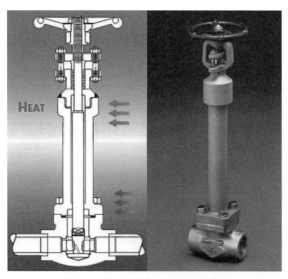

図7.4　バルブのボンネットの延長
（出典：OMB Valves SpA社カタログ）

第9章　配管材料基準と配管材料選定

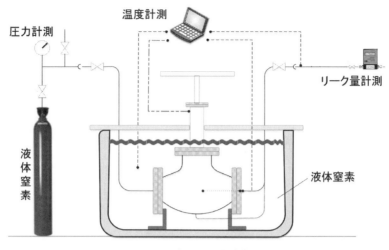

図7.5　極低温漏洩試験
（出典：ANSI/MSS SP134）

Reprinted from ANSI/MSS SP-134-2012 Figure A1 by permission of the Manufacturers Standard Society (MSS). All rights reserved.

図7.6　極低温漏洩試験の様子
（出典：Vanessa/Emerson社 提供）

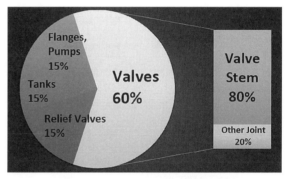

図7.7　プラントにおける外部漏洩の要因
(Data Source：Monitoring and Containment of Fugitive Emissions from Valve Stem, University of British Columbia, Vancouver)

図7.8　ベローズシール形バルブ
（出典：OMB Valves SpA社カタログ）

のシールに金属ベローズを用い、バルブステムからの漏れを完全に阻止するベローズシール形バルブ（図7.8）や皿バネなどを利用して常に一定の荷重

253

がパッキンに掛かるようにすることで外部漏洩を最小限に抑えたライブローディング形バルブ（図7.9）が古くから製品化されている。更に近年では、高性能ガスケットやパッキンを用いたり、バルブ側の加工精度を上げたりするなどの対策により、従来よりも外部漏洩が非常に少ないバルブが製造され、実用化されている。

表7.4に示すように、バルブの外部漏洩の程度及び試験方法を規定するISO Standardが2006年に発行、API Standardが2006年及び2014年に発行され、これらの標準が適用されるプロジェクトが年々増加してきている。

表7.4 外部漏洩試験の標準

標準番号	標準名称
ISO 15848	Industrial Valves – Measurement, Test and Qualification Procedure for Fugitive Emissions
API Standard 622	Type Testing of Process Valve Packing for Fugitive Emissions
API Standard 624	Type Testing of Rising Stem Valves Equipped with Graphite Packing for Fugitive Emissions

試験方法はISO及びAPIでほぼ同様であり、該当バルブが運転期間中に晒される温度変化を模した温度サイクル（低温-常温-高温）をかけ、各々の温度で規定の回数の開閉操作を行い、その間の試験流体の外部への漏洩を計測する。試験流体にはヘリウムガスやメタンガスが使用され、これらの流体の微量な外部漏洩をガス探知機などで検出する（図7.10）。

本試験も低温漏洩試験と同様に高圧ガスを用いるため、安全面に考慮した専用の試験設備が必要となる。また、外部漏洩が規定の数値よりも小さくなる

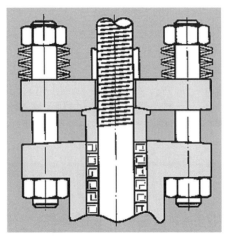

図7.9　ライブローディング形バルブ
（出典：OMB Valves SpA社カタログ）

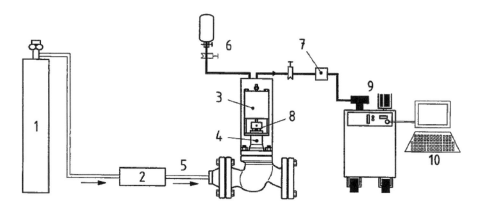

Key
1　helium at 97 % purity
2　pressure control
3　actuator
4　vacuum
5　helium
6　standard calibrated leak
7　vacuum safety
8　tested stem sealing
9　helium mass spectrometer
10　data acquisition

図7.10　外部漏洩試験

（出典：ISO 15848）

Figure A.2 from ISO 15848-1：2015 is reproduced with the permission of the International Organization for Standardization, ISO. The ISO standards and the related documents can be obtained from ISO member（Japanese Standard Association：http://www.jsa.or.jp）and from the Web site of ISO Central Secretariat at the following address：http://www.iso.org. Copyright remains with ISO.

ようなバルブの設計及び製造方法であるかを確認する試験なので、全数試験ではなく抜き取り検査となる。

8．配管材料技術の重要性

本章では、プラントの配管設計に携わる技術者に向けて、配管材料基準のごく基本的な作成手順、記載されるべき項目、仕様の決め方、考慮すべき事項などについて解説した。

実際のプロジェクトでは、各プラントのプロセス上の特殊条件や建設地の立地や気候条件、プラント設計や建設に関する法規などに応じて配管材料仕様

を決定する必要があり、非常に高度な技術力と経験が必要とされる。更には、世の中の最新技術や規格・基準の動向を常に把握し、良いものをどんどん採用していくことが重要である。

配管設計の中で材料技術の分野は専門的で難しいと考える読者も多いと思うが、配管材料技術関連業務の成否は、プラントのコスト及び工期に非常に大きな影響を与えるものであり、配管レイアウトを行う技術者や配管設計全体の管理を行うエンジニアにとっても必須の知識である。特に若い技術者の皆さんには、是非興味を持って知識・経験の習得を心がけて頂きたい。

第10章
配管耐圧部の強度設計

1.	配管の耐圧コンポーネント	258
2.	内圧による力の発生する箇所と大きさ	258
3.	面積補償法という耐圧強度評価	260
4.	基準、codeによる管の必要厚さの式	261
5.	球、ベンド、レジューサの強度評価	261
	5.1　球および半球	262
	5.2　レジューサ	262
	5.3　エルボ、ベンド	262
6.	内圧を負担する壁の一部がない管継手	263
	6.1　溶接組立式分岐管の強度評価	265
	6.2　短いスパンのマイタベンドの強度評価	267
	6.3　その他の耐圧コンポーネントの強度評価	268
7.	スケジュール番号は管の圧力クラス	268
	7.1　Sch番号が意味するところ	269
	7.2　Sch番号の歴史と種類	269
8.	バルブ、フランジのP-Tレイティング	270

第 10 章　配管耐圧部の強度設計

1．配管の耐圧コンポーネント

プラントに敷設される配管装置で、圧力を受ける管、管継手（フィッティング）、バルブ、スペシャルティ（ストレーナ、スチームトラップ、サイトグラス、等）などの耐圧コンポーネントは、耐圧的に充分安全でなければならない。例えば、電気事業法は、発電プラントに適用される火力技術基準を定める省令　第6条において、「ボイラ等及びその付属設備の耐圧部分の構造は、最高使用圧力、又は最高使用温度において発生する最大の応力に対し安全なものでなければならない」としている。したがって、プラントの設計圧力が大気圧を超える耐圧部の全てにつき、耐圧強度が保証されなければならない。

プラントの耐圧部の例を図1.1に示すが、規則で定められたいずれかの方法により各コンポーネントの耐圧強度が安全であることが保障されなければならない。

表1.1　配管コンポーネント耐圧強度保証の方法

配管コンポーネント	耐圧を保証する方法
① 管	JIS、またはASMEに規定する計算法による。
② 規格に規定されている管継手	同一材質、同一口径、同一厚さの管の耐圧強度が①により保証されていれば耐圧を保証
③④⑤⑥ 規格に規定されていないが、計算式のあるもの	JIS、またはASMEに規定する計算法による。
⑦⑧ 規格にあるバルブフランジ	JISまたはASMEのP-Tレイティング
⑨ 規格にない特殊フランジ	JISまたはASMEボイラ圧力容器基準Sec.Ⅷ、による計算
⑩ 上記以外のもの	検定水圧試験による

注(1)　①～⑧の番号は図1.1中の番号を指す。
　(2)　上記表の規格は、JIS、JPI-7S-77、電力規格、ASME、を指すが、一部の計算法が入っていない規格もある。

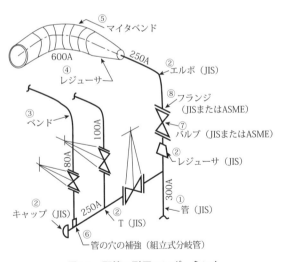

図1.1　配管の耐圧コンポーネント

耐圧強度を証明、あるいは保証する方法としては、表1.1に示すように、規格による強度計算、P-Tレイティング（圧力クラス）、検定水圧試験、などがある。

2．内圧による力の発生する箇所と大きさ

管や管継手などの耐圧部の壁には、内圧が大気圧以上の場合、壁を外側へ推す力が生じる。今、図2.1のように、X-Y平面上に、壁厚さが外径に比し、無視できるほど薄く、変形しない管があるとする。その管の任意の断面c-cに生じる長手軸方向（X方向）の、内圧により生じる力を考えるとき、断面c-cにはどのような力が作用しているか。切断面c-cにおける右方向への引張力は、結論を先に言えば、断面c-cの空間の断面形状（面積A）をX軸に沿って右端のエルボの壁に投影した部分に圧力Pがかかることにより力が発生し、そのX軸方向の力Fは$A×P$となる。

その理由は次の通りである。

(1)　右端のエルボAの曲面に作用する圧力は図2.1に見るように壁面に常に垂直に作用する。その微小面積ΔSに作用する圧力Pの力、$\Delta S × P$のX軸方向分力を投影部分の全面積にわたり、積分すると、その過程は省略するが、$A × P$、すなわち、$F = AP$となる。これが内圧により、右端エルボの壁に生じる水平、右方向への力である。端部の曲面はどんな曲面でも、あ

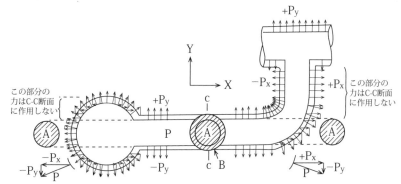

c-c断面の面積Bの壁に垂直に働くX方向の引張り力は、c-c断面より右側の対面に壁を持たないエルボ右端の壁、すなわち断面Aをc-c断面に投影した面積Aに、内圧Pを掛けた力がエルボ壁右端に生じ、その力が管壁を伝わり、c-c断面Bの壁の引張り力となる。そして、その反力として、c-c断面より左側の対面に壁を持たないヘッダ左端の壁、すなわち、断面Aをc-c断面に投影した面積Aに内圧Pを掛けた力がヘッダ壁左端に生じ、エルボ壁に生じた力とバランスする。

図2.1 内圧により管軸方向に発生する力

るいは、どんなに傾いた平面であっても、$F = AP$が成立する。

注：斜体字Aは断面積を表し、直立体字Aはその部分の場所を示す記号とする。B、Bについても同じ。

(2) 図2.1に見るように、前述の断面Aの投影部分以外にも、右端のエルボや垂直管の壁には圧力による右方向の力が働いているが、Aの投影部以外では、必ず対向する側に壁があり、その壁にかかる圧力がX方向の左へ押す力となり、対面の右方向の力と相殺し、断面c-cには影響を及ぼさない。

断面c-cに生じるX軸方向の左向きの力もまた、前述の右向きの力と同様なことが言えて、$F = AP$となる。

すなわち、断面c-cのX軸方向には、X軸に垂直な内断面積AにPを掛けた引張り力が働いている。

この引き離す力により管が分断されないのは、管の壁に引張り応力が生じ、圧力による引張り力に対抗しているからである。この力のバランスの式から、壁に働く引張り応力を求めることができる。

図2.2の左の図により、「長手方向応力」と呼ばれる管の軸方向の応力を求める。

断面c-cにおける、管壁Bの断面積をB、その断面積に発生している引張り応力をSとすると、力$B \times S$が先ほどの引張り力とバランスしている。即ち、

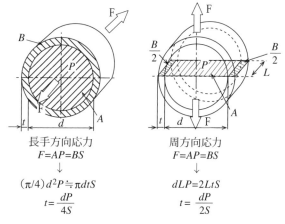

図2.2 管における圧力と応力のバランス

$$AP = BS \qquad \cdots(2.1)$$

が成り立つ。この式が、耐圧部の壁に生じる応力と内圧を関係づける基本式である。

式(2.1)は、

$$S = P\frac{A}{B} \qquad \cdots(2.2)$$

と書くことができる。

式(2.1)は、「分断しようとする圧力による力（受圧面積A×内圧P）をそれに対抗する応力による力（壁断面積B×応力S）を以て補償する」ことを意味するが、応力を許容応力とすると、耐圧部品の強

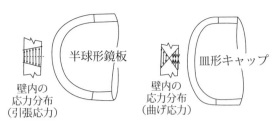

図2.3 曲げ応力の生じる管継手（右）

度評価式となる。このようなやり方を「面積補償法」という。

この方法は、管継手の壁に圧力によって生じる応力が、引張応力のみの場合（図2.3の左側）、種々の管継手の耐圧強度の評価に利用できる。すなわち、管、穴のある管、球、半球、さらに管継手のエルボ、マイタベンド、T、Y、更にはバルブボディなどの定型でない耐圧部材の周方向応力などの強度評価に使える。一方、図2.3の右側に示すような、内圧により曲げ応力が発生する皿形キャップや平板には、$AP=BS$の式が成り立たないので、この方法は使えない。

管の内径をd、管の壁厚さをtとし、tがdに対し充分小さければ、概ね、式(2.1)は、d、tを使って、

$$(\pi/4)d^2 P = \pi dt S$$

と書くことができ、これより厚さを求める式は、

$$t = \frac{Pd}{4S} \quad \cdots(2.3)$$

となる。

次に、図2.2の右の図に示す「周方向応力」を求める。図のように、管の長手中心軸を通る平面で切断した壁断面に、内圧で生じる応力は円周の接線方向を向いているので、周方向応力、またはフープ応力（フープ：樽の"たが"の意味）と呼ばれる。

図2.2の右の図から分かるように、単位長さの管の上記断面に働く、内圧により管の丸い断面を二つ割れにしようとする力は、空間部である矩形面積Aに内圧Pを掛けたAPである。その力に対して、壁に発生する応力で対抗するので、対抗する力は両側の壁面積の合計Bに、そこに生じる応力Sを掛けたBSである。ここにおいて力のバランス、$AP=BS$が成り立つ。この式をA、Bを使わずに、t、dを使って表せば、$dP=2tS$。したがって、厚さtを決める式は、

$$t = \frac{Pd}{2S} \quad \cdots(2.4)$$

となる。すなわち、同じ厚さ、同じ圧力の場合、周方向応力は、長手方向応力の2倍となる。このことは、周方向応力が、管耐圧強度に必要な管厚さを決めるということである。

なお、管には、内圧が直接壁を押す半径方向の応力も生じるが、この応力は圧力に等しく、一般的に周方向、長手方向応力と比べて小さいので、問題にしない。

3．面積補償法という耐圧強度評価

さて、2.項で厚さを求めた方法には、壁に生じる応力は壁厚さ方向に均一であるという仮定が入っている。しかし、実際は壁に生じる応力は内圧が直接働く、壁の内側が高く、外側に行くに従い低くなっていて、均一ではない。したがって、式(2.4)の内径dを使った式で求めた厚さ の壁の内側には、計算に使った均一応力 よりも大きな応力が発生しており、式(2.4)は危険サイドの式ということになる。そこで、内圧を受ける径を、①内径dとする式の他に、②平均径D_m（$=d+t$）とする式、さらに、③外径Dとする式、が考えられる。それを、図3.1に示す。2.項で述べた受圧部の径をdとする①の式は危険サイド、Dとする③の式は安全サイドでバーローの式と呼ばれる。受圧部の径をD_mとする②の式は最も実際の状態に近い式で、各種管継手の強度計算式は、この式をベースにしたものが多い。文献❶は特殊な管継手の強度評価に②の考え方を採用している。

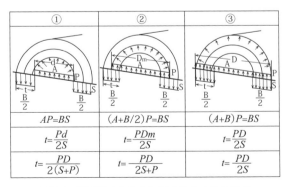

図3.1 管の周方向応力に対する3つの計算式

耐圧部品にたいする強度評価の基本的考え方である上記三つの面積補償法を式で表すと次のようになる。

①は $AP = BS$

②は $(A+B/2)P = BS$

③は $(A+B)P = BS$

ここに、Aは空間面積、Bは壁断面積、Pは内圧、Sは壁に生じる引張応力である。

上記①〜③式を、生じる応力Sを求める式に変換すると、

$$S = \frac{A}{B}P$$

$$S = \left(\frac{A}{B}+0.5\right)P$$

$$S = \left(\frac{A}{B}+1\right)P$$

となり、いずれの場合もA/Bが大きくなると、応力が大きくなるということを示している。

上記①〜③式を耐圧強度の判定式として書けば、

①は、$AP \leq BS$ …(3.1)

②は、$(A+B/2)P \leq BS$ …(3.2)

③は、$(A+B)P \leq BS$ …(3.3)

となる。ここでは、Sは材料の許容応力となる。

4．基準、codeによる管の必要厚さの式

3項で、実際の応力状態に最も近い、管の厚さを求める式は、3項の②の、平均直径の円筒内に圧力がかかったとする式であると説明した。その式を $D_m = D - t$ を使って表した式が、図3.1の②の

$$t = \frac{PD}{2S+P} \qquad \cdots(4.1)$$

である。ここに、Sを材料の許容応力にとれば、式(4.1)は耐圧強度上、必要な厚さを求める式となる。

実際に使われている、基準、codeを代表する、管の必要厚さを求める式として、ここでは、JIS B8201 陸用鋼製ボイラ構造の式を挙げる。

外径を使って計算する式（外径基準の式という）は、

$$t = \frac{PD}{2(SE+kP)} + A \qquad \cdots(4.2)$$

Pは設計圧力、Dは呼び外径、Sは材料の許容応力、Eは長手継手の溶接効率、kは温度によって決まる係数で、0.4〜0.7、Aは付加厚さと呼ばれ、使用寿命中に見込まれる腐食代やねじなどの加工代（必要な場合のみ）を加えたものである。

なお、ASME B31.1の式を式(6.5)に示す。

式(4.2)は、見るとおり平均直径を使った式(4.1)によく似ていることがわかる。

式(4.2)のAを一旦外し、Dの代わりに、$d+2t$を代入し、整理した後に、Aを復旧すると、内径dを使って厚さを求める式(4.3)が得られる。

$$t = \frac{Pd}{2(SE-(1-k)P)} + A \qquad \cdots(4.3)$$

これを内径基準の式といい、主に内径基準で製造される厚肉の鍛造鋼管（Hollow Forging Pipe）などの必要最小厚さの計算に使用される。$D = d+2t_r$（t_rは計算による必要最小厚さで、この式は厚さの余裕0を意味する）の場合のみ、式(4.2)と式(4.3)のtの値は等しくなる。

ASME B31.1 Power Piping, ASME B31.3 Process Piping、JPI 7S-77 石油工業プラントの配管基準、の厚さを求める式は、式(4.2)、式(4.3)と似てはいるが、同じではない。

また、これから以降述べる各種耐圧コンポーネントの強度評価のための計算式は、基準、code、そして、それらの年度版により、若干の差異があるので、設計基準書または仕様書で指定された基準、code、そして年度版の式を使うことが大切である。

5．球、ベンド、レジューサの強度評価

管、球、レジューサ、エルボの、内圧の掛かっている空間は、その空間に接して内圧を受けとめる壁が必ず存在する。

一方、穴のある管やマイタベンドなどは、接する壁を持たない内圧を受ける空間が存在する（図6.1のハッチング部）。そのような場合の強度評価の方法については、項を改め、6項で説明する。

さて、管継手などの耐圧部品が長手方向の中心軸を通る平面内の断面形状において、空間面積Aと壁断面積Bの比、(A/B)が異なる複数の断面がある場合（レジューサやエルボなど）は、応力が厳しくなる、(A/B)の大きい流路断面に対し、強度評価を行う。

ここでは、球、レジューサ、エルボの内圧に対する強度を、面積補償の考え方と実際に使われている計算式を比較しつつ説明する。

5.1 球および半球

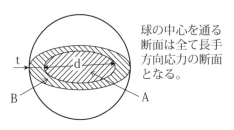

図5.1　球状容器の強度評価

3項①の$AP = BS$の式から導く。球の中心を通る断面において、図5.1より、

$$A = \frac{\pi}{4}d^2$$

tがdに対し、充分小さければ、近似的に

$$B = \pi dt$$

となる。上記、A、B、を$AP = BS$に代入し、tを求める式を導くと、

$$t = \frac{Pd}{4S} \quad \cdots(5.1)$$

を得る。この式は式(2.3)すなわち、管の長手方向応力の式と同じである。つまり、球の壁に生じる内圧による応力には周方向応力に相当するものはない。したがって、径が同じ球と円筒では、球の方が、ほぼ2倍の耐圧強度があるということができる。

JIS B8201 2022「鋼構造陸上ボイラ」における、厚さが内半径の0.356倍以下の球の必要厚さ計算式は、式(5.1)を安全サイドに修正した次の式(5.2)のようにしている。

$$t = \frac{Pd}{4S\eta - 0.4P} + A \quad \cdots(5.2)$$

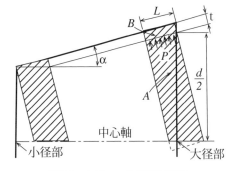

図5.2　レジューサの強度評価

ここに、Sは使用材料の許容応力、ηは長手継手の溶接効率である。

5.2 レジューサ

図5.2のような円錐状の、板を巻いて作るレジューサの必要厚さを求める計算式を、3項②の$\{A+(B/2)\}P = BS$の式から導く。強度評価する断面は図5.2のように壁に対し垂直にとる。

5項の最初に述べたごとく、(A/B)の大きい方が、発生応力が大きくなるので、図5.2のレジューサの場合、小径部と大径部を比較すると、Bは両者同じだが、Aは大径部の方が大きいので、(A/B)は大径部の方が大きく、応力が高くなるので、大径部で強度を評価する。

図5.2において、圧力Pは壁に垂直に作用するので、受圧面積も、壁に垂直方向に、中心軸までとり、台形面積Aを求める。

図5.2の破線の矩形面積は、$L\dfrac{(d/2)}{\cos\alpha}$となり、この矩形面積は、台形面積$A$より大きいので、安全サイドをとれば、$A = L\left(\dfrac{d/2}{\cos\alpha}\right)$とすることができる。

Bの面積は、$B = Lt$。

したがって、$\{A+(B/2)\}P = BS$は、

$$\left\{L\frac{(d/2)}{\cos\alpha} + \frac{Lt}{2}\right\}P = LtS \quad \text{となる。}$$

上式より、式(5.3)を得る。

$$t = \frac{Pd}{2\cos\alpha(S - 0.5P)} \quad \cdots(5.3)$$

JIS B8201 2022では、式(5.3)をわずかに安全側に修正した式(5.4)を採用している。

$$t = \frac{Pd}{2\cos\alpha(S\eta - 0.6P)} + A \quad \cdots(5.4)$$

なお、式(5.4)のdは最大内径である。この式は平行部と接続する端部には適用されない。

5.3 エルボ、ベンド

曲げ角度90°、45°などのエルボや、任意の曲率のベンドの計算式を3項③の、$\{A+B\}P = BS$の式から求める。

ここでは、最も簡単な、図5.3に見るような90°エルボで考える。

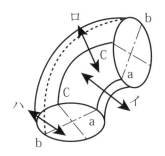

図5.3　90°エルボの強度評価面

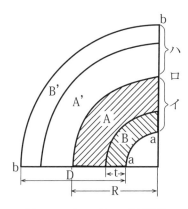

図5.4　90°エルボの面積補償法

エルボに発生する周方向応力は図5.3に示す（イ）（腹側）、（ロ）（中立線）、（ハ）（背側）の三つのケースに代表される。

（イ）、（ハ）の部分は中立軸を挟んで反対側にあり、両者の流路と壁は、図5.4に示すように、互いに形状が異なる。このような場合は、レジューサのところでもしたように、中立軸を挟んだ、(A/B)、(A'/B')の値の大きい方の周方向応力が高くなる。エルボでは(A/B)の(イ)、すなわち、エルボの腹側の壁の応力が最も高くなる。反対側の（ハ）の背側の壁の応力は最も低くなり、（ロ）の中立線上にある壁の応力は、直管の応力と同じ値となり、（イ）と（ハ）の中間値となる。よって、エルボの内圧強度は、腹側の（イ）の応力で評価する。

壁の厚さが内径に対し、無視できるほど小さい場合、Bの面積は近似的に次のように書くことができる。

$$B = \frac{1}{4} 2\pi \left(R - \frac{D}{2} \right) t$$

また、$A+B$の面積は図5.4より、

$$A + B = \frac{1}{4} \pi \left\{ R^2 - \left(R - \frac{D}{2} \right)^2 \right\}$$

したがって、3項③の式より、式(5.5)が導かれる。

$$t = \frac{PD}{2S} \left(\frac{4(R/D) - 1}{4(R/D) - 2} \right) \quad \cdots(5.5)$$

式(2.4)のtをt_mと置けば、上式は、

$$t = t_m \left(\frac{4(R/D) - 1}{4(R/D) - 2} \right) \quad \cdots(5.6)$$

とも書ける。

ASME B31.3 Process Pipingは式(5.5)を若干修正した式(5.7)、式(5.8)を規定している（Wは式(6.5)参照）。

$$t = \frac{PD}{2\{(SEW/I) + Py\}} + A \quad \cdots(5.7)$$

ここにIは、

$$I = \frac{4(R/D) - 1}{4(R/D) - 2} \quad \cdots(5.8)$$

日本の規格で、このエルボ、ベンドの計算式の入った規格は、

- JPI 7S-77、石油工業プラントの配管基準
- 日本機械学会　発電用火力設備規格 詳細規定

（2015年追補）<材料、ボイラ、圧力容器、配管>などがある。

6．内圧を負担する壁の一部がない管継手

図6.1に、穴のある管（分岐管）、Yピース、マイタベンド、厚肉の鍛造エルボ、の断面図を示す。

これらの耐圧部材は、3項で述べたエルボ、ベンド、レジューサと異なる特徴を持つ。

それは、図6.1の各耐圧部のハッチングした圧力を受ける空間部には、圧力を支える壁がないということである。この空間部の圧力に対し、なにも考慮、処置を払わないと、この空間部の近くの壁に過大な応力がかかり、破壊に至る可能性がある。

図6.2の溶接組立て式分岐管の主管の部分を、A-Aの線上で壁を切り開き、平板状に展開すると、図6.3のようになる。主管に内圧がかかると、その壁には、周方向の引張り応力を生じる。この応力状

第10章 配管耐圧部の強度設計

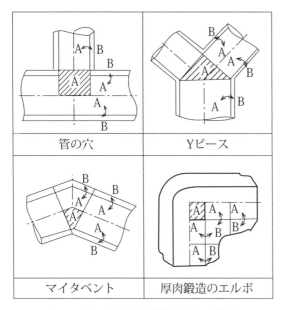

管の穴	Yピース
マイタベント	厚肉鍛造のエルボ

図6.1 内圧を負担する壁が一部ない管継手

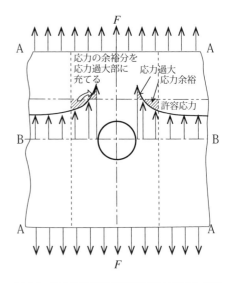

図6.3 穴のある管の展開図における応力分布

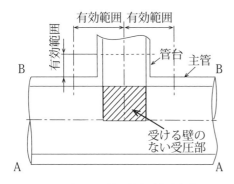

図6.2 穴のある管の補強が必要な空間

態は、図6.3のように、管台（ブランチ）用の穴が開いている平板を、切り開いた両端A-Aを掴んで、周方向応力で引張ることと同じである。

その場合、穴のあるB-B断面の板厚断面積が穴のない他の部分より少なくなることと、穴の周辺で起こる応力集中により、図のように穴周辺には高いピーク応力が発生する。穴のない断面の応力が許容応力以内に入っていても、穴部周辺では応力が許容応力を超えることは、図6.3から容易に分かるであろう。

過大応力にならないようにするには、穴からほど遠からぬところに発生する応力を、許容応力より充分低くして、許容応力に対し余裕を残し、その余裕分を応力過大部の壁の補強に引き当てるのである。余裕応力を引き当てられる範囲は、穴の補強に効果を及ぼすことのできる穴の近傍に限られ、この範囲を「補強有効範囲」という。適切な有効範囲の幅の設定が重要で、それらは各基準、codeで決められている。

次に、マイタベンドの場合を考えてみる。

図6.4のマイタベンドの継手部C-Bの左側の部分をE-Eまで、中立線A-E一か所を切り開き、平板状に展開したものが、図6.5である。そして、マイタベンドの中立線であった平板両端のA-Eを、内圧による周方向応力で両方向に引張りあっている図である。

図6.5に、その時、板に生じる引張り応力が模式的に示してある。引張り応力は、図6.5のB-E線上のくびれた部分で最も高くなり、その周辺を含め、許容応力を超えることが予測される。Bから離れた

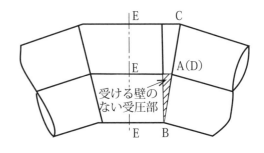

図6.4 マイタベンドの補強が必要な部分

264

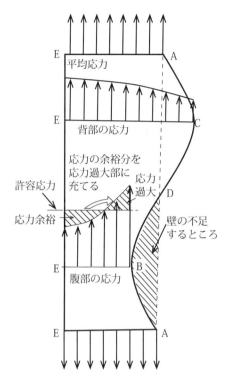

図6.5 マイタベンドの展開図における応力分布

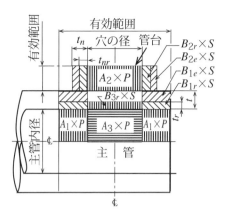

図6.6 組立て式分岐管の面積補償による評価

B-E線上の、補強有効範囲内の応力余裕のある部分の応力余裕を、応力過大の部分の補強に引き当て、Bのくびれ付近でも応力が許容応力内に入るようにすれば、耐圧強度に問題はない。

6.1 溶接組立て式分岐管の強度評価

図6.6は、穴を開けた主管に管台を溶接した、組立て式分岐管（補強板なし）を3項①の $AP=BS$ により評価する方法を、図6.7の規格・codeによる方法から導く。

図6.6において、
P：内圧
S：許容応力（主管と管台の許容応力は同一とする）
t：寿命後の主管の実際厚さ
t_r：主管の必要厚さ
t_n：寿命後の管台の実際厚さ
t_{nr}：管台の必要厚さ
B_{1r}, B_{2r}, B_{3r}：主管、管台、主管穴部の必要面積
B_{1e}, B_{2e}：主管、管台の余裕（有効）面積
A_1、A_2：主管、管台の壁がある部分の受圧面積
A_3：主管の穴により、壁のなくなった部分の受圧面積

とすると、
　主管部強度：$B_{1r}S = A_1P$　　(1)
　管台部強度：$B_{2r}S = A_2P$　　(2)
が成り立つ。図6.7の規格、codeの式、
$$B_{1e}+B_{2e} \geq B_{3r} \quad (3)$$
穴のある部分の式、
$$B_{3r}S = A_3P \quad (4)$$
(3)、(4)より
$$(B_{1e}+B_{2e})S \geq A_3P \quad (5)$$
(1)、(2)、(5)の左辺、右辺同士を加えるのに際し、
$B_{1r}+B_{1e} = B_1$
$B_{2r}+B_{2e} = B_2$
と置けば、
$$(B_1+B_2)S \geq (A_1+A_2+A_3)P \quad \cdots(6.1)$$
となる。

しかし、3項①の方法は、壁の厚さが無視できない厚さになると、危険サイドになるので、3項②の $\{A+(B/2)\}P = BS$ で評価するのがよい。

3項②の $\{A+(B/2)\}P=BS$ の場合の評価式は、式(6.1)に代わり、
$$(B_1+B_2)S \geq \{A_1+A_2+A_3+(B_1+B_2)/2\}P \quad \cdots(6.2)$$
となる。

JIS、火力設備技術基準、JPI、やASMEでは、図6.7に示すように、主管、管台の必要厚さを計算し、実際の厚さと必要厚さの差、すなわち、強度の余裕である余肉を穴の補強に使える有効面積とし、この面積と、穴があるために補強を必要とする面積とを比較して評価する方法をとっている。この方法は面積補償法と結局は同じことをやっているのだが、必

265

第10章 配管耐圧部の強度設計

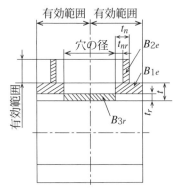

B_{1e}、B_{2e}：有効範囲の余裕面積
B_{3r}：主管穴部の必要面積

$B_{1e}+B_{2e}>B_{3r}$ のこと
（主管、枝管の許容応力が同じで補強板がない場合）

図6.7 規格、codeによる組立式分岐管の評価法

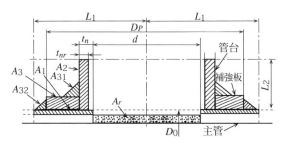

図6.8 穴の補強に必要な面積と有効な面積

要厚さを面積補償法は式(4.1)を使うのに対し、JIS、ASME等のやり方は式(4.2)を使うので、計算結果に若干の差が出る。

以下にJIS B8201 2022「陸上用鋼構造ボイラ」によるやり方を、図6.8を使い説明する。

図6.8の記号の説明をする。

D_0、d_0：主管、管台の各呼び外径

d：管台の内径で、呼び外径−2×(使用寿命中の最小厚さ)

t、t_n：主管、管台の各厚さで、呼び厚さから、製管上の厚さの負の公差を差し引いた厚さ

t_r、t_{nr}：継目無しの主管、管台の、式(4.2)、または、式(4.3)で計算した耐圧上必要な厚さ。

注：JIS B8201では、上記にみるように、主管に穴をあけた分岐を設ける場合、主管、管台には長手継手が無いことを前提としているが、主管に長手継手がある場合、または主管、管台、双方に長手継手

がある場合について、ASME B31.1では、次のように規定している。

「穴(branch)が主管の長手継手と交差しない場合、t_rは継目無として求めることができる。もし、穴が主管の長手継手と交差する場合、或いは、管台が長手継手を含む場合、片方、ないし双方の長手継手効率を計算に含めること。」

t_p：補強板の厚さ
E：長手継手の溶接効率
L_1、L_2：主管、管台の各長手軸に沿った補強有効範囲の幅
L_1：d、$t+t_n+d/2$のいずれか大きい方
L_2：$2.5t$、$t_p+2.5t_n$のいずれか小さい方
A_r：壁のない穴部のため補強が必要な面積
A_1、A_2、A_3：主管、管台、補強板の補強に有効な面積

A_r、A_1、A_2、A_3がどの面積を指すかは、図6.8による。

① 補強が必要な面積

$A_r = F t_r \cdot d$

ここに、Fは穴断面が主管の長手軸となす角度により決まる係数（図6.9）で、該当するとき、Fを採用してもよい（注：JPI、ASMEはFを採用していない）。

② 補強に有効な面積 $A=\sum A_i$ として、

$\sum A_i = A_1+A_2+A_3+A_{31}+A_{32}$
$A_1 = (2L_1-d)\times(t-Ft_r)$
$A_2 = 2L_2\times(t_n-t_{nr})f_1$
$A_3 = (D_P-d_0)\times t_p \times f_3$
$A_{31} = (溶接脚長)^2 \times f_2$
$A_{32} = (溶接脚長)^2 \times f_3$

f_1、f_2、f_3は④を参照のこと。

③ $A \geq A_r$ であれば、穴の補強は満足する。

④ この方法は、穴の補強に必要な強度、および補強に有効な強度を面積の大きさによって評価している。主管、管台、補強板、全てが同材質の場合は、面積の単純比較で良いが、材質が違い、許容応力が異なる場合、面積を主管の許容応力を1として、許容応力比によって決まる面積低減係数により、主管以外の部位の有効面積の重みづけをする必要がある。

各部材の許容応力の記号を下記とする。

主管：s_m　管台：σ_n　補強板：σ_p

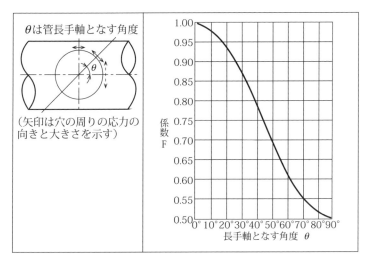

図6.9　Fを読むチャート

（出典：JIS B8201より）

そして、重みづけをする面積低減係数の記号を下記とする。

管台の低減係数：　$f_1 = \sigma_n/\sigma_m$、

管台と補強板を接続する溶接部の低減係数：

$$f_2 = \mathrm{Min}(f_1, f_3)$$

補強板の低減係数：$f_3 = \sigma_p/\sigma_m$、

これらの係数をかける面積は次の通りである。

A_1には1を、A_2にはf_1を、A_3にはf_3を、A_{31}にはf_2を、A_{32}にはf_3をかける。

ただし、低減係数はいかなる場合も1を超えないこと。

この、規格、codeによる管の必要厚さを求めて評価する方法は、規格、codeによって、やり方に以下のような若干の相違がある。

例えば、JIS B8201では、穴断面が主管軸となす角度により変わる係数F（最大1.0、最小0.5まで変わる）を穴の補強必要面積に入れて計算してもよいことになっているが、ASMEでは補強必要面積の計算にFの項はない（すなわち、実質的に$F=1$）。

6.2　短いスパンのマイタベンドの強度評価

短いスパンのマイタベンドとは、図6.10において、$S \leq 2w$となるマイタベンドを言う（ここで、$w = R\tan\theta = r(\tan\theta + 1)/2$）。このタイプのマイタベンドは、Bの部分すべてが補強有効範囲内に入ってしまうので有効範囲の設定は不要である。中立軸を境に、内側と外側に分けると、エルボと同じように、中立軸の内側がA/Bが大きいので、内側の強度を評価する。

ここでは、面積補償法の3項の①の方法、$(A+0.5B)P = BS$で必要厚さの計算式を求める。

図6.10よりAP、BSは次の様に計算できる。

$(A+0.5B)P = (2R-r)r\tan(\theta)P$

$BS = 2t(R-r)\tan(\theta)S$

$(A+0.5B)P = BS$より、tを求めると、

$$t = \left(\frac{Pr}{S}\right)\frac{2-r/R}{2(1-r/R)} \qquad \cdots(6.3)$$

ここに、$r = (D+d)/4$（平均半径）

ASME B31.1の式は、

$$t = t_m \frac{2-r/R}{2(1-r/R)} \qquad \cdots(6.4)$$

ここに、t_mは、外径基準の場合、

$$t_m = \frac{PD}{2(SEW+kP)} + A \qquad \cdots(6.5)$$

上式のWは、溶接継手強度低減係数で、詳しくはB31.1またはB31.3を参照のこと。

なお、ASMEでは図6.10におけるθの角度の大きさにより、設計圧力の制限がある。

6.3　その他の耐圧コンポーネントの強度評価

図5.4に見るような、一部に、内圧を負担する壁のない空間を持つ、その他の配管コンポーネントの強度評価法を次に示す。いずれも、3項の②
$\{A+0.5B\}P = BS$の式を採用している。

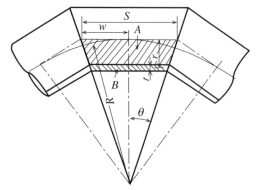

図6.10 短いスパンのマイタベンドの強度

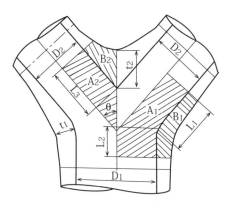

図6.12 Yピースの強度評価

6.3.1 厚肉の鍛造エルボ（文献(1)による）

図6.11に示す通りであり、A、Bの面積を、計算、または測定し、下記計算式で評価する。

$$S \geq \frac{P(A+0.5B)}{B}$$

補強有効範囲、L_1、L_2は文献(1)による。

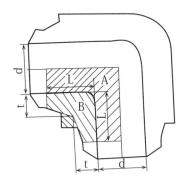

図6.11 厚肉エルボの強度評価

6.3.2 Yピース（文献(1)、文献(2)による）

Yピースについても文献(1)と文献(2)は、面積補償法3項の②を使う。そして、図6.12に示すように、中心線を挟む両側の部分に対し個別に評価する必要がある（補強有効範囲L_1、L_2等は文献(1)または文献(2)による）。

評価式は各々、次のようになる。

$$S \geq \frac{P(A_1 + 0.5B_1)}{B_1}$$

$$S \geq \frac{P(A_2 + 0.5B_2)}{B_2}$$

これらの補強有効範囲の取り方は基準、codeにより異なるので注意のこと。

7．スケジュール番号は管の圧力クラス

日本の、そして米国の、鋼管厚さの標準として、スケジュール番号制がある。

口径（呼び径）とスケジュール番号の指定により厚さを何mmと特定できるのだが、このスケジュール番号は、管の一種の圧力クラスと言ってもよいであろう（以下、スケジュール番号はSch番号と略称する）。

すなわち、常温域においては、Sch番号40の管は、設計圧力4MPa（40bar）に、Sch番号80の管は、設計圧力8MPa（80bar）にほぼ使える（腐食代の大きさにより、使えないところが出てくる）、といった具合にである（その理由については、7項(1)参照）。

図7.1は、横軸に呼び径、縦軸に管の呼び厚さをとり、各Sch番号の厚さをプロットしたものであるが、これを見ても、Sch番号が「圧力クラス」的であることが理解できるだろう。

ただ、管のSch番号は、後述するバルブやフランジの圧力クラス（P-Tレイティング）のように、使用材質、設計圧力・温度から、計算なしに、目的のものが選択できるかというと、それはできない。材料の種類による許容応力の違いや、温度による許容応力の減少などがSch番号制には織り込まれていないからである。常温域において、その設計圧力で採用できる目安のSch番号を教えてくれるが、材質、

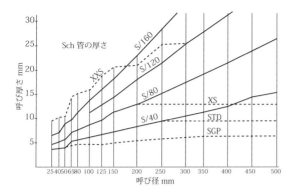

図7.1 管のSch番号は一種の圧力クラス

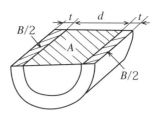

図7.2 管の断面積と寸法の関係

温度から算出した許容応力を使い、与えられた設計圧力、腐食代などにより、規格、codeが定める式で計算した必要最小肉厚が、採用予定の管の運転の寿命中に起こり得る最小厚さ以下であることを確認せねばならない。

7.1 Sch番号が意味するところ

Sch番号制は、1939年、当時の米国機械学会により導入されたものだが、Sch番号は次のように定義される。

$$\text{Sch番号} = 1000\frac{P}{S} \quad \cdots(7.1)$$

ここに、P：設計圧力、S：管材料の常温における許容応力。単位はいずれもMPa。

式(7.1)のSに、通常よく使われる炭素鋼鋼管の常温の許容応力に近い100Mpaを入れると、
$P=$ Sch番号/10となるので、Sch番号の大凡1/10程度が許容設計圧力（MPa）であると、目安をつけることができる。

上記の式(7.1)と3項の①の$AP=BS$、および図7.2（管長さを1とする）より、

$$\text{Sch番号} = 1000\frac{P}{S} = 1000\frac{B}{A} = \frac{2000t}{d}$$

$$\therefore \frac{t}{d} = \frac{\text{Sch番号}}{2000} \quad \cdots(7.2)$$

t/dは図7.1において、各Sch番号の勾配を意味している。

Sch番号制の管厚さの負の公差は呼び厚さの-12.5%であるから、必要厚さをtとするとき、tを満足する「呼び厚さ」t_nは、

$$t_n = t/0.875 \text{ mm} \quad \cdots(7.3)$$

式(1.4)の$t=\dfrac{PD}{2S}$と式(7.3)から、

$$t_n = PD/1.75S \quad \cdots(7.4)$$

式(7.1)と式(7.4)より、P/Sを消去し、付加厚さ2.54mmを加えると、

$$t_n = \frac{\text{Sch番号}\times D}{1750} + 2.54 \text{ mm} \quad \cdots(7.5)$$

式(7.5)は、各Sch番号、各口径の呼び厚さを決める式であるが、規格に決められた厚さはこの式による厚さより厚くしている場合も少なくない。

7.2 Sch番号の歴史と種類

鋼管の肉厚の標準は、1927年に米国標準協会が当時の鉄管サイズ系に基づくSTD（スタンダードウェイト）、XS（エキストラストロング）、XXS（ダブルエキストラストロング）の3種類の厚さシリーズを制定した（それ以前はSTDの一種類のみであった）。しかし、この3種類だけでは、時代のニーズに応えられなくなり、1939年に、当時の米国機械学会が、今日のスケジュール番号制を導入したが、その際、古い三つの肉厚系を存続させた。1949年、耐食性があるために、より薄い肉厚でも使えるステンレス鋼管用に、Sch番号の後ろにSを付けた、より薄い肉厚系のSch番号、5S、10S、20Sが制定され、これらが日本でも採用されている。

現在あるSch番号の種類を、表7.1に示す。

便宜上表に記入してある、SGP、STD、XS、XXSの、口径と厚さの関係は、式(7.2)に示すSch番号制に従っていない（図7.1では、破線で示した）。

269

表7.1　鋼製パイプのSch番号

材料	Sch番号
炭素鋼、低合金鋼、ステンレス鋼	10、20、30、40、60、80、100、120、140、160 (SGP) (STD、XS、XXS)
ステンレス鋼のみに適用	5S、10S、20S

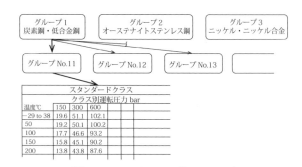

図8.1　P-Tレイティングのイメージ

8．バルブ、フランジのP-Tレイティング

バルブと管用フランジは、JISにもASMEにも圧力クラスがあり、米国で、その基準は"Pressure-Temperature Rating"（圧力-温度基準、JPIでは、P-Tレイティングと呼ぶ。本章ではP-Tレイティングを使う）と言い、フランジ、ねじ込、溶接接続のバルブに対しては、ASME B16.34 Valves-Flanged, Threaded, and Welding End、で規定されている。

日本では、バルブの「呼び圧力」（圧力クラス）はバルブの種類ごとのJIS規格の中に入っており、比較的低圧のクラスしか規定されていない。

JISの、「呼び圧力」を含む主な規格は、JIS B2071鋼製弁JIS10k、20k、JIS B2005工業プロセス用調節弁｛(圧力クラスはPN（ISO）と同一で表す)｝、JIS B2011青銅弁JIS10k、JIS B2051可鍛鋳鉄弁およびダクタイル鋳鉄弁10k、16k、20K、などである。

ASMEの「P-Tレイティング」の方が、JISのものよりも精緻にできているので、ASMEの「P-Tレイティング」を説明する。

パイプの場合は、Sch.番号を選んでも、個々の管ごとに強度計算をする必要があったが、「P-Tレイティング」の方は、材質や温度による許容応力の増減も取り込んでいるので、選択するバルブの材質、設計圧力、温度を指定すれば、「P-Tレイティング」から耐圧強度を満足する圧力クラスを選ぶことができ、その強度計算を必要としない。

バルブもフランジもP-Tレイティングは似たものなので、バルブを例に説明する。

「P-Tレイティング」は、様々な材料を成分、強度の面からグループ分けした材料グループの表と、バルブユーザーが主に使用する、前記の材料グループ別のクラス（呼び圧力）の表と、主にバルブメーカーが使用する、クラス別各口径の弁箱最小厚さの一覧表（全ての材料グループに共通）の三つの表群からなる。

圧力クラスの表の構成は、図8.1のようになっている。

材料グループには、
グループ1：炭素鋼および低合金鋼
グループ2：オーステナイトステンレス鋼
グループ3：ニッケルおよびニッケル合金
の三つのグループがあり、各グループには、成分や強度の違いにより、さらに多数の小グループに分かれる。

クラス（呼び圧力）には、150、300、400、600、900、1500、2500、4500の8クラスがある。400はあまり使われない。フランジに4500はない。

P-Tレイティングには、標準タイプのスタンダードクラスのほかに、スペシャルクラスがある。スペシャルクラスは、弁箱最小厚さはスタンダードクラスと同じであるが、規定された非破壊検査を実施することにより、スタンダードクラスより若干高い圧力まで使えるようにしたものである。

スペシャルクラスはフランジにはないので、フランジ形弁には、スペシャルクラスはない。

主な圧力クラスの温度による使用圧力の変化の例を図8.2に示す。太い線で示す各圧力クラスの下側

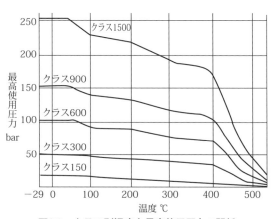

図8.2　クラス別温度と最高使用圧力の関係
（材料グループ1,2のスタンダードクラス）

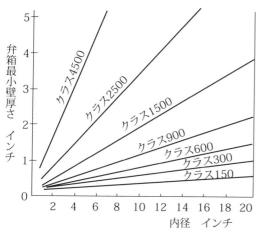

図8.3 クラス（呼び圧力）別 弁箱内径と壁厚さ

が使用可能な範囲である。口径とクラス（呼び圧力）を決めるところまでは、ユーザーの仕事であるが、その先の、あるクラスの、ある口径の肉厚の決定は、バルブ製造者の仕事となり、P-Tレイティングに準備されているもう一つの表「弁箱最小厚さの表」（材質に関係なく一律に決められている）により、基準が要求する弁箱等の最小厚さを知ることができる。そのイメージを図8.3に示す。

<参考文献>
(1) Design of Piping Systems
    The M.W.KELLOG COMPANY発行
(2) BS EN 13480-3 Metallic industrial piping
    Part 3：Design and calculation

第11章
配管フレキシビリティと熱膨張応力

1.	配管設計における配管フレキシビリティ	274
2.	配管設計コード制定の背景	274
3.	配管系の特徴	276
	3.1 熱膨張応力と熱疲労	276
4.	強度理論	276
	4.1 各強度理論	276
	4.2 強度理論の比較	277
	4.3 1次応力と2次応力	278
	4.4 シェイクダウン	279
	4.5 コールドスプリング	281
	4.6 熱応力ラチェット	282
5.	配管系に作用する荷重	284
	5.1 熱膨張計算の原理	285
	5.2 静的地震解析と動的地震解析	285
6.	配管系応力解析	286
	6.1 配管系応力解析の基準・コード類	286
	6.2 配管系応力解析の手順	286
	6.3 考慮すべき荷重条件と解析種類	288
	6.4 熱膨張解析の必要性	289
	6.5 解析条件	289
	6.6 解析のモデル化	291
7.	サポート設置位置の決定方法	294
	7.1 計算機解析による方法	294
	7.2 定ピッチスパン法による方法	294
8.	フレキシビリティ係数と応力係数	295
9.	発生応力と応力評価	296
	9.1 2018年版までの応力評価式	297
	9.2 2020年版での応力評価式	298
10.	配管支持装置	299
	10.1 配管支持装置種類	299
	10.2 配管支持装置の荷重条件	299
	10.3 配管応力解析における取り扱い	299
11.	まとめ	300

第11章　配管フレキシビリティと熱膨張応力

1．配管設計における配管フレキシビリティ

　各種プラントには無数の配管がところ狭しとルーティングされており、その配管口径も大きな物は直径数m、また小さな物では直径数mmと多種に渡っている。

　これらの配管は内部流体及び周囲環境の影響等から、管路そのものがマイナスの温度から数百度の温度にさらされることとなり、非常に過酷な状況にて使用されている。

　プラントの低温配管系及び高温配管系は熱膨張・熱収縮という現象を伴い、場合によっては、本現象により配管自身のみならず、それが接続されている機器類をも損傷する事が有り得る。

　したがって、配管は自由に熱膨張・熱収縮を行えて、管内部力発生応力を最小限に抑え、管路の発生モーメントも最小限に抑えることができる様に、配管の自由度を拘束する支持点をなるべく少なくし、フレキシビリティを持った配管径路にて引廻すことが好ましい。

　しかし、一方、プラント配管系には地震等による振動が加わる事があり、この振動を防振するという観点から考えると配管系の剛性が高くフレキシビリティが少ない管路の方が有利となる。

　さらに、地震のみならず管路に作用する各種機械・流体振動及び各種衝撃からも同様な事が言える。

　以上、述べた様にプラント配管系においては、熱膨張におけるフレキシビリティ及びそれと相反する地震等の振動に対する管路剛性確保という要求を満足させねばならず、ここに配管系独特の設計の困難さがある。

　本章では、プラント配管系の熱膨張とその特異事象について、強度理論を通じて説明を行い、それを基とした配管系応力解析にて得られた計算応力・反力とその許容値について解説を行う。

2．配管設計コード制定の背景

　各プラント配管系については、その寿命中に生じる各様々な事象に対し設計段階において分析・検討・評価を行う必要がある。これに対し、設計者は有限な時間・人手により、これら膨大な作業を行なわなければならない。

　以前、設計者は工学的研究等の成果による公式及び図表を使用する事により設計作業の効率を図って来た。

　この様な設計手法を「公式による設計（Design by Rule）」と言う。

　近年、各プラントの過酷な運転条件の増加及びプラント運転の信頼性・安全性の認識向上により、設計時に公式等を使用するのみでなく、配管形状・仕様を忠実な数学的モデルに組立て、それに各運転状態等の事象を付加し解析を行う必要性が出て来た。

　本設計手法は、先の「公式による設計」に対し、「解析による設計（Design by Analysis）」と呼ばれる。「解析による設計」は有限要素法を代表とする数値解析手法によるものであり、コンピュータの発達と共に頻繁に使用される様になり、今日に至っている。

　さて、配管設計コード制定について述べる前に、まず基本となるボイラ・圧力容器関係のコード制定について述べる事とする。

　米国において、1800年代末から1900年代初めにかけ、ボイラの爆発事故が相次いで発生した。

　1905年のマサチューセッツ州の製靴工場にて発生したボイラ爆発事故を機会に州政府は米国で初めての蒸気ボイラの建造に関する規則を制定し、その後他州においても同様の規則が制定された。

　1887年に組織されたボイラ製造協会は各州にて相違している規則に不都合を感じ、統一を図ろうと試みたが実現に至らなかった。

　本協会創立者の一人であるE.D.Meierが1911年にASME（the American Society of Mechanical Engineers）の会長に選任され、「蒸気ボイラその他の圧力容器の建造及びその供用中管理に関する標準仕様制定のための委員会」を設置した。

　本委員会は当初7名にて発足したが、すぐに各業

274

界の代表からなる委員会に展開される事となった。

この様な委員会により、1914年に「ASME Boiler and Pressure Vessel Code ; Section I , Power Boilers」が制定された。その後各コードがASMEより刊行される事となる。

ASMEコードは米国内の統一的規程であり、ボイラ及び圧力容器の製造に伴う材料・設計・製作・検査に対する規則を定めると共に、供用期間中の管理・検査に関する勧告も示している。

したがって、ASMEコードそのものが法的な性格を持っており、米国内の州法にてASME適用が規定されているケースが見受けられる。この事が、ASMEを単なるStandardの表現のみではなく、Codeとも呼ぶ所以である。

材料の引張強さと許容応力の比である安全係数（factor of safety）は、1914年制定のSec. I Power Boilersから1925年制定のSec. VIII Unfired Pressure Vesselsにおいて安全係数が5とされ、その後、安全係数5の時代がしばらく続く。

1930年に入るとボイラ・圧力容器類の使用圧力・温度が高くなり、それに対応して許容応力体系に材料のクリープ強度を組み込む必要性が生じ、さらに設計合理化の点から安全係数の切り下げが検討される事となった。その後、長期間の検討の結果、1942年版において安全係数は5から4へ切り下げられた。

その後、ASMEコードは第二次世界大戦を経て、材料の脆性破壊及び低サイクル疲労破壊等の破壊機構に関する知識及び構造解析手法を基に合理的且つ安全な設計を可能にするコードとして対応できるものとして進歩した。

また、もう一方で原子力エネルギーの発達により、従来のSec. VIIIによる規格計算による設計から、ノズル等の応力集中部、つまり構造的不連続部の応力に対する制限基準を設けたSec. III Nuclear Vesselsが1963年に刊行された。

Sec. III Nuclear Vesselsの新しい設計思想とは、「解析による設計」であり、つまり「起こりうるあらゆる破壊様式を想定し、一つ一つの破壊様式に対応する設計基準を用意し、解析によって構造物の健全性を詳細に評価する」という事である。この設計思想により、Sec. IIIは膜部の許容応力の安全係数を従来の4から3に切り下げた。

さて配管設計コードとして最初に制定されたもの

は、1935年に発行されたASA（American Standard Association:後のANSI）B31.1 Code for Pressure Pipingであり、本コードは1955年に撓み性解析の規定において大きく改正された。これはM. W. Kellogg社とTube Turns社で実施された配管部品の膨大なる疲労試験結果を反映させたものであり、熱膨張応力による配管系の疲労破壊を考慮した許容応力範囲の概念の導入と局部応力を表す応力係数（Stress Intensification Factor）を規定している。

本コードもASMEコードと同様に数年毎に改正が行われ、1969年にASAがANSI（American National Standard Institute）に組織変更された後もANSI B31.1として継続され、現在はASMEコードとの統一化により、ASME B31.1 Power Pipingとして存在している。

長いPiping Code歴史の中において、Piping Codeは産業分野別に分化していき、現在　B31.1 Power Piping（発電プラント用）、B31.3 Process Piping（石油化学、石油精製プラント用）、その他がある。

我国における各プラント設備における配管設計基準は、本コードにおける考え方を基本としている。

1960年代に入り、先に記載したとおりASME Sec. III Nuclear Vesselsが制定され、解析による設計の理念が打ち出された。

しかしながら圧力容器類と異なり、配管系の場合は詳細解析を全ての部分に対して行なう事は時間と費用の面から不可能であり、それを克服する為には応力係数を採用した簡易解析手法を使用する必要性がある。これを実現する為には配管に使用される全ての部品類の応力係数を明確にしなければならないが、この時点では分岐管やレジューサの様に複雑なものについては十分な実験等が実施されていなかった。

1969年にUSAS（ASAから1966年に改正された機関、この直後にANSIとなる。）B31.7 Nuclear Power Pipingが制定され、それに工学的判断により決定された応力係数が示された。

その後、応力係数の見直し作業が行われ、逐次コードに反映される事となった。

USAS　B31.7は1971年にASME Sec. IIIに組み込まれ、Sec. IIIの名称も「Nuclear Power Plant Components」に変更された。

我国においては、通商産業省告示501号「発電用原子力設備に関する構造等の技術基準」が1980年

第11章　配管フレキシビリティと熱膨張応力

に改正されたが、これはASME Sec. Ⅲの1974年版
に基づく配管コードの規定を導入したものである。

その後も高速増殖炉でのクリープ挙動に対し、ク
リープ破損様式に対する解析手法を確立したASME
Code Case 1592を刊行するなど、現在に至っても
数年毎に改正・追加等が行われている。

因みにASMEは新知見を取り入れ反映を行なうた
めに、3年ごとの更新を行なっており、さらに毎年
の改訂反映を行なうためにAgendaを発行している。

3. 配管系の特徴

ここでは、配管系の熱に関する事象について述べ
る事とする。

1項に記載した様に配管系においては、幾つかの
特有の現象等があり、それらの概要を理解した上
で、配管系の応力解析を実施し、設計に反映する事
が重要であり、且つ設計作業の効率化をもたらす事
となる。

3.1　熱膨張応力と熱疲労

配管系は一般に機器と機器を接続し流体を移送す
る役割を担っており、その為配管の両端部は固定さ
れている。仮に一端が固定されていても他端が自由
であれば、管内部流体の温度または管の周囲温度に
より配管が加熱されても、管路は熱膨張し自由端部
が移動する事となる。

しかし、両端を固定された配管系は固定端により
熱膨張を妨げられる為に管内部力とモーメントが発
生する。先に記載した一端自由の配管系に関しても、
管路の途中にその熱膨張を妨げる支持点が存在すれ
ば、その支持点周りでは同様に管内部力とモーメン
トが発生する。

これらの管内部力とモーメントにより発生する配
管系の応力を熱膨張応力と呼んでいる。

熱膨張応力がその他の配管系の応力である内圧、
自重、風力、地震慣性力、機械荷重と異なる処は、
その他の配管系応力が外部的な力により引き起こさ
れるのに対し、熱膨張応力はその変形を妨げる事に
より発生する事にある。

各プラントは使用期間中に過酷な運転条件の繰り
返しと保守・点検のために運転・停止状態を繰り返
す事となる。配管系はその度に内部流体等により加
熱と冷却を繰り返す事となり、これにより管に熱応
力変化を生ずる結果となる。

これら加熱と冷却の繰り返し、つまりサイクルに
より発生する熱応力が変動し破壊等に至る現象が熱
疲労である。

各設計コードではこの熱疲労を設計に反映する為
に、熱膨張応力の許容値をその変動回数であるサイ
クル数により補正する事で対応している。

4. 強度理論

4.1　各強度理論

配管も含め各種圧力容器に発生する応力は、多軸
応力状態であることが多いが、この場合の応力状態
は直交する三つの主応力の大きさと方向により定め
られる。

今、ある点における主応力σ_1、σ_2、σ_3とし、そ
の材料の単軸引張降伏応力をSyとすると、多軸応
力場における降伏条件を与える強度理論には次の3
つが有る。

(1)　最大主応力説（Rankineの理論）

$$\text{Max}\left\{|\sigma_1|,|\sigma_2|,|\sigma_3|\right\} = Sy \qquad \cdots(4.1)$$

(2)　最大せん断応力説（Trescaの理論）

$$\text{Max}\left\{\frac{|\sigma_1-\sigma_2|}{2},\frac{|\sigma_2-\sigma_3|}{2},\frac{|\sigma_3-\sigma_1|}{2}\right\} = \frac{Sy}{2}$$
$$\cdots(4.2)$$

(3)　せん断ひずみエネルギー説
　　（von Misesの理論）

$$U = (\sigma_1-\sigma_2)^2 + (\sigma_2-\sigma_3)^2$$
$$+ (\sigma_3-\sigma_1)^2 = 2Sy^2 \qquad \cdots(4.3)$$

ここで、簡単の為に$\sigma_3=0$とし、σ_1、σ_2からなる
二次元応力場における降伏条件を示すと、図4.1の
様になる。

一般には延性材料の多軸応力場での降伏条件及び
低サイクル疲労については、最大主応力説より最大
せん断応力説及びせん断ひずみエネルギー説の方が
実験結果と合致する事が知られている。

さらに最大せん断応力説とせん断ひずみエネルギ
ー説を比較すると、せん断ひずみエネルギー説の方
が実験結果と合う。

ASMEコード及びそれを基本とした各基準につい
ては、一般に最大せん断応力説を採用している。

その理由は、

①　最大せん断応力説による許容限界は、せん断

276

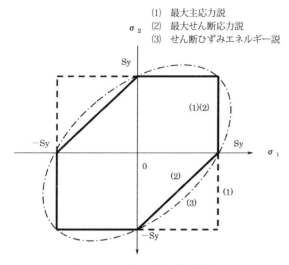

図4.1 二次元応力場の降伏条件

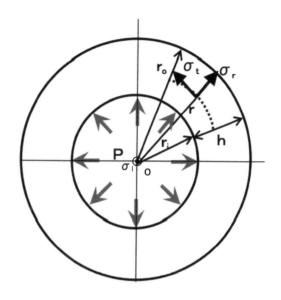

図4.2 内圧を受ける厚肉円筒

ひずみエネルギー説による許容限界を満たしており、且つ保守的である（図4.1の(2)(3)のグラフの関係からも明らかである。また、(1)最大主応力説は、(2)(3)に対して、非安全領域があることも図4.1から読み取れる）。

② 最大せん断応力説による判定基準の方が簡明である。

③ 主応力方向が変動する繰り返し応力場での低サイクル疲労破壊を評価する場合、最大せん断応力説の方が適している。

ある評価点における主応力 σ_1、σ_2、σ_3 が導かれた場合、

$$S = \mathrm{Max}\{|\sigma_1 - \sigma_2|, |\sigma_2 - \sigma_3|, |\sigma_3 - \sigma_1|\} \quad \cdots (4.4)$$

この時、最大せん断応力説による降伏条件は4.2式より

$$S = Sy \quad \cdots (4.5)$$

となる。

ASME Sec. Ⅲ では、この S を「応力強さ（Stress Intensity）」と呼び、基本用語の一つである。

4.2 強度理論の比較

4.1項に記載した強度理論を比較する上で、内圧を受ける厚肉円筒について考えてみる。

図4.2にそのモデルを示す。

- r ：円筒の軸を原点とする半径方向座標
- r_i, r_o ：円筒の内半径、外半径
- $Y = r_o/r_i = d_o/d_i$
- h ：管肉厚（$h = r_o - r_i$）
- P ：内圧
- σ_t ：円周方向応力
- σ_l ：軸方向応力
- σ_r ：半径方向応力

肉厚部分の応力分布は、Lameの弾性解より、

$$\sigma_t(r) = P\frac{(r_o/r)^2 + 1}{Y^2 - 1} \quad \cdots (4.6)$$

$$\sigma_l(r) = P\frac{1}{Y^2 - 1} \quad \cdots (4.7)$$

$$\sigma_r(r) = -P\frac{(r_o/r)^2 - 1}{Y^2 - 1} \quad \cdots (4.8)$$

この様な応力場では、主応力 σ_1、σ_2、σ_3 は、σ_t、σ_l、σ_r そのものである。

この場合の各強度理論における降伏条件は、内表面において、一般に周方向応力が最も大きくなり、

①最大主応力説による降伏条件

$$\sigma_t(r_i) = Sy \rightarrow \frac{P}{Sy} = \frac{Y^2 - 1}{Y^2 + 1} \quad \cdots (4.9)$$

②最大せん断応力説による降伏条件

$$S\max = \sigma_t(r_i) - \sigma_r(r_i) = Sy$$
$$\rightarrow \frac{P}{Sy} = \frac{Y^2 - 1}{2Y^2} \quad \cdots (4.10)$$

③せん断ひずみエネルギー説による降伏条件

$$U\max = 2Sy^2 \rightarrow \frac{P}{Sy} = \frac{Y^2 - 1}{\sqrt{3}Y^2} \quad \cdots (4.11)$$

ここで、式(4.9)、(4.10)、(4.11)の分子は全て同一であり、異なるのは分母のみである。

Yは円筒外半径と内半径の比であるから、常に1以上である。

したがって、各式の値は、

(4.10) ＜ (4.9)、(4.10) ＜ (4.11)

となることが分かる。

上記、三つの強度理論が与える降伏限界圧力を軟鋼及び低合金鋼の厚肉円筒の内圧試験により求められた降伏圧力と比較する事により、本項の初めに記載したことと同様なことが言える。

再度纏めると以下となる。

① 最大主応力説は実験結果と合わず、かつ危険側の降伏圧力を与える。
② 実験結果と最大せん断応力説による降伏圧力及びせん断ひずみエネルギー説による降伏圧力を比較すると、せん断ひずみエネルギー説の方が実験結果に近い。
③ しかし、最大せん断応力説は実験結果に対して、安全側の降伏圧力を与えており、保守的である。

以上より、圧力容器類については強度理論として最大せん断応力説を使用することが一般的であり、これは配管系についても同様である。

4.3　1次応力と2次応力

次に配管系も含めた一般圧力容器に発生する応力分類概念について述べる。

一般に弾性解析によって得られる応力は1次応力（Primary Stress）と2次応力（Secondary Stress）に分類される。

4.3.1　1次応力

配管系に作用する内圧、自重、風力、地震慣性力、各種機械荷重類により配管に発生する応力は、全て外力が配管に作用する事により発生する応力である。

これらの応力を1次応力と呼ぶ。

1次応力は、そのものがある一定の値、即ち、降伏点を超えると、過大な変形を生じ、ついには延性破壊に結びつくものである。

したがって、配管設計コードにおいては、まず1次応力について評価し、許容値内にあることを確認する様要求している。

配管系の1次応力を発生させる外力で一般的なものは、配管の自重つまり死荷重であるが、これによる応力は時間が経過しても変化は生じないが、高温域においては時間が経過することによりひずみの増加が発生する。

この状況を示したものが、図4.3である。

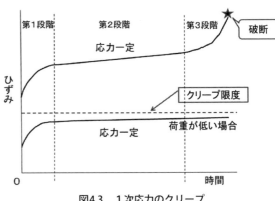

図4.3　1次応力のクリープ

この様に一定応力の下でひずみが時間と共に増加する現象をクリープ（Creep）と言う。

クリープは、高温下において、物体に一定の荷重（応力）を加えることで、時間とともに物体が変形していく現象のことである。

通常、一定の荷重を加えた場合、それ以上変形しないところで物体の変形が止まるが、高温下でクリープが発生すると、物体は時間とともにさらにじわじわと変形していく。

図4.3は、ある高温下で物体に力をかけた際の伸びを示したグラフであり、時間が経過するに連れて、物体が変形していく様子を表している。

第1段階では、急速に変形が起こり、第2段階では、時間の経過と共に一定量の変形で増加していき、第3段階では再度、急速な変形を示し、最後は

破断する。

なお、荷重が低いと図4.3における下線のように伸びの増加は一定値に漸近するラインを描く。この破断に至らない限界の荷重のときの最大応力をクリープ限度と言う。

注意が必要な点は、クリープ限度は使用温度の上昇と共に低下する事である。配管自体の自重により発生する１次応力は、少なくとも使用温度におけるクリープ限度以下である必要が有る。

各配管設計コードにおいては、ある温度に1000時間保持した時に0.01％のクリープを生じる応力を限度とし、１次応力及び１次＋２次応力に対し、降伏点・引張強さに安全係数を考慮した許容応力を規定している。

また、１次応力をさらに分類すると、１次一般膜応力（General Primary Membrane Stress）と１次曲げ応力（Primary Bending Stress）に分類され、これらは単独に評価されることはない。

4.3.2　２次応力

１次応力が外力により発生する応力であるのに対し、変位により発生する応力を２次応力と呼ぶ。

２次応力の代表的なものは熱膨張応力であり、熱膨張応力発生メカニズムを考えても解るとおり、配管系が自由に熱膨張する現象を配管系端点及び途中の支持点により拘束し、変形を妨げ発生する応力である。

２次応力の特徴は、応力が降伏点を超えると、一気に過大なひずみを生じ、塑性変形を起こす１次応力と異なり、応力が降伏点に達すると、その後は、ひずみのみが進展し、熱膨張変位が収まると、ひずみも止まるという自己制限性のあることである。

本現象は、公称ひずみ（熱膨張変位量を熱膨張前の長さでわった値）が一定として考えた場合、一見、応力が時間と共に低減し、ある一定値に近づく現象が発生している様に見える。この現象を応力緩和（Stress Relaxation）という（図4.4）。

２次応力は、１次応力と異なり、それのみでは破壊に進展することはない。

これは、先に記載した通り、２次応力の特徴によるものであるが、これについては次項のシェイクダウン（shake down）という現象にて詳細説明する。

但し、２次応力は１次応力の条件下にて繰り返し作用すると、そのサイクルと共にひずみが進行する性質も備えている。この現象は先のクリープとは異質のメカニズムによるもので、熱応力ラチェットと呼ばれる現象である。これについても後述する。

4.4　シェイクダウン

図4.5に示す長さlの一様断面体の棒を考える。材料の応力ーひずみの関係は完全弾塑性体（弾完全塑性体とも言う）を仮定する。この棒の下端に、①引張強制変位δを与え（負荷過程）、次に、②この変位を解除し棒を元の長さlに戻す（除荷過程）、という操作を繰返す（すなわち①→②→①→②→‥）。

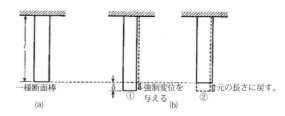

図4.5　繰り返し荷重を受ける一様断面棒

強制変位δが小さく$0 < a = \delta/l \leqq \varepsilon_y$（すなわち$0 < S_1 \leqq S_y$）の場合は明らかに弾性範囲内にある。

強制変位が$\varepsilon_y < \varepsilon_1 = \delta/l \leqq 2\varepsilon_y$（すなわち$S_y < S_1 \leqq 2S_y$）の場合（図4.6）、１回目の負荷過程は、応力ーひずみ線図上では、原点０からＡに達して降伏（ε_y）し、ひずみがε_1のＢに至る。この時、計算上の弾性応力は、$S_1 = E\varepsilon_1$である。

次に、除荷過程では、Ｂから弾性線と同一の傾きで左下方に移動し、全ひずみがゼロのＣに至る。

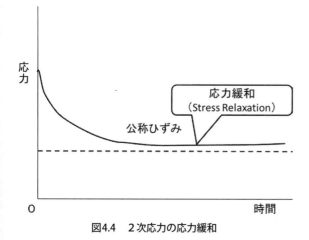

図4.4　２次応力の応力緩和

第11章 配管フレキシビリティと熱膨張応力

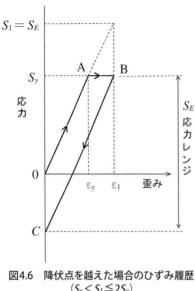

図4.6 降伏点を越えた場合のひずみ履歴
($S_y < S_1 \leq 2S_y$)

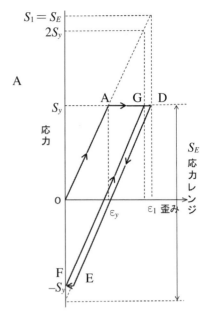

図4.7 降伏点を越えた場合のひずみ履歴
($S_1 > 2S_y$)

ここでは、2次応力について考えているので、荷重のかかり方としては、応力が0からS_1へ、そしてS_1から0へと繰り返すのではなく、ひずみが0からε_1、そしてε_1から0へと繰り返す。ひずみがε_1から0へ戻った時に、材料は$S_1 - S_y$の大きさの残留応力が発生することとなる。(C点)これはS_yより絶対値が小さいので再降伏しない。

その後、2回目以降の負荷を加える過程では、応力が引張りになる前に、この残留応力を取り除くことになり、$S_1 - S_y$の弾性領域が増大した様になる。よって、BC間の直線上を往復するだけで、弾性応答をするようになる。

もし、$S_1 = 2S_y$であるならば、弾性領域は$2S_y$となるが、それを超えると、図4.7におけるEFに示す様に圧縮側に降伏してしまい、それ以降の全てのサイクルにおいて塑性ひずみを生じる。従って、$2S_y$が弾性的挙動の2次応力の計算上の最大値となる、

このように、塑性変形が生じる可能性がある範囲内において、荷重が繰返されるとき、構造物のひずみサイクルが安定し、この弾性的に応答する状態をシェイクダウン、またはセルフスプリングという。

以上から、応力の変動範囲が$2S_y$以内の場合は、構造物は弾性応答することがわかる。このようにシェイクダウンが期待できる場合は、ひずみの変動範囲を弾性解析の結果から簡易に推定することができるなど設計が容易となるので、弾性解析による設計

を行う場合の一つの目標とされる。

この状況を時間と応力の関係にて表現すると、図4.8の様になる。

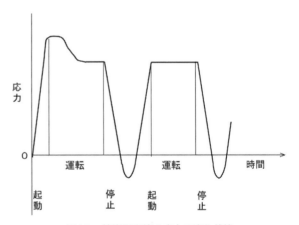

図4.8 熱膨張配管の応力の変化状態

先の図4.6より、熱膨張時の応力計算値はS_1点に相当するものであるが、本図から明らかの様にA点とC点の応力の絶対値の和と同じである。この和を応力レンジ(範囲):S_Eと言い、熱膨張応力の場合はこのレンジにて許容値を与える事となる。

本項に記載した通り、熱膨張応力の場合、この応力レンジが降伏点の2倍の範囲に入る様に制限する

ことが必要となる。

しかし、実際にはCOLD時（常温）とHOT時（高温）の降伏点は異なる事から、ASME B31.1のコードでは、COLD時とHOT時の許容応力は、それぞれの温度の降伏点の5/8を許容応力範囲としている。

$$許容応力範囲 = \frac{8}{5} \times (S_C + S_h) \quad \cdots (4.12)$$

S_C：材料の許容応力（常温）
S_h：材料の許容応力（高温）

但し、（4.12）式は理論上の限界値であり、これに安全係数を考慮しなければならない。

B31.1ではこの安全係数を考慮すると同時に、熱疲労における運転サイクル数の補正係数を加え、熱膨張における許容応力範囲を

$$S_A = f(1.25 S_c + 0.25 S_h) \quad \cdots (4.13)$$

f：運転サイクル数により決定される補正係数

で与えている。

4.5 コールドスプリング

4.4項にて述べた様に配管系にはシェイクダウンという現象が生じる。したがって、熱膨張の許容値は、通常のその材料の許容値より大きなものとすることができる。しかしながら、熱膨張時に配管から機器ノズルに作用する反力・モーメントは、その許容値を1回でも超えると問題が発生する可能性が十分にある。

この熱膨張時における機器ノズルに作用する反力を軽減する方法としてコールドスプリング（Cold Spring）という手法がある。

これは、配管の施工時に予め、その配管の熱膨張量の何％かに見合う量分だけ配管を短く製作し、据付けるものである。当然、施工時に本来より短い分だけ配管を引っ張り機器ノズルに接続する為、プラント停止時、つまりCOLD時に熱膨張と逆方向に機器ノズル反力が生ずる事となる。

熱膨張量と配管を短くした量を比率で表すことにより、コールドスプリング量を表現する。

つまり、100mmの熱膨張量に対し、50mm分配管を短く製作し据付けた場合は、50％コールドスプリングと言う。

一般にコールドスプリング量は50％近辺が採用される事が多い。

先に記載したとおり、コールドスプリングを採用すると配管施工時に配管の弾性変形により熱膨張時と逆方向の反力が機器ノズルに作用する。

よって、プラント運転時に配管が熱膨張した場合、本来コールドスプリングを使用しない場合に機器ノズルに作用する反力から最初に逆方向に作用していた反力分が差し引かれる事となり、結果として運転時の機器ノズル反力は低減する事となる。

但し、注意が必要な点は、コールドスプリングは機器ノズル反力を低減させる点では効果が有るが、決して配管系に発生する熱膨張応力レンジを低下させるものでは無い事である。

図4.9は、コールドスプリングを採用した配管と採用しなかった配管の熱膨張応力を比較したものである。

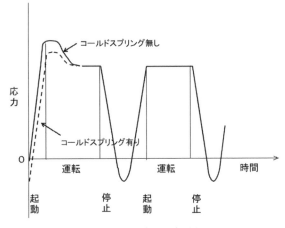

図4.9 コールドスプリングを採用した熱膨張配管の応力の変化状態

機器ノズルに作用する反力と同様に、配管施工時に熱膨張時と逆向きの応力が配管系に生じ、一回目のプラント運転時には応力の最大値もコールドスプリングを採用すると下がる。

しかし、コールドスプリングを採用しても配管が結ぶ機器と機器の距離には変わりが無い。よって、熱膨張量自体はコールドスプリングを採用しない場合と変化はなく、運転時と停止時の応力レンジにも変化は無い。

したがって、図4.9に示す様に応力緩和のその後の運転・停止においては、コールドスプリング有り・無しに関わりはなく、応力状態は同じものとなる。

以上述べた様に、コールドスプリングは初期の接続される機器ノズル等への反力低減には寄与する

が、配管系の熱膨張応力の低減には寄与しない。

よってあくまでも配管系の応力は先に記載した応力レンジに基づき評価を行い、設計しなければならない。

ASME B31.1 Power Piping Codeでは、最初の熱間時の反力計算において設計上のコールドスプリングの2/3だけを信用することとしている。

これは実際のコールドスプリングでの施工が、厳密には理想通りには行えないことを考慮したものと考える。

一方、冷間時反力の計算においては、コールドスプリング全量を見込むことを要求している。

以上より、

＜熱間時反力の最大値＞

$$R_h = \left(1 - \frac{2}{3}C\right) \frac{E_h}{E_c} \cdot R \qquad \cdots (4.14)$$

C：コールドスプリング係数
　（コールドスプリング50％のとき、
　　$c = 0.5$）
E_h：熱間時ヤング率
E_c：冷間時ヤング率
R：100％コールドスプリング時の冷間時反力

＜冷間時反力の最大値＞

$$R_c = CR$$
$$or \left\{1 - \frac{S_h}{S_E}\frac{E_h}{E_c}\right\} \cdot R \qquad \cdots (4.15)$$

となる。

図4.10は式(4.14)、(4.15)により計算された反力（実線）と相当する理論値（即ち熱間時においても、コールドスプリング係数Cを信用する）の差を示したものである。本図において点線は応力緩和が生じない場合の理論値の大きさを示し、一点鎖線は応力緩和が生じた場合の理論値から修正するものである。

4.6　熱応力ラチェット

先に記載したとおり、1次応力は通常一定の設計余裕を持って制限される為、制限された1次応力に対するひずみまたは変形は部分的には塑性的な物であっても進行性が有るものではない。

また2次応力それ自体はひずみまたは変形が有限であり、それ自体にて破壊に進行することは無い。

しかし、1次応力が生じている構造物に2次応力が繰り返し作用すると、構造力学的なラチェット機構が形成され、進行性変形が生じる場合が有る。

ラチェット（追歯車）とは、時計方向には回転できるが、反時計方向には構造的に回転できないものである。

つまり、一定方向にのみ回転する機構と同様に、1次応力と2次応力が組み合わせられる事で一定方向にのみ変形が進行する事となる。

典型的なものとしては、1次一般膜応力と熱膨張応力の繰り返しとが組み合わされ、ある限界を越えた場合、この進行性変形が生じる。

これが、熱応力ラチェット（Thermal Stress Ratchet）であり、この現象が在ることからASME B31.1

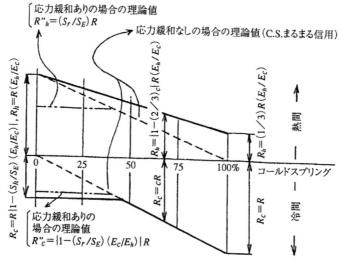

図4.10　Piping Codeにおける反力と反力理論値

第11章 配管フレキシビリティと熱膨張応力

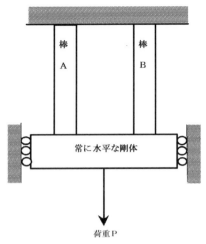

図4.11 熱応力ラチェットモデル

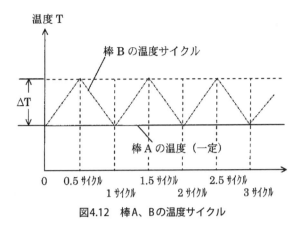

図4.12 棒A、Bの温度サイクル

等のコードにおいては、1次応力単独の評価以外に「1次＋2次応力評価」を規定している。

熱応力ラチェットの概念を説明するものとして、図4.11に示す2本棒のモデルがよく使用される。

これは2本棒A、Bの一端が固定され、他の一端を常に水平に保つ剛体にて結合されたものであり、2本棒は剛体を介して一定の引張荷重を常に受けているものである。

①棒A、Bは同一材料：
　ヤング率　E
　断面積　　A
　降伏応力　S_y（降伏ひずみ　$\varepsilon_y = \dfrac{S_y}{E}$）
　完全弾塑性体

②材料特性は温度によって変わらない。
③形状・寸法は同一。

この場合、初期状態の棒A、Bの応力

$$\sigma_{A0} = \sigma_{B0} = \sigma_m = \frac{P}{2A} \qquad \cdots(4.16)$$

であり、一次一般膜応力は

$$\sigma_m = kS_y, 0 < k < 1 \qquad \cdots(4.17)$$

で表される。

ここで、棒Aの温度を一定のままとし、棒Bの温度を各サイクルにて図4.12に示すとおり変化させる。

棒Bが加熱と冷却を繰り返される事で、線膨張係数をαとし、棒A、Bの温度差Max.$\varDelta T$（$T_B \geqq T_A$）とすると、（n＋0.5サイクル目）の棒A、Bの熱応力σ_{TA}、σ_{TB}は

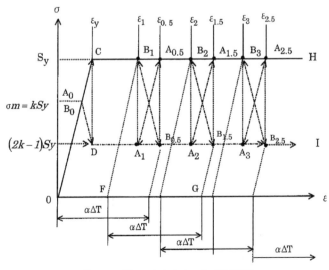

図4.13 棒A、Bの応力・ひずみ線図

第11章　配管フレキシビリティと熱膨張応力

$$\sigma_{TA} = \sigma_T = \frac{E\alpha\Delta T}{2} \qquad \cdots(4.18)$$

$$\sigma_{TB} = -\sigma_T = \frac{-E\alpha\Delta T}{2} \qquad \cdots(4.19)$$

となる。

　ここで棒A、Bの応力とひずみの変化を表現すると、図4.13の様になる。

　0.5サイクル時について考えると、棒A、Bは剛体結合されている為、常に等しいひずみ状態である。

　棒Bの昇温と共に棒A、Bひずみが増加し、各棒の応力は次の様に変化する。

　　棒Aの応力：A_0　→　C

　　棒Bの応力：B_0　→　D

　棒Aの応力が弾性域に留まる条件は

$$\sigma_m + \sigma_T \leq S_y \qquad \cdots(4.20)$$

である。

　$\sigma_m + \sigma_T > S_y$ とすれば、棒Aの応力は棒Bの昇温過程にて降伏点Cに達し、それ以降は荷重の釣合いを保つ為、

$$\sigma_A = S_y : \text{C} \rightarrow \text{H} \qquad \cdots(4.21)$$

$$\sigma_B = (2k-1)S_y : \text{D} \rightarrow \text{I} \qquad \cdots(4.22)$$

　棒Aでは塑性流動が、棒Bでは熱膨張によるひずみが進行し、棒Bの応力とひずみは、

$$\sigma_B = E(\varepsilon_B - \alpha\Delta T) \qquad \cdots(4.23)$$

となる。

　次に0.5〜1サイクル時については、棒Bが降温により収縮し、棒Aは$A_{0.5} \rightarrow A_1$に移行する。

　つまり、

$$\sigma_A - S_y = E(\varepsilon_A - \varepsilon_{0.5}) \qquad \cdots(4.24)$$

によって除荷される。

　A_1まで除荷されると　棒Bの応力は降伏点B_1に達し、棒Aの除荷はA_1にて停止する。

　棒Bの熱収縮が完了していなければ、棒Bで残された熱収縮分を打ち消す正の塑性流動が生じ、ひずみがε_1に保たれる。ここでε_1は式(4.24)と式(4.25)から、

$$\sigma_A = (2k-1)S_y \qquad \cdots(4.25)$$

$$\varepsilon_1 = (4k-3)\varepsilon_y + \alpha\Delta T \qquad \cdots(4.26)$$

　さらに第2サイクル時においては、各棒の応力・ひずみは

　　棒A：$A_1 \rightarrow A_{0.5} \rightarrow A_{1.5} \rightarrow A_2$

　　棒B：$B_1 \rightarrow B_{0.5} \rightarrow B_{1.5} \rightarrow B_2$

の通り変化する。

　よって、1サイクルの間に

$$\Delta\varepsilon = \varepsilon_2 - \varepsilon_1 \qquad \cdots(4.27)$$

のひずみ増分が生じることとなる。

　第3サイクル以降は、第2サイクルのパターンを繰り返す。よって、その時のひずみは

$$\varepsilon_2 = \varepsilon_1 - \varepsilon_y + \alpha\Delta T + (2k-1)\varepsilon_y - 2(1-k)\varepsilon_y \qquad \cdots(4.28)$$

$$\Delta\varepsilon = \varepsilon_2 - \varepsilon_1$$
$$= (4k-1)\varepsilon_y + \alpha\Delta T \qquad \cdots(4.29)$$

　これらより、熱応力ラチェットが構成される条件は

$$k\varepsilon_y + \frac{\alpha\Delta T}{4} > \varepsilon_y \qquad \cdots(4.30)$$

　先の式(4.29)と上記式(4.30)より、熱応力ラチェットの発生域は、

$$\sigma_m + \frac{\sigma_T}{2} > S_y \qquad \cdots(4.31)$$

　つまり、棒Bの昇温・降下の過程で引張軸力が棒AまたはBの何れかに片寄って負荷され、交互に一方向の塑性流動が生じる。その結果として全体のひずみが進行し、崩壊に至ることとなる。

5.　配管系に作用する荷重

　配管系に作用する荷重類については、4.3項で述べた1次応力の発生源の代表的なものである自重と2次応力の発生源の代表的なものである熱膨張がある。

　この内、熱膨張時の配管発生応力は、それ自体では先に記載した通り破壊に至ることは無いが、1次応力場にて熱膨張応力が負荷されると破壊が進行する為、十分な注意が必要である。

　さらにプラント配管系については、上記以外に自然環境下における状況及び万一起こりえる不測の事態、さらにはプラント運転時における他機器類からの影響等を考慮し、それらにより配管系に作用する荷重を設計時に算出し、それぞれ許容値と評価する必要がある。

　一般にプラント配管系に作用する代表的な荷重は以下のものが考えられる。

　　①　管の内圧、又は外圧　　　　　（1次応力）

　　②　死荷重　　　　　　　　　　　（1次応力）

284

管自重及び内部流体重量等、積雪
③ 熱膨張　　　　　　　　　　（2次応力）
④ 風力　　　　　　　　　　　（1次応力）
⑤ 地震慣性力（静的、動的）　（1次応力）
⑥ 建屋間地震相対変位　　　　（2次応力）
⑦ 短期的機械荷重　　　　　　（1次応力）
　サージフォース、スチームハンマー・
　ウォーターハンマー、安全弁吹き出し反力
⑧ 長期的機械荷重　　　　　　（1次応力）
　回転体等から伝達される機械振動、ポンプ
　からの流体脈動
⑨ 長期的地盤沈下　　　　　　（2次応力）
　配管支持点が地盤沈下により移動する。

5.1 熱膨張計算の原理

ここでは、配管系の熱膨張計算原理についての概要を説明する。

配管系は、材料力学上でのいわゆる連続梁である。つまり静定梁であることは、稀であり、ほとんどの場合が、不静定梁である。

連続梁の解法としては3モーメントの定理や重ね合わせの原理などがあるが、Castiglianoの定理によるひずみエネギー法をベースとして説明する。

図5.1に示す簡単な配管系の熱膨張問題を考えることとする。

本図に示す配管系は2箇所の固定端O'とAと2本の直管からなり、その長さはl_1、l_2とする。

座標の原点Oを熱膨張前の固定点Aの位置にとり、配管をA点にて固定端から自由にしたと仮定する。

配管系が温度tに昇温され、熱膨張によりA点が移動する。

その移動量は以下となる。

$$\Delta X_1 = -l_2 \alpha t \qquad \cdots(5.1)$$
$$\Delta X_2 = -l_1 \alpha t \qquad \cdots(5.2)$$

　α：管の線膨張係数

ここでA点を基の位置に戻す為には、A点にF_{X1}、F_{X2}の力を作用させ、自由端のA点を$-\Delta X_1$、$-\Delta X_2$だけ変位させ、且つA点での角変位を0とする為に打ち消しのモーメントM_{X3}を加える必要がある。

以上を基に、力とモーメントの釣り合い式をたて、さらに梁の撓みについてひずみエネルギーの式をたて、連立方程式を解いていくことなる。

つまり、配管系の熱膨張応力は、配管系の一端を固定し、他端を自由端とする片持ち梁とみなし、熱膨張による自由端の変位と角変位を算出し、それらの値を0とするのに要する自由端に加える力とモーメントを求めることとなる。

実際には、これらの計算は、配管系を梁モデルとして連続方程式を立て、さらに計算機内にてマトリックスが組み立てられ計算されることとなる。

5.2 静的地震解析と動的地震解析

配管の耐震解析は、静的地震解析と動的地震解析とがある。

静的地震解析とは配管系に一定の静的震度を各方向に作用させ、静的解析を行うものである。

これは、我国の建築基準法施工令に基づくものであり、構造物の各部に作用する水平地震力を構造物の重量に設計震度（地震加速度／重力加速度）を乗じたものとしている。

構造物の設計震度は、その構造物の高さ、構造及び構造種別により一律に決まるものである。

但し、静的地震解析が適用できるのは配管が剛領域にある場合である。

配管系の固有振動数をf_0、建屋の固有振動数または地盤の卓越振動数をf_gとするとき、配管系の各領域は次の通りとなる。

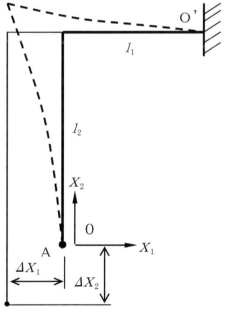

図5.1　熱膨張計算原理

剛領域： $f_0 > 2f_g$

共振領域： $2f_g > f_0 > \dfrac{f_g}{\sqrt{2}}$

柔領域： $\dfrac{f_g}{\sqrt{2}} > f_0$

一般的に原子力発電所の例では建屋の固有振動と地盤の卓越振動数を合わせて考慮し、2～10Hzが卓越振動域となる。

したがって、共振域は20Hz以下と考えれば十分であり、この事から配管系の固有振動数が20Hz以上の範囲にて静的地震解析手法を適用する。

これに対し、動的地震解析は配管系が建屋との共振域及び柔領域の固有振動数を持つ場合に適用する。原子力発電所の場合は、固有振動数が20Hz以下となる場合の領域である。

本方法は配管系が持つ固有振動数とそれに対応する建屋の応答加速度から配管系の挙動を計算し、発生応力を求めるものである。

動的地震解析方法には、時刻歴解析法と応答スペクトラム解析法がある。

時刻歴解析法は、各時間における応答波形の変化を求め、全貌を捉えるものである。

時刻歴解析法にはモーダル解析法と逐次積分解析法がある。

時刻歴解析法は各時間ステップにおいて解析を行うため、詳細な解析結果が得られるが、解析時間に膨大な時間と費用を要する欠点がある。

それに対し、応答スペクトラム解析法は、各応答時間における変化は問題とせず、その最大値に着目する方法である。応答スペクトラム法は時刻歴解析法と比較して、解析に関する時間と費用が少なくて済むこと及び時刻歴解析法に対し、より安全方向の解析結果となることから、一般に動的地震解析の主流となっている。

配管系での応答スペクトラム解析法による動的地震解析は、まず建屋と地盤をばね・質点系のモデルに置き換え、地盤に入力地震波を加え、建屋の各床面の応答波形を求める。その応答波形における加速度を配管系の固有振動数と対応させ、さらに配管系の応答を計算するものである。

6. 配管系応力解析

本項では、4項で述べた強度理論を含む配管系の特徴を基にプラント配管系の応力解析手法についての概要を説明する。

6.1 配管系応力解析の基準・コード類

配管系応力解析について記載しているものには、これまで述べた様にASME B31.1 Power Piping（以前のANSIB31.1 Power Piping）及びASME Sec Ⅲ Nuclear Power Plant Components Subsection NC,ND等が代表的なものである。

それ以外にASME B31.3 Process Pipingがある。

我国の基準では、ASME Sec Ⅲをベースとした経済産業省告示501号「発電用原子力設備に関する構造等の技術基準」が代表的なものであり、近年では日本機械学会（JSME）「発電用原子力設備規格設計・建設規格　JSME S NC1」が2001年に制定され、告示501号から順次JSME規格に移行がおこなわれた。

また、火力発電所用としては、ASME Boiler Pressure Vessel Code Sec Ⅰ、Sec Ⅷ division1及びB31.1をベースとして1999年に制定されたＪＳＭＥ「発電用火力設備規格　JSME S TA1」が代表的なものである。

6.2 配管系応力解析の手順

配管系応力解析を行う上で、まず必要なことは、各プラントの寿命中においてのプラントの各種運転状態とその運転状態の切り替え状況を全て確認し、必要に応じ応力解析に結びつける事である。

さらに、配管系の置かれる自然環境（風力、積雪、低温・高温下）も考慮する必要がある。

つまり、配管系応力解析にて考慮すべき荷重条件をまず抽出するのが最初の作業である。

応力解析を行う上で考えるべき荷重条件は、上記に記載した正常状態のもの以外に事故時等における異常状態のものがある。

この状態として考えられるものは、機器破損・故障・誤操作など内部事象によるものと、地震・津波・台風など外部事象によるものがある。

プラント寿命中において、正常状態以外に異常状態をも含めると膨大なケースが考えられる事となるが、当然のことながらこれら全てについて設計時に解析を実施し、評価することは物理的にも経済的にも不可能である。

よって、大切なことは異常時におけるリスクを上

第11章 配管フレキシビリティと熱膨張応力

げ評価すること、及び過去の事故例に照らし合わせ異常時の損傷の発生について可能性の検討を行うことである。

その上で、プラントの健全性に影響を及ぼす条件について選別し、それらについて解析等を実施、評価を行い設計に結びつける必要性がある。

以上、解析を実施する荷重条件を決定したら、次に配管系に作用する各荷重条件時の荷重を求めることが必要である。自重等については、その荷重値は明確に求められるが、機械から伝達される振動、内部流体の急激な状態変化により引き起こされるハンマー現象、ポンプ出口部に発生する内部流体の脈動現象、さらにはプラントの急な運転状態変化での各弁類の急閉鎖・ポンプ類トリップによる内部流体の過渡現象等については、その変動荷重を推定することは困難である。

この様な場合は、配管応力解析を実施する前のステップとして荷重値を求める必要があり、数学的な構造モデルまたは流体解析モデルを構築し、解析により荷重を求めることとなる。

自然変動による地震発生時についても、建築学上

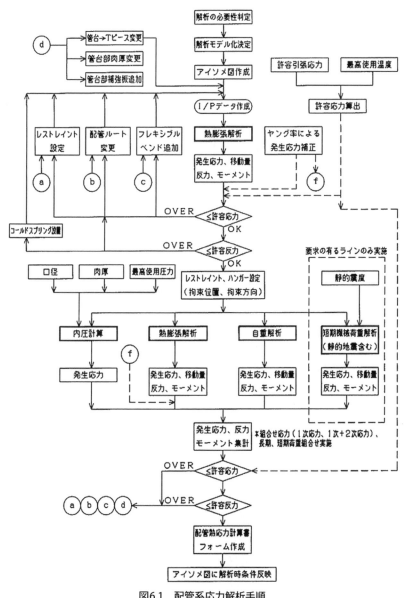

図6.1 配管系応力解析手順

第11章 配管フレキシビリティと熱膨張応力

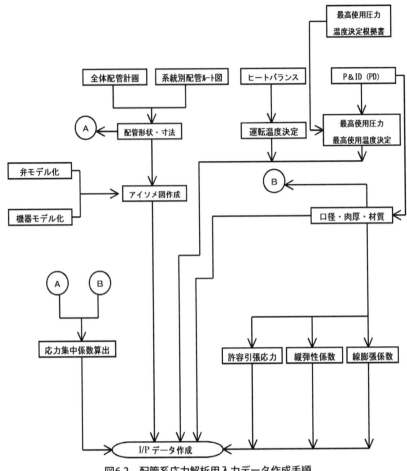

図6.2 配管系応力解析用入力データ作成手順

知見の静的震度による応力解析のみでなく、動的解析を行う必要がある場合があるが、この場合も建屋の床応答解析等を実施し、地震時の建屋床の応答値を事前に別解析にて算出しておく必要がある。

これらの前段階を得て、配管系の応力解析を実施することとなるが、配管応力解析手順を示す代表的なフローを図6.1に示す。

また、図6.1に示す解析用の入力データを作成する上での手順を図6.2に示す。

6.3 考慮すべき荷重条件と解析種類

5項にて、配管系に作用する代表荷重について述べたが、配管応力解析時にもその作用する各荷重値にて発生応力評価を行う必要性がある。

よって、5項に上げた代表荷重条件にて、プラント配管系の解析を実施し、「1次応力評価」及び「1次＋2次応力評価」を行う。

配管系にて一般に実施される応力解析種類は以下の通りとなる。

① 管の内圧、又は外圧における計算 （1次応力）
② 死荷重における解析 （1次応力）
　管自重及び内部流体重量等、積雪荷重
③ 熱膨張解析 （2次応力）
④ 風力荷重解析 （1次応力）
⑤ 地震慣性力（静的、動的）解析 （1次応力）
⑥ 建屋間地震相対変位解析 （2次応力）
⑦ 短期的機械荷重解析 （1次応力）
　サージフォース、スチームハンマー・ウォータハンマー、安全弁吹き出し反力
⑧ 長期的機械荷重解析 （1次応力）
　回転体等から伝達される機械振動、ポンプからの流体脈動
⑨ 長期的地盤沈下解析 （2次応力）
　配管支持点が地盤沈下により移動する。

第11章　配管フレキシビリティと熱膨張応力

前記各応力解析にて求められた応力分類（1次応力・2次応力）については、上記記載の通りであり、これを念頭に置いて「1次応力評価」、「1次＋2次応力評価」の組み合わせを行うこととなる。

さらに上記②③④⑥⑨と⑤の一部については解析上、所謂静的解析であるが、⑤の地震解析には静的解析以外に動的解析が存在する。

また、場合によっては⑦⑧の各機械荷重についても、そのケースにより動的解析手法が取られることがある。

6.4　熱膨張解析の必要性

これ迄述べた通り、配管系には、2次応力として取り扱われ、セルフスプリング・コールドスプリング・熱応力ラチェット等の幾つかの特徴を有する熱膨張事象が必ず存在し、配管系全体及び機器類に影響を及ぼす。

配管系の設計温度により、その影響度合いはさまざまであり、現在は計算機類の飛躍的な発展により、その影響度合いを評価するには、配管系の応力解析を先に記載した手順により実施することが早道となる場合がある。

しかしながら、敢えてここでは、応力解析を実施する前に、その配管系の熱膨張応力解析の必要性をチェックする方法を紹介する。

配管系の設計温度が常温の場合、その熱膨張に対するチェックの必要性が無いことは、勿論であるが、

ASME B31.1 Power Piping、ASME B31.3 Process Pipingの二つのコードでは高温配管の場合でも以下に該当する場合は、熱膨張解析の必要性は無いとしている。

① 計画された配管系が十分な使用実績がある配管系と全く同一な系であるか、または十分な使用実績のある配管系をそのまま移設して使用する場合。
② 計画された配管系が既に熱膨張解析を実施した配管系と比較し、十分な強度を有すると判断される場合。
③ 計画された配管系の配管口径が一定で、2アンカー系で中間にサポート等も含む拘束点が無く、しかも運転サイクル数が7000回以下で、下記式を満足する場合。

$$\frac{DY}{(L-U)^2} \leq 208000\,\frac{S_A}{E_C} \quad \cdots(6.1)$$

D ：配管口径（mm）
Y ：配管が吸収すべき変位量（mm）
U ：2個のアンカー間の直線距離（m）
L ：配管系のトータル長さ（m）
S_A：許容応力範囲（kPa）
　　　（4.13）式参照
E_C：室温のヤング率（kPa）

ASMEコードでは、上記③の条件に補足して、その精度が実証済みの配管形状のみに使用することを勧告している。

プラントにおける配管系ルートは様々であり、先の①②の条件を適用できるケースは、全くのコピープラントまたは配管の補修等に限られたものであり、実際には非常に稀なケースのみとなる。

また、②の条件の判断については、可也の経験及び知識を有する設計者に限られたもののみとなる。

これらと比較して③の条件は数値的なチェックとなることから、設計者の経験に限るものでなく、広く適用できるものである。

③の条件の使用方法としては、その配管系のルートが熱膨張時にフレキシビリティを有したものとなっているかのチェック方法として使用することができる。

6.5　解析条件

本項では配管系応力解析を行なう上での解析条件設定に関して、説明する。

各配管応力解析を行なう上で、基本的に設定すべき入力条件は以下となる。

6.5.1 解析条件全般

圧力：最高使用圧力にて解析
温度：最高使用温度にて解析（ASME等では、設計温度と記載）、極低温配管に関しては、最低使用温度にて解析
　＊：一部、運転温度において解析する場合もある
許容応力については、
1次応力：最高（最低）使用温度における値
1次＋2次応力：最高（最低）使用温度における値（但し、Scは常温として20℃の値）

289

管口径・肉厚：公称寸法にて解析
物性値：線膨張係数（α）、ヤング率（E）、設計降伏点（Sy）、許容引張応力（S）、設計引張強さ（Su）、ポアソン比

各基準・規程類の値を使用する。
- ASME B31.1 "Power Piping"
- ASME B31.3 "Process Piping"
- ASME Sec. Ⅲ "Nuclear Power Plant Components、Division 1" Subsection NB、NC、ND
- 経済産業省　告示第501号「発電用原子力設備に関する構造等の技術基準」
- 日本機械学会（JSME）「発電用原子力設備規格　設計・建設規格　JSME S NC1」
- 日本機械学会（JSME）「発電用火力設備規格　JSME S TA1」

6.5.2 各解析における条件

(1) 自重解析

(a) 管、内部流体、保温及び外装鉄板は、等分布荷重として考慮する。

(b) 弁　手動弁：弁面間に対して等分布荷重で考慮する
　　　逆止弁：手動弁に同じ
　　　電動弁：弁重心位置に弁本体重量を、駆動部重心位置に駆動部重量を集中荷重として考慮する
　　　ON-OFF弁、調節弁：電動弁に同じ

(c) フランジ：集中荷重として考慮する

(d) オリフィス：一般には考慮しないが、必要により考慮する

(e) ストレーナ：配管と同等に扱うが、実際の重量を等分布荷重にて考慮する場合が有る

(f) 水圧試験時：内部流体が蒸気、空気、ガスの場合は、水圧試験時の自重解析を行う

(2) 熱膨張解析

(a) 運転モード解析

複数の運転モードを有する配管系については、モーメントの変動幅（レンジ幅）による応力が厳しいと判断されるモードに対して、解析を必要数（単数又は複数）実施する。

複数運転モードの解析の場合は、各運転モードを通した最大計算応力振幅を求め、それに基づき、評価を行う。

但し、スプリングハンガやスナッバを有する系については、支持点の移動量が上記解析で求めた移動量よりも大きくなると判断できる場合、または判断がつかない場合は、他の運転モードの解析も実施し、移動量を求める。

(b) バルブ前後で温度が変わる場合、バルブは高温側として扱うのが安全評価

(3) 静的地震解析

(a) 静的震度の設定

解析モデルの最高位置付近の直近上階の静的震度を使用する。

① 解析モデルが複数に跨る場合の静的震度の設定は、最高位置付近のサポートが壁または、天井に設けられている場合、サポートの設置フロアーより上階の静的震度を使用する。

また、最高位置付近のサポートが床に設けられている場合は、サポート設置フロアーの静的震度を使用する（図6.3）。

② 複数建屋に跨る配管モデルについては、各建屋に対し、①項にて求めた震度のうち、最大の震度にて解析する（図6.4）。

③ 同一フロアー内にて静的震度と動的震度を比

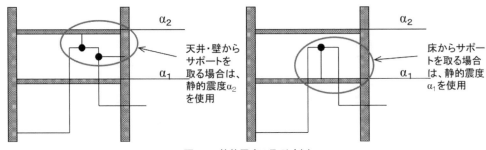

図6.3　静的震度の取り方(1)

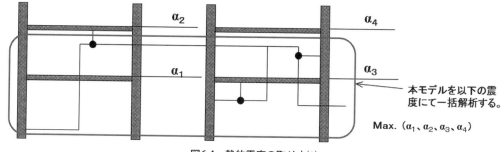

図6.4 静的震度の取り方(2)

較し、どちらか大きな方を選択し、静的震度として静解析を実施する。
(b) X、Y、Z座標系の各々の方向に加速度を作用させ、解析を実施し、解析結果をX＋Y、Y＋Zの組合せにて合成する（X、Z：水平方向、Y：鉛直方向）。

(4) 動的地震解析
(a) 解析モデルの最高位置付近の直近上階のスペクトラムデータを使用する。
① 解析モデルが複数階に跨る場合は、全ての階のスペクトラムデータを包絡し、使用する。
② 解析モデルが複数の建屋に跨る場合は、全ての建屋とフロアーのスペクトラムデータを包絡し、使用する。
(b) 減衰定数の設定
　　解析に用いるスペクトラムデータの減衰定数は、解析する配管系モデルの保温有無、サポート数により決定され、決定された減衰定数を考慮したスペクトラムデータを使用する。
　　一般には、0.5〜2.5％の減衰定数を使用する。
(c) X、Y、Z座標系の各々の方向に対し、スペクトラムデータを配管系に作用させ、解析を実施し、解析結果をX＋Y、Y＋Zの組合せにて合成する（X、Z：水平方向、Y：鉛直方向）。

(5) 地震相対変位解析
(a) 地震相対変位量の設定
　　建屋間の地震時相対変位量は、耐震設計仕様書の指定値に基づき、相対変位が発生するサポートの取付けレベルを基準として設定する。
(b) 相対変位が生じるサポートまたは機器ノズル部にX、Y、Z座標系の各々に相対変位を作用させ解析を実施し、解析結果をX＋Y、Y＋Zの組合せにて合成する。尚、相対変位を与える方向は、発生応力が厳しくなる方向に与え解析を行う。（X、Z：水平方向、Y：鉛直方向）

6.6 解析のモデル化

本項では解析のモデル化に関して記載する。解析のモデル化に関しては、昨今では配管系応力解析の市販アプリケーションの整備により、設計者が解析モデル化を意識せずに行なうことができる様になっているが、解析における一般事項として認識することは重要である。

また、本項における解析モデル化は一般的な例の一つであり、絶対的なものではないので注意願いたい。

(1) 一般
　解析モデルは、特に指定の無い限り、機器ノズルはアンカポイントとして扱い、必要に応じ、配管系の途中にアンカを設け、解析モデルを分割する（サポート設定の影響により、解析結果が煩雑となった場合の判定を判り易くするため）。
　解析モデルには、直管、エルボ、レジューサ、T分岐等の配管のみならず、弁、フランジ、スペシャリティ（ストレーナ、流量計etc）、各種サポート等を含める。

(2) 座標系
　座標系は、X、Y、Zをフレミングの右手の法則に設定する（一般には鉛直方向をY方向とする）。

(3) 配管以外の解析のモデル化
(a) 弁
① 手動弁、逆止弁
　　弁の剛性は一般配管と比較して高いことから、それ相応の剛性を有する直管としてモデル化する。
② 電動弁、ON－OFF弁、調節弁
　　手動弁のモデル化に加え、弁本体の重量を弁

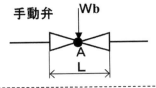
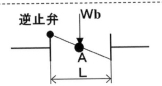
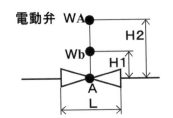

図6.5　弁のモデル化

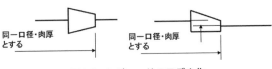

図6.6　レジューサのモデル化

重心位置に、駆動部重量を駆動部重心位置に与える（図6.5）。

(b) レジューサ

レジューサ部については、一般に大口径配管側と同じ配管口径・肉厚と扱うことが多い。また、偏心レジューサについては、その偏心量⊿を考慮しモデル化する（図6.6）。

(c) フランジ

フランジの剛性は接続配管と同等して取り扱う。重量は集中荷重にて考慮する。

(d) 伸縮継手

伸縮継手においては、各方向成分のバネ定数を考慮する。

JIS B2352　附属書3のケロッグ式により、ベローズ1山当りの軸方向バネ定数は、

$$K_x = \frac{2 \cdot E_{bc} \, D_{mt}^{\,3} \, n}{3 \cdot (0.5q)^{0.5} W^{2.5}} \quad \cdots (6.2)$$

E_{bc}：ベローズ材の常温におけるヤング率（N/mm²）
D_m：ベローズの平均径（mm）
t：ベローズの一層の呼び厚さ（mm）
n：ベローズの厚さを構成する部分の層数
q：ベローズの山のピッチ（mm）
W：ローズの山の高さ（mm）

軸直方向については、

$$K_y = K_x \cdot D_m / 2L \quad \cdots (6.3)$$

L：ベローズn層の長さ

(e) セーフエンド

弁類の前後にセーフエンドが付く場合には、以下にて取り扱う。

・B－C間をC－Dと同じ口径とし、肉厚をAと同じとする。

・E－F間をD－Eと同じ口径とし、肉厚をGと同じとする。

図6.7　セーフエンドのモデル化

(4) 支持装置のモデル化

(a) スプリングハンガ

スプリングハンガのバネ定数は、自重解析においては、レストレイントと同様なバネ定数、

または、完全剛結合（バネ定数無限大）として取扱い、その他の解析においては、無効として取り扱う。
　　また、バネ定数は、配管の上下方向の変位にのみ有効とする。
(b) コンスタントハンガ
　　スプリングハンガと同様とする。
(c) ばね式防振器
　　ばね式防振器のバネ定数は、防振器取付けに対してのみ有効とする。また、バネ定数は実際に使用する防振器のバネ定数を考慮する。
　　但し、地震解析等の定常振動には、ばね防振器は効力が薄いので、拘束は無効とすべきである。
(d) 油圧防振器・メカニカルスナッバ
　　油圧防振器・メカニカルスナッバは、地震及び安全弁吹き出し時等の衝撃荷重発生時には、その取り付け方向に対し、各スナッバ自体の公称バネ定数を考慮するか、完全剛結合（バネ定数無限大）として取扱う。尚、熱膨張時、自重時は無効とする。
(e) リジットハンガ
　　リジットハンガは、上下方向に対し、ハンガ自体のバネ定数を考慮するか、完全剛結合（バネ定数無限大）として取扱う。但し、地震時には無効とする。
(f) レストレイント
　　レストレイントは、拘束方向に対して、デフォルト値としてのバネ定数考慮するか、完全剛結合（バネ定数無限大）として取扱う。
(g) アンカー
　　アンカーは、全方向（並進、回転共に）に対して、デフォルト値としてのバネ定数考慮するか、完全剛結合（バネ定数無限大）として取扱う。
(h) ラグ類
　　ラグ類については、その剛性を一般的には、解析に考慮しない場合が多い。
(5) 配管の重量の取扱い
　配管系応力解析時の配管重量の取扱いは、配管本体、内部流体、保温重量を考慮する。
　一般に解析上で、配管系の重量は単位長さ当たりの等分布荷重として与えることから、解析する配管系の使用状態により単位長さ当たりの重量を求める。

① 保温無し配管
　　水管：$W = W_1 + W_2$
② 保温有り配管
　　蒸気管：$W = W_1 + W_3$
　　水管：$W = W_1 + W_2 + W_3$
③ 防露有り配管
　　水管：$W = W_1 + W_2 + W_4$
④ 火傷防止有り配管
　　水管：$W = W_1 + W_2 + W_5$

　W：単位長さ当たりの配管総重量
　W_1：単位長さ当たりの配管重量
　W_2：単位長さ当たりの配管内部水重量
　W_3：単位長さ当たりの保温重量
　W_4：単位長さ当たりの防露重量
　W_5：単位長さ当たりの火傷防止重量

(6) 動的地震解析時の節点の取り方
　動的地震解析においては、床応答スペクトル解析を行う前に固有値解析が行われる。
　動的地震解析は、固有値解析結果により、その1次固有振動数から剛領域となる20Hzに到達するまでの配管系の各振動モードを求めることとなる。
　したがって、解析配管モデルにおいては、各振動モードが正しく表現される様に配管上に解析の節点を設ける必要がある。
　ここで、20Hz収束までの各振動モードを表現するためには、モードの波の節と節間が短くなる20Hzの場合について着目すれば良い（図6.8）。
　各節点の最大間隔
　　＝（20Hz時の配管系スパンL_{20}）／2

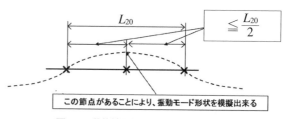

図6.8　動的地震解析時の節点の取り方

(7) 解析時の母管と分岐管の取扱い
① 母管と分岐管の分離基準
　　配管系には、多数の分岐管が含まれ、配管系応力解析においては、これら分岐管を含め、全

第11章 配管フレキシビリティと熱膨張応力

て同一モデルにて解析を行うことが最も好ましい。

しかしながら、全ての分岐管含めて解析を行うことは、解析結果評価が煩雑となり、また、設計効率的にも好ましくない。

よって、一定の口径比（分岐管口径／母管口径）以下のものについては、配管応力解析上、母管と分岐管を分離し、別モデルとして解析を行う。一般には、口径比1／6以下の場合、母管と分岐管の解析モデルを分離する。

また、50A以下の小口径配管は、原則として65A以上の母管からは分離して解析を行う。

② 分離計算の条件

母管より分岐管を分離して解析を行う場合、分岐管には境界条件として、母管の取り合い点の強制変位・角度及び応力係数を入力する。分岐管への強制変位入力は、以下の通り母管解析結果より決定する。

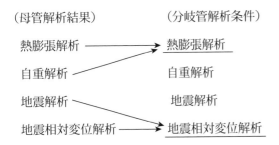

③ 65A以上の配管と50A以下の配管がレジューサ接続されている場合
- 65A以上の配管のレジューサ近くにてアンカーを設定し、解析を行う（図6.9）。
- 高温の配管ライン（一般に121℃以上）の場合は、50A以下の配管にてアンカーを設け、アンカーまでを65A以上の配管系と同一にて解析する。
- 低温配管（一般に121℃未満）の場合は、50A以下配管で第1軸直方向レストレイント迄を65A以上の配管系と同一にて解析を行う。

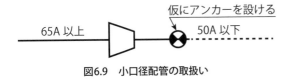

図6.9 小口径配管の取扱い

7. サポート設置位置の決定方法

本項においては、解析時におけるサポート・ハンガ類の設置有無、位置決定方法に関して記載する。

一般にサポート類の設置位置決定方法は、前項に記載した解析におけるサポート位置と種類を決定する方法と解析を実施せずに設計時にある条件を満足すべく決定された定ピッチスパン法を用いてサポートを設定する方法がある。

7.1 計算機解析による方法

各設計スパンを基準として、他の機器、支持構造物の状況から仮の位置を決め、配管系の各応力解析を行い支持点の正規位置を決定する。また、その際に求められた配管からの反力を支持装置の設計条件とする。

7.2 定ピッチスパン法による方法

定ピッチスパン法は、配管系を定められたピッチ寸法以下にて支持することにより、建屋や地震の特性から決定される地震時の応答加速度が最大とならないように配管系の固有周期を設定し、配管に生じる地震応力が過大とならないように適切に支持したり、配管自重を適切に支持するものである。

また、運転温度が高い場合、あるいは直管部が非常に長い場合は、配管に生じる熱膨張応力が過大にならないように配慮もしている。

(a) 振動数基準による定ピッチスパン法

配管の直管部の1次固有周期がある周期以下となるように設定した標準スパンを用いる。

(b) 応力基準による定ピッチスパン法

配管系に発生する1次応力を許容値以下とし、且つ自重での発生応力及び配管勾配を考慮し、配管系の固有周期を建屋の1次固有周期より短周期側に設定する方針により決定される定ピッチスパン法である。

(c) 自重を考慮した定ピッチスパン法

自重により発生する配管側応力を一定基準内に収め、配管勾配を考慮し設定された標準スパンを用いる方法である。

自重スパンとしては、自重による発生応力（次項7.1式のσ）が、30〜40MPa程度となるサポートスパンを考慮する。

自重スパンは、自重を支えるためのハンガ（レストレイント含む）を幾らのピッチにて取

り付けたら良いかを示すものである。
規格類にて記載されている例としては、ASME B31.1 Power Pipingでの自重スパンがある（表6.1）。

表6.1 ASME B31.1 Power Pipingでの自重スパン
（出典：ASME B31.1 Power Piping）

口径(A)	許容最大スパン(m) 内部流体 水	許容最大スパン(m) 内部流体 蒸気
25	2.1	2.7
50	3.0	4.0
80	3.7	4.6
100	4.3	5.2
150	5.2	6.4
200	5.8	7.3
300	7.0	9.1
400	8.2	10.7
500	9.1	11.9
600	9.8	12.8

1. 本表は400℃における水平配管の許容最大スパンである。
2. 支持点間に弁、フランジ、その他の集中荷重がある場合及び応力解析を行った場合には適用しない。
3. 本表は肉厚STD以上の配管を対象とし、水配管に対しては、内部の水重量と保温有りの重量、蒸気・空気配管については、保温有りの重量考慮したものである。
4. 本スパンにて発生する応力は、15.86MPa、撓み量2.5mm以下である。

本標準スパンは配管系の自重発生応力と撓み量が一定の範囲を超えぬ様に定めたものであり、配管系の応力解析を行い、応力評価を行う場合は、目安値であり、必ずしも本値による必要性は無い。

一般にこれら自重を考慮した標準スパンは内部流体、保温有無、保温厚さ、配管口径、肉厚別に定められる。

自重スパンを求める計算式は以下にて示される。

$$L = \sqrt{\frac{3 \cdot \sigma \cdot 1.01972 \times 10^{-1} \pi \cdot \left\{ D^4 - (D-2t)^4 \right\}}{8000 \cdot D \cdot W}} \text{ (m)}$$

…(7.1)

σ：許容する応力（MPa）（前頁7.2(c)項参照）
D：配管口径（mm）
t：肉厚（mm）
W：単位長さ重量（kg/m）（配管とその内部流体を含む重量）

8. フレキシビリティ係数と応力係数

配管系に生じる応力分布は一般的に図7.1の様に示される。

配管系に生じる応力分布は、図7.1に示すとおり、引張荷重等による膜応力成分と曲げによる応力成分とから構成されている。

このうち、曲げ応力はその曲げ変形を生じた場合に初等計算式から算出される値と同等の等価直線成分とそれ以外の非直線成分とからなっている。

一般に配管系に発生する応力を求めるには、トラス及び梁構造物の場合と同様に有限要素法を使用する。有限要素法は構造物を数学的モデルにて作成し解法する。

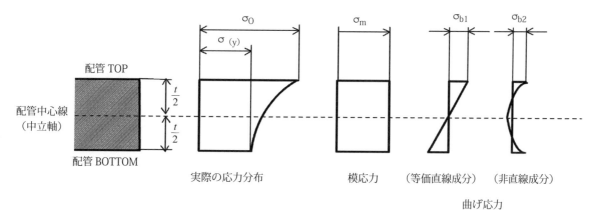

図7.1 配管系の応力分布

第11章　配管フレキシビリティと熱膨張応力

配管系については、一般の直線円筒の直管以外に多くの種類の構造部品から構成されている。

先に記載した様に配管系応力解析は有限要素法による簡易モデル解析として取り扱われる為、特に曲げ管において、曲げ時の偏平化の撓み性を解析モデル上に補正しておく必要がある。

この撓み性の増加補正を行う目的で、ASMEコードにおいては、フレキシビリティ係数（Flexibility factor）を規定している。曲げ管のみならず、コードには各部品に関するフレキシビリティ係数が規定されている。

有限要素法による簡易解析により、配管系の各部品に発生する内力・モーメントが求まるが、この結果は各部品を詳細モデル化した厳密解とで差が生じている。

これは、簡易モデルでの解法と詳細モデルによる解法とに部品自体の形状的差が有る為である。

したがって、ASMEコードでは、簡易解析によって得られた結果を補正する目的で、応力係数（Stress Intensification Factor）が各配管部品ごとに定義されている。

ASME B31.1及びB31.3の最新版である2020年版では、配管系応力解析で用いる管継手のフレキシビリティ係数（k）と、応力係数（SIF）に関する規定が大幅に改訂された。

従来、標準管継手のこれらのパラメータは、ASME B31.1及びB31.3の付録Dでたわみ特性値に応じて規定されていたが、この付録は削除され、代わって、最新の技術成果を反映した、より合理的とされるASME B31J-2017 Stress Intensification Factors (i-Factors), Flexibility Factors (k-Factors), and Their Determination for Metallic Piping Componentsを参照するように変更されている。

これは、ASME B31.1及びB31.3の2018年版まで規定されていたフレキシビリティ係数と応力係数は50年以上も前に規定されたものであり、実際の継手等に生じるたわみと応力とに差異があるのではないかと以前から指摘されていことによる。

その結果、フレキシビリティ係数と応力係数等を改善すべく、ASME B31シリーズの中に、新たなフレキシビリティ係数と応力係数を規定するB31Jが制定され、その2017版において各種継手等のフレキシビリティ係数と応力係数の詳細な算出式が示された。

エルボと溶接部分については、2018年版までのASME B31.1及びB31.3の付録Dと2017年制定のB31Jの応力係数において大きな変更がなく、ティー及び溶接分岐管のフレキシビリティ係数と応力係数について変更されている。

これは、エルボは、曲げモーメント等を受けた際に直管より曲がりやすい継手で、B31.1やB31.3等の規格において、その曲がりやすさを示す「フレキシビリティ係数」が規定されていたが、ティーにおいては、形状やサイズによって、たわみ性があるが、ティーのたわみ性が考慮されていなかったことによる。

9. 発生応力と応力評価

さて、先に述べた配管系応力解析で考慮する荷重にて各応力解析を行うと、配管系に作用する内力とモーメントが求まることとなる。

本項では、内力とモーメントからの発生応力の算出方法について述べる。

配管系に発生する応力は、先に記載したとおり最大せん断応力説により評価すべきであることから、それを基に各応力を求める必要がある。

まず、内圧による応力であるが、これは薄肉円筒の材料力学上の式を使用する。

内圧を受ける薄肉円筒の3軸応力場においては、円周方向応力σ_tと管中心より半径方向に働く半径方向応力σ_rがある。円周方向応力は所謂フープ応力とも呼ばれるものである。

さらに円筒は長手方向、つまり円筒軸方向に軸方向応力σ_lを受ける。

以上の各主応力を最大せん断応力説にて組み合わせる。

$\sigma\alpha$ここで、円周方向応力σ_tと軸方向応力σ_lに比較して、半径方向応力σ_rは無視できる小さな値である。

よって、簡単な為にこれを無視し、円周方向応力σ_tと軸方向応力σ_lのみを組み合わせ、整理すると、

$$\sigma = \frac{PD}{4t} \qquad \cdots(9.1)$$

P：内圧
D：管外径
t：管厚さ

となる。これが、配管の内圧により発生する基本式である。尚、式（9.1）は配管系の軸方向に発生す

る応力であることも示している。

次に配管に荷重Fが作用することにより配管に曲げ及び捩りが生じるが、これにより発生する応力を求める。

これも基本的には、材料力学における梁の曲げ及び捩りによる応力算出式を用いる。

配管に発生する曲げ・捩りによるモーメントは3次元においては、図9.1に示す様にX、Y、Zの各方向成分について存在する。

ここで、配管に生ずる3つの主応力のうち、最大をσ_1、最小をσ_3とすると、最大せん断応力τ_{max}は、

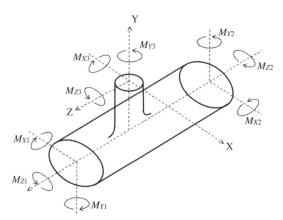

図9.1 母管及び分岐管に作用するモーメント

$$\tau_{max} = \frac{1}{2Z} \cdot (\sigma_1 - \sigma_3)$$
$$= \frac{1}{2Z} \cdot \sqrt{\sigma^2 + 4\tau^2}$$
$$= \frac{1}{2Z} \cdot \sqrt{M_b^2 + M_t^2} \qquad \cdots(9.2)$$
$$= \frac{1}{2Z} \cdot \sqrt{M_{X1}^2 + M_{Y1}^2 + M_{Z1}^2}$$

ここで、M_b ：曲げモーメント
M_t ：捩りモーメント
Z ：断面係数

最大せん断応力説においては、その降伏条件は、

$$\frac{\sigma_1 - \sigma_3}{2} = \frac{S_y}{2} \qquad \cdots(9.3)$$

であるから、最大せん断応力説による曲げ・捩りによる発生応力は、

$$S = \frac{\sqrt{M_{X1}^2 + M_{Y1}^2 + M_{Z1}^2}}{Z}$$
$$= \frac{M}{Z} \qquad \cdots(9.4)$$

$$M = \sqrt{M_{X1}^2 + M_{Y1}^2 + M_{Z1}^2}$$

で表される。

ASMEコードにおいては、先に記載した曲がり管や分岐管等の各部品に関するピーク応力を補正する応力係数iを（9.4）式に乗じ、

$$S = i \cdot \frac{M}{Z} \qquad \cdots(9.5)$$

としている。

さらに1次応力と2次応力に対する補正を区別して、自重・地震慣性力・機械荷重等の1次応力については、

$$S = 0.75i \cdot \frac{M}{Z} \qquad \cdots(9.6)$$

但し、$i > 1.33$

熱膨張応力及び地震時建屋相対変位等の支持点変位による場合は、

$$S = i \cdot \frac{M}{Z} \qquad \cdots(9.7)$$

但し、$i > 1.0$
としている。

次に以上の発生応力算出式にて求められた応力より、応力評価を行う。

応力評価式は各コード類に規定されているが、ここでは代表的なASME B31.1での評価について述べる。

前項で記載した通り、ASME B31.1及びB31.3の最新版である2020年版では、配管系応力解析で用いる管継手のフレキシビリティ係数（k）と、応力係数（SIF）に関する規定が大幅に改訂されている、同時に2020年版では、応力算出式と評価式においても改訂が行われている。

9.1 2018年版までの応力評価式

(1) 長期荷重による応力評価

$$S_L = \frac{PD}{1000 \times 4t} + 0.75i \cdot \frac{M_A}{Z}$$
$$\leq 1.0 S_h \qquad \cdots(9.8)$$

P：設計圧力（kPa）

第11章　配管フレキシビリティと熱膨張応力

D：管外径（mm）

t：管厚さ（mm）

Z：管の断面係数（mm^3）

M_A：自重及びその他の長期荷重に対する合成モーメント荷重（mm-N）

S_L：圧力・自重・他の長期荷重による長手方向の応力和（MPa）

S_h：設計温度における材料の許容応力（MPa）

(2)　短期荷重による応力評価

$$\frac{PD}{1000 \times 4t} + 0.75i \cdot \frac{M_A + M_B}{Z}$$

$$\leqq kS_h \qquad \cdots(9.9)$$

k：短期荷重の作用する時間が、1回当たり8時間以下で1年間800時間以下の場合は1.15、短期荷重の作用する時間が、1回当たり1時間以下で年間80時間以下の場合は1.2

M_B：短期荷重による合成モーメント荷重（mm-N）

(3)　熱膨張応力の応力評価

$$S_E = i \cdot \frac{M_C}{Z} \leqq S_A \qquad \cdots(9.10)$$

M_C：熱膨張のよる支持点変位及び管の熱膨張による合成モーメント

S_A：熱膨張に対する許容応力範囲
$$= f(1.25S_C + 0.25S_h)$$
但し、$S_h > S_L$ の時は
$$S_A = f(1.25S_C + 1.25S_h - S_L) \quad （MPa）$$

f：配管系における等価基準変動応力範囲のサイクル数に対する応力範囲減少係数

9.2　2020年版での応力評価式

(1)　長期荷重による応力評価

$$S_L = \sqrt{\left[\left|\frac{PD_o}{4t_n} + \frac{I_a F_a}{A_p}\right| + \frac{\sqrt{(I_i M_{iA})^2 + (I_o M_{oA})^2}}{Z}\right]^2 + \left(\frac{I_t M_{tA}}{Z}\right)^2} \leq S_h$$

$$\cdots(9.11)$$

(2)　短期荷重による応力評価

$$S_o = \sqrt{\left[\left|\frac{P_o D_o}{4t_n} + \frac{I_a F_b}{A_p}\right| + \frac{\sqrt{(I_i M_{iB})^2 + (I_o M_{oB})^2}}{Z}\right]^2 + \left(\frac{I_t M_{tB}}{Z}\right)^2} \leq kS_h$$

$$\cdots(9.12)$$

(3)　熱膨張及び変位荷重による応力評価

$$S_E = \sqrt{\left[\left|\frac{i_a F_C}{A_p}\right| + \frac{\sqrt{(i_i M_{iC})^2 + (i_o M_{oC})^2}}{Z}\right]^2 + \left(\frac{i_t M_{tC}}{Z}\right)^2} \leq S_A$$

$$\cdots(9.13)$$

ここで、

A_p：管の断面積（mm^2）

D_O：管の口径（mm）

t_n：管の厚さ(mm)

Z：管の断面係数(mm^3)

(9.11) 式の記号説明

F_a：自重と他の長期荷重（圧力は除外）による軸力、備考：圧縮力は無視（N）

I_a：軸力指数、適用データが無い時は1.00

I_i：面内曲げモーメント指数、適用データが無い時は$0.75i_i$または1.00の大きい値（i_iはASME B31J、Table 1-1による）

I_o：面外曲げモーメント指数、適用データが無い時は$0.75i_o$または1.00の大きい値（i_oはASME B31J、Table 1-1による）

I_t：捩じりモーメント指数、適用データが無い時は$0.75i_t$または1.00の大きい値（i_tはASME B31J、Table 1-1による）

M_{iA}, M_{OA}, M_{tA}
　：自重及びその他の長期荷重による面内曲げ、面外曲げ、捩じりによる合成モーメント荷重（mm-N）

P：設計内圧（kPa）

S_h：設計温度の材料許容応力（MPa）

S_L：圧力・自重・他の長期荷重による長手方向の応力和（MPa）

(9.12) 式の記号説明

F_b：自重と他の長期荷重（圧力は除外）による軸力と短期荷重による軸力、備考：圧縮力は無視（N）

k：短期荷重の作用する時間が、1回当たり8時間以下で1年間800時間以下の場合は1.15、短期荷重の作用する時間が1回当たり1時間以下で年間80時間以下の場合は1.2

M_{iB}, M_{OB}, M_{tB}
　：長期荷重＋短期荷重による面内曲げ、面外曲げ、捩じりによる合成モーメント荷重（mm-N）

第11章 配管フレキシビリティと熱膨張応力

P_o ：短期荷重が作用する時の圧力（kPa）

S_o ：圧力、自重と短期荷重による応力（MPa）
（9.13）式の記号

F_c ：熱膨張及び変位荷重による軸力、備考：圧縮力は無視（N）

i_a ：軸力応力係数、適用データが無い場合は、エルボ、曲げ配管とエビ曲げ管に対しては、＝1。また他の部品に対しては、$i_a = i_o$ (or i when listed) in ASME B31J

i_i, i_o, i_t
：面内曲げ、面外曲げと捩じりの応力係数
（ASME B31J, Table 1-1による）

M_{iC}, M_{oC}, M_{tC}
：熱膨張及び変位荷重による面内曲げ、面外曲げ、捩じりによる合成モーメント荷重（mm-N）熱膨張解析に対し、大気温度から定格運転温度レンジによるモーメント幅、一般に使用される。

S_A ：熱膨張及び変位荷重における許容応力範囲
$= f(1.25S_C + 0.25S_h)$
但し、$S_h > S_L$の時は
$S_A = f(1.25S_C + 1.25S_h - S_L)$（MPa）

S_E ：熱膨張及び変位荷重による応力範囲（MPa）

以上がASME B31.1の応力評価式であるが、本コード以外にもASME SecⅢ及びJSME S NC1にも評価式が記載されている。

これらについても、基本的には以上記載した考えの基に規定されているものである。

10. 配管支持装置

前章にて述べた配管系応力解析結果を基に配管支持装置の設計を行うこととなるが、本章では配管支持装置に関する概要と配管系応力解析における設定方法について記載する。

各プラントにおける配管系には、配管及びその付属品を支持する為に当然のことながら支持装置が必要である。

一方、プラントの安全性に対する要求の点から配管系の健全性評価が重視され、耐震設計及び機械振動、流体振動抑制の点からも、配管支持装置は重要な意味を持つ。

各プラントに使用される配管支持装置及びその構造物は多種に渡り、1プラントにおける支持点数は数千ポイントに及ぶ。

プラント設計を行う上で配管支持装置は、その目的により使い分けが必要であり、最低限のポイント数にて適確な機能を発揮するように設計されるべきである。

10.1 配管支持装置種類

配管支持装置類の使い分けは、配管系に作用する各種荷重条件をクリアーすること及び使用する配管系種類等により決定される。

各プラントにおける配管系には、配管及びその付属品を支持する為に当然のことながら支持装置が必要であり、一方、プラントの安全性に対する要求の点から配管系の健全性評価が重視され、耐震設計及び機械振動、流体振動抑制の点からも、配管支持装置は重要な意味を持つ。

プラント設計を行う上で配管支持装置は、その目的により使い分けが必要であり、最低限のポイント数にて適確な機能を発揮するように設計されるべきである。

配管支持装置は大別してハンガ、レストレイント及び防振器の3種類に分けることができる。

ハンガは配管の自重を支える事を目的とした装置、レストレイントとは熱膨張による配管の移動を拘束または制限し、且つ地震等による振動を抑制する装置、防振器は機械振動や流体振動・衝撃・地震など配管自重と熱膨張以外の原因で配管が移動または振動する事を抑制するための装置である。

10.2 配管支持装置の荷重条件

各支持装置の詳細については、第8章にて解説した通りであるが、ここでは、再度各支持装置の配管系作用荷重条件における有効性について説明する。

各支持装置の荷重条件における有効性を纏めると表10.1のとおりである。

10.3 配管応力解析における取り扱い

配管応力解析では、配管自重・内圧・熱膨張・機械荷重・地震・建屋間相対変位等の各荷重条件に対する解析が行われる。

これらの解析において支持装置の取り扱いが、解析結果を左右することにもなる。

各支持装置の解析での有効性については、第8章4.1項及び本章10.2項にて述べたとおりであるが、ここではその他取り扱い及び留意事項について記載する。

299

第11章　配管フレキシビリティと熱膨張応力

表10.1　配管支持装置と荷重条件

		荷重条件						
		自重	熱膨張	地震慣性力	地震相対変位	機械荷重（衝撃）	振動	風力
ハンガー	リジット	○	○					
	スプリングハンガー	○						
	コンスタントハンガー	○						
レストレイント	アンカー	○	○	○	○	○	○	○
	レストレイント	○	○	○	○	○	○	○
防振器	油圧防振器			○	○	○		
	機械式防振器			○	○	○		
	ばね式防振器		△			○	○	○

　支持装置は、配管応力解析において支持する方向に対して、ある剛性を持った拘束として取り扱うことが一般的である。

　ある剛性を持った拘束とは、配管をあるばね定数を持ったばねにて拘束することであり、このばね定数は本来実際のハードに見合ったものであることが好ましい。

　しかし、配管応力解析を実施する時点では、支持装置側の設計は行われていない場合が通常であり、よって、支持装置の剛性を算出することは困難である。

　したがって、良く取られる手法としては、これまでの設計結果より支持装置の剛性を実際に解析等により求め、本剛性と解析時に使用する剛性とにどの程度のずれまでが許容できるか、どの程度に解析時の剛性をすれば、実際の支持装置類が合理的設計となるかを研究・検討し、独自のデフォルトの解析用ばね定数を決定する方法がある。

　配管応力解析で支持装置の剛性を考慮する上での留意事項は、次の通りである。
　①　一般にハンガのばね定数は無視する。
　②　耐震計算上はばね定数を考慮することにより安全側の設計となるが、熱膨張に対しては非安全側の設計となることがあるので、注意が必要である。
　③　ばね式防振器については、ばねの剛性を解析に考慮する場合と考慮しない場合がある。

11.　まとめ

　本章では、配管フレキシビリティと熱膨張応力等の観点から、配管強度解析理論と配管系の特徴、発生応力の種類、応力解析手法と評価等に関し、解説を行った。冒頭にも記載した様に、プラント配管系においては、熱膨張におけるフレキシビリティ及びそれと相反する地震等の振動に対する管路剛性確保という要求を満足させねばならず、ここに配管系独特の設計の困難さがある。

　これら相反する事象を満足させるために、配管ルート設計におけるフレキシビリティ確保をどの程度取れば良いかを評価、判断する一つの手法が、本章にて述べた配管系応力解析である。

＜参考文献＞
(1)　安藤良夫・岡村邦夫著：「原子力プラントの構造設計」東京大学出版会
(2)　日本発条株式会社：「配管系の応力解析」、日本工業出版会
(3)　ASME Code for Pressure Piping,B31 Power Piping B31.1-2016
(4)　湯原耕造著：配管技術2012年2月増刊号　プラント耐震設計と地震災害対策「配管系応力解析における強度理論と解析手法」、日本工業出版

索　引

索引

【あ】

I型配置	142
圧力取出座	165
穴のある管	263
アンカー	209
安全弁	245
EPC	2
1次系配管（タービン建屋内の）	158
インターコネクションP&ID	19
ウェイト表記	234
ウォータインダクション	172・187
うず巻形ガスケット	237
エアフィンクーラー	38
AFC	35・38・39・63
NPSH	39・163
FCB	170
MSV	168
L型配置	142
オイルリザーバー	212
応力係数	296
応力範囲低減係数	298
応力腐食割れ	248・249・250
オープンサイクル形（軸受冷却水の）	190
オープンシステム（安全弁の）	57
オフセット（サポートの）	204
オペレーティングフロアー	149・154
オリフィス	61
音響振動	28

【か】

海水サービス（バルブの）	251
階段	84
ガイド	210
架構計画	82
荷重変動率（サポートの）	203
ガスケット座	236
Castiglianoの定理	285
火熱炉	37
機械式防振器（メカニカルスナッパ）	215
機器架台	42
機器リスト	32
逆止弁	240
逆洗方式（復水器の）	149
キャビテーション	103

境界バルブ	28
許容応力範囲	281・298
均圧配管	103
金属フープ（ガスケットの）	237
グラビティーフロー	22
クリープ	278
クリープ限度	279
クリーンアップ	185・187
クローズドサイクル形（軸受冷却水の）	190
クローズドシステム（安全弁の）	57
コールドスプリング	281
コーンタイプテンポラリストレーナー	97
極低温漏洩試験（バルブの）	252
ゴムシートガスケット	237
固溶化熱処理	248
コンスタントハンガ	207
コンデンサー	39
コントロールバルブ	61
コンプレッサー	38

【さ】

サージアナリシス	28
最大主応力説	276
最大せん断応力説	276
サイトグラス	246
サイフォンリミット	144・195
材料グループ（バルブの）	228
材料選定基準書	10
材料選定要領書	230
3次元CAD	157
CRV	169
CCR	31
CV	168
シェイクダウン	279・280
仕切弁	239
自己制限性	279
周方向応力（円周方向応力、フープ応力）	260・277
衝撃試験	248
小口径配管	56
振動解析	15
振動防止対策	104
吸込配管（ポンプの）	94
水素浸食	248
水力勾配線図	192

スカート高さ（タワーの）……………………… 64
スケジュール表記（番号）……………… 234・268
スタティックヘッド…………………………… 23
スチームトラップ……………………………… 245
ストップ………………………………………… 210
ストレーナ……………………………………… 245
スプリングハンガ……………………………… 205
スライディングサポート……………………… 168
スライド配置…………………………………… 144
3Dモデル ………………………………………… 13
スロープ…………………………………… 22・33
成形ティー……………………………………… 231
ゼネラルノート………………………………… 20
ゼネラルプロットプラン……………………… 31
セルフスプリング……………………………… 280
全体配管図（総合配管図）…………………… 157
せん断ひずみエネルギー説…………………… 276

【た】

タービンオーバースピード…………………… 172
タービン建屋…………………………………… 148
ターンバックル………………………………… 205
ダイナミックシミュレーション……………… 28
代表的（typical）図面………………………… 13
ダブルサクションポンプ……………………… 94
玉形弁…………………………………………… 239
タワー……………………………………… 39・63
鍛造管継手……………………………………… 234
地下埋設物……………………………………… 44
長期荷重………………………………………… 298
突合せ溶接式管継手…………………………… 234
DSS …………………………………………… 178
T型ストレーナー ……………………………… 96
低温サービス配管……………………………… 108
ディストリビューションフロー……………… 19
定ピッチスパン法………………………… 198・294
テーブルトップ………………………………… 40
転移荷重………………………………………… 204
電気ケーブル…………………………………… 43
電気式油圧制御系配管………………………… 159
特殊材（特殊部品）……………………… 10・226
特殊用途バルブ………………………………… 246
トップコネクション…………………………… 24
トラベル（サポートの）……………………… 203

ドラム……………………………………… 40・70
ドリップファンネル…………………………… 104
ドレン…………………………………………… 55
ドレンクーリングゾーン……………………… 188
トロリービーム………………………………… 84

【な】

内外輪（ガスケット）………………………… 237
長手継手の溶接効率…………………………… 261
長手方向応力（軸方向応力）…………… 259・277
２次系配管（タービン建屋内の）…………… 158
熱応力ラチェット……………………………… 282
熱交換器…………………………………… 40・75
熱伸縮対策……………………………………… 104
熱膨張応力レンジ………………………… 281・298
ネルソン線図…………………………………… 248
Note（P&IDの）……………………………… 25
ノーポケット…………………………………… 22
ノズルオリエンテーション………… 65・72・78・94

【は】

バーローの式…………………………………… 260
配管インフォメーション………………… 15・106
配管強度解析…………………………………… 15
配管勾配………………………………………… 163
配管サービスクラス……………………… 227・231
配管材料基準…………………………………… 226
配管材料コントロール………………………… 16
配管材料仕様書…………………………… 3・10
配管材料調達仕様書…………………………… 12
配管サポート…69・74・81・105・113・120・199
配管支持間隔（サポートスパン）……… 123・294
配管特殊部品仕様書…………………………… 12
配管熱応力解析………………………………… 15
配管BM ………………………………………… 10
配管BQ ………………………………………… 10
パイプシュー…………………………………… 114
パイプラック…………………………………… 32
吐出配管（ポンプの）………………………… 98
バケットストレーナー………………………… 98
バタフライ弁…………………………………… 241
発電用火力設備技術基準……………………… 156
パッド（サポートの）………………………… 129
ばね式防振器…………………………………… 217

303

バルーン	21
バルク材（バルク材料）	10・226
バルブ操作架台	84・91
バルブ（低温用の）	115
バルブの設置高さ	53
バルブの要部	243
バルブハンドル	50
ハンガ	201
反力（配管熱膨張の）	282
P&IDレジェンド	18・19
PFD	18・31
P-Tレイティング	228・270
ヒートバランス	160
標準サポート図	14
標準レイアウト図	13
非溶接サポート	128
フィラ材料（ガスケットの）	237
付加厚さ	261
腐食代	229・261
フラッディング	188
プラットフォーム	37・67・84
フランジ切込み	51
ブランチアウトレット	231
ブランチ（分岐）配管	54
プラントトリップ	172
フリードレン	22・33・95
プリセットピース	207
プリロード	217
フレアーライン	33
フレームアレスター	246
プレーン加工	233
フレキシビリティ係数	296
フローエレメント	166
ブローダウンライン	33
プロセス配管	33
プロセスフロー・ダイアグラム	31
分岐管の直接溶接	231
ベベル加工	233
ベローズ形伸縮管継手	246
ベローズシール形バルブ	253
ベンダー図書	12
ベント	55
保安距離	43
ボイラー	37

防消火P&ID	19
防振器	201
ボーイング現象	109
ホースステーション配管	70
ホース類	246
ボール洗浄方式（復水器の）	149
ボールナット	216
ボール弁	240
補強が必要な面積	266
補強に有効な面積	267
補強有効範囲	264
ポジショニング（配管部品配置）	56
保冷	111
ポンプ	42・85

【ま】

マイタベンド	264
マニフォールド	39・44
マンアワー	9
マンパワー	9
マンメイドロック	144
ミニマムフロー	103・177・179・183・189
ミラー配置	144
面積低減係数	267
面積補償法	260

【や】

油圧防振器（オイルスナッパ）	212
有限要素法	274
ユーティリティー配管	33・158
ユーティリティーP&ID	19・27
ユニット	30・141
ユニットP&ID	19
ユニットプロットプラン	31
ユニバーサルロック装置	207
溶接組立式分岐（配管直接溶接）	55・232・263
溶接継手強度低減係数	233・268
呼び圧力	228・270

【ら】

ライブローディング形バルブ	254
ラインアップ	41・77
ライン番号	20
リアクター	40

索引

リジットハンガ…………………………………… 204
リボイラー………………………………………… 39
リングジョイントガスケット…………………… 237
リングジョイントフランジ……………………… 52
ルーティング………………………… 56・156
レイダウン…………………………… 149・153
レシーバー………………………………………… 39
レストレイント……………………… 201・209
ロッドレストレイント……………… 168・211

【わ】
Ｙ型ストレーナー………………………………… 97

筆者紹介

◆

大木秀之（おおき ひでゆき）

〈主なる業務歴〉

平成9年　神戸大学大学院自然科学研究科機械工学専攻修了

千代田化工建設株式会社　技術本部　配管設計ユニット

配管技術セクション　材料技術／管理グループ　テクニカルリーダー

紙透辰男（かみすき たつお）

〈主なる業務歴〉

昭和45年　横浜市立鶴見工業高校機械科卒

日揮株式会社　デザインエンジニアリング本部　装置エンジニアリング部

プラントレイアウト　チーフエンジニア

西野悠司（にしの ゆうじ）

〈主なる業務歴〉

昭和38年　早稲田大学第一理工学部機械工学科卒

一般社団法人配管技術研究協会　参与

西野配管装置技術研究所　所長

湯原耕造（ゆはら こうぞう）

〈主なる業務歴〉

昭和57年　武蔵工業大学（現　東京都市大学）工学部機械工学科卒

株式会社東芝　エネルギーシステムソリューション社

京浜事業所　技監

プラントレイアウトと配管設計

平成 29 年 10 月 31 日　初版第 1 刷発行
平成 31 年　4 月 24 日　初版第 2 刷発行
令和　4 年 10 月 31 日　第 2 版第 1 刷発行
令和　7 年　4 月 31 日　第 3 版第 1 刷発行

定　価：本体 3,500 円 ＋税 《検印省略》

著　　　者　大木秀之・紙透辰男・西野悠司・湯原耕造

発　行　人　小林康史・知識光弘

発　行　所　日本工業出版株式会社

https://www.nikko-pb.co.jp/　e-mail：info@nikko-pb.co.jp

本　　　　社　〒 113-8610 東京都文京区本駒込 6-3-26
　　　　　　　TEL：03-3944-1181　FAX：03-3944-6826

大阪営業所　〒 541-0046 大阪市中央区平野町 1-6-8
　　　　　　　TEL：06-6202-8218　FAX：06-6202-8287

振　　　替　00110-6-14874

■落丁本はお取替えいたします。

ISBN978-4-8190-2919-3 C3053　　　　¥3500E